Les températures moyennes mondiales ont augmenté de près de 1,2 °C depuis l'époque préindustrielle[1].

2021

Dans le rapport 2021 du Groupe intergouvernemental sur le changement climatique (GIEC), un groupe de 234 experts de 66 pays, concluait : « Sans équivoque, l'influence humaine a réchauffé l'atmosphère, les océans et les terres. Des changements rapides et généralisés se sont produits dans l'atmosphère, les océans, la cryosphère et la biosphère. »

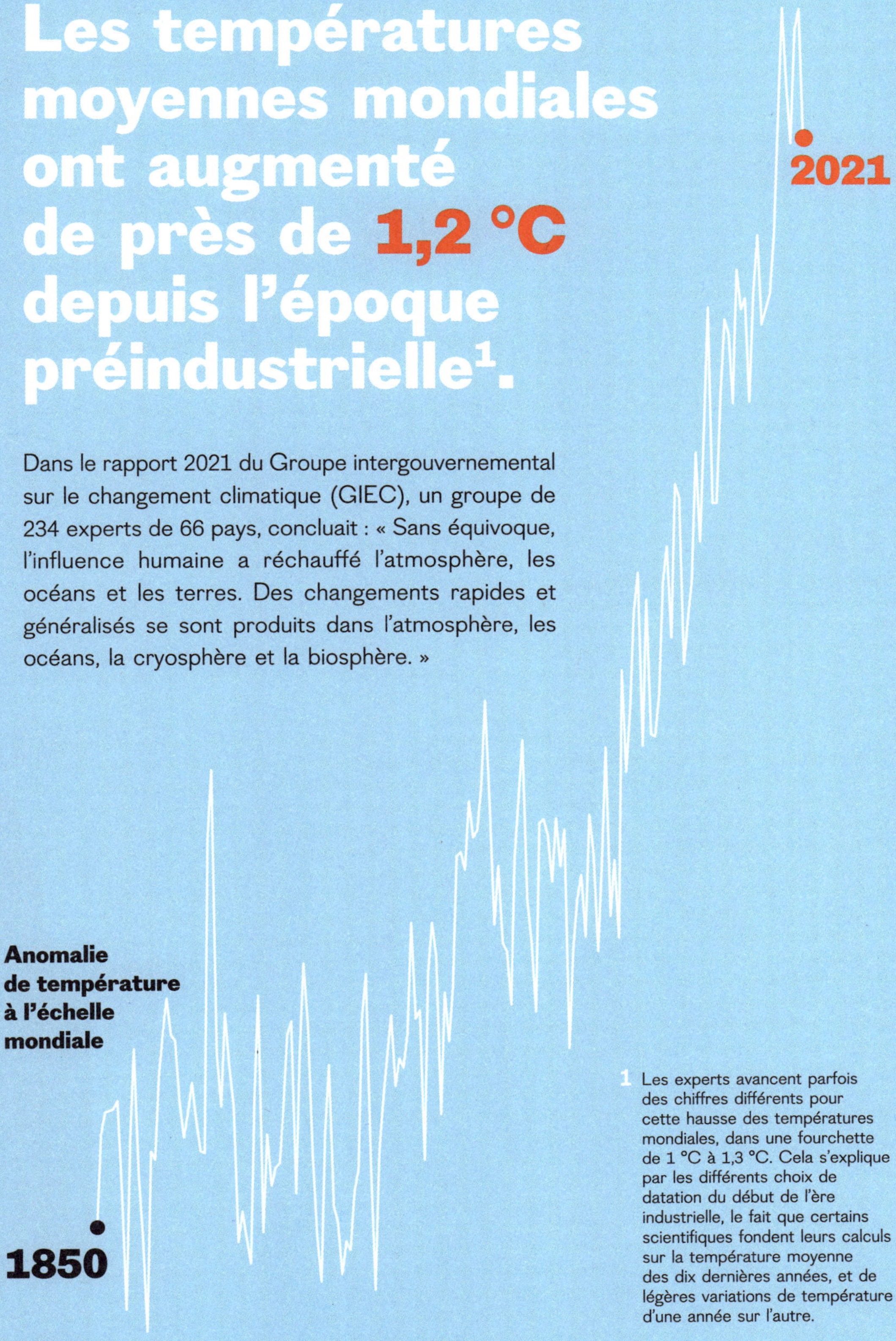

Anomalie de température à l'échelle mondiale

1850

1 Les experts avancent parfois des chiffres différents pour cette hausse des températures mondiales, dans une fourchette de 1 °C à 1,3 °C. Cela s'explique par les différents choix de datation du début de l'ère industrielle, le fait que certains scientifiques fondent leurs calculs sur la température moyenne des dix dernières années, et de légères variations de température d'une année sur l'autre.

Les émissions de gaz à effet de serre – dont le carbone, le méthane, l'oxyde nitreux et les composés fluorés – liées à l'activité humaine ont atteint des concentrations atmosphériques jamais enregistrées en plusieurs millions d'années, depuis une époque où des arbres poussaient au pôle Sud et où le niveau de la mer s'était élevé de 20 mètres.

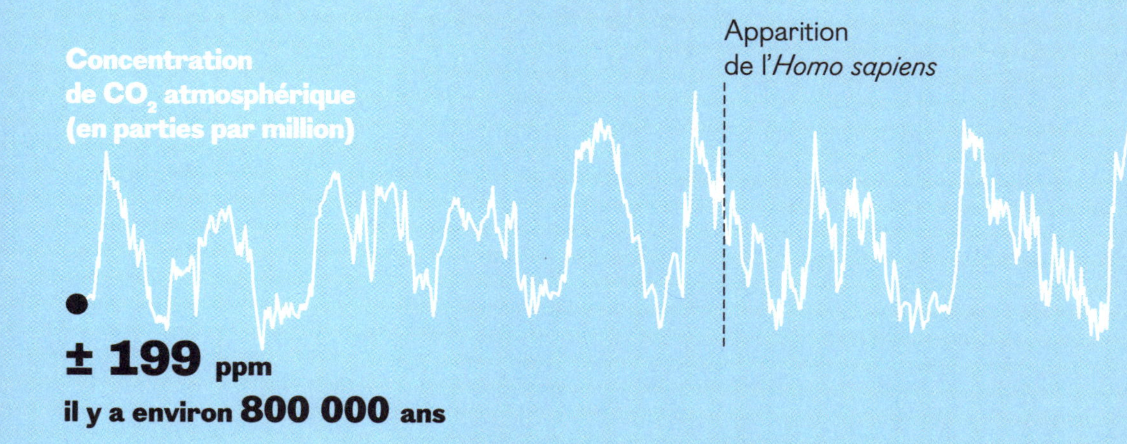

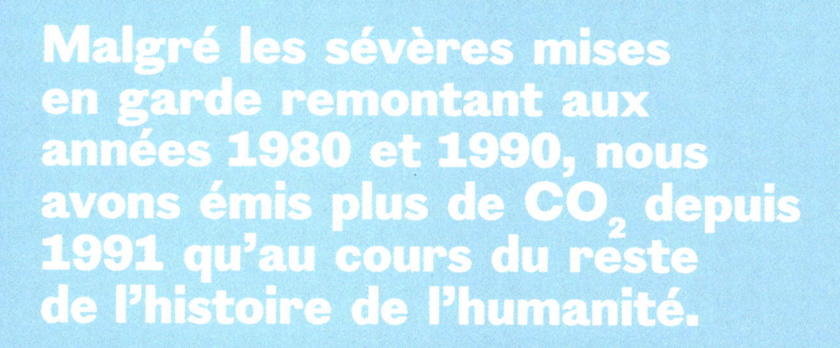

Malgré les sévères mises en garde remontant aux années 1980 et 1990, nous avons émis plus de CO_2 depuis 1991 qu'au cours du reste de l'histoire de l'humanité.

Selon l'estimation du GIEC, au début de 2020 le budget carbone qui nous laissait une probabilité de 67 % de limiter le réchauffement à 1,5 °C n'était déjà plus que de 400 gigatonnes[2]. Au rythme actuel des émissions, nous aurons dépassé ce budget avant 2030.

Certains pays portent une bien plus lourde responsabilité historique des émissions que d'autres. Entre 1850 et 2021, les plus gros pollueurs ont rejeté des milliards de tonnes de CO_2 dans l'atmosphère.

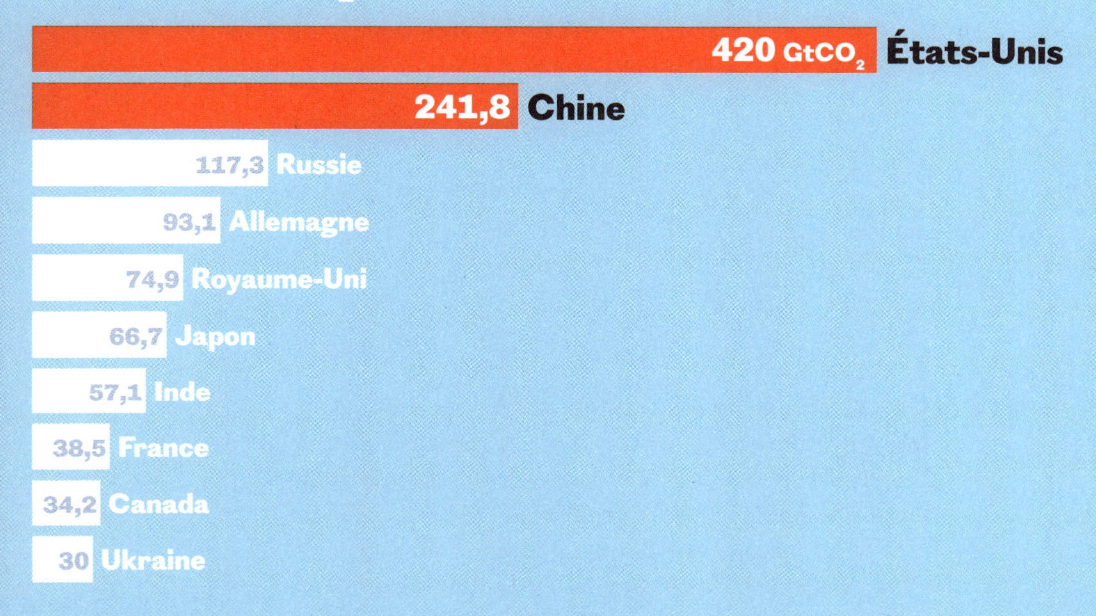

En 2015, presque tous les pays du monde – 195 au total – ont signé l'accord de Paris. L'objectif de l'accord de Paris est de stabiliser le réchauffement planétaire bien en dessous du seuil de 2 °C et, idéalement, à moins de 1,5 °C par rapport aux niveaux préindustriels.

Le monde est mal parti pour atteindre ces objectifs. Il y a un énorme décalage entre les engagements des États et les mesures que ceux-ci ont effectivement mises en œuvre. Une grande part des émissions – celles, par exemple, issues des transports internationaux de passagers et de marchandises, et beaucoup de celles liées à l'armée – n'est soit pas déclarée, soit pas comptabilisée.

Le GIEC estime qu'avec les politiques climatiques actuelles le réchauffement planétaire atteindra 3,2 °C d'ici à 2100.

2 Le **budget carbone** est la quantité maximale de CO_2 que l'humanité peut émettre pour encore espérer contenir le réchauffement entre 1,5 °C et 2 °C.

Greta Thunberg est née en 2003. En août 2018, elle lance une grève scolaire pour le climat devant le Parlement suédois, grève qui s'est depuis étendue à de nombreux pays. Elle est activiste pour Fridays For Future et a pris la parole lors de manifestations en faveur du climat partout dans le monde, au Forum économique mondial, à Davos, ainsi qu'au Congrès des États-Unis et aux Nations unies.

LE GRAND LIVRE DU CLIMAT

SOUS LA DIRECTION DE
GRETA THUNBERG

Traduit de l'anglais par Cécile Leclère, Leslie Talaga et Isabelle Taudière
Practical Utopias ou les utopies pragmatiques, *traduit de l'anglais par Michèle Albaret-Maatsch*

Titre original :
The Climate Book

Première publication : Allen Lane, une division de Penguin Random House UK, Londres, 2022

Couverture
Maquette : Jim Stoddart et Stefanie Posavec
Adaptation : Alistair Marca
Illustration : © Ed Hawkins / Warming Stripes

ISBN 978-2-7021-6852-3

Les contributeurs du *Grand Livre du climat* ont rassemblé des milliers de références et de citations au fil des chapitres. Trop nombreuses pour figurer dans l'ouvrage, elles sont consultables sur le site theclimatebook.org.

Pages suivantes :
Bulles de méthane piégées dans le lac Baïkal, en Russie.

PREMIÈRE PARTIE /

Comment fonctionne le climat

« Écoutons
la science,
avant qu'il ne soit
trop tard. »

1.1

Pour résoudre ce problème, il nous faut d'abord le comprendre

Greta Thunberg

Jamais l'humanité n'a été confrontée à une menace aussi grave que celle liée à la crise écologique et climatique. Cette question définira et déterminera comme aucune autre notre vie quotidienne future. C'est une évidence. Ces dernières années, notre façon d'envisager et d'évoquer la crise a commencé à changer. Mais après des décennies entières perdues à ignorer et minimiser cette urgence grandissante, nos sociétés demeurent dans le déni. Nous vivons, après tout, à l'ère de la communication, où trop souvent nos paroles comptent plus que nos actes. Et c'est ainsi que tant de pays producteurs d'énergies fossiles – eux-mêmes gros émetteurs – se proclament « champions du climat », sans pour autant avoir adopté la moindre politique de lutte contre le changement climatique. Le temps est au greenwashing.

Dans la vie, les problèmes sont rarement tout blancs ou tout noirs. Les réponses aux questions, rarement catégoriques. Tout est source de débat sans fin et de compromis. C'est un des principes essentiels de notre monde actuel. Une société qui, question durabilité, a un certain nombre de comptes à rendre. Parce qu'en réalité le présupposé initial ne tient pas : bien des problèmes sont tout blancs ou tout noirs. Il existe certaines limites planétaires et sociétales qui ne devraient pas être franchies. Par exemple, nous pensons que nos sociétés peuvent être un petit peu plus ou un petit peu moins durables. Mais à long terme on ne peut pas être *un peu plus* durable – on l'est ou on ne l'est pas. C'est comme marcher sur un lac gelé : soit la glace supporte votre poids, soit elle cède ; soit vous atteignez la rive, soit vous sombrez dans des eaux profondes, noires et glaciales. Si cela doit nous arriver, aucune planète à proximité ne viendra à la rescousse. Nous sommes seuls.

Je suis persuadée que pour éviter les conséquences les plus graves de cette crise existentielle émergente, une seule solution s'impose : il faut atteindre une masse critique de personnes exigeant le changement. Pour y parvenir, nous devons rapidement sensibiliser le plus grand nombre, le grand public ne maîtrisant pas encore les connaissances essentielles nécessaires pour bien appréhender l'effroyable situation qui est la nôtre. Je souhaite prendre part à cet effort pour changer la donne.

J'ai décidé d'utiliser tous les moyens à ma disposition pour créer un livre réunissant les données scientifiques actuelles les plus abouties, qui propose une approche globale de la crise du climat, de l'écologie et de la durabilité. Parce que la question du climat n'est, bien sûr, qu'un symptôme d'une crise bien plus large qui est celle de la durabilité. J'espère que cet ouvrage servira de référence pour comprendre ces crises différentes et si profondément interconnectées.

En 2021, j'ai donc invité un grand nombre d'éminents scientifiques, spécialistes, activistes, auteurs et conteurs à partager leur expertise. Vous êtes sur le point de découvrir le résultat de leur travail, qui réunit des faits, des histoires, des graphiques et des photographies montrant les différents visages de la crise de la durabilité avec pour angles essentiels le climat et l'écologie.

Ce livre aborde tous les sujets depuis la fonte des glaces jusqu'à l'économie, de la « fast fashion » à la disparition des espèces, des pandémies à l'engloutissement des îles, de la déforestation à la perte des terres fertiles, des pénuries d'eau à la souveraineté indigène, de la production alimentaire future au budget carbone – il met à nu les actions des responsables et les échecs de ceux qui auraient dû depuis longtemps partager ces informations avec les citoyens du monde.

Il est encore temps d'éviter le pire. Tout espoir n'est pas perdu, sauf si nous continuons sur notre lancée. Pour résoudre ce problème, il nous faut d'abord le comprendre – et comprendre qu'il est une série de problèmes, tous liés. Il nous faut présenter les faits et dire les choses comme elles sont. La science est un outil, nous devons tous apprendre à nous en servir.

Nous devons aussi répondre à certaines questions fondamentales. Quel problème voulons-nous résoudre en priorité ? Quel est notre but ? Réduire les émissions ou continuer à vivre comme nous vivons aujourd'hui ? Notre objectif est-il de préserver les conditions de vie présentes et futures ou bien de maintenir un mode de vie fondé sur la consommation à outrance ? La croissante verte existe-t-elle ? Pouvons-nous poursuivre une croissance économique éternelle sur une planète dont les richesses sont épuisables ?

En cette période, nous sommes nombreux à avoir besoin d'espoir. Mais qu'est-ce que l'espoir ? Et l'espoir pour qui ? Pour ceux parmi nous qui ont créé le problème ou pour ceux qui souffrent déjà des conséquences ? Notre désir d'offrir de l'espoir nous empêchera-t-il d'agir, risquant ainsi de provoquer plus de mal que de bien ?

Lesdits 1 % les plus riches sont responsables de deux fois plus d'émissions que la moitié la plus pauvre de l'humanité.

Si vous faites partie des 19 millions de citoyens des États-Unis ou des 4 millions de citoyens de Chine qui comptent parmi ces 1 % – comme tous ceux dont la fortune atteint ou dépasse 1 055 337 dollars –, ce n'est peut-être pas d'espoir que vous avez le plus besoin. Du moins pas d'un point de vue objectif.

Bien sûr, on entend parler de progrès. Certaines nations et régions font état de réductions d'émissions de CO_2 tout à fait impressionnantes – du moins depuis que le monde a commencé à négocier le périmètre concerné par les statistiques. Mais ces réductions restent-elles pertinentes lorsqu'on les replace dans le total de nos émissions, une fois sorties de leurs territoires soigneusement délimités – une fois relativisées, par rapport à toutes les émissions que nous avons réussi à extraire de ces chiffres ? Quand on considère, par exemple, qu'on délocalise les usines à l'autre bout de la planète et que l'on s'arrange pour exclure des statistiques l'aviation internationale et le transport. Non seulement notre production repose alors sur une main-d'œuvre bon marché et l'exploitation des populations, mais elle nous permet aussi d'effacer les émissions carbone associées – émissions que, pourtant, nous avons ainsi contribué à augmenter. Est-ce cela, le progrès ?

Pour espérer atteindre les objectifs climatiques internationaux, nos émissions doivent approximativement être de 1 tonne de CO_2 par personne et par an. En Suède, ce chiffre tourne actuellement autour de 9 tonnes, une fois incluse la consommation de biens importés. Aux États-Unis elle est à 17,1 tonnes, au Canada à 15,4, en Australie à 14,9 et en Chine à 6,6. Lorsqu'on ajoute à cela les émissions biogéniques – comme celles qui résultent de la combustion du bois et de la végétation –, le total augmente encore, le plus souvent. Et pour des nations forestières telles que la Suède et le Canada, ces hausses sont significatives.

Maintenir ses émissions de CO_2 en dessous de 1 tonne par personne et par an ne sera pas un problème pour la majorité de la population mondiale, qui ne devra procéder qu'à de modestes réductions – le cas échéant – pour rester en deçà des limites fixées par notre planète. Dans de nombreux cas, ces personnes pourraient même encore considérablement augmenter leurs émissions.

Revenu mondial et émissions liées aux modes de vie

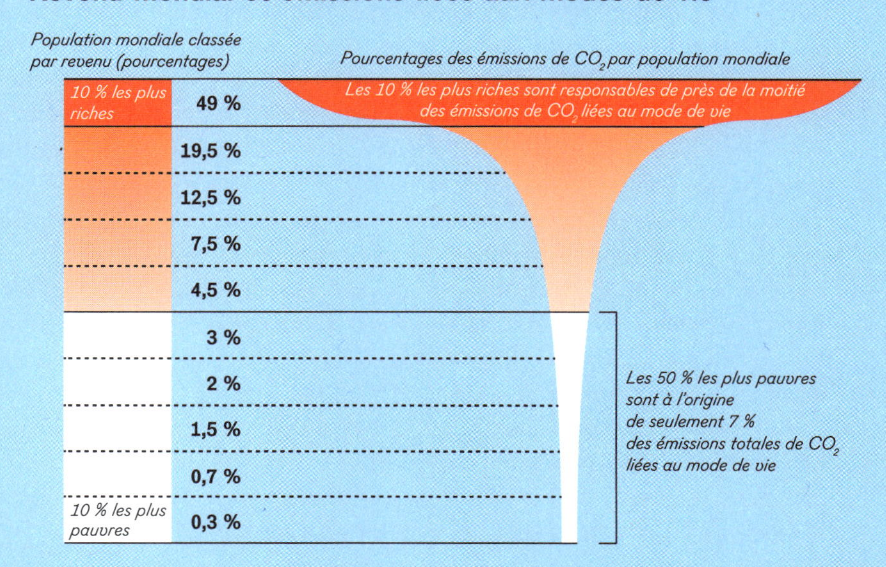

Mais il serait naïf de croire que des pays comme l'Allemagne, l'Italie, la Suisse, la Nouvelle-Zélande, la Norvège, etc. sont capables d'énormes réductions en l'espace de quelques dizaines d'années sans transformations systémiques. Pourtant, c'est ce que suggèrent les leaders des pays des Nords. Dans la 4e partie de ce livre, nous jetterons un coup d'œil sur l'avancée de ces progrès.

Si vous décidez aujourd'hui de rejoindre le mouvement pour le climat, n'imaginez pas que vous êtes parmi les derniers. Loin de là. En réalité, si vous décidez d'agir maintenant, vous serez encore des pionniers. La dernière partie de ce livre se concentre sur les solutions et les choses que nous pouvons faire afin de créer la différence, depuis les petites actions individuelles jusqu'au changement de système planétaire.

Ce livre se veut démocratique, parce qu'il n'existe pas meilleur outil que la démocratie pour résoudre cette crise. Il est possible que de subtils désaccords subsistent entre ces personnes qui nous écrivent depuis les avant-postes. Dans cet ouvrage, chacun et chacune parle de son point de vue et leurs conclusions ne seront peut-être pas identiques. Cependant, nous avons besoin de l'ensemble de leur sagesse collective si nous voulons créer l'énorme pression publique qui s'impose pour faire changer les choses. L'idée derrière ce livre n'est pas d'avoir un ou deux « experts en communication » ou un unique scientifique qui tireraient les conclusions à votre place, mais de vous présenter ici réunis leurs savoirs, chacun dans leur domaine d'expertise, afin de vous guider vers ce moment où vous pourrez commencer à relier les points par vous-même. Je l'espère du moins. Parce que je crois que les conclusions les plus importantes n'ont pas encore été tirées – avec un peu de chance, elles viendront de vous. /

1.2

Au commencement était le CO_2

Peter Brannen

Toute forme de vie naît du CO_2. C'est le tour de magie originel dont découle le vivant. À la surface de la Terre, avec le seul concours du soleil et de l'eau, le CO_2 est transformé en matière vivante grâce à la photosynthèse, dont il résulte de l'oxygène. Le carbone des plantes traverse ensuite le corps des animaux et les écosystèmes, et ressort à nouveau sous forme de CO_2 dans les océans et l'air. Une partie de ce carbone échappe toutefois à ce cycle et passe dans la Terre – sous forme de calcaire ou de boue riche en carbone qui dorment au plus profond de la croûte terrestre pendant des centaines de millions d'années. Si elle n'est pas enterrée dans le sous-sol, cette matière végétale est rapidement consumée à la surface terrestre par dégradation métabolique, que ce soit par les animaux, les champignons ou les bactéries. Le vivant utilise ainsi 99,99 % de l'oxygène produit par la photosynthèse et n'en perdrait rien du tout si une partie infinitésimale de matière végétale ne s'infiltrait pas dans les roches. C'est pourtant de là que la planète tient son étonnant excédent d'oxygène. En d'autres termes, l'atmosphère respirable de la Terre n'est pas un don des forêts et des tourbillons de plancton actuels mais du CO_2 fait prisonnier par le vivant tout au long de l'histoire planétaire et confié à la croûte terrestre sous la forme de combustible fossile.

Si le CO_2 était purement et simplement le substrat fondamental de toutes les créatures vivantes sur Terre, la source indirecte de son oxygène vital, ce serait déjà fascinant, mais ce n'est pas tout. Cette modeste molécule joue aussi un rôle crucial dans la modulation de la température sur la planète et de la chimie des océans. Quand cet équilibre chimique est bouleversé, le monde vivant est perturbé, le thermostat est cassé, les océans s'acidifient et des créatures meurent. L'importance stupéfiante du CO_2 dans tous les composants du système terrestre explique pourquoi il ne s'agit pas d'un affreux polluant industriel qu'il faut réglementer parmi d'autres, comme les chlorofluorocarbones ou le plomb. C'est plutôt, comme l'a écrit l'océanographe américain Roger Revelle en 1985, « la substance la plus cruciale de la biosphère ».

La substance la plus cruciale de la biosphère n'est pas à prendre à la légère. La circulation du CO_2 – qui s'échappe en volutes des volcans, se mêle à l'air ambiant et aux océans, virevolte dans les tourbillons du vivant pour se fondre à nouveau dans la roche – est la quintessence même de la Terre. Ces phénomènes correspondent au cycle du carbone, et la vie sur Terre dépend de l'équilibre délicat, quoique dynamique, de ce cycle mondial. Le CO_2 s'échappe perpétuellement des volcans (cent fois plus vite que les émissions dues aux êtres humains) et les organismes vivants se l'échangent frénétiquement et constamment à la surface de la planète, mais la planète l'élimine au même rythme, empêchant ainsi une catastrophe climatique. Les mécanismes cycliques qui font baisser la concentration de CO_2 – l'érosion de chaînes de montagnes, l'effondrement au fond de l'océan de masses de plancton riche en carbone – servent à préserver une sorte d'équilibre planétaire. En tout cas la plupart du temps. Nous vivons dans un monde tout aussi improbable qu'il est miraculeux. Nous avons l'impudence de considérer que tout y va de soi.

Au cours de l'histoire géologique, il est arrivé que la planète soit poussée au-delà de ses limites. Le système terrestre est certes flexible, mais il peut finir par casser. Et parfois – lors d'épisodes aussi rares que catastrophiques enfouis dans les profondeurs du passé – le cycle du carbone a été complètement bouleversé. À chaque fois, une extinction de masse s'est produite.

Imaginons des volcans vastes comme un continent qui consument des royaumes entiers de calcaire riche en carbone et enflamment d'immenses gisements de charbon et de gaz naturel souterrains : ils injecteraient des milliers de gigatonnes de CO_2 dans l'atmosphère qui jailliraient de calderas en explosion et de champs fumants et incandescents de lave basaltique Que se passerait-il dans un tel scénario ? C'est la fâcheuse mésaventure qui est arrivée aux impuissantes créatures d'il y a 251,9 millions d'années, peu avant la plus grande extinction de masse de l'histoire de la vie sur Terre. À la fin du permien, 90 % du vivant a été confronté aux répercussions d'un cycle du carbone complètement perturbé par l'excédent de CO_2.

Pendant l'extinction de masse qui a mis fin au permien, le CO_2 a fusé des volcans sibériens pendant des milliers d'années et failli mettre fin à la vie complexe. Tous les garde-fous habituels, inhérents au cycle du carbone, ont cédé lors de cet événement, le pire de toute l'histoire géologique. La température a augmenté de 10 °C et la planète a été prise de convulsions : les océans acides, à la température étouffante, ont produit par spasmes d'horribles tapis d'algues qui pompaient tout l'oxygène de leurs eaux ancestrales. Cet océan anoxique s'est empli de sulfure d'hydrogène à mesure que des ouragans d'une violence extraterrestre envahissaient le ciel. Quand le calme est revenu, on pouvait parcourir toute la Terre sans croiser un seul arbre. Les récifs coralliens avaient été remplacés par des myxobactéries, les fossiles se sont tus et il a fallu près de 10 millions d'années à la planète pour se remettre de ce choc qui l'avait anéantie. Un choc provoqué en grande partie par la combustion d'énergies fossiles.

Chaque extinction de masse sur Terre a été marquée par des bouleversements massifs du cycle du carbone, dont les géochimistes ont trouvé les preuves dans les roches. Au vu de l'importance fondamentale du CO_2 pour la biosphère, nous avons sans doute tort d'être étonnés que les déséquilibres extrêmes aboutissent à chaque fois à une dévastation planétaire.

Et si une lignée du primate *Homo* s'employait à faire la même chose que ces volcans préhistoriques il y a 200 millions d'années ? Et s'ils brûlaient ces mêmes gisements gigantesques de carbone souterrain – enfouis par la vie photosynthétique tout au long de l'histoire de la Terre ? Non pas au moyen d'une explosion généralisée et spontanée faisant éclater la croûte terrestre comme un super-volcan, mais d'une manière plus étudiée, en le tirant des profondeurs pour le consumer en surface sous forme d'éruption plus diffuse, dans les pistons et les forges de la modernité... le tout à un rythme dix fois plus rapide que les extinctions de masse préhistoriques ? Voilà la question absurde que nous posons à la Terre, dont nous exigeons une réponse.

Le climat n'a que faire des slogans politiques ; il n'a pas à répondre des modèles économiques. Il n'est guidé que par la physique. Il se fiche de savoir si l'excédent de CO_2 dans l'atmosphère est dû à un phénomène volcanique qui arrive tous les 100 millions d'années ou à une civilisation industrielle inédite. Il réagira de la même manière. Et la roche contient un avertissement irréfutable – des archives géologiques qui renferment toutes les tombes des apocalypses antérieures. La bonne nouvelle, c'est que nous sommes encore loin d'atteindre les crescendos cataclysmiques du passé. Il est même possible que la planète résiste mieux aux chocs infligés aujourd'hui au cycle du carbone qu'en ces terribles temps préhistoriques. Il n'y a aucune raison d'ajouter nos noms à cette odieuse liste des pires événements de l'histoire planétaire. Les roches nous signalent que nous manipulons les leviers les plus puissants de la planète, à nos risques et périls. /

Nous vivons dans un monde tout aussi improbable qu'il est miraculeux. Nous avons l'impudence de considérer que tout y va de soi.

1.3

Notre influence sur l'évolution

Beth Shapiro

Les premiers signes de l'influence humaine sur l'évolution se trouvent dans les fossiles retrouvés sur les sites des premiers peuplements humains sur les îles et continents. À mesure que les populations parties d'Afrique se sont dispersées dans le monde il y a plus de 50 000 ans, les sites où elles sont arrivées ont commencé à changer. Des espèces animales, en particulier la mégafaune comme les diprotodons, les rhinocéros laineux et les paresseux géants, ont disparu une à une. Nos ancêtres étaient des prédateurs efficaces grâce aux moyens qu'eux seuls détenaient : des outils qui leur permettaient de chasser et de revenir avec des proies, et la capacité de communiquer et de perfectionner rapidement ces outils. La concomitance de la disparition de la mégafaune et de l'apparition des humains est mise au jour par les fossiles de tous les continents à l'exception de l'Afrique. La concomitance n'entraîne pas toutefois la causalité. En Europe, en Asie et dans les Amériques, l'arrivée des humains et la disparition de la mégafaune locale ont eu lieu à des périodes de bouleversement climatique, ce qui a déclenché des décennies de débats sur la responsabilité relative de l'une et l'autre force. La responsabilité humaine est toutefois attestée en Australie, où les premières extinctions liées aux humains sont recensées, et sur plusieurs îles, où se sont produites certaines des disparitions les plus récentes – le moa d'Aotearoa (Nouvelle-Zélande) et le dodo de l'île Maurice se sont éteints pendant des siècles récents de notre ère. Ces extinctions en Australie et sur des îles ne se sont pas produites pendant des périodes de grand changement climatique, et aucune d'elles ne correspond à des phénomènes climatiques plus anciens. Non, ces disparitions, comme celles sur les autres continents, résultent de perturbations de l'habitat local après l'arrivée de populations humaines. Dès nos premiers contacts avec la faune, nous avons influencé le destin d'autres espèces.

Il y a 15 000 ans, les êtres humains ont amorcé une nouvelle phase de leurs relations avec les autres espèces. Les loups gris attirés par les peuplements humains, vus comme une source de nourriture, se sont transformés en chiens domestiques. Les chiens comme les humains trouvaient un avantage à cette relation de plus en plus étroite. La dernière période glaciaire a pris fin et le climat est devenu plus favorable ; par ailleurs, le développement de l'habitat humain nécessitait des sources fiables d'alimentation, d'habillement et de logement. Il y a environ 10 000 ans, les populations ont progressivement adopté des stratégies afin de chasser sans pousser leurs proies à l'extinction. Certains chasseurs ne ciblaient que les mâles ou les femelles n'étant plus en âge de se reproduire, et ils ont par la suite rassemblé les proies près de leur habitat. Bientôt, les humains ont commencé à choisir quels animaux auraient une descendance ; les animaux qui ne pouvaient pas être dressés étaient consommés. Les expériences ne se limitaient pas aux animaux. Ils ont aussi planté des graines, choisi de propager celles qui avaient le meilleur rendement par plant ou qui étaient mûres à la même période. Ils ont créé des réseaux d'irrigation et entraîné des animaux à labourer les terres cultivables. À mesure que nos ancêtres n'ont plus été chasseurs mais éleveurs, non pas cueilleurs mais agriculteurs, ils ont transformé les territoires où ils vivaient et les espèces dont ils dépendaient.

Au début du XXe siècle, la réussite de nos aïeux – désormais éleveurs et agriculteurs – mettait en danger la stabilité de leurs sociétés. Les terres sauvages avaient été remplacées par des champs ou des pâturages dégradés par une exploitation ininterrompue. La qualité de l'air et de l'eau commençait à baisser. Le rythme des extinctions s'est de nouveau accéléré. Cette fois, la dévastation était plus flagrante, les personnes plus riches et les technologies plus perfectionnées. La raréfaction d'espèces autrefois communes a suscité une volonté de protéger ce qu'il restait des espaces et espèces sauvages. Nos ancêtres ont encore une fois amorcé une nouvelle phase de leurs relations avec les autres espèces : ils sont devenus des protecteurs, déterminés à sauvegarder les espèces et les habitats mis en danger dans ce monde, certes naturel, mais de plus en plus humain. À ce moment, les êtres humains sont devenus la force qui, à l'échelle de l'évolution, était à même de déterminer le sort de toutes les espèces, mais aussi de leurs habitats. /

Nous sommes la force qui,
à l'échelle de l'évolution, déterminera
le sort de toutes les espèces,
mais aussi de leurs habitats.

1.4

Civilisation et extinction

Elizabeth Kolbert

Cette histoire s'ouvre dans le plus grand mystère.

Il y a environ deux cent mille ans, en Afrique, une nouvelle espèce d'*Hominini* est apparue. Personne ne sait exactement où, pas plus que l'on ne connaît ses ancêtres immédiats. Les membres de cette espèce – que nous appelons aujourd'hui « homme moderne », *Homo sapiens* ou tout simplement « nous » – se distinguaient par leur crâne rond et leur menton pointu. Ils avaient une carrure moins trapue que leurs cousins et des dents plus petites. À défaut d'un physique impressionnant, ils semblaient dotés d'une intelligence hors du commun. Ils fabriquaient des outils, rudimentaires dans un premier temps mais de plus en plus perfectionnés. Ils communiquaient non seulement dans l'espace mais aussi dans le temps. Ils s'adaptaient à des climats très variés, et surtout à des régimes alimentaires très variés. Si le gibier était abondant, c'est ce qu'ils chassaient ; s'ils avaient plutôt accès à des fruits de mer, c'est ce qu'ils consommaient.

C'était le pléistocène, une période où se sont succédé les glaciations, et la surface de la planète était en grande partie recouverte d'immenses calottes glaciaires. Néanmoins, il y a environ 120 000 ans, voire un peu plus tôt, notre espèce, qui n'était plus si jeune, a commencé à se déplacer vers le nord. Les êtres humains sont arrivés au Moyen-Orient il y a 100 000 ans, en Australie il y a 60 000 ans, en Europe il y a 40 000 ans, en Amérique il y a 20 000 ans. En chemin, probablement quelque part au Moyen-Orient, *Homo sapiens* a rencontré son cousin un peu plus trapu, *Homo neanderthalensis*, plus connu sous le nom de Néandertalien. Des membres de ces deux groupes ont eu des rapports sexuels – sans qu'on sache s'ils étaient consentants ou contraints – dont sont nés des enfants. Au moins une partie de ces enfants ont dû survivre assez longtemps pour avoir aussi une progéniture, etc. Aujourd'hui, la plupart des habitants sur Terre ont dans leur ADN quelques gènes de Néandertalien. Puis, quelque chose est arrivé et l'homme de Neandertal a disparu. Est-ce qu'*Homo sapiens* s'y est employé délibérément ? Peut-être l'a-t-il supplanté. À moins, comme l'a avancé récemment un groupe de chercheurs de l'université de Stanford, que les êtres humains soient arrivés avec des maladies tropicales auxquelles leurs cousins adaptés au froid n'ont pas résisté. Quoi qu'il en soit, il est quasi certain que ce qui est arrivé au Néandertalien était lié à « l'homme moderne ». Svante Pääbo, chercheur suédois dont l'équipe a fait la cartographie génomique des Néandertaliens, m'a un jour confié : « Leur malchance, c'était nous. »

Avec le recul, cela n'avait rien d'extraordinaire. Quand les humains sont arrivés en Australie, le continent était habité par un bestiaire au gabarit imposant. Citons notamment les lions marsupiaux, qui, proportionnellement, avaient les mandibules les plus puissantes du règne mammifère ; le *Megalania*, plus grand spécimen du genre des varans ; et les diprotodons, parfois appelés « wombats rhinocéros ». En quelques milliers d'années, toutes ces créatures colossales ont disparu. En Amérique du Nord, on trouvait notamment les mastodontes, les mammouths, et des castors qui faisaient près de 2,5 mètres et 90 kilos. Eux aussi ont disparu. De même que la mégafaune d'Amérique du Sud – les paresseux géants, les glyptodons (sorte de tatou géant) et les toxodons, un herbivore aussi grand qu'un rhinocéros. La perte de tant de grandes espèces en si peu de temps (à l'échelle géologique) était si spectaculaire qu'elle a été relevée à l'époque de Darwin. « Nous vivons dans un monde appauvri au plan zoologique, duquel toutes les formes les plus énormes, les plus féroces et les plus étranges ont récemment disparu », a observé en 1876 Alfred Russel Wallace, un rival de Darwin.

Les scientifiques cherchent depuis à élucider cette extinction de la mégafaune. On sait aujourd'hui qu'elle a eu lieu à des périodes différentes sur différents continents, et que les espèces ont disparu dans l'ordre d'arrivée des humains. En d'autres termes, « leur malchance, c'était nous ». Les chercheurs qui ont modélisé les rencontres entre humains et mégafaune ont conclu que si des groupes de chasseurs n'éliminaient qu'un seul mammouth ou paresseux géant par an (ou à peu près), c'était suffisant pour menacer gravement – en quelques siècles – la survie d'espèces qui se reproduisent lentement. John Alroy, professeur de biologie à l'université de Macquarie, en Australie, a décrit l'extinction de la mégafaune comme une « catastrophe écologique instantanée au plan géologique, mais trop graduelle pour que les personnes responsables s'en aperçoivent ».

Pendant ce temps, les humains ont continué à s'étendre. Les dernières grandes terres émergées à être conquises par *Homo sapiens* sont l'archipel de Nouvelle-Zélande ; les Polynésiens y arrivent vers l'an 1300, sans doute depuis les îles de la Société. À cette date, les deux îles principales de la Nouvelle-Zélande comptaient neuf espèces de moa – des oiseaux proches de l'autruche qui étaient presque aussi grands que des girafes. En quelques siècles, tous les moas avaient disparu. En l'occurrence, leur effondrement n'avait rien de mystérieux : ils ont été massacrés. Le dicton maori « *Kua ngaro I te ngaro o te moa* » signifie « perdu comme le moa a été perdu ».

Quand les Européens ont entrepris de coloniser le monde, à la fin du XVe siècle, le rythme de l'extinction s'est accéléré. Le dodo, espèce endémique de l'île Maurice, a été décrit pour la première fois par des marins néerlandais en 1598 ; dans les années 1670, il n'était plus, probablement à cause de massacres et de l'introduction d'autres espèces. Partout où passaient les Européens, ils introduisaient des rats, plus précisément *Rattus rattus*, ainsi que d'autres prédateurs comme les chats et les renards, souvent délibérément, lesquels s'en prenaient à de nombreuses espèces épargnées par les rats. Depuis que les premiers colons européens ont touché terre en Australie, en 1788, des dizaines d'animaux ont été exterminés par des espèces introduites, notamment la souris sauteuse d'Australie à grandes oreilles décimée par les chats et le lièvre-wallaby de l'Est, peut-être aussi massacré par les chats. Depuis que les Britanniques ont colonisé la Nouvelle-Zélande, vers 1800, une vingtaine d'oiseaux ont aussi disparu, notamment une espèce de manchot à aigrettes, le râle de Dieffenbach et le xénique de Lyall. Selon une étude récente parue dans la revue *Current Biology*, il faudrait 50 millions d'années d'évolution pour recouvrer la biodiversité aviaire néo-zélandaise d'avant la colonisation humaine.

Tous ces dégâts ont été provoqués par des outils relativement simples – des gourdins, des bateaux à voile, des mousquets – et quelques espèces introduites extrêmement fécondes. C'est plus tard qu'a commencé l'abattage mécanisé. À la fin du XIXe siècle, les chasseurs armés de canardières, qui pouvaient tirer près de 500 grammes de grenaille à la fois, ont réussi à éliminer la tourte voyageuse, un oiseau nord-américain qui existait autrefois par milliards. À la même époque, les chasseurs qui tiraient depuis des trains en mouvement ont failli anéantir le bison d'Amérique, une espèce autrefois si abondante que ses troupeaux étaient dits « plus denses [...] que les étoiles du firmament ».

Notre arme la plus dangereuse se révélerait la modernité, assistée de son fidèle compagnon : le capitalisme tardif. Au XXe siècle, les impacts humains n'ont plus été linéaires mais exponentiels. Les décennies suivant la Seconde Guerre mondiale ont été une période de croissance inédite pour la démographie et la consommation. Entre 1945 et 2000, la population mondiale a triplé. Pendant cette même période, la consommation d'eau a quadruplé, la pêche a été multipliée par sept et l'utilisation d'engrais a été décuplée. L'essentiel de la croissance démographique a eu lieu dans les pays des Suds. L'essentiel de la consommation a eu lieu aux États-Unis et en Europe.

La « grande accélération », car c'est l'expression souvent employée, a radicalement transformé la planète. Comme l'a observé l'historien de l'environnement J.R. McNeill, rien de tout ça n'a eu lieu parce que les gens faisaient quelque chose de nouveau, c'est plutôt qu'ils ont fait tout ça à beaucoup plus grande échelle. « La différence en quantité devient quelquefois une différence de qualité, écrit McNeill dans *Du nouveau sous le soleil.* C'est le cas des changements de l'environnement au XXe siècle. » Dans les années 1900, l'agriculture – une activité humaine qui existe depuis environ 10 000 ans – occupait environ 8 millions de kilomètres carrés dans le monde. La majorité des grandes forêts européennes était rasée depuis longtemps, et les forêts et prairies des États-Unis avaient aussi disparu pour la plupart. À la fin du XXe siècle, plus de 15 millions de kilomètres carrés étaient cultivés : autrement dit, en dix décennies seulement, les humains avaient labouré autant de terres qu'au cours des dix millénaires précédents. Cette expansion est passée par l'abattage de vastes étendues des forêts tropicales amazonienne et indonésienne – des régions parmi les plus essentielles sur la liste des « zones de haute diversité biologique ». Nul ne sait combien d'espèces ont été perdues à cette occasion ; beaucoup d'entre elles ont sûrement disparu avant même d'avoir été identifiées. Parmi les animaux connus, on sait que le tigre de Java s'est éteint et que l'ara de Spix n'existe plus à l'état sauvage.

La combustion des énergies fossiles n'a pas commencé au XXe siècle ; les Chinois brûlaient du charbon à l'âge du bronze. Dans les faits, c'est bien au XXe siècle que le problème du changement climatique a été créé. En 1900, les émissions totales de CO_2 étaient d'environ 45 milliards de tonnes. En 2000, ce chiffre avait atteint 1 000 gigatonnes et, depuis, il a atteint 1 900 gigatonnes, ce dont on ne peut que s'horrifier. Dans quelle mesure la survie de la flore et de la faune mondiales est-elle possible dans un monde qui se réchauffe rapidement ? C'est l'une des grandes questions, voire *la* grande question, de notre époque.

La majorité des espèces actuelles ont résisté à plusieurs périodes glaciaires ; elles ont manifestement survécu à des températures mondiales plus basses. Quant à savoir si elles peuvent tenir face à des températures plus élevées, ça reste à voir, car la Terre n'a pas été beaucoup plus chaude qu'aujourd'hui depuis des millions d'années. Pendant le pléistocène, même les toutes petites créatures, comme les scarabées, ont migré sur des centaines de kilomètres pour suivre l'évolution du climat. Actuellement, d'innombrables espèces se déplacent à nouveau mais, contrairement aux périodes glaciaires, leur chemin est souvent entravé par des métropoles, des autoroutes ou des exploitations de soja. « Il ne fait aucun doute que notre connaissance de leur réaction par le passé servira très peu à prédire leur réaction future face au changement climatique, car nous avons imposé des restrictions complètement nouvelles à la mobilité [des espèces], écrit Russell Coope, paléoclimatologue britannique. Nous avons modifié le terrain et les règles, pour instaurer un jeu inédit. »

Naturellement, il y a aussi de nombreuses espèces qui ne peuvent pas se déplacer. En 2014, des chercheurs australiens ont réalisé un relevé détaillé de Bramble Cay, un tout petit atoll dans le détroit de Torres. On y trouvait une espèce endémique de rongeur, une créature proche du rat, le *Melomys rubicola*, seul mammifère endémique connu de la Grande Barrière de corail. La hausse du niveau de la mer réduit la superficie de l'atoll et les chercheurs ont voulu déterminer si la bête s'y trouvait encore. Leur mission s'est révélée un échec et le gouvernement australien a déclaré l'espèce éteinte en 2019. C'était la première disparition attribuée au changement climatique, quoique de nombreuses autres ont sûrement eu lieu auparavant, sans que personne le sache.

Les récifs coralliens eux-mêmes sont éminemment vulnérables au changement climatique. Les coraux qui forment les récifs sont de minuscules animaux gélatineux ; leurs couleurs sont dues à des algues symbiotiques encore plus minuscules qui vivent dans leurs cellules. Quand la température de l'eau augmente brutalement, la relation symbiotique entre les coraux et les algues se désagrège. Les coraux expulsent les algues et deviennent blancs ; c'est le phénomène appelé « blanchissement » des coraux. Sans leurs symbiotes, les coraux sont affamés. Si l'épisode ne dure pas trop longtemps, ils peuvent recouvrer la santé, mais les températures de

Pages suivantes : Le Hardy Reef Lagoon, dans le Queensland, en Australie. La Grande Barrière de corail est la plus grande structure vivante sur Terre et abrite près de neuf mille espèces marines.

l'océan augmentent rapidement et ces cas de décoloration deviennent plus longs et plus fréquents. Une étude de 2020 réalisée par une équipe de chercheurs australiens a conclu que la surface des coraux sur la Grande Barrière de corail avait diminué de moitié depuis 1995. Une autre étude de 2020, réalisée par des scientifiques des États-Unis, a indiqué que depuis 1970 environ la majorité des récifs de la mer des Caraïbes sont devenus des habitats dominés par des algues et des éponges. Une étude de 2021 a averti que les récifs de l'ouest de l'océan Indien risquaient « l'effondrement écosystémique ». On estime que si les récifs succombent à un effondrement, ils emporteront avec eux des millions d'espèces.

Le dénouement de cette histoire reste, lui aussi, mystérieux. Depuis 500 millions d'années, cinq extinctions de masse ont eu lieu, dont chacune a éliminé environ trois quarts des espèces sur Terre. Les scientifiques mettent en garde contre l'avènement de la sixième extinction, la première du genre qui soit due à un agent biologique – nous. Interviendrons-nous à temps pour l'éviter ? /

La majorité des espèces actuelles ont résisté à plusieurs périodes glaciaires ; elles ont manifestement survécu à des températures mondiales plus basses. Quant à savoir si elles peuvent tenir face à des températures plus élevées, ça reste à voir.

1.5

La science n'a plus de doute

Greta Thunberg

La remarquable stabilité climatologique de l'holocène a permis à notre espèce – *Homo sapiens* – de passer du statut de chasseur-cueilleur à celui de paysan capable de cultiver la terre. L'holocène a débuté il y a environ 11 700 ans, alors que se terminait le dernier âge glaciaire. Durant cette période relativement brève, nous avons complètement transformé notre monde – « notre », pour signifier « le monde des humains ». « Notre monde » pour signifier un monde qui appartient à une espèce bien particulière, la nôtre.

Nous avons développé l'agriculture, bâti des maisons, créé des langues, l'écriture, les mathématiques, des outils, des monnaies, des religions, des armes, les arts et les structures hiérarchiques. La société humaine s'est développée à ce qui est, d'un point de vue géologique, une vitesse incroyable. Puis est survenue la Révolution industrielle, qui a marqué le début de la grande accélération. Nous sommes alors passés d'une vitesse incroyable de développement à autre chose – une dimension invraisemblable.

Si l'histoire du monde était reconstituée sur une seule année, la Révolution industrielle se serait produite environ une seconde et demie avant minuit, le soir du 31 décembre. Depuis l'apparition de la civilisation humaine, nous avons abattu la moitié des arbres de la planète, éradiqué plus des deux tiers de la vie sauvage et rempli les océans de plastique, mais aussi initié une potentielle extinction de masse et une catastrophe climatique. Nous avons commencé à déstabiliser les systèmes dont nous dépendons tous pour rester en vie. Nous sommes, en d'autres termes, en train de scier la branche sur laquelle nous sommes assis.

Pourtant, la très grande majorité d'entre nous n'est toujours pas tout à fait consciente de ce qui se passe et beaucoup semblent tout simplement ne pas s'en préoccuper. Cela s'explique par de nombreux facteurs, qui seront pour beaucoup explorés dans ce livre. L'un d'entre eux s'appelle « le syndrome de la référence changeante » ou « l'amnésie générationnelle », qui fait référence à la manière dont nous nous accommodons à de nouvelles réalités et commençons à voir le monde sous une perspective différente. Un échangeur autoroutier à huit voies, qui aurait probablement été inimaginable pour mes arrière-grands-parents, est aux yeux de ma génération complètement normal. Pour certains, cela paraît même naturel, sûr et rassurant, selon les circonstances. Les lumières au loin d'une mégalopole, une raffinerie de pétrole scintillant au bord d'une autoroute plongée dans le noir, les pistes d'aéroport qui illuminent le ciel nocturne sont des paysages auxquels nous sommes tellement habitués que leur absence semblerait étrange à beaucoup d'entre nous.

Il en va de même du confort que certains trouvent dans la surconsommation, entre autres choses. Ce qui était autrefois impensable peut très vite devenir un élément naturel – irremplaçable même – de nos vies quotidiennes. À mesure que nous nous éloignons de la nature, il devient de plus en plus compliqué de nous rappeler que nous en faisons partie. Nous sommes, après tout, une espèce animale parmi d'autres. Nous ne nous situons pas au-dessus des autres éléments qui composent la Terre. Nous en sommes dépendants. Nous ne sommes pas propriétaires de cette planète, pas plus que ne le sont les grenouilles ou les scarabées, les chevreuils ou les rhinocéros. Ce n'est pas notre monde, ainsi que nous le rappelle Peter Brannen dans sa contribution.

La crise climatique et écologique qui s'accélère rapidement est une crise globale : elle affecte l'ensemble des êtres vivants. Mais affirmer que la totalité de l'humanité est responsable de tout cela est très, très loin de la vérité. La plupart des gens aujourd'hui vivent tout à fait dans les limites que nous impose la planète. Seule une minorité d'entre nous est à l'origine de la crise et continue de l'aggraver. C'est la raison pour laquelle l'argument populaire qui dit que « nous sommes trop nombreux » est en réalité très trompeur. La démographie est un élément important, mais ce ne sont pas les *humains* qui provoquent des émissions de gaz à effet de serre et épuisent la Terre, c'est ce que font *certains* humains – ce sont les habitudes et les comportements de certains, associés aux structures économiques qui engendrent la catastrophe.

La Révolution industrielle, alimentée par l'esclavage et la colonisation, a généré pour les pays des Nords une richesse inimaginable, plus particulièrement en faveur d'une petite minorité de personnes en leur sein. Cette injustice extrême est la base sur laquelle nos sociétés modernes sont construites. C'est là le cœur du problème. *Ce sont les souffrances de beaucoup qui ont financé les bénéfices de quelques-uns.* Leur fortune avait un prix – l'oppression, le génocide, la destruction écologique et l'instabilité climatologique. La facture pour toutes ces destructions n'a pas encore été réglée. À dire vrai, elle n'a même pas été calculée ; l'addition n'a pas été faite.

Alors pourquoi est-ce important ? Face à l'urgence à laquelle nous sommes confrontés, pourquoi ne pas tirer un trait sur le passé et aller de l'avant, trouver des solutions à nos problèmes actuels ? Pourquoi compliquer encore la donne en remettant sur la table certaines des questions les plus complexes de l'histoire de l'humanité ? En réalité, cette crise ne se limite pas à ce qui se passe ici et aujourd'hui. La crise climatique et écologique est une crise cumulative qui remonte jusqu'à la colonisation et au-delà. C'est une crise qui repose sur l'idée que certaines personnes valent plus que d'autres et qu'elles ont donc le droit de voler les terres, les ressources, les conditions de vie futures – des vies, même. Et cela se poursuit, encore aujourd'hui.

Environ 90 % des émissions de CO_2 qui constituent la totalité de notre budget carbone sont déjà dans l'atmosphère – le budget carbone étant la quantité maximale de dioxyde de carbone que nous pouvons collectivement émettre pour donner au monde une chance de 67 % de rester en deçà de 1,5 °C de hausse des températures mondiale. Ce dioxyde de carbone a déjà été injecté dans l'atmosphère ou dans les océans, où il va perdurer, modifiant l'équilibre délicat de la biosphère pour les siècles à venir – sans parler du risque de franchir de nombreux seuils de rupture et de déclencher des boucles de rétroaction sur la même période. Le budget du CO_2 restant que nous pouvons encore émettre tout en parvenant à atteindre les objectifs convenus est presque entièrement épuisé – mais beaucoup de pays à bas ou moyen revenu n'ont pas encore construit les infrastructures sur lesquelles reposent la richesse et le bien-être des pays à plus haut revenu ; des émissions de CO_2 significatives sont donc à attendre dès lors qu'ils s'y attelleront. Les 90 % de CO_2 déjà émis devraient de toute évidence se trouver au centre des négociations climat, ou tout au moins avoir un effet sur le discours climatique global. Cependant, c'est le contraire qui est en train de se produire. Notre dette historique – entre autres aspects cruciaux – est complètement ignorée par les nations des Nords.

Certains arguent que tout cela remonte à si loin, que les gens au pouvoir n'étaient pas conscients des problèmes lorsqu'ils construisaient nos systèmes énergétiques et commençaient à produire en masse tous nos biens de consommation. Pourtant ils en étaient bel et bien conscients, comme le montre Naomi Oreskes dans son essai. Les preuves confirment clairement que les principales compagnies pétrolières comme Shell et ExxonMobil n'ignorent rien des conséquences de leurs actions depuis au moins quatre décennies, de même que les nations du monde, comme l'explique Michael Oppenheimer. Néanmoins, le fait est que plus de 50 % de toutes les émissions de dioxyde de carbone anthropique (causées par l'humain) jamais rejetées l'ont été depuis que le Groupe d'experts intergouvernemental sur l'évolution du climat (GIEC) a été fondé et depuis que l'ONU a organisé le sommet de la Terre à Rio de Janeiro en 1992. Ils savaient. Le monde savait.

Les problèmes sont en réalité tout noirs ou tout blancs. Certains disent qu'il existe de nombreuses teintes entre les deux, que les choses sont compliquées et les réponses jamais simples. Mais je le redis, de nombreux problèmes sont tout blancs ou tout noirs. Soit vous tombez d'une falaise, soit vous ne tombez pas. Soit nous sommes vivants, soit nous sommes morts. Soit tous les citoyens ont le droit de vote, soit non. Soit les femmes reçoivent les mêmes droits que les hommes, soit non. Soit nous restons sous les objectifs fixés par l'accord de Paris et évitons ainsi les pires risques de déclencher des changements irréversibles et incontrôlables par l'homme, soit non.

On ne peut pas faire plus manichéen. En matière de crise climatique et écologique, nous avons des preuves scientifiques solides, catégoriques, qui pointent la nécessité du changement. Problème : tout indique que les meilleures connaissances scientifiques disponibles sont en contradiction complète avec notre système économique actuel et avec le style de vie que beaucoup, dans les pays des Nords, considèrent comme un droit. Les limites et les restrictions ne sont pas les synonymes exacts du néolibéralisme ou de la culture occidentale moderne. Il suffit de regarder comment certaines régions du monde ont réagi à la pandémie de Covid-19.

Vous pourrez bien sûr objecter qu'il existe différents points de vue et opinions scientifiques ; que les scientifiques ne sont pas tous d'accord entre eux. Et c'est vrai : les chercheurs consacrent énormément de temps à débattre des différents aspects de leurs résultats – c'est ainsi que fonctionne la science. Cet argument peut être utilisé dans d'innombrables sujets de discussion, cependant il ne peut plus l'être dans le cadre de la crise climatique. Cela au moins est derrière nous. La science n'a plus de doute.

Reste, surtout, la tactique : comment présenter et transmettre l'information. Jusqu'où les scientifiques oseront-ils déranger ? Devraient-ils applaudir les propositions inadéquates des politiciens parce que c'est mieux que rien et que cela les aidera à garder ou à obtenir un siège à la table ? Ou bien les chercheurs, au risque d'être traités d'alarmistes, doivent-ils dire les choses telles qu'elles sont, même si cela peut générer, parmi la population, un sentiment de plus en plus grand de défaite et d'apathie ? Doivent-ils poursuivre leur approche positive, pleine d'espoir, du « verre à moitié plein » ou bien se débarrasser des tactiques de communication pour se concentrer sur l'énonciation des faits ? Ou un peu des deux peut-être ?

Un élément clivant, aujourd'hui, consiste à déterminer s'il faut inclure l'équité et les émissions historiques dans les discussions sur les actions nécessaires pour s'atteler à régler la crise environnementale. Ces chiffres n'étant jamais comptabilisés dans nos cadres de discussion internationaux, il est, c'est certain, tentant de les ignorer, puisqu'ils ne feront que noircir un message déjà bien sombre. De plus, ceux qui tentent d'avoir une vision globale des choses et qui en tiennent compte semblent bien plus alarmistes que leurs collègues, ce qui est un gros problème. Par exemple, la perspective que des pays des Nords tel que l'Espagne, les États-Unis ou la France atteignent zéro émission nette d'ici l'année 2050 semble complètement inadéquate dès lors qu'on prend en compte les facteurs de l'équité et les émissions historiques. Mais imaginons que vous êtes un scientifique américain, que vous souhaitez toucher le plus vaste public possible dans votre pays, vous aurez probablement tendance à ne pas souligner que le net zéro d'ici 2050 est en réalité totalement insuffisant. L'idée d'atteindre zéro émission nette en trois décennies est d'ores et déjà considérée comme extrêmement radicale aux États-Unis. Cette tactique est parfaitement logique. Mais voilà, pour que l'accord de Paris fonctionne à l'échelle de la planète, nous devons inclure l'équité et les émissions historiques. On ne peut pas faire autrement. Et ce n'est pas comme si nous avions le temps de dérouler tout doucement notre conversation à ce sujet.

Nous avons parcouru un long chemin depuis nos ancêtres chasseurs-cueilleurs. Mais nos instincts n'ont pas eu le temps de suivre le rythme. Ils continuent de fonctionner largement comme ils le faisaient il y a 50 000 ans, dans un autre monde, bien avant que nous ayons créé l'agriculture, les maisons, Netflix et les supermarchés. Nous sommes conçus pour une réalité complètement différente et nos cerveaux ont du mal à réagir à des menaces qui ne sont pas, pour la plupart d'entre nous, immédiates et soudaines – des menaces comme la crise climatique et écologique. Des menaces que nous ne parvenons pas à voir clairement parce qu'elles sont trop complexes, parce qu'elles évoluent trop lentement et trop loin.

L'évolution d'*Homo sapiens*, d'une perspective géologique plus large, s'est produite à la vitesse de la lumière. Est-ce cela qui revient nous hanter ? Nos fondations ont-elles été dès le départ bâties sur un sol instable, des dizaines de milliers d'années avant le début de la Révolution industrielle ? Étions-nous trop doués en tant qu'espèce ? Trop supérieurs pour notre propre bien ? Ou pouvons-nous changer ? Serons-nous capables d'utiliser nos talents, nos connaissances, notre technologie afin de créer un changement culturel à temps pour éviter une catastrophe climatique et écologique ? Nous en sommes clairement capables. Reste à savoir si nous le ferons ; cela dépend entièrement de nous. /

Si l'histoire du monde était reconstituée sous la forme d'une seule année, la Révolution industrielle se serait produite environ une seconde et demie avant minuit, le soir du 31 décembre.

1.6

La découverte du changement climatique

Michael Oppenheimer

Au début, c'était une curiosité scientifique plutôt qu'un problème. Svante Arrhenius, un chimiste suédois, n'a manifesté aucune inquiétude en 1896, à la parution de sa prédiction, aujourd'hui célèbre : l'émission dans l'atmosphère de CO_2, issu de la combustion du charbon, pousserait progressivement l'humanité à réchauffer la Terre de plusieurs degrés. Ses conclusions ont été négligées presque universellement jusque dans les années 1950, quand une poignée de scientifiques ont noté que ce réchauffement risquait d'avoir des conséquences catastrophiques. Dix ans plus tard, un jeune météorologue, Syukuro Manabe, mettait au point les premières simulations informatiques du climat[1] ; sa prédiction du réchauffement terrestre a révélé qu'Arrhenius ne s'était pas trompé. À la suite de Manabe, une nouvelle vague de travaux scientifiques ont esquissé les contours d'impacts de plus en plus graves. À la fin des années 1970, un consensus scientifique avait émergé quant à l'ampleur du réchauffement si la concentration de CO_2 doublait dans l'atmosphère. J'étais étudiant de master en physique-chimie quand j'ai lu pour la première fois l'expression « effet de serre » dans la revue *Technology Review*, en 1969, et l'idée que les êtres humains puissent finir par contrôler le climat de la Terre m'a fichu la trouille. Peu à peu, j'ai compris que je pouvais aborder cette inquiétude de manière constructive et contribuer à la résolution du problème si j'associais mon intérêt pour la vie politique et mes connaissances sur l'atmosphère terrestre. J'ai rejoint les scientifiques, de plus en plus nombreux, qui ont sonné l'alarme tout au long des années 1980. Seuls quelques décideurs tendaient l'oreille à l'époque, mais aujourd'hui le réchauffement ne peut plus être mis en sourdine.

Les grands principes de la physique qui sous-tendent l'effet de serre et les origines du réchauffement climatique sont plus manifestes aujourd'hui qu'il y a cent ans. Les gaz qui composent l'atmosphère, principalement de l'azote et de l'oxygène, laissent pour ainsi dire passer les rayons solaires, c'est pourquoi ceux-ci la traversent et réchauffent la surface de la Terre.

En se réchauffant, la Terre renvoie la chaleur vers l'espace sous forme de rayonnement infrarouge. Toutefois, de la vapeur d'eau et quelques résidus d'autres

1 En 2021, cet accomplissement a valu à Manabe le prix Nobel de physique.

gaz atmosphériques, notamment le CO_2, absorbent ou piègent l'essentiel de ce rayonnement infrarouge, dont une partie est renvoyée vers la surface terrestre, ce qui augmente la température.

Ce sont les gaz à effet de serre, qui tirent leur nom de leur aptitude à piéger la chaleur, tout comme le verre d'une serre y maintient une température élevée même les jours les plus frais, ce qui permet aux plantes de s'y plaire. Sans ces gaz, la chaleur qui émane de la surface terrestre serait diffusée dans l'espace et il ferait en moyenne 33 °C de moins sur la planète. L'effet de serre de notre atmosphère maintient la planète dans une fourchette de températures qui convient au vivant, notamment à l'évolution des êtres humains et d'autres espèces.

Ce phénomène est resté stable pendant des milliers d'années, jusqu'au début de l'industrialisation généralisée, au XIXe siècle. Les combustibles fossiles qui ont alimenté la société industrielle – le charbon, le pétrole et le gaz naturel – sont les vestiges de matière végétale carbonée enterrée il y a des millions d'années. Ces combustibles ont été déterrés par extraction minière ou par forage afin d'alimenter nos usines, centrales électriques, automobiles, tracteurs, navires et avions, mais aussi pour chauffer nos lieux de vie et de travail. La combustion d'énergie fossile libère des dizaines de milliards de tonnes de CO_2 chaque année.

L'agriculture, notamment l'élevage de bétail, a aussi entraîné une hausse des émissions de méthane et de protoxyde d'azote : ce sont des gaz à effet de serre qui, par molécule, ont un effet plus prononcé sur le réchauffement que le CO_2. Le forage et l'acheminement du gaz naturel a fait s'échapper d'autant plus de méthane dans l'air. La déforestation généralisée et d'autres modifications de l'occupation des sols sont des sources supplémentaires de CO_2 et d'autres gaz à effet de serre. En raison de ces activités humaines, la concentration de CO_2 dans l'atmosphère est aujourd'hui 50 % plus élevée qu'à l'époque préindustrielle.

Les gaz à effet de serre qui, par centaines de milliards de tonnes, ont déjà été injectés dans l'atmosphère auraient en eux-mêmes un effet relativement modeste sur la température de la Terre, mais c'est compter sans les boucles de rétroaction qui ont intensifié le phénomène. Le réchauffement accentue l'évaporation à la surface des océans d'une plus grande quantité de vapeur d'eau contenant des gaz à effet de serre, qui accélèrent le réchauffement. La glace de mer de l'Arctique a fondu, ce qui accroît la quantité de lumière qui est absorbée par la surface océanique, au lieu d'être reflétée par la banquise et renvoyée dans l'espace ; le réchauffement est ainsi d'autant plus rapide. Les nuages piègent la chaleur et reflètent la lumière du soleil vers la Terre, avec pour effet des changements de nébulosité, conséquence supplémentaire qui, à son tour, réchauffe la Terre. À elles toutes, ces boucles de rétroaction triplent la vitesse du réchauffement tel qu'il se produirait sans ces phénomènes.

Si l'accumulation de CO_2 dans l'atmosphère est si préoccupante, c'est que cet excédent ne peut être éliminé définitivement de l'atmosphère que par un seul processus qui prend plusieurs siècles : la dissolution dans les océans. Certains spécialistes explorent des pistes afin d'accélérer artificiellement cette extraction, mais il n'existe actuellement aucune technologie qui soit efficace et abordable.

Au même titre que les principaux mécanismes physiques, l'ambition des mesures à prendre pour lutter contre le réchauffement ainsi que la nécessité d'agir au plus tôt étaient connues dès les années 1990. Pourquoi tant d'inaction pendant des décennies ? Force est de constater qu'en dépit du consensus scientifique il s'est révélé extrêmement difficile de sensibiliser la classe politique à la gravité de la situation.

En 1981, quand j'étais scientifique à l'ONG appelée Environmental Defense Fund, j'ai commencé à travailler avec des confrères et consœurs écologistes, ainsi que des scientifiques et quelques gouvernements intéressés par la question, afin de la faire connaître du grand public et des élus. Malgré tout, la majorité des gouvernements pensaient à l'époque que, l'impact du réchauffement n'étant pas encore manifeste, il n'était pas nécessaire d'agir – même si les connaissances scientifiques et le coût potentiel de l'inaction étaient de plus en plus indéniables.

En 1986, j'ai été auditionné par une commission sénatoriale des États-Unis et j'ai observé un parterre de fonctionnaires s'exprimer avant moi ; la majorité d'entre eux étaient incultes, indifférents et insensibles à toute forme de stratégie coordonnée visant à ralentir la concentration de gaz à effet de serre. J'ai tenté de décrire très clairement les enjeux face aux personnalités politiques et à la population, afin de montrer que « ce problème, s'il n'est pas maîtrisé, finira par prendre le pas sur tous les autres, par l'ampleur de son effet sur l'environnement. [...] La viabilité de nombreux écosystèmes est en jeu, voire la viabilité de la civilisation telle que nous la connaissons. » Au sujet de la persistance du CO_2, j'ai noté que ce problème était distinct de la pollution atmosphérique et qu'il n'était pas raisonnable d'attendre l'apparition des conséquences pour agir et enrayer les émissions, car plus tard les conséquences seraient trop graves.

Deux ans après, alors qu'une canicule frappait l'est des États-Unis, j'ai été invité à témoigner devant une autre commission sénatoriale aux côtés de Syukuro Manabe, de l'Administration américaine pour les océans et l'atmosphère (NOAA), et de James Hansen, de la NASA, qui ce jour-là a prononcé son célèbre discours : « L'effet de serre a été détecté et il change notre climat dès aujourd'hui. » Mon audition portait sur les conclusions d'une conférence scientifique internationale que j'avais co-organisée sous les auspices des Nations unies : il en ressortait que le problème du changement climatique provoqué par les humains devait être résolu et les scientifiques formulaient des recommandations stratégiques pour limiter à l'avenir les émissions de gaz à effet de serre.

Ce jour de 1988, j'ai souligné plusieurs conclusions saisissantes, notamment que pour ramener le réchauffement à un rythme raisonnable, et ainsi stabiliser l'atmosphère, il fallait réduire les émissions de combustibles fossiles « de 60 % par rapport aux concentrations actuelles, en sus de réductions comparables pour les autres gaz à effet de serre. Dans la mesure où les émissions risquent de doubler ces quarante prochaines années, si l'on en croit les scénarios sans action climatique, nous sommes face à une mission herculéenne. »

Les chiffres ci-dessus, tirés du rapport de la conférence, sont aujourd'hui caducs, car rien ou presque n'a été fait pour enrayer les émissions, c'est pourquoi ces objectifs sont bien plus modestes que les réductions actuellement requises. Si les pays du monde entier, en particulier les pays riches de l'hémisphère Nord, s'étaient concertés et avaient agi à l'époque, nous serions en bien meilleure posture pour atténuer la crise climatique, au lieu de subir la myriade de catastrophes actuelle.

C'est aussi en 1988 qu'a été créé sous la houlette des Nations unies le Groupe d'experts intergouvernemental sur l'évolution du climat (GIEC), qui a mis en commun le travail de milliers de scientifiques du monde entier pour faire un état des lieux sur le climat et trouver des solutions. C'était une initiative inédite des chefs d'État et de gouvernement, afin de pousser la communauté scientifique à se tourner vers l'avenir et à évaluer les dégâts environnementaux qui guettaient la société humaine et les écosystèmes. J'ai participé au premier rapport d'évaluation du GIEC, paru en 1990, et aux cinq autres depuis.

Une compétition avait commencé entre l'accumulation irréversible du CO_2 et les actions décousues des gouvernements en vue d'atteindre la neutralité carbone. Dans la communauté scientifique et écologique, de nombreux collègues et moi comprenions qu'à court terme les pays seraient frappés par des phénomènes météorologiques extrêmes, déclenchés ou exacerbés par le changement climatique, notamment une aggravation des sécheresses, des ouragans et des canicules. Notre objectif était de pousser les nations à agir avant toute conséquence meurtrière et destructrice de la démesure climatique, telle qu'elle était annoncée par les analyses scientifiques. Nous avons manifestement perdu cette compétition.

Les mesures d'atténuation que nous avons prises étaient trop modestes et trop lentes. Les pays ont certes signé la convention-cadre des Nations unies sur les changements climatiques, lors du sommet de la Terre à Rio de Janeiro, en 1992. Ce traité visait à ramener les émissions de gaz à effet de serre aux niveaux de 1990 à l'horizon de l'an 2000, mais il ne s'est pas donné les moyens de ses ambitions, car les objectifs n'étaient pas contraignants. La participation des États-Unis était remarquable et de nature à nous rendre optimistes, car le pays était à l'époque responsable de la majorité des émissions mondiales de CO_2. Le Congrès des États-Unis a ratifié l'accord et l'élection de Bill Clinton à la Maison-Blanche, cette année-là, semblait un signe encourageant pour l'action climatique. Malgré tout, quand le nouveau président a voulu mettre en place une taxe sur l'énergie, première mesure incontournable pour limiter les émissions, le Congrès lui a opposé une résistance virulente et il a renoncé. Les taxes sont un sujet explosif en politique américaine et, là-bas, les taxes carbone ne sont toujours pas pour demain.

La communauté internationale, reconnaissant que les avancées ne permettraient pas d'atteindre les objectifs de la convention-cadre, s'est de nouveau réunie en 1997 à Kyoto afin de s'entendre sur des réductions contraignantes à l'attention des pays développés. Toutefois, comme pour la convention-cadre, le protocole de Kyoto n'a pas exigé que les pays en développement réduisent leurs émissions – un obstacle indéniable puisque les émissions de la Chine étaient sur le point d'exploser et que d'autres pays en développement suivraient à terme ce même chemin.

Les États-Unis n'ont jamais ratifié le protocole de Kyoto et, en 2001, George W. Bush a retiré les États-Unis des pays signataires après son élection à la Maison-Blanche. La science a perdu la bataille en raison de l'influence politique des entreprises qui produisent les énergies fossiles et de celles qui en consomment beaucoup. Nombre de ces entreprises et de leurs associations professionnelles ont créé des campagnes efficaces de désinformation, faisant intervenir de supposés think tanks, tandis que certains dirigeants politiques dans les régions qui exploitaient des énergies fossiles ont déformé les données scientifiques, voire diffusé de grossiers mensonges. Dans la mesure où les intérêts privés entretenaient dans la sphère publique un brouillard de tromperies, il était très facile pour la population de négliger les risques.

L'Europe a été moins distraite et divisée par les campagnes de désinformation des grands groupes énergétiques et elle a très tôt été cheffe de file mondiale en matière climatique. La Première ministre britannique, Margaret Thatcher, qui avait été chercheuse en chimie, respectait les avertissements de la science. Motivée par sa détermination à briser les syndicats de mineurs, elle avait soutenu en 1989 la négociation de la convention-cadre des Nations unies. En Allemagne, qui figurait aussi parmi les principaux pollueurs européens, les Verts ont gagné du terrain dès le milieu des années 1980, ce qui a poussé les deux principaux partis allemands à adopter des objectifs écologiques et énergétiques, qu'Angela Merkel, ancienne chimiste elle aussi, s'est employée à mettre en œuvre à son arrivée au pouvoir, en 2005. Ainsi, quand les États-Unis se sont mis en retrait de la question climatique, l'Union européenne, menée par le Royaume-Uni, l'Allemagne, les Pays-Bas et ses États membres scandinaves, a partiellement comblé ce vide et encouragé une action mondiale. Grâce à la réunification allemande et à la forte chute des émissions dans l'ex-RDA et dans les États de l'ancien bloc soviétique, l'UE a tenu ses engagements pris à Kyoto.

D'autres pays développés, en particulier le Canada et l'Australie, se sont attachés en façade aux engagements de Kyoto mais, sous l'influence de leurs régions qui exploitent des énergies fossiles, n'ont rien fait ou presque pour réduire leurs émissions.

En 2014, la Chine et les États-Unis ont proposé conjointement des objectifs nationaux qui ont ouvert la voie à l'accord de Paris, négocié l'année suivante. L'accord de Paris a fait date à certains égards, mais il s'est révélé peu efficace, car la Chine – et maintenant l'Inde – enregistre de fortes hausses de ses émissions et son économie est encore très dépendante du charbon. La Chine a de nombreuses raisons de persévérer dans ses engagements climatiques : le pays doit atténuer la pollution atmosphérique de toute urgence et enregistrera d'immenses bénéfices en vendant des panneaux photovoltaïques, des éoliennes et des voitures électriques au reste du monde. Malgré tout, les dirigeants chinois s'opposent à toute réelle transparence en ce qui concerne la surveillance, l'établissement de rapports et la vérification de leurs engagements au titre de l'accord de Paris, et tant qu'ils garderont cette posture ils ne pourront pas être considérés comme des exemples de leadership responsable.

Nous avons perdu une course essentielle – celle qui devait empêcher les impacts néfastes – mais aujourd'hui, face à l'accélération du réchauffement, nous nous trouvons sur la ligne de départ d'une seconde course : elle vise à atténuer les effets de la crise climatique et à conserver une planète habitable. S'adapter à cette nouvelle étape exigera des leaders émergents qu'ils tiennent tête aux intérêts des géants des combustibles fossiles et à la myopie populaire – ce à quoi ma génération n'est jamais parvenue. Les progrès technologiques en matière d'énergie, la prise de conscience face à cette crise indéniable, ainsi que l'admirable détermination et la pression concrète exercée par la jeune génération me poussent à rester optimiste. Ce ne sera pas facile, mais les enjeux sont maintenant flagrants et personne ne pourra feindre l'ignorance. /

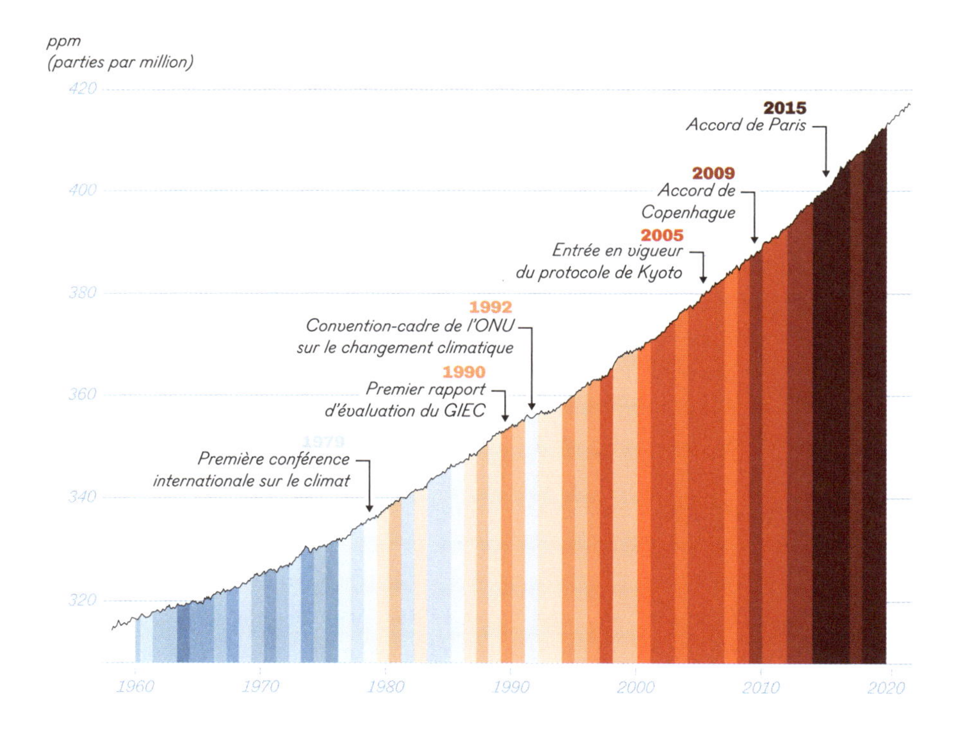

Figure 1 : Évolution de la concentration atmosphérique mondiale de CO_2 au fil des ans. On observe un pic de la concentration de CO_2 dans notre atmosphère et des températures moyennes mondiales en dépit des conférences internationales sur le climat et des accords internationaux visant à réduire les émissions.

1.7

Pourquoi n'ont-ils rien fait ?

Naomi Oreskes

« **Pourquoi les gens n'ont-ils rien fait** pour arrêter la crise climatique, alors qu'ils étaient au courant depuis des décennies ? » Quand les futurs historiens poseront cette question, une grande partie de la réponse s'attardera sur le déni et l'obstruction dont s'est rendue coupable l'industrie des énergies fossiles, mais aussi sur l'attitude des puissants et des privilégiés, qui refusent d'admettre que le changement climatique est le symptôme d'un système économique en panne.

Les scientifiques, les journalistes et les militants ont recensé les nombreuses méthodes de désinformation sur le changement climatique déployées par l'industrie des énergies fossiles pour empêcher toute action. Ce recensement porte en particulier sur le géant du secteur, ExxonMobil. Dans les années 1970 et 1980, les scientifiques d'Exxon ont fait savoir à leur hiérarchie que leurs produits risquaient d'entraîner des changements climatiques. Ça n'a pas empêché l'entreprise, à partir des années 1990, de diffuser l'idée d'une forte incertitude scientifique. Ils ont avancé qu'agir au niveau de l'État était prématuré, voire superflu. ExxonMobil était le rouage clé d'un réseau parfois appelé le « complexe de combustion de CO_2 », dans lequel on trouvait les exploitants de charbon, les constructeurs automobiles, les producteurs d'aluminium et d'autres entreprises qui s'enrichissaient grâce au bas prix des énergies fossiles.

Au moyen de publicités, de campagnes de communication, de rapports achetés auprès de « spécialistes sur commande », entre autres, ce complexe a délibérément semé la confusion sur la crise climatique. Nombre des stratégies et tactiques ont été directement empruntées à l'industrie du tabac : trier sur le volet et manipuler les données scientifiques ; promouvoir des scientifiques marginaux pour donner l'impression d'un débat scientifique alors que le sujet était consensuel ou presque ; financer des travaux visant à détourner l'attention des principales causes du changement climatique ; contester la crédibilité des climatologues ; et diffuser une fausse image de l'industrie des énergies fossiles en affirmant qu'elle soutenait « des données scientifiques solides » alors qu'elle protégeait son chiffre d'affaires. Ce secteur a également fait diversion en martelant que les citoyens devaient « prendre leurs responsabilités » et faire baisser leur « empreinte carbone ».

L'industrie des énergies fossiles a travaillé en tandem avec un réseau de think tanks néolibéraux, libertariens et conservateurs qui ont relayé et amplifié le climatoscepticisme. Certains de ces organismes étaient indépendants, comme le CATO Institute, aux États-Unis, et l'Institute for Economic Affairs, au Royaume-Uni ; leurs engagements idéologiques en faveur du laisser-faire économique les rendaient hostiles à toute intervention de l'État. (Souvent, ces groupes s'inspiraient des cigarettiers en affirmant que la lutte contre la crise climatique serait une entrave à la liberté.) D'autres organismes étaient des coquilles vides, comme la Global Climate Coalition, menée par Mobil, et le groupe des « Citoyens éclairés pour l'environnement », fondé par des producteurs de charbon implantés aux États-Unis. En 2006, la Royal Society britannique, l'une des plus anciennes et vénérables sociétés scientifiques honorifiques du Royaume-Uni, a identifié trente-neuf organisations financées par ExxonMobil qui niaient ou déformaient les données scientifiques sur le climat.

L'industrie des énergies fossiles et ses alliés ont agi indirectement pour empêcher toute action climatique en empoisonnant le débat public, mais ils ont aussi agi directement quand les États semblaient sur le point de prendre des mesures concrètes. Citons, aux États-Unis, la loi de 2009 sur la sécurité et les énergies propres, qui aurait créé des quotas d'émissions afin de réduire celles des gaz à effet de serre. Tout était bien engagé jusqu'à ce que la chambre américaine de commerce, les compagnies d'électricité, les groupes pétroliers et gaziers, les associations professionnelles du secteur et des think tanks fassent un travail féroce de pression contre le projet de loi, ce qui a permis de le faire échouer. Entre 2000 et 2016, pour soutenir les intérêts liés aux énergies fossiles en bloquant la lutte climatique, auraient été dépensés, aux États-Unis uniquement, près de deux milliards de dollars.

La désinformation, les diversions et le lobbying menés par le secteur ont été encouragés par les vœux pieux de certains, qui admettaient que le gaz naturel était une « énergie de transition », qui ont rechigné à reconnaître la malfaisance du secteur et maintenu qu'il fallait encourager « la participation du privé ». L'un des exemples les plus remarquables concerne l'université de Harvard. En 2021, l'université a annoncé qu'elle renonçait à sa dotation tirée de ses parts dans le secteur des énergies fossiles. Pendant de nombreuses années, les dirigeants de Harvard avaient refusé de critiquer cette industrie, faisant valoir qu'ils ne pouvaient pas « risquer de se mettre à dos et de diaboliser d'éventuels partenaires ». Pourtant, nombre de ces « partenaires » avaient diabolisé les climatologues et les écologistes, et nui à des milliards de personnes dans le monde.

La majorité des économistes reconnaissent aujourd'hui que le changement climatique est un dysfonctionnement du marché, mais seuls quelques-uns l'inscrivent dans le cadre plus général de la destruction environnementale que les scientifiques appellent la grande accélération. Le capitalisme, tel qu'il est actuellement mis en œuvre, menace l'existence de millions d'espèces sur Terre, ainsi que la santé et le bien-être de milliards d'humains. Il menace également la prospérité qu'il était censé créer. En contestant deux cent cinquante ans de pensée économique dominante, la crise climatique a montré que la course effrénée aux intérêts individuels n'était pas favorable au bien collectif. Elle montre, pour reprendre les termes de l'économiste Joseph Stiglitz, que la main invisible d'Adam Smith – l'idée que l'économie de marché mène à l'efficacité comme si ces marchés étaient guidés consciemment – est invisible « car elle n'existe pas ». Et elle montre, pour reprendre les termes du pape François, que « les produits technologiques ne sont pas neutres, car ils créent un cadre qui conditionne à terme les modes de vie et influence les possibilités sociales conformément aux doctrines dictées par les intérêts de certains groupes puissants ».

Ce sont là de lourdes conclusions à accepter. Personne ne veut admettre qu'il a été dupé par la désinformation ou aveuglé par un mythe, et les privilégiés examinent rarement l'origine de leur privilège. Ainsi, encore aujourd'hui, beaucoup de gens qui ne sont pas nécessairement « climatosceptiques » résistent aux mesures concrètes. Ils refusent de reconnaître tout l'échec de nos systèmes économiques et ils nient l'ampleur des dégâts provoqués par la désinformation du secteur des énergies fossiles. /

Les puissants et les privilégiés refusent d'admettre que le changement climatique est le symptôme d'un système économique en panne.

1.8

Points de bascule et boucles de rétroaction

Johan Rockström

La science a maintenant établi que la Terre était entrée dans une nouvelle ère géologique, l'anthropocène. À ce titre, la mondialisation constitue le principal moteur des transformations planétaires. La quantité de CO_2 émise jusqu'à présent en raison de la combustion d'énergies fossiles (environ 500 milliards de tonnes) et la destruction environnementale que nous provoquons suffisent à influencer le destin de notre planète pour les cinq cent mille prochaines années. Nous sommes aux commandes, responsables de l'état futur de notre maison – la Terre. Nous avons amorcé l'anthropocène dans les années 1950, quand notre économie industrialisée alimentée aux combustibles fossiles s'est réellement mondialisée, entraînant de multiples pics « en crosse de hockey », conséquence des pressions humaines qui s'accroissent. La grande accélération est une réalité : c'est une hausse soutenue des émissions de gaz à effet de serre, de l'utilisation d'engrais, de la consommation d'eau, de la pêche dans les océans et de la dégradation de la biosphère terrestre, parmi tant d'autres indicateurs (fig. 1).

Le drame ne se limite pas toutefois à cet aperçu, qui a pourtant de quoi stupéfier. Nous ne nous sommes pas contentés de déclencher une ère géologique complètement inédite. Nous sommes au cœur de l'anthropocène et notre planète avertit qu'elle ne peut plus supporter davantage d'agressions humaines. Après soixante-dix ans environ, il est indéniable que le système terrestre semble à bout de forces, il semble perdre son aptitude biophysique à encaisser et à atténuer les pressions, le stress et la pollution que nous lui imposons.

La communauté scientifique doit maintenant déterminer si nous risquons de déstabiliser le système terrestre tout entier, c'est-à-dire pousser les systèmes et mécanismes biophysiques – les calottes glaciaires, les forêts et la circulation thermohaline – au-delà du point de non-retour, après quoi les boucles de rétroaction ne permettent plus de rafraîchir et d'atténuer. Au contraire, elles réchauffent et accentuent, ce qui pourrait aboutir à la fin définitive de l'état interglaciaire de la planète – l'holocène –, dont la stabilité a favorisé l'émergence des civilisations humaines il y a environ 10 000 ans et dont nous restons complètement dépendants.

Nous avons donc atteint un seuil critique, nous sommes à la croisée des chemins. Nous sommes dans l'anthropocène et les signes de basculement irréversible se multiplient. Malgré tout, le système terrestre, s'il affiche des indices inquiétants de déstabilisation, reste dans un état interglaciaire proche de l'holocène. Ça peut paraître étrange, mais c'est pour cette raison que l'espoir est encore permis. Si l'holocène est un état de la planète (une période interglaciaire qui présente deux calottes permanentes en Arctique et en Antarctique), l'anthropocène est, à ce jour, « seulement » une trajectoire : un éloignement de l'holocène mais pas encore un état à part entière.

Tout n'est pas perdu, mais l'espoir est faible. À 1,1 °C de réchauffement mondial (en 2021), nous avons dépassé le record de température moyenne à la surface de la Terre depuis la fin de la dernière ère glaciaire. Nous sortons de l'état interglaciaire confortable, soit une fourchette de températures qui est compatible avec la vie et restait stable à plus ou moins 1 °C. L'immense défi qui nous attend exige d'interrompre notre trajectoire actuelle pour empêcher que l'anthropocène devienne un nouvel état chaud qui s'autorenforce. Le seul moyen d'accomplir cette mission humaine est de ne pas franchir les points de non-retour du système terrestre qui régulent le climat et la biosphère vivante. Pour cela, nous devons gérer les biens communs mondiaux – tous les mécanismes biophysiques qui sont essentiels à la régulation de la planète – pour les maintenir dans les limites planétaires qui, conformément aux définitions scientifiques, permettent de vivre en sécurité.

Nos économies, nos sociétés et nos civilisations reposent sur deux suppositions au sujet de la nature : les changements sont progressifs et linéaires (ce qui permet, en cas de regret, de rectifier les choses simplement) ; la biosphère a une capacité pour ainsi dire infinie à encaisser les impacts humains (nos déchets) et à supporter l'extraction des ressources (notre consommation).

Les données scientifiques relatives à la résilience et aux systèmes complexes discréditent ces deux suppositions. Les systèmes biophysiques de la Terre – les calottes glaciaires comme les forêts – déterminent *in fine* dans quelle mesure la planète est habitable. Ils le font non seulement en rendant des services immédiats à nous, les humains (de la nourriture et de l'eau potable), mais aussi par une résilience innée, c'est-à-dire l'aptitude à absorber des chocs et des tensions (le réchauffement dû aux émissions de gaz à effet de serre et à la déforestation), et par conséquent à rafraîchir la planète et à y maintenir des températures stables. Tout a pourtant des limites. Au-delà de ce seuil, ce système – que ce soit un récif corallien, une toundra gelée ou une forêt tempérée – basculera définitivement vers un nouvel état dont les qualités sont tout autres.

Il faut souligner qu'on franchit les points de bascule quand un changement modeste (par exemple, une faible hausse des températures mondiales due à la combustion des énergies fossiles) déclenche un grand changement irréversible (une forêt tropicale qui devient une savane aride). Cette transformation est due à des « boucles de rétroaction » qui s'auto-alimentent, de sorte que le changement se poursuit même si la pression (le réchauffement climatique) retombe. Par conséquent, on ne revient pas en arrière même si le climat de fond repasse en deçà du seuil. Ça n'a généralement pas lieu du jour au lendemain : il faut des décennies, voire

La « grande accélération »

Tendances du système Terre depuis 1750

Figure 1

Tendances socio-économiques depuis 1750

des siècles pour qu'un système retrouve sa stabilité. Il faut retenir qu'atteindre un point de non-retour revient à enclencher une nouvelle machinerie biophysique, ce qui amorce des boucles de rétroaction déstabilisantes et pousse un système vers un nouvel état, progressivement mais irrémédiablement, entraînant ainsi de graves répercussions pour l'environnement et les moyens de subsistance de nombreuses personnes (fig. 2).

Les points de bascule ne sont pas toujours brusques et c'est l'une des grandes difficultés qui nous guettent. Si nous franchissons certains de ces seuils critiques aujourd'hui ou ces prochaines décennies, leur plein impact pourrait n'être flagrant, voire inéluctable, que des centaines ou des milliers d'années plus tard. La montée des eaux liée à la fonte des banquises l'illustre très bien : le phénomène se poursuivra pendant des siècles et des millénaires, puis conservera un niveau élevé pendant des milliers d'années. Comme le montre aujourd'hui le GIEC, même à 1,5 °C de réchauffement nous risquons de léguer à toutes les générations futures une hausse des océans d'au moins deux mètres, même s'il faut deux mille ans pour les atteindre. L'éthique revêt alors une nouvelle dimension temporelle. C'est *maintenant* que tout se décide : dans quelle mesure laisserons-nous une planète de moins en moins habitable à nos enfants et à leurs enfants ? Il faudra peut-être des centaines voire des milliers d'années, mais ce sera irrémédiable.

Comment peut-on représenter les points de bascule ?

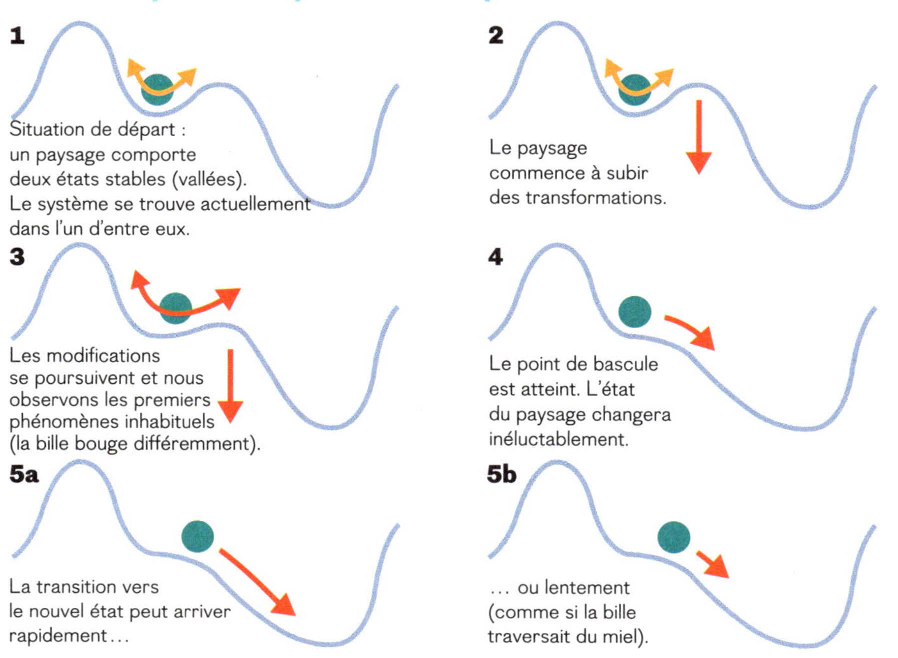

Figure 2

Il est absolument fondamental de comprendre les interactions entre les systèmes terrestres et leurs boucles de rétroaction, afin d'évaluer les risques qui se manifesteront si nous poussons la planète trop loin. Les interactions accentuent les changements. Par exemple, quand le réchauffement des océans accélère la fonte des glaces, la boucle de rétroaction évolue au moment où la banquise (qui reflète habituellement vers l'espace 80 à 90 % des rayons solaires) franchit un palier d'albédo, car la surface des glaces s'assombrit quand elles fondent et deviennent liquides. Au bout d'un certain temps, le processus passe du négatif (refroidissement net) au positif (réchauffement net), et l'ensemble du système évolue vers un nouvel équilibre sans glace, conséquence de l'évolution de la boucle de rétroaction.

Dans l'état actuel des connaissances, tous les systèmes biophysiques terrestres ne se caractérisent pas par des états stables associés à un point de non-retour et aux effets correspondants. C'est le cas de certains systèmes, mais pas de tous. L'ensemble des systèmes et processus biologiques, physiques et chimiques (par exemple les cycles planétaires du carbone, de l'azote et du phosphore) ont toutefois en commun des liens étroits ; la biosphère, l'hydrosphère et la cryosphère interagissent aussi. Leurs réactions déterminent leur fonctionnement (leur état) et, par ailleurs, les principales boucles de rétroaction peuvent basculer du négatif (atténuation) au positif (accentuation) mathématique.

Les grands composants du système terrestre susceptibles de basculer sont ceux qui se caractérisent par des effets de seuil et qui, dans le même temps, contribuent à la régulation de la planète. Nous avons tous besoin que ces éléments restent stables et résilients. Ce sont des biens communs mondiaux que nous devons aujourd'hui gérer et gouverner, en raison des risques que nous encourons dans l'anthropocène.

En 2008, quinze éléments de bascule climatique ont été identifiés (fig. 3, carte 1). Depuis, les connaissances scientifiques ont remarquablement progressé et nous en savons beaucoup plus sur les phénomènes liés aux points de bascule et sur les interactions entre ces systèmes. Nous avons aussi identifié plus de deux cents cas et environ vingt-cinq types génériques de changement de régime (autrement dit des transitions critiques soudaines, durables et de grande ampleur dans la fonction et la structure des écosystèmes, quand sont franchis des points climatiques de non-retour). En 2019, une étude a réalisé l'actualisation scientifique décennale des risques liés aux points de bascule climatiques et sa conclusion s'est révélée très préoccupante. Neuf des premiers éléments identifiés s'approchent de leur seuil critique (fig. 3, carte 2). Cette évaluation a, en grande mesure, été confirmée par le sixième rapport d'évaluation du GIEC, qui souligne sa préoccupation au sujet de six des neuf éléments instables : la calotte glaciaire de l'Antarctique occidental, la calotte glaciaire du Groenland, les glaces de mer de l'Arctique, le pergélisol, la circulation méridienne de retournement Atlantique et la forêt primaire amazonienne.

En outre, les interactions entre les éléments de bascule sont particulièrement préoccupantes, car les systèmes concernés sont susceptibles de se déclencher les

Éléments de bascule identifiés pour la première fois en 2008

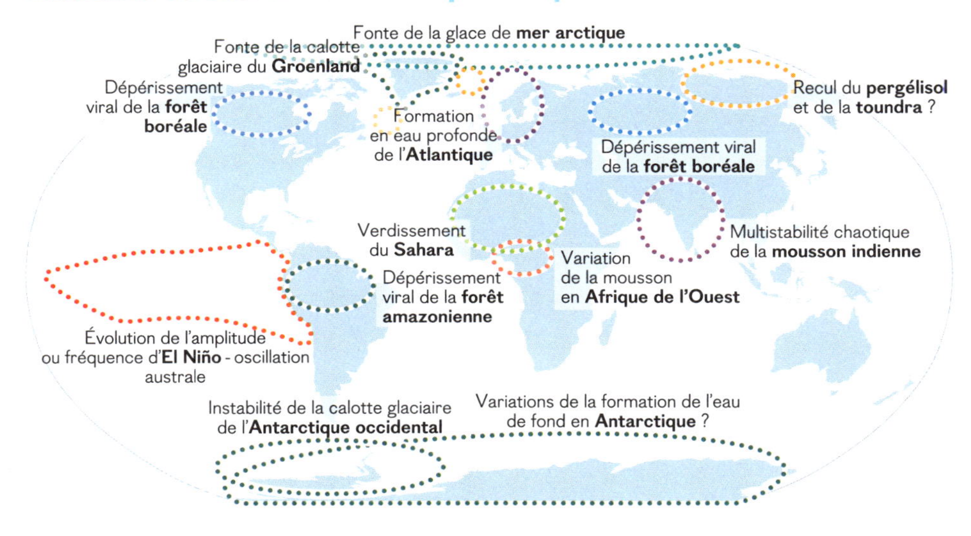

Éléments de bascule montrant des signes d'instabilité en 2019 et liens entre ces éléments

Figure 3

uns les autres et de provoquer un effet domino. Des bascules en chaîne risquent de transformer la Terre en serre chaude. Si le réchauffement mondial est de 1,1 °C, le réchauffement de l'Arctique est deux à trois fois plus rapide, ce qui accélère la fonte des glaces de la calotte du Groenland (et des glaces de mer arctiques). Ce phénomène ralentit la circulation méridienne de retournement Atlantique, qui se répercute sur la mousson en Amérique du Sud, ce qui explique partiellement la recrudescence des sécheresses en Amazonie, l'ampleur des incendies et les pics brutaux de CO_2 réinjectés dans l'atmosphère – le tout intensifie le réchauffement. De plus, le ralentissement des courants thermohalins dans l'Atlantique aboutit à des eaux plus chaudes en surface dans l'océan Antarctique, ce qui peut expliquer la fonte accélérée de la calotte glaciaire en Antarctique occidental.

À noter que ces dynamiques complexes sont à l'avant-garde scientifique et leurs fonctionnements précis ne sont pas tous attestés, mais ils suscitent l'inquiétude et ils prêtent d'autant plus de caution scientifique à la prudence et à une mobilisation rapide pour remédier à la crise climatique.

Nous sommes dans un contexte de risque accru. Des points de non-retour pourraient être franchis, on ne peut plus l'exclure, ce qui entraînera des changements irrésistibles, pas plus qu'on ne peut s'affranchir des risques qui se précisent parallèlement aux progrès des connaissances scientifiques depuis l'an 2000. Comme on le voit sur le graphique intitulé « Motifs de préoccupation » (fig. 4), plus nous en savons sur le fonctionnement du climat, plus il y a de raisons de s'inquiéter. Il n'y a pas si longtemps, en 2001, dans le troisième rapport d'évaluation du GIEC, nous pensions encore que le risque de changements irréversibles assortis de graves répercussions était très faible, et qu'un risque grave ne se manifestait qu'à partir de 5 ou 6 °C de réchauffement. C'était comme dire qu'il n'y avait aucun risque, car personne ne suggérait ou ne suggère qu'un réchauffement mondial moyen peut atteindre un niveau si catastrophique. À chaque nouveau rapport du

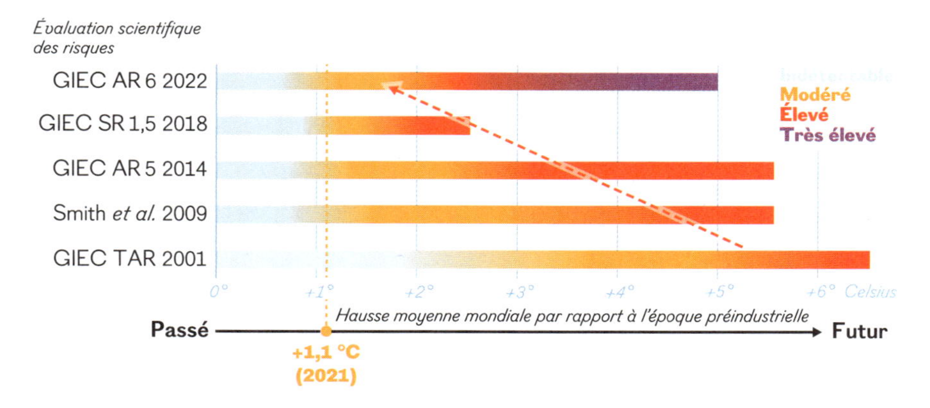

Figure 4 : Motifs de préoccupation, un graphique présenté pour la première fois en 2001 dans le troisième rapport du GIEC. Il montre que les risques associés à chaque hausse de température ont augmenté au fil des publications.

GIEC, à mesure que la température moyenne mondiale a augmenté en raison de nos émissions de gaz à effet de serre, le seuil critique a progressivement baissé parallèlement aux avancées scientifiques. Dans l'état actuel des connaissances, même à 1,5 °C – et sans aucun doute entre 1,5 °C et 2 °C – nous prenons des risques immenses. /

C'est maintenant que tout se décide : laisserons-nous une planète de moins en moins habitable à nos enfants et à leurs enfants ?

1.9

Rien ne compte plus au monde

Greta Thunberg

Nous sommes actuellement 7,9 milliards sur cette magnifique planète bleue qui tourne autour du Soleil dans notre petit coin du grand cosmos. Nous sommes tous liés. À l'instar de l'ensemble des êtres vivants, nos origines remontent à travers le temps jusqu'aux sources de la vie ; ainsi, malgré tous nos efforts pour nous tenir éloignés de la nature, nous en sommes inséparables.

Chacun des faits et des récits rassemblés dans ce livre est assez perturbant pris séparément. Mais ils sont eux aussi très liés – comme nous tous. Et une fois que vous commencez à les relier les uns aux autres, à les comprendre comme faisant partie d'un réseau d'événements interconnectés, ils se chargent d'une signification plus alarmante encore. Qui a réuni les pièces de cette grande histoire globale ? À qui nous en référons-nous lorsque nous voulons contempler la situation dans son ensemble ? À une université des universités supérieure ? À nos gouvernements ? Aux dirigeants mondiaux ? Au monde des affaires ? Aux Nations unies ? La réponse est : à personne – ou plutôt à tout le monde.

Nous sommes au début d'une crise écologique et climatique en rapide aggravation. Une crise de la durabilité. La technologie seule ne suffira pas à nous sauver et malheureusement il n'existe pas de lois ou de résolutions contraignantes qui nous placent avec certitude sur une trajectoire vers une vie sûre, sur notre planète telle que nous la connaissons.

La transition dont nous avons besoin afin de nous assurer cette sécurité future ne sortira pas de nulle part. Elle adviendra à la suite d'un changement de l'opinion publique, qui dépend de nous et pour lequel nous devrons user de tous les moyens à notre disposition. Tout dépend de la manière dont nous choisirons de communiquer. Il n'y aura pas de message universel qui convienne à tous. Des milliers, voire des millions d'approches différentes seront nécessaires, mais pour l'heure nos ressources sont tout à fait limitées. Nous devons *koka soppa på en spik*, comme on dit en suédois. Faire avec ce que l'on a. Et ce que nous avons c'est la morale, l'empathie, la science, les médias et – dans certaines parties du monde, les plus chanceuses – la démocratie. Il n'existe pour l'instant pas de meilleurs outils et nous devons tous commencer à les utiliser.

Certains disent que nous ne devrions pas inclure la morale, car cela pourrait susciter un sentiment de culpabilité et la culpabilité n'est pas le moyen idéal de lancer le changement. Mais que faire d'autre ? Comment nous attaquer à ce sujet inconfortable sans froisser quiconque ? Comment évoquer une crise humaine existentielle née de l'inégalité, de l'exploitation des travailleurs et de la nature, du vol des terres, du génocide et de la surconsommation sans mentionner la morale ? Faudrait-il prétendre que la pire menace à laquelle nous ayons été confrontés est simplement une occasion de créer de « nouveaux emplois verts » et un meilleur avenir pour tous sans grand changement pour qui que ce soit ?

D'autres – très peu nombreux – pensent qu'un genre de dictature serait plus adaptée pour gérer une crise de cette ampleur. Mais il n'existe pas de bonnes dictatures, il suffit de regarder la Chine ou la Russie de Poutine. L'idée d'une règle non démocratique qui d'une façon ou d'une autre rechercherait le meilleur pour ses citoyens est absurde. La justice et l'égalité sont essentielles pour résoudre cette crise – ce qui exclut automatiquement toute forme de dictature.

La démocratie est un bien précieux, mais ainsi qu'on nous l'a rappelé bien trop souvent c'est un système fragile. À moins que les citoyens soient bien informés et bien éduqués concernant les affaires qui régissent leur vie, la démocratie est facilement manipulable.

C'est pourquoi le contenu de ce livre – la science, les connaissances, les récits – est littéralement affaire de vie ou de mort. Pas seulement pour nous, mais pour les générations à venir et tous les êtres vivants. D'innombrables problèmes méritent notre complète attention, mais la crise climatique et écologique diffère de beaucoup d'autres parce qu'elle ne peut pas être réglée dans le futur. Et les réponses à toutes les autres crises dépendent de notre capacité à résoudre celle-ci. La crise climatique et écologique ne peut pas être résolue plus tard. Elle ne peut pas être laissée aux bons soins de quelqu'un d'autre. Ce doit être nous, maintenant.

Nous devons nous former. Nous devons comprendre les faits essentiels. Nous devons apprendre à lire entre les lignes. Nous devons nous motiver pour dire les choses telles qu'elles sont. Il est inutile d'exagérer, l'histoire est déjà assez grave. Il est inutile d'édulcorer, nous devons nous montrer assez adultes pour affronter la vérité. Et ce n'est pas le moment de désespérer ; il n'est jamais trop tard pour commencer à sauver le plus de choses possibles. Rien ne compte plus au monde, l'histoire doit être racontée aussi fort, aussi loin que nos voix peuvent porter, et bien au-delà. Elle doit être racontée dans des livres et des articles, dans des films et des chansons, à la table du petit déjeuner, autour de déjeuners d'affaires ou de réunions de famille, dans les ascenseurs, à l'arrêt de bus et dans les petites épiceries de campagne. Dans les écoles, les salles de conférences, sur les marchés. Dans les aéroports, les salles de sport, les bars. Dans les champs, les entrepôts et les usines. Lors de réunions syndicales, d'ateliers politiques et de matches de foot. Dans les crèches et les maisons de retraite. Dans les hôpitaux et les garages automobiles. Sur Instagram, TikTok, au journal de 20 heures. Sur des routes de campagnes poussiéreuses et dans les rues de nos villes. Partout, tout le temps.

On estime que nous, les humains en vie aujourd'hui, composons 7 % de tous les *Homo sapiens* ayant vécu. Nous sommes tous reliés, dans le temps et l'espace. Nous sommes connectés par notre passé et notre avenir commun. Grâce à notre aptitude à observer, à étudier, à nous souvenir, à évoluer, nous adapter, apprendre, changer et raconter des histoires, nous avons réuni suffisamment d'informations et de connaissances pour commencer à préserver nos conditions de vie et notre bien-être. Cela nous a donné une possibilité sans précédent de créer un monde juste et riche. Mais cette énorme réussite collective – unique peut-être dans tout l'Univers – est en train de nous échapper. À ce jour, nous avons échoué. Nous avons laissé la cupidité et l'égoïsme – l'occasion pour un très petit nombre de gagner des sommes d'argent inimaginables – se mettre en travers de notre bien-être commun.

Mais voilà qu'aujourd'hui, vous et moi, avons reçu la responsabilité historique de remettre de l'ordre dans tout ça. Il se trouve que nous sommes en vie à l'un des moments les plus décisifs de l'histoire de l'humanité, ce qui nous offre une chance incommensurable d'agir. Le moment est venu pour nous de raconter cette histoire et peut-être, même, d'en changer la fin. Ensemble, nous pouvons encore éviter les pires conséquences. Nous pouvons encore empêcher la catastrophe et commencer à soigner les blessures dont nous sommes responsables. Ensemble, nous pouvons réussir ce qui semble impossible. Ne vous y trompez pas, personne ne s'en chargera à notre place. C'est à nous de jouer, ici et maintenant. Vous et moi. /

Chacun des faits et des récits rassemblés dans ce livre sont assez perturbants pris séparément. Mais ils sont eux aussi très liés – comme nous tous.

DEUXIÈME PARTIE /

La planète change sous nos yeux

« La science ne ment pas. »

2.1

Une météo sous stéroïdes

Greta Thunberg

« C'est devenu normal » est une phrase que nous entendons souvent quand sont évoqués les changements rapides dans nos météos quotidiennes – incendies, ouragans, vagues de chaleur, inondations, tempêtes, sécheresse, etc. Ces événements météorologiques ne sont pas seulement plus fréquents, ils sont aussi plus extrêmes. La météo semble être sous stéroïdes et les catastrophes naturelles, de moins en moins naturelles. Mais ce n'est pas « normal ». Ce à quoi nous assistons désormais marque simplement le début d'une mutation du climat, provoquée par des émissions de gaz à effet de serre dues aux activités humaines. Jusqu'à présent, les systèmes naturels de la Terre ont joué un rôle d'amortisseurs, atténuant les spectaculaires transformations en cours. Mais la résilience planétaire, si vitale pour nous, ne durera pas éternellement et les preuves de plus en plus claires semblent suggérer que nous entrons dans une nouvelle ère, de changement plus dramatique.

Le changement climatique est devenu une crise plus tôt que nous le pensions. Tant de chercheurs à qui j'ai parlé ont reconnu être choqués d'assister à une intensification aussi rapide ! Mais cela n'a peut-être rien de surprenant, la science se montrant toujours très prudente en matière de prédictions. Résultat : rares sont les personnes qui ont su comment réagir quand les signaux, ces dernières années, ont commencé à devenir de plus en plus évidents. Et elles sont encore moins nombreuses à avoir prévu comment communiquer sur ce qui est en train de se passer. Il semble qu'une large majorité de gens se soient préparés à un scénario différent, moins urgent. Une crise qui ne se produirait pas avant plusieurs dizaines d'années.

Et pourtant, nous y sommes. La crise écologique et climatique n'est pas l'affaire d'un lointain avenir. Elle se produit ici et maintenant. Dans les pages qui suivent, nous nous pencherons sur certains des principaux changements survenus alors que le climat – et la planète tout entière – commence à être déstabilisé. Chacune de ces études de cas est grave en soi, mais puisqu'elles sont toutes interconnectées nous ne pouvons pas en « régler » une sans « régler » les autres. Aux problèmes globaux il faut des solutions globales. Notre principal défi, cependant, est que tous ces événements se produisent au même moment, et très rapidement.

Je me rends compte que la lecture des chapitres qui suivent risque d'être déprimante pour certains, mais nous ne devrions pas être étonnés par ce qui se passe.

Pages précédentes : Lors d'une expédition pour surveiller la glace de mer et l'océan dans la région, les traîneaux à chiens du météorologue danois Steffen Olsen et de chasseurs inuits avancent avec difficulté dans l'eau qui a fondu en juin 2019 à la suite d'un épisode de chaleur anormal dans le nord-ouest du Groenland.

Après des décennies, des siècles d'éloignement de la nature et de la durabilité, il fallait bien s'y attendre. La planète a des limites. Nos ressources ne sont pas infinies.

Certains disent que nous n'en faisons pas assez pour mettre un terme à cette crise, pour nous en emparer. Mais c'est un mensonge, puisque « ne pas en faire assez » indiquerait que l'on fait quelque chose ; or la vérité qui dérange est que nous ne faisons rien. Ou, pour être honnête, nous en faisons très, très peu – sans commune mesure avec ce qui serait nécessaire. Et, plus important peut-être, nous ne faisons rien qui améliore ou renverse la situation, nous sommes, au mieux, sur la défensive. Les forces de la cupidité, du profit et de la destruction de la planète sont si puissantes que notre combat pour le monde naturel se limite à une lutte désespérée pour éviter une catastrophe naturelle totale. Nous devrions nous battre pour la nature, mais au lieu de ça nous nous défendons contre ceux qui sont décidés à la détruire.

Imaginez où nous en serions aujourd'hui sans les écologistes, les activistes, les scientifiques et les défenseurs des terres indigènes. Ils se sont battus pour nous et dans de nombreux cas ils ont risqué leur vie et leur liberté. Imaginez si ces millions de personnes qui essaient d'améliorer les conditions de vie de la planète se voyaient offrir une occasion de commencer à renverser la situation, au lieu d'être contraintes de simplement repousser la destruction en cours ou l'ouverture incessante de nouveaux pipelines, de nouveaux gisements de pétrole et de nouvelles mines, de nouveaux sites de déforestation. Alors nous pourrions commencer à voir des progrès, des boucles de rétroaction positives, des points de bascule positifs. Mais nous n'en sommes pas là. Au lieu de ça, nous sommes bloqués dans une spirale d'événements négatifs qui s'accélèrent et qui, si nous la laissons poursuivre sur sa lancée, deviendra de plus en plus difficile à arrêter. Et non, malheureusement, il ne s'agit pas là de quelque chose de « normal ». Cette crise continuera à s'aggraver tant que nous n'aurons pas réussi à mettre un terme à la destruction constante des systèmes qui nous permettent de vivre – tant que nous ne donnerons pas la priorité aux humains et à la planète sur le profit et la cupidité. /

Nous entrons dans une nouvelle ère, de changement plus dramatique.

2.2

Les dômes de chaleur

Katharine Hayhoe

Depuis le début de l'ère industrielle, l'humanité produit des quantités croissantes de dioxyde de carbone et autres puissants gaz à effet de serre. À mesure que ces gaz s'accumulent dans l'atmosphère, ils forment une sorte de couvercle qui piège de plus en plus de chaleur emmagasinée sur la Terre, l'empêchant de s'évacuer dans l'atmosphère. C'est la raison pour laquelle la température moyenne de la planète ne cesse d'augmenter et qu'en référence au changement climatique on parle souvent de « réchauffement ».

Dans notre vie quotidienne, cependant, ce que nous constatons généralement ne relève pas tant du réchauffement de la planète que d'une « bizarrisation » de la planète. Imaginons que le climat soit un jeu de dés. On a toujours une bonne chance de tirer un double six – qui, dans notre analogie, équivaudrait à un événement climatique extrême, comme une vague de chaleur, une inondation, une tempête ou une sécheresse. Mais alors que le mercure ne cesse de monter depuis des décennies, les double six reviennent de plus en plus souvent. Et il nous arrive même maintenant de sortir des double sept. Comment l'expliquer ? La réponse tient à la « bizarrisation » climatique.

Les vagues de chaleur sont l'une des manifestations les plus évidentes de la façon dont le changement climatique pipe les dés du climat à nos dépens. Les épisodes de chaleur extrême débutent maintenant plus tôt dans l'année et durent plus longtemps. Ils sont aussi devenus plus chauds et plus intenses, et les chercheurs parviennent même à quantifier la part imputable au changement climatique. En 2003, une canicule historique s'est abattue sur l'Europe occidentale, qui a essuyé des températures supérieures de 10 °C aux moyennes saisonnières. Cet événement a provoqué des crues éclairs dues à la fonte des glaciers en Suisse, des feux de forêt qui ont anéanti 10 % de la surface forestière du Portugal et plus de 70 000 décès prématurés. Des études scientifiques ont établi que le changement climatique multipliait par deux le risque de survenue d'une vague de chaleur.

Aujourd'hui, vingt ans plus tard, la situation s'est considérablement aggravée. À l'été 2021, une canicule étouffante s'est abattue sur l'ouest du Canada et les États-Unis. Lors de cet épisode, le village de Lytton, en Colombie-Britannique, a battu le record absolu de chaleur au Canada, avec un thermomètre affichant 49,6 °C trois jours d'affilée. Au quatrième jour, un feu de forêt – attisé par la chaleur et la sécheresse – a dévoré presque tout le village. Les chercheurs pointent du doigt le changement climatique, qui a multiplié par un facteur d'au moins cent cinquante la probabilité de cette vague de chaleur.

Pourquoi les canicules sont-elles de plus en plus intenses ? La réponse simple est que les extrêmes de chaleur deviennent plus fréquents à mesure que la température moyenne de la planète augmente. Mais des températures plus chaudes influencent aussi les schémas climatiques. Lors d'un épisode de chaleur, il est normal qu'un dôme ou une crête anticyclonique s'installe sur une zone pendant quelques jours ou même quelques semaines. Ce système de haute pression, également appelé dôme de chaleur, forme une immense masse d'air très chaud et stagnante. Ce dôme bloque les nuages, de sorte que le soleil cogne sans relâche du matin au soir, jour après jour. Il détourne également de la région les masses d'air frais et les systèmes orageux et retient l'air chaud qui tente de s'échapper par convection, ce qui, en temps normal, ferait apparaître des nuages et des pluies. Ainsi, plus un dôme reste sur une région, plus il assèche et réchauffe les sols et l'atmosphère. Quelle est la part de responsabilité du changement climatique dans ce phénomène ? Si les températures étaient déjà plus élevées que la moyenne auparavant, le dôme de chaleur retient davantage de chaleur qu'il ne l'aurait fait en temps normal. C'est un effet de la « bizarrisation » climatique : un monde plus chaud accroît la fréquence, l'intensité, la durée et/ou la dangerosité de nombreux extrêmes météorologiques.

Nous assistons déjà à une multiplication des épisodes de chaleur extrême, et plus nous libérerons de gaz retenant la chaleur dans l'atmosphère, les fameux gaz à effet de serre (GES), plus ces extrêmes s'aggraveront. Un individu né en 1960 ne connaîtra que quatre grandes vagues de chaleur au cours de son existence. Un enfant né en 2020 en connaîtra dix-huit, même si, conformément à l'objectif de l'accord de Paris, nous réussissons à contenir le réchauffement à 1,5 °C. Et à chaque fois que le thermomètre planétaire grimpe de 0,5 °C ce chiffre double.

Qui fera les frais de canicules plus fréquentes et plus chaudes ? Plus que la planète elle-même, ce sont les nombreux êtres vivants qui habitent la Terre. Dans les océans, sur les dix vagues de chaleur marines les plus extrêmes répertoriées, huit se sont produites depuis 2010. Les vagues de chaleur marines blanchissent les récifs coralliens, pépinières de l'océan ; elles tuent des milliards de crustacés et autres créatures marines ; et elles font fondre les glaces de mer de l'Arctique indispensables aux ours polaires pour chasser leurs proies. Sur la terre ferme, les chaleurs extrêmes stressent et tuent la faune et la flore. Elles peuvent provoquer des extinctions de masse, incitant par exemple des oisillons à sauter de leur nid pour se rafraîchir avant même d'avoir appris à voler. Elles favorisent les feux de forêt comme ceux qui, en 2020, ont tué ou déplacé près de 3 milliards d'animaux en Australie. S'il n'est pas contrôlé, le changement climatique dû à l'activité humaine pourrait conduire à l'extinction d'un tiers des espèces animales et végétales de la planète d'ici à 2050.

L'espèce humaine est également en danger : les canicules nous affectent physiquement en accroissant les risques de maladies liées à la chaleur – voire de décès –, de troubles mentaux, de violences interpersonnelles ; combinées à d'autres facteurs climatiques, elles sont également source d'instabilité politique. La pollution atmosphérique par les combustibles fossiles est déjà responsable de près de 10 millions de décès prématurés dans le monde chaque année, et le réchauffement des températures de l'air exacerbe le problème en accélérant les réactions chimiques qui transforment les gaz d'échappement en de dangereux polluants. De plus, les fortes chaleurs font sécher sur pied les cultures agricoles, assèchent les réserves d'eau, provoquent des coupures d'électricité et endommagent nos infrastructures.

Ce problème concerne tout le monde, mais touche plus durement les populations les plus pauvres et les plus marginalisées, à commencer par celles qui vivent déjà dans des régions très polluées ou n'ont d'autre choix que de travailler en extérieur sous des températures caniculaires. Certaines communautés sont déjà vulnérables face à l'insécurité hydrique et alimentaire, faute de réserves ou de récoltes suffisantes. Dans bien des cas, ces gens n'ont pas accès aux soins médicaux de base ou à la climatisation – et s'ils en bénéficient ils n'ont pas les moyens de payer les factures d'électricité lors des pics de chaleur. La « bizarrisation » du climat mondial affecte en premier lieu ceux qui y ont le moins contribué, et ce n'est pas juste.

Que faire pour enrayer cette tendance ? Comme le souligne le GIEC, chaque fraction de degré supplémentaire, chaque geste compte. La première chose que chacun d'entre nous peut faire est simple : utiliser notre voix pour inciter les autres à agir en expliquant autour de nous en quoi le changement climatique nous affecte tous, et ce que nous pouvons entreprendre ensemble pour changer les choses. /

Dans notre vie quotidienne, ce que nous constatons ne relève pas tant du réchauffement de la planète que d'une « bizarrisation » de la planète.

2.3

Le méthane et autres gaz

Zeke Hausfather

Le dioxyde de carbone accapare une grande part du débat sur le changement climatique. Ce n'est pas un hasard : le CO_2 reste très longtemps dans l'atmosphère, est responsable pour près de moitié du réchauffement que le monde a connu jusqu'à présent, et continuera d'être la principale la cause du réchauffement à venir que nous prévoyons dans nos modèles climatiques.

Il y a toutefois d'autres gaz à effet de serre (GES) qui contribuent fortement au réchauffement planétaire. Près d'un tiers du réchauffement historique est dû au méthane (CH_4), le reste provenant de protoxyde d'azote (N_2O), d'halocarbures, de chlorofluorocarbures, d'hydrochlorofluorocarbures et autres composés chimiques industriels, de composés organiques volatils (COV), de monoxyde de carbone et de carbone suie. Les principales sources de gaz à effet de serre autres que le CO_2 sont l'agriculture et les déchets (protoxyde d'azote, méthane), la production et la consommation d'énergies fossiles (méthane, composés organiques volatils, monoxyde de carbone, carbone suie), et les procédés et appareils industriels (halocarbures). Certains de ces composés – le méthane, certains halocarbures, le carbone suie – ne persistent que relativement peu de temps dans l'atmosphère et sont donc appelés des forceurs climatiques à courte durée de vie.

Le méthane est l'un des gaz à effet de serre non CO_2 auxquels on s'intéresse le plus et pour une bonne raison : c'est un puissant agent de réchauffement climatique – près de 83 fois plus puissant sur une période de vingt ans et présentant un potentiel de réchauffement 30 fois plus important que celui du CO_2 sur un horizon de cent ans. Mais dans l'atmosphère, il a un comportement très différent de celui du CO_2. En bref, le méthane est relativement éphémère, alors que le CO_2 demeure définitivement dans l'atmosphère.

Lorsqu'on émet une tonne de méthane, en vingt ans plus de 80 % seront éliminés de l'atmosphère par des réactions chimiques avec des radicaux hydroxyles. Le CO_2, en revanche, n'est pas éliminé par des réactions chimiques ; il doit être absorbé par des puits terrestres et océaniques. Au bout de quarante ans, pratiquement tout le méthane émis disparaît, alors que près de 50 % du CO_2 reste dans l'atmosphère. Une partie du CO_2 que nous émettons aujourd'hui – environ 20 % – restera dans l'atmosphère pendant dix mille ans.

Concrètement, cela signifie que la teneur à long terme de l'atmosphère en CO_2 est fonction des émissions cumulées, alors que le CH_4 atmosphérique reflète le taux d'émission. En d'autres termes, si nous arrêtons d'augmenter nos émissions de méthane, la concentration atmosphérique de CH_4 arrêtera d'augmenter. Si en revanche nous cessons d'augmenter nos émissions de dioxyde de carbone, le CO_2 atmosphérique continuera à s'accumuler jusqu'à ce que nous réduisions nos émissions de CO_2 à près de zéro. Ce qui soulève quelques questions importantes :

- **Premièrement,** le CO_2 est le premier facteur de réchauffement à long terme. Dans les scénarios de référence d'émissions futures (où, par exemple, nous ne réduisons pas nos émissions), le CO_2 sera responsable de près de 90 % du réchauffement supplémentaire survenu au XXIe siècle.
- **Deuxièmement,** il est beaucoup plus facile de limiter le réchauffement en réduisant les émissions de méthane que de CO_2. Réduire les rejets de méthane se traduit par des baisses de température presque immédiates, alors que réduire ceux de CO_2 ne fera que ralentir la vitesse du réchauffement jusqu'à ce que nous arrivions à zéro émission nette.
- **Troisièmement,** une réduction de méthane peut avoir un impact considérable et immédiat sur les températures. Le CO_2 étant en revanche cumulatif, attendre pour réduire les émissions de CO_2 consolide le réchauffement alors que ce n'est pas le cas pour le méthane.
- **Enfin,** le niveau d'atténuation des émissions de CO_2 et de méthane que nous fixerons dépend de nos priorités à court terme et à long terme. Si nous pensons que nous sommes proches de points de bascule climatiques, réduire les rejets de méthane est un moyen de ralentir rapidement le réchauffement. Si nous sommes plus soucieux des températures à échéance 2050 ou 2070, alors il est plus important de réduire nos émissions de CO_2 dès aujourd'hui. Étant entendu que, dans la mesure du possible, nous devrions nous efforcer de réduire les émissions de ces deux agents.

On comprendra mieux la différence entre le CO_2 et le méthane à travers une petite histoire expliquant en quoi les vaches sont comme des centrales thermiques fermées. Supposons qu'une éleveuse que nous appellerons Jane ait depuis trente ans un cheptel de mille têtes. Chaque jour, ces vaches paissent joyeusement, mangeant de l'herbe, ruminent... et éructent, dégageant du méthane (dit méthane entérique) qui se mélange à l'atmosphère.

Or le méthane atmosphérique se décompose constamment par processus d'oxydation. La durée de vie moyenne du méthane entérique est d'environ dix ans. Ce qui signifie qu'au moment où le troupeau de Jane produit près de 100 tonnes de méthane par an (à raison de 0,1 tonne par vache), une quantité équivalente de

Les déterminants du réchauffement planétaire depuis 1850

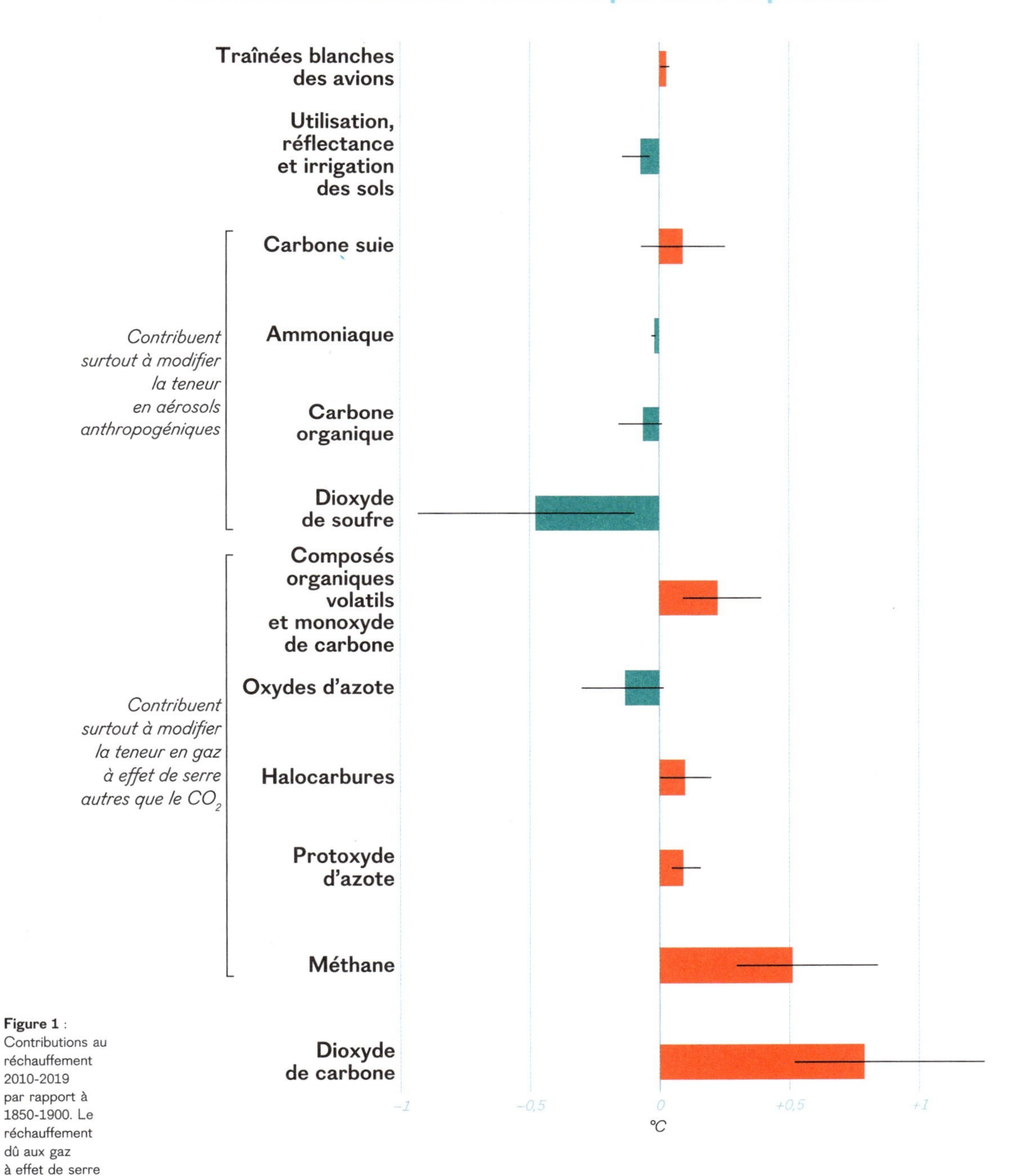

Figure 1 : Contributions au réchauffement 2010-2019 par rapport à 1850-1900. Le réchauffement dû aux gaz à effet de serre est partiellement compensé par le refroidissement dû aux aérosols.

méthane émise il y a dix ans par le troupeau précédent est en cours de décomposition. Ainsi, la quantité de méthane dans l'atmosphère reste constante tant que la taille du troupeau ne change pas (même si la décomposition du méthane produit une petite quantité supplémentaire de CO_2 dans l'atmosphère).

Dans le village de Jane, il y a une petite centrale à charbon qui alimente en électricité quelque cinq cents foyers. Cette centrale émet chaque année 10 000 tonnes de CO_2. Il se trouve que 10 000 tonnes de CO_2 ont le même pouvoir de réchauffement que 100 tonnes de méthane – en supposant que les deux composés demeurent dans l'atmosphère. Est-ce à dire que les vaches de Jane sont aussi néfastes pour le climat que la centrale à charbon ? Ce n'est pas aussi simple que cela.

Tant que le troupeau de Jane ne s'agrandit pas, les émissions de méthane actuelles sont compensées par la décomposition des émissions de méthane passées. Il en va tout autrement du CO_2 de la centrale à charbon : chaque année, près de la moitié du CO_2 émis par la centrale persiste dans l'atmosphère – l'autre moitié étant absorbée par les puits terrestres et océaniques. Alors que les vaches de Jane n'augmentent pas la concentration de méthane dans l'atmosphère, la centrale à charbon ajoute chaque année 5 000 tonnes de CO_2 atmosphérique. En fait, pour avoir le même effet de réchauffement que la centrale, Jane devrait ajouter cinquante vaches à son troupeau chaque année.

L'année suivante, la municipalité décide de fermer la centrale à charbon, estimant qu'il reviendrait moins cher de produire son électricité avec des panneaux solaires et des batteries de stockage. Mais le carbone qu'a rejeté la centrale jusqu'alors reste dans l'atmosphère. Cette quantité diminuera peu à peu au cours des prochains siècles, mais pour l'instant la centrale à charbon fermée réchauffe toujours autant la planète que le cheptel de Jane – même si elle n'émet plus de CO_2.

D'un autre côté, si Jane décidait d'arrêter l'élevage, les émissions de méthane tomberaient à zéro et la plupart du méthane que ses vaches ont émis disparaîtrait de l'atmosphère en l'espace de dix ou vingt ans.

Cette analogie souligne ce qui distingue fondamentalement le CO_2 du méthane : une fois que nous émettons du CO_2, nous le gardons (à moins de trouver un moyen de l'évacuer de l'atmosphère). Le méthane, lui, ne s'accumule pas à long terme ; la concentration de méthane atmosphérique dépend du taux d'émission et non de la quantité totale qui a été émise. Lorsque nous réfléchissons à des solutions pour réduire nos émissions de méthane et de CO_2, nous devons garder à l'esprit qu'il s'agit des deux principaux gaz à effet de serre, mais qu'ils ont un comportement et un impact très différent sur l'atmosphère. /

2.4

La pollution atmosphérique et les aérosols

Bjørn H. Samset

Lorsqu'on allume un feu de camp, une colonne de fumée s'élève vers le ciel, s'étire, se dilate, puis s'enroule en volutes et s'effiloche jusqu'à se dissiper et devenir invisible. Elle n'a pourtant pas disparu. Les particules de fumée – un exemple de ce que l'on appelle des aérosols, ou particules fines – peuvent rester en suspension dans l'air pendant des jours entiers et, dans l'intervalle, se disperser sur de grandes distances et s'élever dans l'atmosphère, où elles ont un effet considérable sur les caprices du temps et le climat. Aujourd'hui, les émissions d'aérosols issus de nos activités industrielles masquent efficacement par leur effet refroidissant une grande part du réchauffement dû à la hausse des niveaux de CO_2 et autres gaz à effet de serre. Mais que se passera-t-il lorsque nous aurons nettoyé notre air et notre ciel ?

Il est important de se rappeler que nous ne rejetons pas uniquement des gaz à effet de serre dans l'atmosphère. Nous produisons des aérosols – minuscules particules en suspension dans l'air comme celle qui composent la fumée – depuis que nous avons découvert le feu, et plus encore depuis que nous développons nos activités industrielles. Aujourd'hui, les aérosols proviennent de tout un éventail de sources, depuis les gaz d'échappement des voitures jusqu'aux usines, en passant par les centrales à charbon, les navires, les avions, etc. Certains se forment également dans l'atmosphère, en réagissant avec des émissions de gaz comme le dioxyde de soufre.

Les aérosols sont aussi dangereux pour l'homme que pour la faune. Ils jouent un rôle de premier plan dans la pollution atmosphérique et sont responsables de nombreux décès prématurés dans le monde. Ils interviennent de façon tout aussi cruciale dans le changement climatique, mais ils ont un effet très différent des gaz à effet de serre. Les aérosols atmosphériques agissent comme un fin nuage vaporeux. Ils réfléchissent une partie des rayons solaires et les renvoient vers l'espace, contribuant ainsi à faire baisser la température de la planète. De plus, lorsqu'un nuage se forme dans un air fortement chargé en aérosols, l'eau qu'il contient se répartit sur des gouttelettes plus petites et plus nombreuses. Le nuage est alors plus blanc et il renvoie davantage de rayonnement solaire vers l'espace, ce qui contribue aussi à refroidir la Terre. Les aérosols ont donc un double effet refroidissant sur la surface de la planète.

Et ce pouvoir de refroidissement est d'autant plus significatif que nous émettons chaque année de grandes quantités d'aérosols. Les chercheurs ont mesuré que par rapport à la période allant de 1850 à 1900, notre Terre s'est déjà réchauffée de 1,1 °C. Pourtant, comme le souligne le dernier rapport en date du GIEC, si nous ne rejetions que des gaz à effet de serre dans l'atmosphère, cette hausse de température aurait été d'au moins 1,5 °C. Ce différentiel s'explique essentiellement par nos émissions de particules fines, qui refroidissent le climat d'environ 0,5 °C, mais modifient également le régime des pluies, les systèmes de moussons, les épisodes météorologiques extrêmes, entre autres influences.

Il est donc indispensable de bien comprendre la nature des particules fines et leurs effets sur le climat pour tenter de relever le défi du réchauffement climatique. Malheureusement, ces particules sont également difficiles à cerner. Nous savons aujourd'hui relativement bien d'où elles viennent et dans quelles quantités. Nous connaissons en revanche moins bien leurs mécanismes de transport. Nous ne savons pas non plus très bien quelles réactions chimiques elles subissent dans l'atmosphère, comment, au juste, elles interagissent avec les nuages et les précipitations, et où elles terminent leur parcours. Contrairement à ce que l'on pensait, certains aérosols réchauffent le climat au lieu de le refroidir. Ce sont des particules de couleur sombre, comme la fumée de nos feux de bois. Ces aérosols sombres ne réfléchissent pas la lumière et peuvent de surcroît la piéger, donc réchauffer l'air. Ce qui empêche la formation de précipitations et peut affecter les formations nuageuses et le régime des vents. Lorsqu'ils se déposent sur la neige, ces aérosols sombres sont susceptibles de réchauffer la surface, en réduisant le pouvoir réfléchissant du couvert neigeux et en accélérant sa fonte.

Tous ces détails sont importants pour bien comprendre l'effet global de nos émissions sur le climat actuel – et sur celui de demain. Les aérosols font donc l'objet d'études très poussées qui débouchent souvent sur de nouvelles découvertes passionnantes. Mais nous ne savons toujours pas en quoi une modification des concentrations d'aérosols d'origine humaine dans l'atmosphère impactera les phénomènes météorologiques – ce qui est problématique puisque, justement, nous estimons que la quantité d'aérosols atmosphérique est appelée à changer.

La plupart des chercheurs prédisent qu'elle diminuera dans les années à venir. Or, la principale menace à laquelle nous devons faire face aujourd'hui étant le réchauffement planétaire, il pourrait être tentant de maintenir le niveau actuel d'émission d'aérosols afin de miser sur leur pouvoir refroidissant – voire d'en émettre davantage. Ce n'est pas une bonne idée. Car outre le fait que la pollution atmosphérique présente de graves dangers sanitaires, de nombreuses sources d'émission de gaz à effet de serre rejettent également des aérosols – les centrales à charbon, les vieilles voitures roulant au diesel, les navires porte-conteneurs... Pour atteindre notre objectif de zéro émission nette de CO_2 nous devrons donc impérativement commencer par nettoyer le ciel.

Plusieurs pays du monde ont déjà amorcé des actions pour réduire leurs rejets d'aérosols. La Chine, qui était il y a peu encore l'un des plus gros émetteurs de dioxyde de soufre, a d'ores et déjà accompli d'énormes efforts de dépollution, comparables à ceux qui avaient été consentis en Europe et aux États-Unis des décennies plus tôt. C'est une bonne chose pour l'environnement et, à terme, pour le climat. Mais pendant cette phase de dépollution, certains effets du changement climatique risquent de s'accélérer temporairement dans certaines régions. Sans le rôle refroidissant des aérosols, la surface de la Terre peut se réchauffer plus vite, à proximité des sources d'émissions comme à l'échelle mondiale, donc accroître la fréquence et l'intensité des vagues de chaleur. Il en va de même pour les épisodes de précipitations extrêmes. Et dans d'autres régions du monde, il pourrait se produire le contraire. Certains pays en voie d'industrialisation rapide pourraient accroître leurs émissions d'aérosols – donc les niveaux de pollution atmosphérique –, à moins qu'ils ne veillent à employer des technologies plus propres que par le passé.

Les scénarios sur lesquels se fondent les scientifiques pour étudier les modèles du changement climatique prennent en compte l'ensemble des modifications possibles des émissions mondiales d'aérosols. Mais tout comme nous ne savons pas précisément quelles quantités de CO_2, de méthane et autres gaz à effet de serre nous émettrons dans les décennies à venir, nous ignorons les niveaux qu'atteindront nos rejets d'aérosols. Ces minuscules particules restent la grande inconnue qui pèse sur l'avenir du climat.

Les effets de l'activité humaine sur le climat sont aussi multiples que complexes. Les émissions de gaz à effet de serre constituent la première cause du réchauffement climatique, mais dans nombre de régions du monde les aérosols ont tout autant d'impact. Jusqu'à présent, ils ont permis de compenser partiellement le réchauffement planétaire, mais la transition vers des sociétés climatiquement neutres risque de restreindre considérablement cet effet. La communauté scientifique s'emploie à définir ce que cela implique précisément en ce qui concerne les températures, précipitations, extrêmes météorologiques et autres phénomènes, mais une chose est certaine : nous devons tenir compte des aérosols pour nous préparer à l'ensemble des conséquences de la crise climatique sur les sociétés humaines – et sur la nature dans son ensemble. /

Jusqu'à présent, les aérosols ont permis de compenser partiellement le réchauffement planétaire, mais la transition vers des sociétés climatiquement neutres risque de restreindre considérablement cet effet.

2.5

Les nuages

Paulo Ceppi

L'un des objectifs fondamentaux de la climatologie est de prévoir l'évolution du réchauffement climatique pour un niveau donné d'émissions de gaz à effet de serre. Mais si nous savons depuis longtemps qu'une augmentation des concentrations de gaz à effet de serre est responsable du réchauffement, le niveau précis de réchauffement dépend en grande mesure des nuages.

En quoi le rôle des nuages est-il aussi déterminant dans le changement climatique ? Pour le comprendre, revenons dans un premier temps à l'impact des nuages sur le climat actuel. Il est double : d'un côté, ils renvoient le rayonnement solaire vers l'espace, protégeant la surface terrestre de l'énergie solaire. C'est ce que l'on appelle « l'effet parasol ». D'un autre côté, ils font aussi effet de serre en ceci qu'ils piègent la chaleur emmagasinée à la surface de la Terre, limitant la déperdition de chaleur vers l'espace. C'est « l'effet couvercle ».

Selon le type de nuage, l'une ou l'autre de ces propriétés domine – l'effet couvercle, par exemple, augmentant avec l'altitude. Dans les faits, en tenant compte de tous les types de nuages, l'effet parasol refroidissant est près de deux fois plus important que l'effet couvercle à l'échelle planétaire. Ce qui revient à dire que sans les nuages notre planète serait beaucoup plus chaude.

Si tous les nuages disparaissaient du ciel, l'impact climatique serait près de cinq fois supérieur à celui d'un doublement de la concentration de CO_2 dans l'atmosphère. D'infimes changements dans la couverture nuageuse suffiraient donc à accroître ou atténuer sensiblement le niveau de réchauffement futur. Or le réchauffement climatique tend justement à modifier les caractéristiques des nuages – leur nombre, leur épaisseur et leur altitude –, ce qui aura une influence sur leurs effets parasol et couvercle. Pour désigner ces répercussions sur le changement climatique on parle de rétroaction nuageuse.

La rétroaction nuageuse constitue depuis longtemps l'une des principales sources d'incertitude dans les projections du changement climatique. Les modèles climatiques mondiaux ne sont pas totalement au point : ils ne permettent pas de simuler précisément les mécanismes à petite échelle impliqués dans la formation et la dissipation des gouttelettes d'eau et des cristaux de glace des nuages. Pour ne rien arranger, l'observation directe de la rétroaction nuageuse est loin d'être simple. Les nuages sont soumis à de multiples déterminants météorologiques, tels la température, l'humidité, le vent et les particules en suspension ou aérosols. Ces facteurs présentant des variations naturelles dans le temps, il est très difficile de quantifier précisément l'impact des changements observés dans la couverture nuageuse sur le réchauffement climatique.

Pourtant, de récents progrès scientifiques ont permis aux climatologues de conclure que les nuages amplifient le réchauffement planétaire. Leurs observations et modélisations ont mis en évidence les deux mécanismes impliqués : d'une part, une diminution du nombre de nuages bas au-dessus des océans sur les tropiques réduit l'effet parasol et se traduit donc par une plus grande absorption du rayonnement solaire sur la surface de l'océan ; d'autre part, une élévation en altitude des nuages hauts à l'échelle planétaire accroît l'effet couvercle.

Soulignons toutefois que cette rétroaction nuageuse ne signifie pas forcément que le changement climatique sera encore plus grave que nous ne l'imaginions : les projections prennent désormais en compte l'hypothèse d'un effet amplificateur des nuages sur le réchauffement planétaire. Les nouveaux éléments scientifiques confirment toutefois que nous ne pouvons pas compter sur les nuages pour venir à bout du réchauffement planétaire. De plus, il n'est pas exclu que le réchauffement exacerbe l'effet couvercle des nuages ou, pire, qu'au-delà d'une certaine concentration de CO_2 dans l'atmosphère les nuages franchissent un point de bascule. Le plus sûr moyen d'éviter ce type de scénario à faible probabilité et à haut risque est de réduire dès à présent et rapidement nos émissions de carbone. /

Il n'est pas exclu que le réchauffement exacerbe l'effet couvercle des nuages ou, pire, qu'au-delà d'une certaine concentration de CO_2 dans l'atmosphère les nuages franchissent un point de bascule.

2.6

Le réchauffement de l'Arctique et le courant-jet

Jennifer Francis

Depuis quelque temps, la nature se déchaîne : des épisodes météorologiques extrêmes en tous genres ont fait des ravages d'un bout à l'autre de l'hémisphère Nord. Pour la seule année 2021, une vague de froid glacial a déferlé sur le sud et le centre des États-Unis ; des crues torrentielles ont submergé de vastes territoires en Allemagne, en Chine et dans le Tennessee ; des sécheresses prolongées ont grillé l'Ouest américain et plusieurs pays du Moyen-Orient ; des canicules sans précédent se sont abattues sur le Nord-Ouest Pacifique, la Turquie, le Japon et le Moyen-Orient ; des ouragans meurtriers ont balayé le golfe du Mexique et le nord-est des États-Unis. Cette liste est loin d'être exhaustive. Le changement climatique exacerbe de nombreux types d'événements extrêmes, selon des mécanismes tantôt simples, tantôt complexes, et le rôle de la fonte des glaces de l'Arctique dans ces catastrophes apparaît plus clairement.

L'Arctique se réchauffe à toute vitesse et les trois types de glace qui le composent sont en train de disparaître : les glaces de mer (la banquise, formée par l'eau de mer gelée, qui flotte sur l'océan Arctique), les glaces continentales (les glaciers et les calottes glaciaires, ou inlandsis) et le pergélisol (les sols gelés toute l'année). Sous ces hautes latitudes, la couverture neigeuse de printemps diminue également de façon spectaculaire. Or plus les surfaces blanches et réfléchissantes comme la glace de mer et la neige diminuent, moins elles renvoient de rayonnement solaire vers l'espace ; le système climatique absorbe alors davantage de chaleur, ce qui amplifie encore la fonte des neiges et des glaces. Ce cercle vicieux, que l'on appelle la rétroaction glace-albédo, est la raison principale pour laquelle l'Arctique se réchauffe au moins trois fois plus vite que le reste de la planète depuis 1995 (fig. 1). Des changements d'une telle ampleur dans un écosystème terrestre aussi critique ne peuvent qu'avoir des impacts considérables sur les températures locales et mondiales.

Localement, les effets sont relativement évidents : un réchauffement global se traduit par des étés plus chauds et plus secs dans le Grand Nord, ce qui favorise les feux de brousse, jusque dans les régions marécageuses de la toundra. Les incidences

Figure 1 : L'Arctique se réchauffe à présent trois fois plus vite que l'ensemble de la planète. La courbe de tendance de l'Arctique indique une hausse de température de 0,99 °C par décennie, contre 0,24 °C pour la planète dans son ensemble.

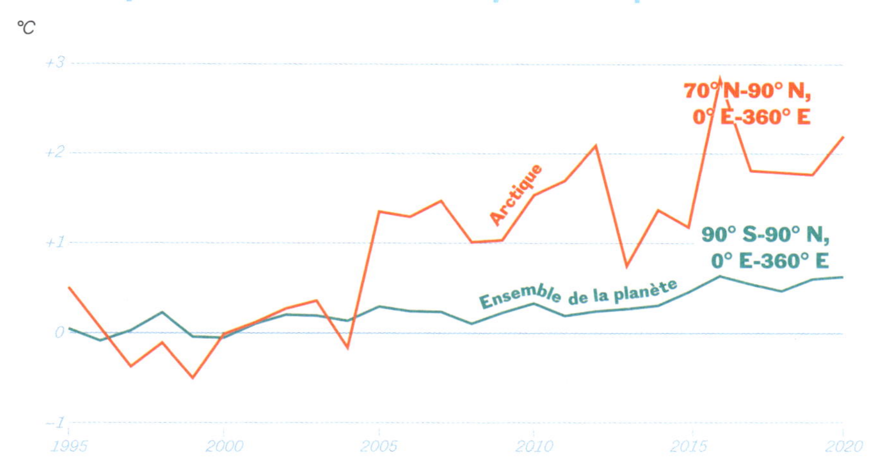

sur les conditions météorologiques aux plus basses latitudes – peuplées de milliards d'individus – sont cependant plus difficiles à établir, et les chercheurs n'ont encore aucune réponse. La question est de savoir jusqu'à quel point un réchauffement significatif de l'Arctique impactera le courant-jet polaire, un bandeau de vents qui circule d'ouest en est entre 10 000 et 15 000 mètres au-dessus de la surface de la Terre et enveloppe l'hémisphère Nord (fig. 2). (Il existe également un courant-jet dans l'hémisphère Sud.)

Figure 2 : Le courant-jet : une bande de vents puissants circulant d'ouest en est, qui enveloppe l'hémisphère Nord (régions en rouge et jaune).

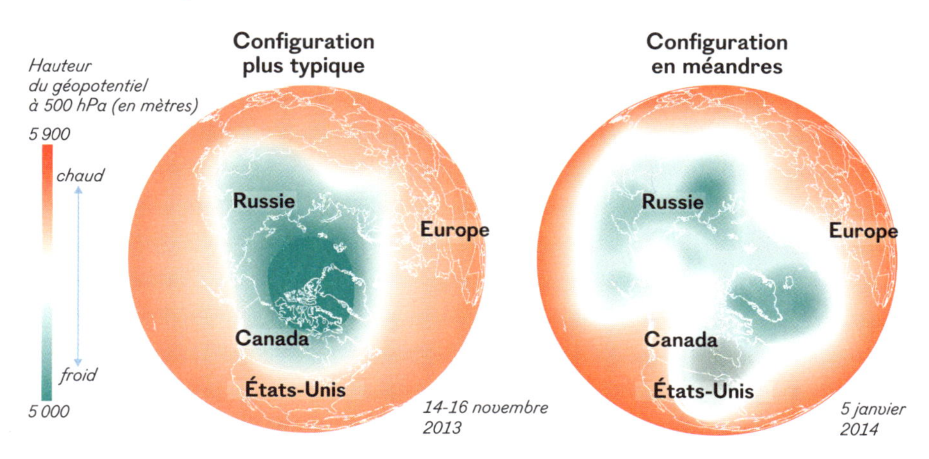

Figure 3 : Arctique froid et trajectoire relativement rectiligne du courant-jet (à gauche) ; Arctique relativement chaud et courant-jet en méandres (à droite).

Le courant-jet crée et conditionne la plupart des systèmes météorologiques aux latitudes tempérées (la zone entre l'Arctique et les Tropiques), de sorte que tout ce qui influence sa force ou sa trajectoire affectera, par ricochet, les températures que nous connaîtrons. Les courants-jets résultent des différences de températures dans l'atmosphère, lorsque par exemple les masses d'air froid de l'Arctique rencontrent des flux d'air chaud venus du sud. Lorsque l'amplitude thermique est importante, les vents gagnent en puissance et ont tendance à se déplacer selon une trajectoire plus ou moins rectiligne. Lorsqu'elle est relativement faible, la circulation d'air est plus lente et a plus de chances de décrire des méandres plus larges s'étirant vers le nord et le sud – les ondes de Rossby. L'Arctique se réchauffant bien plus vite que les autres régions du monde, l'écart de température entre le Nord et le Sud se resserre, ce qui affaiblit les vents d'ouest du courant-jet et accroît la probabilité de ces schémas ondulatoires (fig. 3). Nous savons que quand l'Arctique est anormalement chaud, des poches d'air chaud ont tendance à se déplacer vers le sud sur les masses continentales, provoquant ce qu'on appelle « le paradoxe arctique », marqué par un fort contraste entre un Arctique chaud et des continents froids. De plus, lorsque les ondulations du courant-jet présentent une amplitude importante, elles tendent à se déplacer plus lentement vers l'est, et les régimes météorologiques qu'elles engendrent se déplacent aussi plus lentement. C'est pourquoi les conditions météorologiques durent plus longtemps – qu'il s'agisse de chaleur, de sécheresse, d'humidité, de froid ou même de pluie.

C'est du moins ce qu'en dit la théorie. Elle est d'autant plus difficile à prouver que l'atmosphère est par nature chaotique et que d'autres modifications du système climatique se produisent en même temps. Des variations des températures océaniques et des épisodes d'orages tropicaux, par exemple, peuvent également affecter le comportement des courants-jets. Des études récentes indiquent en effet que les ondulations des courants-jets de l'hémisphère Nord s'accentuent, mais toute la difficulté tient à savoir quels facteurs sont en jeu. Tout dépend de la région considérée, de la saison, et de l'état des fluctuations des conditions naturelles, comme l'impact d'un phénomène El Niño ou La Niña en cours dans l'océan Pacifique tropical sur les températures.

Depuis qu'en 2012 mon collègue Steve Varvrus et moi-même avons pour la première fois établi une corrélation entre un réchauffement rapide de l'Arctique et la probabilité accrue d'extrêmes météorologiques dans les régions tempérées, de nombreux chercheurs se sont emparés du sujet. Si on ne connaît pas encore tous les tenants et aboutissants, on commence à lever le voile sur quelques pans du mystère. Des études sur les températures hivernales ont ainsi identifié les causes probables du schéma « Arctique chaud, continents froids » : lorsque à la fin de l'automne la banquise connaît un fort recul dans les mers de Barents et de Kara (au nord de la Russie occidentale), les risques d'épisodes de grand froid hivernal augmentent en Asie centrale et jusqu'en Amérique du Nord. Car le réchauffement de l'Arctique a tendance à renforcer les vents du nord sur la Sibérie, qui apportent des chutes de neige et des températures froides plus tôt que d'habitude dans la région. L'effet conjugué du réchauffement marin et de la baisse des températures dans le nord de la Sibérie tend à amplifier une onde de Rossby sur la région, et celle-ci peut alors déstabiliser la masse d'air très froid qui stagne généralement à haute altitude au-dessus du pôle Nord (le vortex polaire stratosphérique). Si l'amplitude des méandres du courant-jet est suffisamment forte et persistante, la masse d'air froid peut se disloquer, apportant un hiver très rigoureux sur les masses continentales de l'hémisphère Nord. La vague de froid extrême qui a gravement perturbé les États du sud et du centre des États-Unis en février 2021, par exemple, a été amplifiée et prolongée par une dislocation du vortex polaire. Cet air glacial a exceptionnellement migré vers le sud, s'abattant sur des régions peu habituées et mal préparées au froid extrême – d'où les coupures d'électricité qui ont touché près de dix millions de foyers, et le gel des canalisations qui a privé 12 millions d'habitants d'eau potable. La ville de Dallas, au Texas, a battu un record de froid, enregistrant une température de –19 °C, soit 24 °C de moins que la moyenne basse de février.

Une nouvelle étude a également révélé une corrélation, en été cette fois-ci, avec les récents épisodes de canicules, feux de forêt, sécheresses et précipitations extrêmes. Ce type d'événement a plus de chances de survenir quand le courant-jet se disloque et qu'un flux balaie le centre du continent tandis qu'un autre frôle le littoral arctique. Ces dislocations tendent à se produire quand la couverture neigeuse de printemps sur les zones terrestres de haute altitude fond plus tôt que d'habitude, une tendance lourde observée ces dernières décennies. Une fonte précoce assèche et réchauffe plus tôt les sols, ce qui crée une ceinture de températures anormalement élevées sur les régions terrestres de haute altitude. Cette ceinture de chaleur favorise la dislocation des courants-jets. Les ondes de Rossby peuvent alors être piégées entre deux flux de courants-jets, induisant un blocage des conditions météorologiques qui peut générer des épisodes anormalement longs de canicule, de sécheresses ou de pluies diluviennes, et débouche souvent sur des événements extrêmes en été. La fragmentation des courants a sans doute contribué à divers épisodes estivaux extrêmes constatés ces dernières années, comme les vagues de chaleur meurtrières qui ont fait des milliers de victimes dans toute l'Europe en 2003 et en 2018, en Russie en 2010, dans le sud et le centre des États-Unis en 2011 et en Extrême-Orient en 2018. Des inondations massives, comme les pluies torrentielles prolongées au Pakistan en 2010 et au Japon en 2018, ont également été liées à des schémas de dislocation du courant-jet, et certains éléments semblent indiquer que de telles conditions sont appelées à se reproduire à mesure que la Terre se réchauffe.

Étant donné que de nombreuses composantes du système climatique sont soumises à des changements rapides, ces effets du réchauffement de l'Arctique sur les latitudes moyennes ne se manifestent pas chaque année, ni dans les mêmes régions ou aux mêmes saisons. Il ne fait toutefois aucun doute que ces perturbations deviendront plus fréquentes et plus intenses, mettant à rude épreuve les infrastructures, les écosystèmes et notre conception de ce qui est « normal ». Il existe une voie de sortie et elle est évidente : les efforts que nous avons amorcés pour limiter les émissions et les concentrations de gaz à effet de serre dans l'atmosphère peuvent – s'ils sont rapidement mis en œuvre et généralisés – empêcher un emballement dramatique des extrêmes météorologiques. À court terme cependant, nous devons nous préparer aux impacts d'extrêmes de plus en violents, en attendant que le climat se stabilise – s'il se stabilise un jour. Nous n'avons pas de temps à perdre. /

Quand l'Arctique est anormalement chaud, nous remarquons que les conditions météorologiques durent plus longtemps – qu'il s'agisse de chaleur, de sécheresse, d'humidité, de froid ou même de pluie.

2.7

Les extrêmes météorologiques

Friederike Otto

Aujourd'hui, sauf à s'enfermer dans le déni, chacun de nous a compris que le changement climatique n'est ni une menace qui plane loin de chez nous et sur un avenir distant ni une vague abstraction évoquant des concepts obscurs comme « températures moyennes mondiales », mais un phénomène qui est en train de tuer des gens ici et maintenant. Il n'est plus possible d'ignorer l'évidence. Ses impacts se manifestent dans chaque région du monde – que ce soit à travers le « détraquement » des saisons, la fonte des glaciers ou l'élévation du niveau des mers – mais sa réalité s'impose généralement sous la forme d'événements météorologiques extrêmes.

Avant même que nous n'observions ses premiers effets sur la météo au jour le jour, les climatologues et tous ceux qui s'intéressaient un tant soit peu à la physique savaient qu'un climat plus chaud accroîtrait les probabilités de canicules et limiterait la récurrence des épisodes de froid. Sachant qu'une atmosphère plus chaude contient davantage de vapeur d'eau, nous pouvions aussi prédire de plus fortes précipitations. Le même lien de causalité laissait aussi présager de vagues de chaleur plus extrêmes dans un climat plus chaud. Et plus vite on réchauffe le climat, plus on accélère l'intensité des événements extrêmes.

En modifiant la composition de l'atmosphère, nous avons non seulement réchauffé la planète dans son ensemble, mais aussi modifié la circulation atmosphérique. En d'autres termes, nous avons modifié la façon dont les systèmes météorologiques se forment, se développent et se déplacent. Ces bouleversements peuvent amplifier les effets dus au seul réchauffement, ou avoir l'effet inverse, réduisant le risque de survenance de certains événements météorologiques extrêmes dans des zones précises. Ces deux aspects du changement climatique – le réchauffement et la circulation atmosphérique – peuvent interagir selon des mécanismes complexes et, pour certains extrêmes parmi les plus dévastateurs comme les tempêtes et les cyclones tropicaux. Comprendre ces mécanismes ne va pas de soi.

Ce qui ne nous empêche pas pour autant de savoir comment ces événements plus complexes évoluent. C'est précisément ce que fait la toute jeune science d'attribution des événements extrêmes. En théorie, cette discipline repose sur un principe simple : elle évalue le type d'événements météorologiques possibles dans un monde où le climat change, et les compare à ce qu'il se passerait dans un monde où aucune activité humaine n'influerait sur le climat. Dans la pratique, ces méthodes passent nécessairement par des observations météorologiques et des modèles climatiques capables de simuler de façon fiable l'événement extrême étudié. Ce qui est réalisable pour la plupart des vagues de chaleur et des fortes précipitations – et, jusqu'à un certain point, pour les sécheresses –, mais s'avère bien plus compliqué pour les événements faisant intervenir le facteur vent. Depuis dix ans, cette discipline a considérablement progressé, et est parvenue à attribuer de plus en plus d'événements météorologiques spécifiques à l'évolution du climat, étayant la principale conclusion du dernier rapport du GIEC : « Le changement climatique induit par l'homme affecte déjà de nombreux phénomènes météorologiques et climatiques extrêmes dans toutes les régions du monde. »

Cette science nous a aussi appris que lorsqu'une tempête se déclenche, le niveau de précipitations est plus élevé qu'il ne le serait dans un monde sans changement climatique. Dans le cas de l'ouragan Harvey, qui a provoqué des inondations catastrophiques à Houston au Texas en 2017, cela signifie qu'il y aurait eu 15 % de précipitations de moins en l'absence de changement climatique d'origine anthropique. Ce chiffre de 15 % peut paraître dérisoire, mais il suffit de le rapporter à ses conséquences pour comprendre les effets dévastateurs de l'activité humaine sur le climat, même au niveau d'une tempête particulière. Le coût global des pluies torrentielles attribuées à l'ouragan a été estimé à 90 milliards de dollars, dont 67 milliards seraient imputables à l'excédent de pluies dû au changement climatique. Rappelons que cette estimation ne porte que sur les dégâts économiques. Les impacts sur la vie des citoyens – des pertes de revenu aux décès – sont bien plus difficiles à quantifier, mais un tel événement induit des souffrances considérables, particulièrement pour les individus les plus vulnérables de la société.

La montée du niveau de la mer résultant du changement climatique amplifie également les effets désastreux des tempêtes. La plupart des tempêtes se forment au-dessus des océans et atteignent les côtes un peu plus tard, accompagnées d'ondes de marée de plus en plus fréquentes depuis que le niveau des mers s'est élevé et continuera de s'élever pendant des siècles du fait du réchauffement climatique. L'ouragan Sandy, qui a frappé New York en 2021, illustre parfaitement ce phénomène : les dégâts ont été estimés à 60 milliards de dollars pour la seule onde de marée, dont 8 millions peuvent être attribués à l'élévation du niveau des mers due au changement climatique causé par l'homme. Sans nos émissions fossiles, l'onde de marée de Sandy aurait touché 70 000 personnes de moins. Soulignons toutefois que même si nous arrêtons dès à présent d'émettre des gaz à effet de serre, le niveau de la mer continuera de s'élever. Mais plus tôt nous arrêterons, plus la montée des eaux ralentira.

Le réchauffement de la planète a également modifié la vitesse de déplacement (ou « vitesse de translation ») des systèmes dépressionnaires sur leur trajectoire. Dans les régions océaniques pour lesquelles nous disposons de données, les vitesses de translation ont ralenti. Or, plus une tempête se déplace lentement, plus elle déversera de pluies sur une zone donnée. Il ressort de tout ce que la physique, les statistiques et les observations nous apprennent que les tempêtes auxquelles nous assistons aujourd'hui sont plus destructrices qu'elles ne l'auraient été sans le changement climatique.

Identifier précisément le rôle du changement climatique dans des événements météorologiques extrêmes fournit une information précieuse aux décideurs lorsqu'ils doivent reconstruire après des catastrophes et anticiper les conséquences des événements extrêmes à venir. Tous n'ont hélas pas le même accès à ces informations. Trop souvent – comme ce fut le cas pour le cyclone Idai, qui a dévasté le Mozambique en 2019, ou le cyclone Amphan, qui s'est abattu sur le Bangladesh et l'Inde en 2020 – les modèles sont inadaptés ou ne sont pas mis à la disposition des scientifiques des pays des Suds. Ce que nous savons des mécanismes du changement climatique et des principales vulnérabilités de nos sociétés nous vient essentiellement des recherches et des expériences menées dans des pays des Nords. Face à l'emballement du réchauffement climatique, il est impératif de surmonter ces inégalités. Une tempête devient une catastrophe en fonction des dégâts humains et matériels qu'elle peut provoquer, et si la plupart des changements du système climatique sont linéaires, les impacts et les dégâts ne le sont absolument pas. D'infimes altérations du climat peuvent déboucher sur des conséquences catastrophiques. /

L'activité humaine a des effets dévastateurs sur le climat, même au niveau d'une tempête particulière.

Double page suivante : Une énorme tempête tropicale balaie la région du delta de l'Irrawaddy en mai 2008, quatre semaines après les crues du fleuve dues au cyclone Nargis, qui avaient fait plus de 100 000 morts.

2.8

La boule de neige est déjà en mouvement

Greta Thunberg

Peut-être est-ce l'expression qui pose problème. Le *changement climatique*. Ça n'a pas l'air si grave. Le mot « changement » résonne assez agréablement dans notre monde insatiable. Si chanceux soit-on, il semble toujours y avoir de la place pour une perspective séduisante d'amélioration. Et puis il y a la partie « climat ». Là encore, cela ne semble pas si dramatique. Si vous vivez dans une des nombreuses nations à hautes émissions du Nord, l'idée d'un « changement climatique » pourrait bien être interprétée à l'opposé de l'effrayant et du dangereux. Un monde qui change. Une planète qui se réchauffe. Pourquoi pas ?

Peut-être est-ce en partie la raison pour laquelle tant de gens pensent encore que le changement climatique est un processus lent, linéaire et plutôt inoffensif. Mais le climat ne se contente pas de changer. Il se déstabilise. Il s'effondre. L'équilibre délicat des configurations et cycles naturels qui constituent une partie vitale des systèmes permettant la vie sur Terre est perturbé et les conséquences pourraient être catastrophiques. Parce qu'il existe des points de bascule, des points de non-retour. Et nous ne savons pas exactement quand nous les franchirons. Ce que nous savons, cependant, c'est qu'ils se rapprochent terriblement, même les plus graves. La transformation commence souvent lentement, puis elle se met à accélérer.

Stefan Rahmstorf écrit qu'« il y a suffisamment de glace sur Terre pour élever le niveau des mers de 65 mètres – la hauteur d'un immeuble de vingt étages – et à la fin de la dernière période glaciaire un réchauffement d'environ 5 °C a provoqué une montée des océans de 120 mètres ». Mis bout à bout, ces chiffres nous offrent une perspective des forces auxquelles nous sommes confrontés. La hausse du niveau de la mer ne restera pas une question de milli-, de centi- ou de décimètres très long-temps. Même si le changement prend du temps, nous devons prendre conscience que ce n'est pas une situation à laquelle nous pouvons nous *adapter*.

La calotte glaciaire du Groenland est en train de fondre, tout comme les « glaciers de l'apocalypse » de l'Antarctique Ouest. De récents rapports ont affirmé que le point de bascule pour ces deux événements se trouve déjà derrière nous. D'autres rapports disent qu'il est imminent. Cela signifie que nous pourrions bien avoir déjà généré tant de réchauffement intégré que le processus de fonte ne peut plus être interrompu ou qu'il ne pourra plus l'être très bientôt. Dans un cas comme dans l'autre, nous devons faire tout ce qui est en notre pouvoir pour arrêter le processus parce qu'une fois que cette ligne invisible sera franchie nous ne pourrons probablement plus revenir en arrière. Nous pouvons le ralentir, mais une fois que la boule de neige est en mouvement, elle continue de rouler.

Des milliards de personnes partout sur la planète dépendent de la cryosphère, notamment de glaciers, pour l'eau potable et l'irrigation. Et ceux-ci fondent aussi rapidement. Nous avons donc déjà franchi un certain nombre de points de bascule irréversibles qui déclencheront d'énormes défis dans les décennies à venir. Les glaciers de l'Himalaya, le « troisième pôle » comme on les appelle parfois, sont particulièrement cruciaux : ils fournissent en eau deux milliards de personnes en Asie. Ces glaciers fondent actuellement à un rythme exceptionnel ; une étude historique, commandée par les huit nations concernées et menée par deux cents scientifiques, a prouvé que même si nous parvenions à limiter le réchauffement à 1,5 °C, un tiers de la masse glaciaire disparaîtrait.

Non seulement nous perdons cette ressource vitale, mais cela se produit à une vitesse qui en soi est un problème, car la vitesse de la fonte des glaces nous habitue à des niveaux de débit des eaux anormalement élevés. Quand toute cette eau commencera à s'épuiser, nous serons dans une situation pire encore. Nos infrastructures et nos sociétés ont été construites à l'holocène, qui devient une époque géologique du passé. Le monde dans lequel nous vivions en toute sécurité n'existe plus. /

La hausse du niveau de la mer ne restera pas une question de milli-, de centi- ou de décimètres très longtemps. Même si le changement prend du temps, nous devons prendre conscience que ce n'est pas une situation à laquelle nous pouvons nous *adapter*.

2.9

Sécheresses et inondations

Kate Marvel

En règle générale, la Terre ne produit pas elle-même l'eau dont elle a besoin. C'est inutile puisqu'elle en a reçu d'énormes quantités de l'espace à l'époque de la formation de la planète et, dans l'ensemble, les volumes dont elle dispose sont restés relativement stables depuis lors. Dans des milliards d'années, lorsque le Soleil aura épuisé son énergie et s'éteindra, l'humidité de la Terre s'évaporera dans l'espace pour aller à son tour baigner la surface de quelque lointaine planète.

Concrètement, cela revient à dire que nous buvons exactement la même l'eau que celle dont se sont abreuvés les dinosaures et nourries les premières formes de vie aux origines du monde. Cette eau est de la glace fondue qui se transforme ensuite en vapeur et repasse à état liquide, s'élève des forêts humides, rejoint les profondeurs froides des océans, se déplace des tropiques aux pôles et recommence son cycle. Il arrive parfois, quand la planète oscille légèrement sur son axe, qu'une partie de cette eau se trouve piégée sous forme de glace de glacier pendant plusieurs millénaires. À la fin d'une période glaciaire, elle est libérée et se déverse en torrent d'eau douce pour aller grossir un océan. Sur des échelles de temps plus courtes – des après-midi, des mois, des vies humaines –, elle effectue son cycle de l'océan ou de la terre vers le ciel, et revient, sans être créée ni détruite, mais en changeant en permanence d'état.

Or changer d'état est épuisant. Il faut de l'énergie pour transformer un liquide en vapeur, et c'est pourquoi la chaleur rend notre corps humide et moite. L'évaporation évacue l'énergie de la surface vers le ciel. La condensation réchauffe l'atmosphère, qui à son tour renvoie la chaleur vers les couches froides de l'atmosphère. L'eau sous forme de vapeur est invisible, mais elle colore le ciel de nuages blancs et gris, amas de minuscules gouttes d'eau et de cristaux de glace. La Terre transpire sous la chaleur. La haute atmosphère froide s'enveloppe dans une couverture de nuages. Tout est en équilibre, jusqu'au moment où tout bascule.

Avec la hausse des températures, le monde transpire davantage. L'air a besoin d'eau de la surface, qui cède son humidité au ciel assoiffé. Les océans peuvent aisément satisfaire cette demande accrue. Mais sur terre, l'eau est stockée dans le sol qui l'absorbe comme une éponge. Même durant les années de précipitations moyennes, l'air gourmand peut aspirer les réserves d'eau vitales à la surface terrestre, qui devient aride et dépérit. Le sud-ouest de l'Amérique du Nord traverse la méga-sécheresse la plus sévère qu'il ait jamais connue et cela promet de s'aggraver. L'Europe méridionale, le Moyen-Orient et l'Australie occidentale sont également en cours de désertification, ce qui est un effet prévisible de la hausse des températures. La sécheresse est la réaction d'une planète qui peine à se refroidir.

Lors du processus d'évaporation, le liquide passe à l'état de vapeur : une substance incolore et inodore, mais qui pèse lourd. L'atmosphère ne contient pas moins de 10 millions de milliards de kilos de vapeur d'eau, qui exerce une pression dans toutes les directions, vers le haut, le bas et les côtés. Lorsque cette pression devient intenable, une partie de cette vapeur s'échappe vers le ciel, se condense et repasse à l'état liquide. Le seuil où cela se produit augmente rapidement avec la température : l'air chaud peut contenir davantage de vapeur d'eau. Le ciel renferme donc un réservoir d'eau, qui reçoit des crédits de vapeur, les dépense sous forme de précipitations, et en garde une petite partie en réserve. Plus le ciel se réchauffe, plus il accumule d'humidité, à raison de 7 % supplémentaires par degré de réchauffement. Sur une planète plus chaude, les pluies seront nécessairement diluviennes. Un monde plus chaud essuiera des sécheresses mais aussi, par la cruelle logique du cycle de l'eau, des crues et des inondations.

Les sécheresses implacables et les inondations catastrophiques auxquelles nous assistons portent l'empreinte manifeste de l'intervention humaine, tel un témoignage de notre vie postindustrielle gravé dans les cycles de l'eau de la planète. Les progrès extraordinaires de la science de l'attribution permettent désormais de quantifier la part de responsabilité de l'homme dans une sécheresse ou une inondation donnée. Mais nous avons également laissé notre empreinte à une tout autre échelle, gravée dans le ciel, sur les mers et sur les terres. Les observations satellitaires mettent en évidence des modifications à long terme des régimes pluviométriques dont les océans portent la marque : les eaux de l'océan Austral et de l'Atlantique Nord se sont refroidies sous l'effet d'une intensification des précipitations dans ces régions, tandis que l'aridité du climat a conduit à une hausse de la salinité de la Méditerranée et des mers subtropicales. Sur terre, les arbres très anciens nous permettent d'inscrire le présent dans le temps long de la planète. Leurs cernes annuels de croissance déroulent l'histoire des années sèches et des années humides du passé, des fluctuations du taux d'humidité des sols qui les nourrissent.

Le schéma que tracent les cernes des arbres constitue une archive sur plusieurs siècles des phases d'humidité et de sécheresse. Ces changements sont naturels. Mais la tendance qui se dessine aujourd'hui ne l'est plus. En observant la croissance des arbres au cours du siècle passé, nous voyons des sols secs dans les cernes minces et resserrés des arbres privés d'eau. Que des sécheresses sévissent dans le Sud-Ouest américain, en Méditerranée ou en Australie n'a rien d'anormal. Même sans notre intervention, il y aurait des sécheresses dans le monde. Ce qui est anormal, c'est que la sécheresse frappe toutes ces régions en même temps. La nature ne peut pas provoquer cela. Nous, si.

Le monde dans lequel nous vivons aujourd'hui a largement été façonné par l'homme. Qu'en ferons-nous ? Nous ne resterons pas les bras croisés à attendre une calamité. Nous repenserons au monde que nous avons fabriqué. Nous tirerons notre énergie du soleil et du vent, qui règlent la danse de l'eau de la surface terrestre vers l'atmosphère, et inversement. Nous résisterons et nous changerons, comme l'eau dont nous dépendons. Nous n'avons pas d'autre choix. /

2.10

Calottes glaciaires, barrières de glace et glaciers

Ricarda Winkelmann

Décembre 2010 : – 32 °C. Notre navire de recherche est arrivé en Antarctique. Coordonnées : 71° 07' sud, 11° 40' ouest. Il est 4 heures du matin et on se croirait en plein jour. Je regarde la barrière de glace qui se dresse devant nous, surplombant d'une trentaine de mètres la surface de l'océan. Je suis saisie par sa beauté, par les structures complexes de la glace et j'ai peine à imaginer son immensité : elle couvre près de 14 millions de kilomètres carrés et, par endroits, son épaisseur dépasse les 4 000 mètres. Si toute cette glace venait à fondre, le niveau des mers s'élèverait de près de 60 mètres sur l'ensemble de la planète. En levant le regard, je me dis qu'une grande partie de cette glace s'est formée il y a des centaines de milliers d'années. Les hommes, eux, n'ont posé le pied sur les glaces de l'Antarctique qu'au début du XX*e siècle. Comment se peut-il qu'en si peu de temps nous soyons devenus la force dominante déterminant l'évolution future de ce géant majestueux ?*

Je n'oublierai jamais ce moment de ma première expédition scientifique en Antarctique. C'est là que j'ai ressenti ce que signifie véritablement notre entrée dans l'anthropocène : l'homme est devenu une force géologique.

Nos activités affectent de plus en plus toutes les composantes du système terrestre, jusqu'aux deux calottes glaciaires de la planète, au Groenland et en Antarctique. Depuis quelques dizaines d'années, la perte de masse des calottes glaciaires et de leurs barrières (ou plateformes) de glace – des langues de glace flottante se prolongeant dans la mer – accuse une forte accélération. Au total, les nappes glaciaires ont perdu 12 800 milliards de tonnes de glace entre 1994 et 2017. À titre de comparaison, 1 000 milliards de tonnes de glace représenteraient un cube de glace de 10 000 mètres de côté, soit une hauteur supérieure à celle de l'Everest.

À l'avenir, les calottes polaires devraient devenir la première cause possible de l'élévation du niveau des mers. Du fait de leur énorme masse, leur retrait, si minime soit-il, peut très sensiblement accroître le risque de submersion des zones côtières, entraînant de terribles conséquences pour la société, l'économie et l'environnement.

De profonds changements commencent déjà à apparaître dans les régions polaires. En 2020, les températures aux pôles ont battu des records absolus de chaleur, avec + 18 °C sur la péninsule antarctique et + 38 °C dans l'Arctique. En 2021, deux épisodes de fonte d'une ampleur inédite se sont produits sur l'inlandsis du Groenland, qui avait déjà connu une série de fontes massives en 2010, 2015 et 2019. De l'autre côté de la planète, au bord de la mer de Weddell, le plus grand iceberg du monde s'est détaché du flanc occidental de la barrière glaciaire de Filchner-Ronne. L'analyse des images satellitaires a révélé que d'autres gigantesques blocs de glace étaient en train de se séparer de la langue de glace du glacier de l'île du Pin, accélérant l'écoulement de l'un des glaciers qui est déjà le plus rapide de l'Antarctique.

Ces événements ponctuels sont certes des instantanés, mais ils sont révélateurs des changements aussi radicaux que significatifs qui se produisent actuellement sur les inlandsis et autour d'eux. Les régions polaires sont les systèmes d'alerte les plus efficaces de notre planète qui nous renseignent sur l'avancée du changement climatique, et tous les signaux sont à présent au rouge.

Nous ne devons pas les ignorer : si nous n'infléchissons pas le cours du changement climatique, nous donnerons une impulsion supplémentaire à la déstabilisation des calottes glaciaires, qui risquerait de déclencher des cycles d'autorenforcement incontrôlables.

L'un de ces cycles d'autorenforcement, ou boucle de rétroaction positive, est lié à la fonte de la surface de l'inlandsis groenlandais : à mesure que la fonte s'accélère, la surface s'enfonce doucement et perd de l'altitude. Dans l'environnement plus bas, l'air est généralement plus chaud, ce qui entraîne une accélération de la fonte et une perte de hauteur supplémentaire, et ainsi de suite. Au-delà d'un seuil de température critique, cette rétroaction fonte-altitude pourrait conduire à un retrait irréversible des glaces, jusqu'à ce qu'il ne reste pratiquement plus rien de la calotte du Groenland.

Le climat de l'Antarctique étant plus froid que celui du Groenland, ce n'est pas tant la fonte de surface qui menace la stabilité de sa nappe glaciaire, que ce qui est à l'œuvre sous la calotte. Une grande part de la perte de masse de l'Antarctique résulte de la fonte des langues de glace flottante qui entourent le continent. Lorsqu'elles entrent en contact avec les eaux plus chaudes de l'océan, elles s'effondrent, accélérant l'écoulement des glaciers de l'intérieur des terres vers l'océan, ce qui peut enclencher un cercle vicieux de perte de masse.

C'est à cause de ces boucles de rétroaction positive que l'on considère les deux calottes polaires comme des éléments de bascule du système terrestre. Dès lors qu'elles approchent d'un seuil critique de réchauffement, ou point de bascule, une infime perturbation peut suffire à déclencher des fontes de glaces soudaines et de grande ampleur, qu'il sera impossible d'enrayer.

Le risque de franchir ce point de bascule augmentera singulièrement si le réchauffement dépasse 1,5 °C ou 2 °C. Au-delà de cette hausse des températures, des pans entiers des calottes du Groenland et de l'Antarctique seront condamnés à fondre, et une élévation permanente de plusieurs mètres du niveau des océans sera inévitable. À supposer même que les températures retombent, il faudrait qu'elles soient beaucoup plus froides qu'aujourd'hui pour que les calottes glaciaires se reconstituent et retrouvent leur masse actuelle. Autant dire que les parties des calottes glaciaires qui se sont effondrées sont perdues à jamais. /

2.11

Le réchauffement des océans et la montée des eaux

Stefan Rahmstorf

En 1987, l'un des grands pionniers de l'océanographie tirait la sonnette d'alarme dans la prestigieuse revue scientifique *Nature* :

> *Les habitants de la planète Terre mènent discrètement une gigantesque expérience environnementale. Ses répercussions seront si vastes et si profondes que, si elle était soumise à l'approbation de n'importe quel conseil un tant soit peu responsable, elle serait fermement rejetée. Pourtant, elle se poursuit sans qu'aucune juridiction ni aucun pays s'en émeuve. L'expérience en question est la libération de* CO_2 *et autres gaz dits à effet de serre dans l'atmosphère.*

Ces lignes ont été écrites par Wallace Broecker, avec qui j'ai eu la chance de travailler pendant quelques années au sein de la Commission sur les changements climatiques abrupts avant qu'il ne nous quitte, en 2019. Je m'intéresserai ici aux conséquences de cette « gigantesque expérience » sur les aspects physiques de l'Océan – c'est-à-dire relevant de la physique plutôt que de la biologie marine ou de la chimie, traités par ailleurs dans ce livre.

Des océans plus chauds

Les océans ont absorbé plus de 90 % de la chaleur excédentaire de notre planète qui a été piégée par des concentrations croissantes de gaz à effet de serre. Ce n'est pas parce que les océans se réchauffent plus rapidement que l'air, mais parce qu'il faut davantage d'énergie pour chauffer l'eau que l'air (en d'autres termes, l'eau a une capacité thermique très supérieure). Les océans absorbent cette chaleur à leur surface, qui enregistre donc la plus forte hausse de température ; elle pénètre plus lentement dans les profondeurs océaniques. La capacité thermique de l'océan augmente à un rythme de 11 zettajoules par an, ce qui représente vingt fois la quantité d'énergie consommée par l'humanité.

Bien que les océans absorbent 90 % de la chaleur en excédent, les températures de surface de la mer ont augmenté presque deux fois moins que celles de l'air à la surface des terres : de 0,9 °C depuis la fin du XIXe siècle, contre 1,9 °C pour la surface

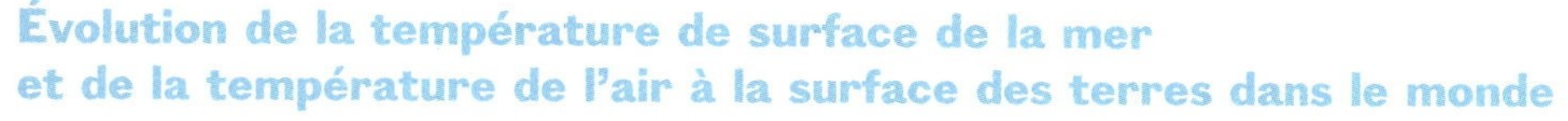

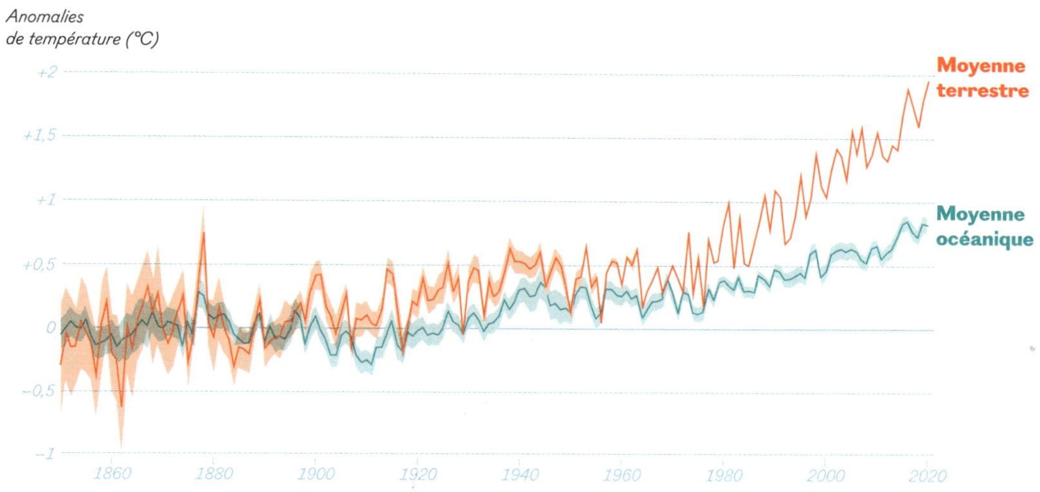

Figure 1 : Les anomalies de température des régions de glaces marines sont calculées séparément et ne figurent pas ici.

des sols (fig. 1). Sachant que les masses océaniques recouvrent 71 % de la surface du globe terrestre, cela représente un réchauffement moyen de 1,2 °C de la planète.

Lorsque la planète se sera réchauffée de 1,5 °C, les températures à la surface des terres auront augmenté d'environ 2,4 °C. Lorsqu'on parle de « température moyenne de la planète », on minimise donc considérablement l'impact réel du réchauffement sur les sociétés humaines. Or, la capacité thermique relativement élevée des océans ne signifie pas que notre planète met du temps à se réchauffer et qu'elle a encore de la marge avant d'atteindre le réchauffement à l'équilibre.

Nombreux sont ceux qui pensent que l'essentiel du réchauffement climatique à venir étant déjà inscrit dans nos émissions passées, il sera impossible de le contenir à 1,5 °C, comme le prévoit l'accord de Paris. Fort heureusement, ce n'est pas le cas. Lorsque nous aurons atteint un taux d'émission zéro, la concentration des gaz à effet de serre dans l'atmosphère commencera à diminuer, contrant l'effet d'inertie thermique, de sorte qu'il reste tout à fait envisageable d'arrêter le réchauffement à 1,5 °C – à condition toutefois de parvenir assez vite à zéro émission nette.

Le réchauffement des océans pose un certain nombre de problèmes inquiétants. En premier lieu, il fournit davantage d'énergie aux cyclones tropicaux, qui gagnent en puissance et s'intensifient plus rapidement. Deuxièmement, des océans plus chauds libèrent davantage d'eau par évaporation, ce qui accroît la pluviométrie à l'échelle mondiale. Malheureusement, cela exacerbe les épisodes de pluies torrentielles qui provoquent plus d'inondations qu'ils n'atténuent les sécheresses. Troisièmement, le réchauffement a tendance à réduire la capacité des océans à séquestrer le dioxyde de carbone. À l'heure actuelle, les océans absorbent près d'un tiers de nos rejets de CO_2, ce qui est considérable, mais des eaux plus chaudes retiennent moins bien le CO_2 (il suffit pour s'en convaincre d'essayer de faire bouillir de l'eau minérale). Quatrièmement, le réchauffement des océans a un effet délétère sur la vie marine, provoquant des catastrophes comme le blanchissement des coraux. Enfin, l'eau se dilate lorsqu'on la réchauffe, ce qui nous conduit à la difficulté suivante : l'élévation du niveau des mers.

La montée des eaux

Un réchauffement climatique planétaire se traduira inévitablement par une hausse du niveau des mers, et ce pour deux raisons. D'abord parce que l'eau des océans se dilate avec la chaleur, et étant donné que les océans font plusieurs milliers de mètres de profondeur, un très faible taux de dilatation thermique suffit à élever le niveau marin de plusieurs mètres. Ensuite parce que les glaces terrestres perdent de la masse et déversent des quantités supplémentaires d'eau dans les mers. Il y a suffisamment de glace sur Terre pour élever le niveau des mers de 65 mètres – la hauteur d'un immeuble de vingt étages – et à la fin de la dernière période glaciaire un réchauffement d'environ 5 °C a provoqué une montée des océans de 120 mètres.

Par comparaison, l'élévation du niveau des mers depuis le XIXe siècle est encore relativement faible, puisqu'elle ne dépasse pas les 20 centimètres (fig. 2). Il faut en effet longtemps pour que la chaleur pénètre dans les profondeurs des océans, et pour que les grosses masses glaciaires fondent. Nous n'en sommes toutefois qu'au tout début d'une montée des eaux bien plus importante, qui est déjà « inscrite » et se manifestera au cours des prochains siècles et millénaires, même si le réchauffement s'arrête.

Jusqu'à présent, l'élévation du niveau de la mer que nous avons observée correspond aux données indépendantes sur les différents facteurs contributifs, recueillies depuis le début du suivi satellitaire du niveau des océans, en 1993, à savoir :

- **la dilatation thermique des océans** 42 %
- **les glaciers** 21 %
- **la calotte glaciaire du Groenland** 15 %
- **la calotte glaciaire de l'Antarctique** 8 %

(Le solde peut être attribué au pompage des eaux souterraines pour l'agriculture et à l'imprécision de certaines données.)
Le sixième rapport d'évaluation du GIEC prédit que d'ici à 2100 le niveau des océans de la planète pourrait augmenter de 50 centimètres à 1 mètre, selon le niveau à venir d'émissions de gaz à effet de serre. Au vu des terribles inondations que provoque déjà la faible élévation que nous constatons jusqu'à présent, une montée de 1 mètre aurait des conséquences catastrophiques dans de nombreuses régions côtières. De plus, une grande incertitude demeure : le GIEC ne peut pas exclure que le niveau moyen des mers augmente de plus de 2 mètres d'ici à 2100, voire de 5 mètres à l'horizon 2150. Ce scénario pourrait se réaliser si d'importantes masses glaciaires, devenues instables, se déversent rapidement dans l'océan – un

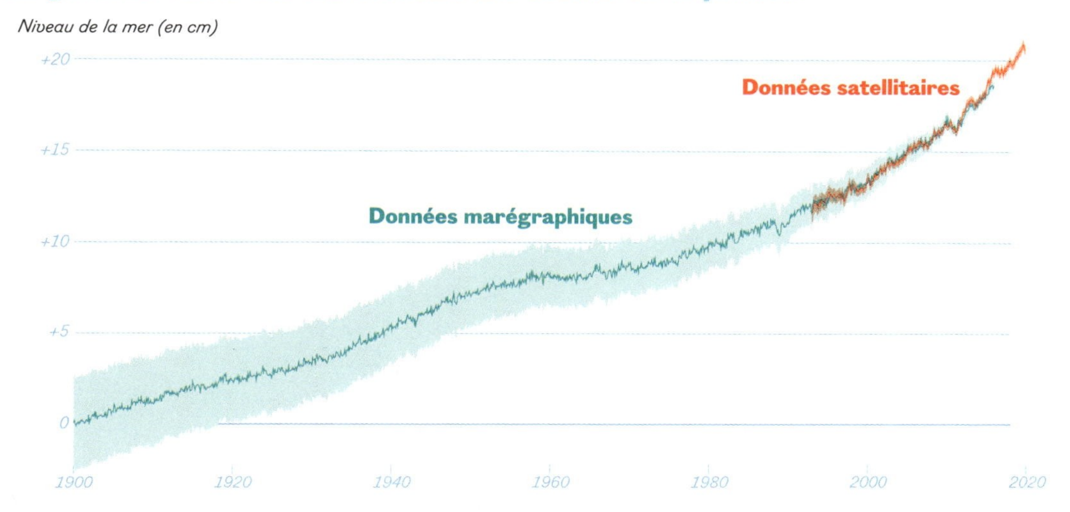

Figure 2

processus que les modèles scientifiques actuels ne permettent pas de simuler avec un degré de confiance suffisant. L'histoire de la Terre nous fournit toutefois une sévère mise en garde : ces phénomènes d'instabilité de la calotte glaciaire se sont déjà produits au cours des périodes glaciaires passées.

Bien que les océans soient reliés et forment un seul et même océan mondial, leur surface n'est pas plane et le niveau de la mer ne s'élèvera pas uniformément partout. Dans des villes comme Venise ou La Nouvelle-Orléans, les terres côtières sont en retrait ; parallèlement, le niveau de la mer monte en Scandinavie où, pendant la dernière glaciation, les calottes glaciaires avaient alourdi la masse terrestre. Mais la surface de l'océan elle-même peut différer d'une région à l'autre, en raison par exemple de la force gravitationnelle réduite des masses de glace terrestre en recul ou de changements des vents dominants, ou encore de la circulation océanique.

Changement des courants océaniques

La circulation océanique globale joue un rôle climatique déterminant en transportant de la chaleur dans le monde entier. Elle est engendrée par le vent et par les différences de densité des eaux des océans (circulation thermohaline), la densité de l'eau étant déterminée par sa température et sa salinité.

Le réchauffement climatique affecte le régime des vents et modifie du même coup légèrement ces courants marins poussés par les vents. Mais un bouleversement autrement inquiétant de la circulation océanique menace la circulation thermohaline, notamment dans l'Atlantique, où le système de courants océaniques brassant les eaux, appelé la circulation méridienne de retournement Atlantique (AMOC) – et parfois comparé à un « tapis roulant » de l'océan – joue un rôle déterminant dans le système de transport de chaleur, apportant de l'eau chaude dans l'Atlantique

Nord depuis les tropiques, puis renvoyant de l'eau froide dans l'hémisphère Sud, vers l'Antarctique (fig. 3).

C'est essentiellement à cause de l'AMOC que l'hémisphère Nord est plus chaud que l'hémisphère Sud. Le déplacement et la libération de grandes quantités de chaleur augmentent la température de l'Atlantique Nord et des masses terrestres qui le bordent – dont une grande partie de l'Europe – de plusieurs degrés par rapport à la normale.

Les modèles climatiques prédisent depuis longtemps que dans le schéma de réchauffement planétaire, la région de l'Atlantique Nord qui se trouve juste au sud du Groenland ne se réchauffera que très peu, et pourrait peut-être même se refroidir, car on prévoit un affaiblissement de l'AMOC. Le réchauffement associé à la hausse des précipitations et à l'apport massif d'eaux de fonte du Groenland diminue la densité des eaux de surface qui, de ce fait, ne s'enfoncent plus aussi profondément qu'auparavant dans l'océan. Ce qui est préoccupant, c'est que c'est précisément ce qui est en train d'arriver dès à présent : l'Atlantique Nord est la seule région de la planète qui s'est refroidie depuis la fin du XIXe siècle (comme le montre la « tache » froide au sud du Groenland sur la fig. 3).

Ce phénomène est particulièrement inquiétant parce que l'on sait que l'AMOC a un point de bascule au-delà duquel elle ne peut plus se maintenir et s'effondrera.

Changement de température de surface de la mer dû à la circulation méridienne de retournement Atlantique

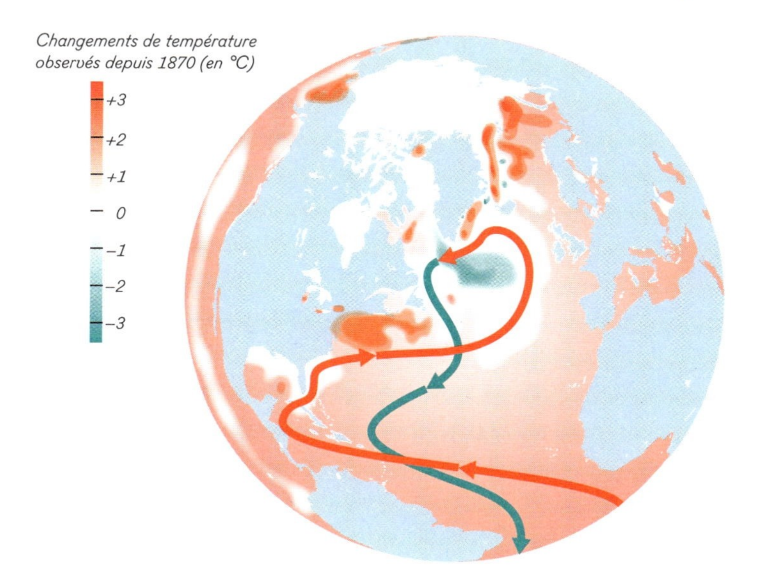

Figure 3 : Dans l'AMOC, les eaux chaudes de surface sont transportées vers le nord, et libèrent de la chaleur dans l'atmosphère avant de plonger à des profondeurs de 2 000 à 4 000 mètres, puis de repartir vers le sud sous forme de courant profond froid. L'AMOC déplace près de 20 millions de mètres cubes d'eau par seconde, soit près de cent fois plus que le débit du fleuve Amazone.

Elle s'est déjà effondrée plusieurs fois au cours de l'histoire de la Terre, bouleversant les régimes climatiques dans toutes les régions de la planète.

Dans la pratique, voici comment elle fonctionne : en temps normal, l'AMOC apporte de l'eau de mer salée depuis les latitudes subtropicales vers l'Atlantique Nord, contribuant à densifier suffisamment les eaux pour qu'elles s'enfoncent en profondeur. Lorsqu'elle s'affaiblit, les courants transportent moins de sel vers le nord, ce qui la ralentit encore plus en diminuant encore plus la densité des eaux. À un moment donné, un cercle vicieux s'enclenche et la circulation méridienne s'arrête.

Depuis qu'en 1987 Wally Broecker nous a mis en garde en contre « de mauvaises surprises de l'effet de serre », on craignait que les émissions ne poussent l'AMOC à franchir son point de bascule. C'est effectivement là l'un des plus gros risques du réchauffement planétaire. Personne ne sait vraiment où se situe ce point de bascule, ni à quel point nous nous en sommes approchés. D'un côté, les modèles climatiques indiquent qu'il y a peu de risques qu'il soit franchi avant la fin du XXIe siècle. D'un autre côté, ces mêmes modèles peinent à représenter précisément la stabilité de l'AMOC alors que des données d'observation fournissent des signaux d'alarme crédibles indiquant que nous en sommes dangereusement proches.

Le franchissement de ce point de bascule refroidirait le nord-ouest de l'Europe, mais engendrerait aussi une hausse considérable des niveaux de la mer sur la côte Est de l'Amérique, entraînerait l'effondrement d'écosystèmes marins, réduirait les quantités de CO_2 absorbées par les océans, réchaufferait encore plus l'hémisphère Sud, et pourrait de surcroît déplacer la ceinture des pluies tropicales et bouleverser le régime des moussons en Asie. Et l'histoire de la Terre nous a appris qu'il faut près d'un millénaire pour que l'AMOC se rétablisse. /

Il y a suffisamment de glace sur Terre pour élever le niveau des mers de 65 mètres – la hauteur d'un immeuble de vingt étages.

2.12

L'acidification des océans et les écosystèmes marins

Hans-Otto Pörtner

À l'heure actuelle, la quantité de dioxyde de carbone dans l'atmosphère augmente près de cent fois plus vite qu'à la fin de la dernière période glaciaire, qui a vu la concentration de CO_2 atmosphérique augmenter d'environ 80 ppm (parties par million) en 6 000 ans. Et déjà, à près de 416 ppm, elle a atteint son plus haut niveau en 2 millions d'années.

Le CO_2 produit par les activités humaines pénètre dans les couches supérieures de l'océan mais, sous l'action de la biologie et des courants océaniques, il atteint aussi ses couches plus profondes. Comme sur Terre, la photosynthèse est le principal mécanisme biologique de séquestration du CO_2 atmosphérique dans l'océan. L'océan a absorbé 20 % à 30 % des émissions anthropiques de CO_2, les diluant, neutralisant leur acidité, et les enfouissant sous ses eaux profondes. Cependant, la capacité d'absorption du CO_2 de l'océan (et de la Terre) diminue à mesure que les niveaux de CO_2 atmosphérique augmentent, en partie à cause du réchauffement climatique. De plus, le CO_2 pénètre non seulement dans l'eau mais aussi dans les fluides corporels des organismes marins, notamment dans le sang des poissons, où il forme un acide faible. Pour désigner l'enrichissement en CO_2 de l'eau de mer et la baisse résultante de son pH, on parle d'acidification des océans.

Ce processus met en péril les organismes et les écosystèmes marins, ajoutant aux dangers liés au réchauffement et aux déperditions d'oxygène. L'acidité a déjà augmenté de près de 30 %. Même si les efforts actuels visant à réduire et, à terme, arrêter les émissions de CO_2 aboutissent, une part de l'acidification des océans et les risques qu'elle fait courir aux organismes et aux écosystèmes marins persisteront à long terme.

Jusqu'à présent, nous avons constaté que l'acidification des océans ralentit souvent la calcification – la coquille de certains organismes s'amincit ou se fissure, par exemple – ou déstabilise les écosystèmes carbonatés comme les récifs coralliens. Elle inhibe le processus de calcification, aussi bien pour le phytoplancton et les foraminifères marins (organismes unicellulaires à coquille), que pour les coraux et les coquillages tels que les moules et les oursins et réduit sensiblement le taux de croissance et la survie de certains groupes, notamment les échinodermes (étoiles de mer, oursins…) et les gastéropodes (escargots, bulots…). Les coraux, les mollusques et les échinodermes y sont particulièrement vulnérables. L'élévation des concentrations de CO_2 perturbe fortement le comportement de certains poissons, mais nous ignorons si ces perturbations sont durables et ont des répercussions à long terme sur les écosystèmes. Nous ne disposons pas pour l'instant d'assez de données pour savoir si les organismes sont capables de s'adapter et d'échapper à ce type de troubles fonctionnels. Nous savons cependant que tous les organismes marins sont directement impactés par ces altérations de la composition chimique de l'océan, et que les animaux qui s'en nourrissent sont indirectement touchés par les modifications de la chaîne alimentaire.

Les océans sont donc en train de se réchauffer et en même temps de s'acidifier – sans que l'on sache encore si les effets conjugués de la déperdition d'oxygène et de l'acidification influencent ou exacerbent déjà les impacts du réchauffement océanique. Les organismes complexes comme la faune et la flore marines se développent dans une fourchette de température relativement étroite et sont donc extrêmement sensibles à ce réchauffement. Le réchauffement est un facteur déterminant de l'évolution actuelle des aires de répartition de la faune marine et certaines espèces meurent lorsque les températures extrêmes dépassent leurs limites physiologiques de tolérance. Les animaux à sang froid et à respiration aquatique de l'Antarctique (comme les poissons des glaces) ou du Haut-Arctique (comme la morue polaire) ont des plages de tolérance thermique très étroites et sont donc d'autant plus vulnérables au fort réchauffement des régions polaires qu'il n'existe aucun autre habitat adapté vers lequel ils pourraient migrer. Dans les régions océaniques les plus chaudes, des espèces particulières et même des écosystèmes entiers, comme les récifs coralliens, se détériorent peu à peu sous l'effet des hausses de température. Il semble de plus en plus admis que les concentrations élevées de CO_2 et la perte d'oxygène de l'eau de mer affectent la tolérance thermique des espèces, ce qui modifie leurs aires de distribution et a une incidence sur leur survie et celle des populations humaines. L'état et la composition spécifique des écosystèmes subissent de tels bouleversements que leur avenir est incertain. Les exemples d'extinctions provoquées exclusivement par le changement climatique sont rares, mais plusieurs projections indiquent que les disparitions d'espèces dues à la destruction de l'habitat et à la dégradation de l'environnement induites par l'homme seront exacerbées par le changement climatique.

Nous devons absolument prendre des mesures pour renforcer la biosphère marine et accroître sa capacité d'absorber, transformer et stocker le CO_2. Il est indispensable de rétablir des écosystèmes sains et de créer des réseaux de zones protégées couvrant de 30 % à 50 % de la surface des océans. Nous parviendrions ainsi à mieux protéger la biodiversité, à reconstituer les populations de baleines, d'algues et de poissons, et à régénérer les mangroves, les herbiers marins et les prés-salés, qui contribuent tant à réduire l'acidification des océans qu'au cycle du carbone. L'impératif premier est de ne pas dépasser l'objectif de 1,5 °C de l'accord de Paris. Il en va de la survie de ces espèces marines aussi essentielles pour atténuer le changement climatique que pour nourrir l'humanité et protéger les régions côtières habitées. /

2.13

Les microplastiques

Karin Kvale

Les microplastiques ont beaucoup en commun avec les rejets de dioxyde de carbone d'origine anthropique. Ils proviennent pour la plupart des mêmes sources que les combustibles à base de carbone. Comme le CO_2, ce sont des polluants à longue durée de vie et, comme le CO_2, ils résultent de l'impact généralisé des activités humaines. Ces deux substances s'accumulent dans l'atmosphère et dans les océans, par le biais de nos contributions individuelles (les émissions de gaz d'échappement dans le cas du CO_2, ou la dégradation des pneus et des plaquettes de frein pour les microplastiques, par exemple) et de contributions collectives comme les activités agricoles et industrielles.

Les océans, qui couvrent 70 % de la surface de la Terre et reçoivent les eaux de presque tous les fleuves du monde, sont le dernier réceptacle d'une part encore mal quantifiée des plastiques qui échappent au contrôle de l'homme. Selon une estimation, chaque année, pas moins de 15 % à 40 % des déchets plastiques des pays riverains sont rejetés en mer, faute de système efficace de gestion des déchets. Des prélèvements effectués sur les plages et en haute mer ont mis en évidence l'augmentation continue (mais non uniforme) de la quantité de plastiques dans l'océan. Mais on ne retrouve aucune trace de microparticules de plastique – petits fragments de moins de 5 millimètres de long – dans les relevés effectués à la surface de l'océan. Les scientifiques en ont récemment repéré des concentrations surprenantes au plus profond des océans, dans des sédiments sous-marins aux marges du plateau continental, et à quelques mètres de la surface de la mer, où la lumière ne pénètre pas. De fortes concentrations de particules de microplastiques ont également été signalées dans l'océan Arctique, loin d'établissements humains. Au-delà de ces régions et d'autres zones d'accumulation connues, telles les gyres océaniques, la mer Méditerranée, la mer du Japon et la mer du Nord, pratiquement tous les espaces étudiés ont livré des microparticules de plastique. Leur omniprésence est telle qu'on les considère désormais comme une nouvelle composante de l'eau de mer.

La pollution marine par les plastiques présente de graves dangers. Nous sommes déjà sensibilisés à certains risques locaux : les sacs en plastique jetables et les filets de pêche sont néfastes pour les baleines, les tortues de mer, les oiseaux et d'autres animaux qui peuvent s'y empêtrer ou les avaler, et s'étouffer ou dépérir. Il en va de même pour les microplastiques : les copépodes, minuscules crustacés prédateurs, s'entravent dans des fibres de microplastiques, et ingèrent régulièrement des microbilles. Les plastiques flottants sont quant à eux un vecteur tout trouvé pour des espèces normalement sédentaires qui risquent de devenir invasives ; de la même façon, on a retrouvé en surface des océans des microplastiques tapissés de bactéries et de toxines pathogènes. Quand les huîtres et autres coquillages ingèrent ces particules infestées, les toxines peuvent s'accumuler dans leurs tissus et se transmettre (avec les bactéries) au consommateur. L'absorption de plastiques soumet la faune des fonds marins à un stress qui nuit à sa fécondité, ce qui, par ricochet, peut déséquilibrer tout l'écosystème.

Quel pourrait être l'impact du plastique rejeté en mer à l'échelle de la planète ? On sait depuis peu que les microparticules de plastique présentes dans l'atmosphère dispersent et absorbent le rayonnement solaire, mais il reste à déterminer si, au bout du compte, elles contribuent plutôt à réchauffer ou à refroidir la planète. L'océan est une source importante de microplastiques atmosphériques, qu'il projette dans l'air par les vagues et les embruns. Dans les décennies à venir, la pollution plastique des mers pourrait compromettre nos engagements climatiques. Des modélisations ont toutefois montré que les plastiques peuvent aussi bien accélérer la perte d'oxygène des océans que le réchauffement planétaire. Cela s'explique par le fait que les minuscules prédateurs à la base de la chaîne alimentaire ingèrent parfois des microplastiques en lieu et place de phytoplancton, ce qui a une incidence sur le fonctionnement de l'écosystème dans son ensemble. Ainsi, alors que pour l'heure la quantité absolue de plastique dans l'environnement naturel ne représente qu'une part très minime du problème du CO_2, elle pourrait avoir un impact disproportionnellement élevé sur les systèmes terrestres.

La pollution plastique semble d'autant moins près de ralentir que l'industrie pétrochimique considère le plastique comme son principal levier de croissance à long terme. Les sacs en plastique jetables et autres emballages pratiques et bon marché, omniprésents dans notre quotidien, se présentent désormais comme des matériaux « compostables » ou « recyclables », nous incitant à en utiliser davantage en toute bonne conscience. Or, les dispositifs de gestion des déchets à l'échelle mondiale sont très insuffisants, et incapables de recycler une grande part des produits commercialisés sur le marché. Faute de réglementation sur l'étiquetage des emballages, les consommateurs pratiquent un « recyclage optimiste » (qui consiste à jeter un produit dans un bac de tri sans trop savoir s'il est recyclable ou non), et contaminent ainsi le flux de déchets : des plastiques qui auraient pu être recyclés finissent dans une décharge, ou pire. Par ailleurs, l'absence de responsabilisation des filières internationales d'exportation des déchets se traduit par un afflux de plastiques usagés dans des pays où la réglementation et le contrôle sont insuffisants pour empêcher que des déchets mal triés finissent dans la nature. Chaque pays doit résoudre ses problèmes de gestion des déchets ou réglementer indépendamment sa production de matières plastiques. Une tragédie collective est en train de se jouer dans nos océans et notre atmosphère. Pour l'éviter, les États doivent coordonner de toute urgence leur action. /

2.14

L’eau douce

Peter H. Gleick

L’eau, sous toutes ses formes, est notre lien planétaire : elle est au cœur de notre alimentation et de notre santé, du bien-être de notre environnement, de la production de biens et de services, et elle scelle notre appartenance à une communauté. L’eau est aussi un élément fondamental de notre système climatique, articulé sur le cycle mondial de l’eau qui préside aux mécanismes d’évaporation, de précipitations, de ruissellement, d’échanges avec l’atmosphère et alimente les réservoirs terrestres. L’usage que nous en faisons a donc des incidences sur la crise climatique. Tant que nos systèmes énergétiques reposeront sur les combustibles fossiles, notre consommation d’eau générera des gaz à effet de serre. En témoigne l’exemple de la Californie, où pas moins de 20 % de la production d’électricité et un tiers du gaz naturel hors centrales électriques sont utilisés pour transporter, traiter et chauffer l’eau consommée par les entreprises et les particuliers. En décarbonant notre secteur de l’électricité et en nous passant d’énergies fossiles, nous pouvons contribuer à rompre ce lien énergie-eau-climat.

Les changements climatiques induits par l’activité humaine ont profondément modifié notre système hydrologique. Avec la hausse des températures, l’évaporation de l’eau des sols et des plantes augmente, libérant davantage d’eau dans l’atmosphère, ce qui entraîne des précipitations plus intenses dans certaines régions, et des sécheresses plus sévères dans d’autres. En montagne, la neige – source première d’eau pour des milliards d’individus – tombe sous forme de pluie ou fond plus tôt que d’habitude, aggravant les inondations et limitant la quantité d’eau disponible en période chaude. L’élévation du niveau des mers provoque des intrusions d’eau salée dans les aquifères d’eau douce des régions côtières, les rendant impropres à la consommation. Le réchauffement et la dégradation des fleuves ont des conséquences désastreuses sur les zones de pêche et autres écosystèmes aquatiques.

Les climatologues prédisent depuis longtemps ces impacts, qui se manifestent désormais parce que la communauté internationale a perdu du temps à tergiverser, temporiser et débattre. Et ces impacts sont aujourd’hui amplifiés par la crise mondiale de l’eau qui, en soi, est déjà dramatique. Des milliards d’individus sont encore privés d’eau potable saine et abordable et de systèmes d’assainissement. Les rejets de déchets industriels et humains polluent nos cours d’eau. Les prélèvements humains d’eau douce détériorent nos écosystèmes aquatiques dans le monde entier. Les conflits violents liés à l’eau augmentent en nombre et en intensité : en Inde et en Iran, la sécheresse et les pénuries d’eau ont récemment déclenché des émeutes ; en Afrique subsaharienne, agriculteurs et bergers s’affrontent sur la question de l'accès aux terres et à l'eau, qui est de plus en plus utilisée comme arme. De plus en plus de régions approchent ou ont atteint le « pic de l'eau », seuil critique où les pressions physiques, économiques ou écologiques interdisent de prélever davantage d'eau. L'homme a littéralement consommé certains fleuves jusqu'à la dernière goutte ou presque, comme le Colorado, partagé entre sept États, aux États-Unis et au Mexique. De nombreux bassins hydrogéologiques sont surexploités en Chine, en Inde, au Moyen-Orient et aux États-Unis, avec des conséquences en cascade : affaissements de terrain, enchérissement des coûts de pompage, épuisement des sols agricoles. Ces « pics de l'eau », associés aux impacts croissants du changement climatique, nous invitent à reconsidérer de fond en comble notre rapport à l'eau.

Cela étant, une autre approche est possible, une « voie douce » pour l'eau qui permettrait tout à la fois de résoudre les problèmes d'accès aux ressources en eau dans le monde et de réduire notre vulnérabilité au changement climatique. Cette « voie douce » consiste à renoncer à s'appuyer uniquement sur des infrastructures en dur et centralisées comme les barrages, les aqueducs et les grandes stations de traitement des eaux pour privilégier le traitement et le recyclage de l'eau, la récupération et la gestion rationnelles des eaux pluviales, les réseaux de distribution d'eau à plus petite échelle et, lorsque les conditions économiques et environnementales le permettent, la désalinisation des eaux saumâtres ou de l'eau de mer. Cette démarche nous impose également de reconsidérer la façon dont nous utilisons l'eau et d'optimiser les services qu'elle nous rend, tout en minimisant la quantité d'eau et d'énergie que nous consommons. La voie douce est une voie plus équitable, qui tient compte de l'importance fondamentale qu'il y a à préserver des écosystèmes sains et des communautés saines. Nous devons nous attaquer aux inégalités flagrantes de nos systèmes de distribution d'eau et d'énergie, afin de réduire les impacts disproportionnés que le changement climatique aura sur des communautés déjà marginalisés et vulnérables. C'est en assurant à tous de l'eau potable et des systèmes d'assainissement, en protégeant et régénérant les écosystèmes détériorés, et en bâtissant une résilience face aux impacts climatiques désormais inévitables que nous viendrons à bout de ces inégalités et que nous préparerons un avenir où les ressources en eau seront plus durables. /

2.15

Beaucoup plus près de nous qu'on ne le croit

Greta Thunberg

Les ministres de l'Environnement de près de deux cents nations se sont accordés hier soir sous l'égide des Nations unies pour adopter une nouvelle stratégie visant à endiguer la pire extinction de masse sur Terre depuis la disparition des dinosaures. Suscitant des exclamations de joie dans la salle des conférences de Nagoya alors sous la menace d'un typhon, le président japonais des pourparlers sur la biodiversité de l'ONU a d'un coup de marteau ratifié les objectifs d'Aichi : réduire au moins de moitié le taux de perte d'habitat naturel et sauvegarder la biodiversité pour 17 % des zones terrestres d'ici 2020, contre moins de 10 % aujourd'hui.

Ces mots sont extraits d'un article publié par Jonathan Watts dans le *Guardian* en 2010. Le papier se termine sur une citation de Jane Smart, alors directrice de la politique de conservation de l'Union internationale pour la conservation de la nature : « Il y a un élan, ici, que nous ne pouvons pas nous permettre de perdre – en fait nous devons bâtir à partir de cela si nous voulons avoir la moindre chance de mettre un terme à cette crise de l'extinction. »

Un des engagements non contraignants signés en cette soirée de fin d'automne au Japon était de « réduire de moitié la disparition des forêts d'ici 2020 ». Mais alors que les objectifs d'Aichi arrivent à leur terme, il est évident que le monde a échoué à tenir ses promesses. La conclusion de tout ce travail à l'ONU en 2010 peut paraître un ratage sans précédent aujourd'hui, mais c'est en réalité loin d'être un événement isolé. En 1992, le Programme des Nations unies pour l'environnement affirmait dans son Agenda 21 son objectif de combattre la déforestation. La déclaration de New York, en 2014, s'engageait à inverser la déforestation d'ici 2030. Un des objectifs développement durable de l'ONU en 2015 était de « protéger, restaurer, promouvoir l'usage durable des écosystèmes terrestres, gérer durablement les forêts, combattre la désertification et stopper puis inverser la dégradation de la terre et mettre un terme à la perte de la biodiversité ». Ces projets sont tous très clairement voués à l'échec, s'ils n'ont pas d'ores et déjà complètement échoué.

Il y a une constante dans tout cela. De temps à autre, nos responsables prennent quelques engagements et mettent en place une série d'objectifs vagues, non contraignants, souvent lointains. Puis, dès qu'ils ont échoué à les atteindre, ils en fixent de nouveaux. Et ainsi de suite. Cela peut paraître absurde, mais fonctionne parfaitement – si votre but est de continuer sur votre lancée sans rien changer, croissance économique et forte cote de popularité. Puisque le niveau de l'intérêt du public vis-à-vis de ces engagements en faveur du climat et de la biodiversité, ainsi que la conscience de leur existence, est nul ou presque, et puisque les médias sont en quête de nouvelles positives, dans le cadre de leurs politiques de reportages sur les deux camps en présence – *tout ne peut pas être noir !* –, le message général qui est transmis, si tant est qu'il y en ait un, est le suivant : des actions sont engagées. Cela ne fonctionne peut-être pas toujours si bien, mais voilà, ils font de leur mieux, vraiment, et beaucoup de progrès ont été faits, alors arrêtez d'être si négatifs !

Quand les médias des nations fortunées daignent couvrir le problème, ils ne montrent pas ce qui en est à l'origine, par exemple une usine de SUV en Allemagne, une ferme laitière au Danemark, un centre commercial à Seattle, une forêt abattue en Suède ou un porte-conteneurs arrivant à Rotterdam rempli de jouets en plastique, de baskets et de smartphones. Au lieu de ça, nous avons droit à des images d'ours polaires dans l'Arctique, de glaciers en train de fondre dans l'Antarctique, de la calotte glaciaire s'effondrant au Groenland, d'exploitations forestières illégales en Amazonie ou de fonte du pergélisol dans les lointains paysages sauvages du nord de la Sibérie. Il ne s'agit pas là exactement de notre quotidien. Résultat, nous oublions que la crise climatique et écologique se produit partout, tout le temps. Elle est beaucoup plus près de nous qu'on ne le croit.

Le pergélisol, par exemple, ne fond pas seulement sur les rives de l'océan Arctique, mais aussi en Italie, en Autriche et dans d'autres régions alpines montagneuses. En Suisse, le village de Bondo a été détruit en 2017 par un énorme glissement de terrain, en partie causé par la fonte du pergélisol en altitude.

La même déforestation agressive et irresponsable en cours en Amazonie se produit dans les forêts boréales, au nord. Et les nations qui n'ont pas déjà abattu leurs forêts constatent une transformation sans précédent de leur géographie locale à mesure que leurs dernières forêts naturelles sont remplacées par des plantations synonymes de catastrophe pour la biodiversité.

La terre, arable ou non, est partout sur la planète inéluctablement dégradée, elle perd sa résilience et ses propriétés nutritives, dans un processus en partie entretenu par le réchauffement du climat, la déforestation, les monocultures et l'usage commun des terres pour l'agriculture et la sylviculture non dans l'objectif premier de subvenir à nos besoins mais dans celui de gagner autant d'argent que possible.

Et l'argent n'est pas le seul moteur derrière le massacre de la nature et de la biodiversité. La crise écologique est aussi – ironiquement – aggravée par notre quête pour réduire nos émissions de CO_2. L'un des moyens les plus efficaces de faire baisser nos émissions carbone est de les exclure des statistiques officielles. Et c'est exactement ce qui arrive avec la combustion de biomasse pour fournir de l'énergie. Sur le papier, du moins. Puisque les arbres repoussent, nous considérons comme renouvelable le fait de les abattre pour les expédier à l'autre bout de la planète afin de les brûler. Une étude de 2018 estimait qu'il faudrait « entre quarante-quatre et cent quatre années » pour que les forêts recapturent le carbone émis par la combustion du bois – si toutefois c'est possible, étant donné leur exposition de plus en plus grande à l'érosion des sols, aux températures extrêmes, aux incendies et aux maladies.

La décision de considérer la combustion de biomasse comme « renouvelable » a été prise bien avant le délai fixé par l'accord de Paris, dans ce qui avait été qualifié d'angle mort par le protocole de Kyoto dès 1997. Cette faille permet de créer quantité d'énergie très consommatrice de carbone – la combustion du bois émet encore plus de CO_2 par unité énergétique que la combustion du charbon – tout en clamant que les émissions sont en baisse et qu'une action radicale a été prise, par magie.

Les politiques climatiques de nations entières reposent sur cette faille. Au Royaume-Uni, la centrale électrique de Drax est le plus gros émetteur de CO_2, mais ses émissions de biomasse sont exclues des statistiques nationales. L'Union européenne ne parviendrait jamais à atteindre ses objectifs climatiques sans ce recours à cette gymnastique statistique. En 2019, 59 % de l'énergie prétendument renouvelable de l'Union européenne provenait de la biomasse. « Pour être tout à fait franc avec vous, la biomasse devra faire partie de notre mix énergétique si nous voulons réduire notre dépendance aux combustibles fossiles », a déclaré le vice-président exécutif de la Commission européenne aux journalistes fin 2021.

Cette combustion, bien sûr, nécessite du bois – beaucoup, beaucoup de bois. Les granulés de bois utilisés dans les centrales proviendraient des résidus de l'industrie forestière, de la sciure et des restes de la fabrication de produits en bois durables comme les meubles et les maisons. Cependant, on est souvent loin de la vérité. Au Canada, en Finlande, en Suède, aux États-Unis et dans les États baltes, des preuves montrent non seulement que des arbres entiers sont abattus pour être brûlés, mais que cela se passe très souvent dans des forêts anciennes et primaires – des forêts qui n'ont jamais connu de coupe jusque-là. Pas besoin d'être Sherlock Holmes pour en deviner les raisons. Il y a de l'argent à se faire, des objectifs climatiques à atteindre. Tout cela est parfaitement légal et en accord avec l'ensemble des procédures internationales et des instances en place. Lors de ma visite de la centrale de Drax, on m'a informée que quatre navires et sept trains y livraient des granulés tous les jours. Ça en fait, de la sciure et des restes de branches.

Alors quand nous disons que nos leaders n'ont pas agi à propos du climat durant ces trente dernières années, nous nous trompons lourdement. En réalité, ils se sont démenés comme de beaux diables. Mais pas de la façon que l'on croit – ou que l'on espère. Ils ont consacré ce temps à retarder activement les actions et à créer des cadres pleins de failles dont bénéficieront leurs propres politiques économiques nationales à court terme – et leur propre popularité. Tant que le niveau de connaissance demeurera aussi bas qu'il l'est aujourd'hui, ils continueront à faire illusion.

À la COP 26, à Glasgow, en 2021, après que l'échec complet des objectifs d'Aichi en 2010 a été révélé sans qu'aucun média s'en fasse l'écho, nos leaders se sont à nouveau engagés à mettre un terme à la déforestation, cette fois d'ici 2030.

Dans le texte final – l'accord de Glasgow –, la conférence mentionnait aussi pour la première fois les mots interdits (« combustibles fossiles ») et, de plus, décrétait que les contributions nationales seraient désormais mises à jour non plus tous les cinq ans mais tous les ans. Inutile de dire que ces annonces vagues et non contraignantes ont généré une importante couverture médiatique pleine d'espoir.

Cependant, dans les semaines qui ont suivi, le Brésil a fait état d'une déforestation record en Amazonie et l'Union européenne a voté en faveur d'une nouvelle Politique agricole commune qui contribuera de façon efficace à mettre hors de portée ses engagements pris lors de l'accord de Paris. La Chine a ouvert de nouvelles centrales à charbon et l'administration états-unienne a cédé une zone de plus de 320 000 kilomètres carrés dans le golfe du Mexique pour l'exploration pétrolière et gazière – une vente qui, à terme, pourrait aboutir à la production de pas moins de 1,1 milliard de barils de pétrole brut et 125 milliards de mètres cubes de gaz. Pour ajouter à la farce, l'Union européenne a conclu qu'en dépit de ce qui avait été convenu à Glasgow, elle ne mettrait pas à jour ses objectifs climatiques à temps pour la COP 27, en Égypte.

Ces événements ont été suivis d'un silence médiatique massif. On n'a demandé de comptes à personne. Il n'y a pas eu de gros titres. Pas de une. On était passé à autre chose. Une fois de plus. Et c'est exactement ainsi que l'on crée une catastrophe. /

La même déforestation agressive et irresponsable qui a cours en Amazonie se produit dans les forêts boréales, au nord.

Pages suivantes : Le cratère de Batagaïka, dans l'est de la Sibérie, fait 800 mètres de diamètre et continue de s'agrandir. C'est le plus grand parmi de nombreux lacs et cratères qui apparaissent dans l'Arctique à mesure que le sol s'affaisse, en raison de la fonte du pergélisol zébré de glace souterraine.

2.16

Les incendies de forêt

Joëlle Gergis

Depuis des siècles, non contents de consommer des combustibles fossiles, les hommes défrichent les terres. Cette pratique a considérablement modifié la concentration des gaz à effet de serre d'origine naturelle comme le dioxyde de carbone et le méthane, déséquilibrant des processus naturels qui régulent la température de la planète depuis ses origines. La déforestation à grande échelle a modifié l'aptitude de la Terre à absorber le carbone excédentaire, à mesure que de plus en plus de surfaces couvertes d'écosystèmes naturels comme les forêts ou les tourbières ont été converties en terres agricoles et en zones urbaines bétonnées. Aujourd'hui, les forêts ne recouvrent plus qu'un tiers de la surface totale des terres émergées du globe, et plus de la moitié de cette superficie est concentrée dans cinq pays : le Brésil, le Canada, la Chine, la Russie et les États-Unis.

Les tendances climatiques à long terme, les conditions météorologiques locales et les pratiques de gestion des terres ont provoqué une recrudescence des incendies dans le monde. Lorsque de grands feux de forêt se déclarent, la végétation brûlée libère d'énormes quantités de carbone dans l'atmosphère. Le comportement des feux de forêt dépend des interactions complexes entre climat, conditions météo, paysage et processus écologiques, ce qui les rend difficiles à surveiller et à prédire. De ce fait, les incendies peuvent avoir sur le changement climatique des effets inattendus et non linéaires, dont les modèles climatiques actuels ne parviennent pas à bien rendre compte. Outre leurs impacts sur les émissions, les incendies forestiers génèrent une pollution atmosphérique qui peut présenter un danger pour la santé des personnes, contaminer la qualité de l'eau des bassins-versants ravagés par les flammes et détruire des habitats et des espèces animales indispensables au maintien de la biodiversité planétaire. Un exemple de ces interactions complexes est le bassin de l'Amazonie, en Amérique du Sud : alors que cet énorme puits de carbone est en train de s'épuiser sous l'effet du changement climatique, on y brûle et abat la forêt pour favoriser l'agriculture industrielle. Cela menace non seulement de perturber le cycle mondial du carbone mais aussi de détruire l'un des derniers foyers de biodiversité au monde.

S'il y a toujours eu des feux de forêts d'origine naturelle, le changement climatique réchauffe la planète et modifie les schémas de circulation atmosphérique qui règlent les conditions météorologiques et climatiques régionales. Les feux de forêt surviennent aujourd'hui dans un contexte de températures plus élevées et de précipitations plus irrégulières qui tombent à des saisons moins définies. Les canicules et les sécheresses prolongées peuvent conduire à des températures plus chaudes, des précipitations inférieures à la moyenne, un faible taux d'humidité de l'air, une humidité réduite des sols, et des altérations du régime des vents – autant de facteurs susceptibles de déclencher des feux incontrôlés. La hausse des températures accroît le « déficit de pression de vapeur » (VPD), la force d'évaporation qui régule la quantité d'humidité que la surface de la terre et la végétation restituent à l'atmosphère. Après de longs épisodes de chaleur, de sécheresse et de vent, le VPD s'intensifie, asséchant les sols et la végétation, transformant des paysages normalement humides en combustible hautement inflammable. Les incendies peuvent partir de sources d'ignition naturelles (des impacts de foudre), ou être déclenchés par des humains, soit accidentellement (la chute d'une ligne de haute tension), soit délibérément.

Les scientifiques ont constaté que les conditions météorologiques propices aux incendies revenaient plus souvent et étaient plus marquées dans certaines régions du monde, notamment depuis les années 1970. Les feux de forêt se sont intensifiés dans toute l'Europe méridionale, l'Eurasie septentrionale, et dans l'ouest des États-Unis et de l'Australie. Le GIEC signale que les données liant les extrêmes météorologiques à haut risque au changement climatique d'origine anthropique sont plus nombreuses dans des régions comme l'ouest des États-Unis et le sud-est de l'Australie, où des études d'attribution formelles ont été réalisées. Des recherches récentes montrent que l'influence de l'homme sur les conditions météo attisant les feux de forêt a d'ores et déjà dépassé la variabilité naturelle sur près d'un quart de la planète, y compris dans des régions comme la Méditerranée et l'Amazonie. Des modélisations climatologiques montrent que le réchauffement climatique étend la zone à haut risque d'incendie qui, dans un scénario de réchauffement de 3 °C au-dessus des niveaux préindustriels, verrait son aire doubler par rapport à un réchauffement à 2 °C.

Avec le réchauffement planétaire, les saisons d'incendies sont déjà plus longues et plus sévères, et elles se propagent à des régions qui étaient jusqu'à présent classées en zone à faible risque. Cela se vérifie notamment lors des étés chauds, mais un réchauffement marqué dans certaines régions a étendu la saison d'incendies à l'année entière, les risques étant particulièrement élevés pendant les épisodes de sécheresse intense. Ainsi en 2019, l'année la plus chaude et la plus sèche enregistrée en Australie, des forêts subtropicales humides ont été dévorées par les flammes en plein hiver. Plus de la moitié des forêts humides Gondwana du pays a ainsi été réduite en cendres en une seule saison. Bien que les forêts d'eucalyptus de l'est du pays soient parmi les plus inflammables au monde, en règle générale les saisons de feux extrêmes n'en brûlent que 2 %. En 2019-2020, 21 % des forêts tempérées d'Australie sont parties en fumée en un seul épisode, l'ampleur des incendies battant un nouveau record mondial. Cet accroissement spectaculaire des surfaces dévastées lors des saisons de feux extrêmes dans le monde a conduit à parler de « méga-feux » pour décrire un feu incontrôlé particulier ou une série de feux de forêt qui détruisent plus de un million d'hectares. Les incendies records d'Australie ont calciné 24 millions d'hectares, et relargué plus de 715 millions de tonnes de dioxyde de carbone dans l'atmosphère en une seule saison de feux de brousse – soit plus que l'ensemble des émissions que génère le pays en une année. Cette catastrophe a touché 3 milliards d'animaux, qui ont péri ou ont été déplacés par l'échelle phénoménale de destruction des habitats.

Ces dernières années, des incendies de plus en plus dévastateurs ont également été observés dans l'hémisphère Nord. En 2021, la région nord-ouest pacifique des États-Unis et le sud-ouest du Canada ont connu des canicules extrêmes, avec des pics de chaleur historiques. Dans la ville de Lytton, en Colombie-Britannique, le mercure s'est affolé, affichant 49,6 °C le 29 juin 2021, juste avant que des feux incontrôlés détruisent près de 90 % des bâtiments. C'était la première fois que des températures aussi extrêmes, quasi désertiques, touchaient une région aussi septentrionale de la planète. La Californie a également enregistré le plus grand incendie de forêt de son histoire, le Dixie Fire, qui a ravagé plus de 400 000 hectares en trois mois. Plus au nord, des records de chaleur et de sécheresse ont attisé des feux de tourbières et de forêts arctiques en Sibérie et dans l'est de la Russie, avec des panaches de fumée qui ont atteint le pôle Nord pour la première fois de l'histoire. Selon une estimation du service de surveillance de l'atmosphère Copernicus (CAMS) de l'Union européenne, en 2021 les feux incontrôlés ont émis 6,45 milliards de tonnes de CO_2, quantité record qui équivaut à plus du double des émissions totales dans l'Union européenne pour l'année.

Plus la planète se réchauffera, plus les feux de forêt gagneront en puissance et en fréquence. À mesure que la saison des feux déborde sur des régions et des saisons jusqu'alors fraîches, plus de forêts brûleront, relâchant d'immenses quantités de carbone dans l'atmosphère, ce qui amplifiera encore le réchauffement. Cette boucle de rétroaction positive revient à appuyer sur l'accélérateur d'une voiture dont les freins ont lâché. Des processus complexes, non linéaires, comme la dynamique des incendies (y compris ceux déclenchés par les impacts de foudre) sont difficiles à surveiller, et tout aussi difficiles à décrire mathématiquement et à simuler avec des modèles climatologiques de pointe. De ce fait, les boucles de rétroaction du cycle du carbone qui amplifient le réchauffement, comme celles qui sont associées aux feux incontrôlés, sont actuellement soit totalement absentes, soit représentées de façon incomplète dans les dernières générations de modèles climatiques. Les scientifiques ne savent donc pas exactement comment elles influenceront la trajectoire du réchauffement futur. Mais nous savons que plus la planète se réchauffera, plus le risque de déclencher des réactions d'autorenforcement responsables de l'instabilité climatique sera élevé. Si le monde parvient à limiter le réchauffement bien en deçà de 2 °C, le risque d'incendies destructeurs diminuera, ce qui permettra à nos écosystèmes terrestres de rééquilibrer le cycle du carbone planétaire et de régénérer la vie sur notre Terre. /

2.17

L’Amazonie

Carlos A. Nobre, Julia Arieira, Nathália Nascimento

Le bassin de l’Amazonie abrite la plus grande forêt tropicale humide du monde, s’étirant sur une superficie de quelque 6 millions de kilomètres carrés. Élément critique du système climatique terrestre, elle joue un rôle essentiel dans les cycles de l’eau de la planète et la régulation des cycles climatiques. La forêt amazonienne absorbe chaque année environ 16 % du dioxyde de carbone atmosphérique par photosynthèse, contribuant à séquestrer entre 150 et 200 milliards de tonnes de carbone dans les sols et la végétation. De plus, par le processus d’évapotranspiration – le transfert vers l’atmosphère de l’humidité des pluies et de l’eau du sol –, elle agit comme un climatiseur géant, abaissant les températures de l’air à la surface de la terre et générant des précipitations. Ce refroidissement – qui peut atteindre 5 °C dans les zones forestières – est indispensable pour atténuer les effets des sécheresses et des canicules saisonnières dans la région.

Mais ces dernières décennies, la structure, la composition et le fonctionnement de la forêt tropicale humide amazonienne ont commencé à changer. La température de la région a accusé une hausse moyenne de 1,02 °C entre 1978 et 2018, et l’année 2019-2020 a été la plus chaude depuis 1960, avec une hausse de 1,1 °C. Depuis vingt ans, nous constatons aussi une diminution du taux d’humidité atmosphérique au-dessus du sud-est de la forêt amazonienne, particulièrement durant les mois les plus secs (de juin à octobre). Le réchauffement et l’assèchement de l’air résultent l’un et l’autre de changements climatiques d’origine anthropique, aggravés par le changement d’affectation des terres – en particulier par l’expansion de l’agriculture dans les zones forestières, le brûlage des déchets agricoles et une multiplication des feux de forêt (qui, en Amazonie, sont souvent dus à la propagation de brûlis incontrôlés sur des prairies aménagées). Le brûlage de la biomasse émet des particules fines de carbone suie qui ont réduit la couverture nuageuse sur la forêt, augmenté le réchauffement de surface, asséchant ainsi l’atmosphère au-dessus de l’Amazonie. La déforestation a également joué un rôle déterminant, en réduisant l’évapotranspiration. La variabilité du climat a par ailleurs accru la fréquence des extrêmes météorologiques sur la région, notamment les sécheresses et les canicules. L’Amazonie pourrait connaître des températures encore plus chaudes et davantage de sécheresses d’ici à la fin du siècle si les émissions de gaz à effet de serre atteignaient de très fortes concentrations (supérieures à 1 000 ppm équivalent CO_2, contre 414 ppm actuellement), ce qui se traduirait par des températures supérieures à 35 °C pendant plus de 150 jours par an – plus du double de la moyenne annuelle des vingt dernières années, établie à 70 jours par an.

En un mot, l'Amazonie est aujourd'hui au bord de la catastrophe. Près de 17 % des forêts amazoniennes ont été rasées pour faire place aux activités humaines. Ce chiffre est étroitement lié à la construction de routes – 95 % des déboisements se situent sur une bande de 5,5 kilomètres de part et d'autre des axes dégagés. À quoi il faut ajouter au moins 17 % de surfaces forestières dégradées par les coupes sélectives, le ramassage de bois de chauffe, et les dégâts causés par le vent et le feu. Au Brésil cette déforestation et ces dégradations sont surtout dues à l'avancée des prairies et des terres arables, mais dans d'autres pays amazoniens la forêt a été sacrifiée à l'extraction minérale et pétrolière. La déforestation amplifie tant les effets du changement climatique que l'ensemble de la région pourrait se réchauffer de plus de 3 °C, tandis qu'en Amazonie orientale les précipitations risquent de diminuer de 40 % entre juillet et novembre. L'alliance d'un climat plus chaud et plus sec et de la fragmentation rapide de l'Amazonie accroît considérablement les risques d'incendies forestiers : des pans entiers de la forêt sont désormais exposés à la lumière directe du soleil et à la force des vents, et les sols sont plus secs. Les feux incontrôlés aboutissent à une nouvelle hausse de la mortalité des arbres et des rejets de carbone, enclenchant une boucle de rétroaction que viennent attiser des épisodes extrêmes, comme la terrible sécheresse qui a suivi le puissant épisode El Niño de 2015-2016 : 2,5 milliards d'arbres sont morts, émettant près de 495 millions de tonnes de dioxyde de carbone – soit quasi autant que tout le CO_2 qu'émettent chaque année des pays industrialisés comme l'Australie, la France ou le Royaume-Uni.

Une grande partie de la forêt amazonienne est aujourd'hui sur le fil du rasoir. L'Amazonie pourrait approcher d'un point de non-retour et amorcer un processus de savanisation : la forêt s'effacera peu à peu devant un paysage de savane dégradée, marqué par une prolifération d'herbes et de plantes ligneuses, pour s'adapter à une saison sèche plus longue (en décalant sa feuillaison saisonnière) et aux feux de brousse à répétition (à travers de nouvelles stratégies de repousse après les incendies). Les forêts de l'Amazonie centrale, méridionale et orientale pourraient selon nous opérer cette transition soit quand la hausse de température de la région approchera des 4 °C, soit sous l'effet des moindres précipitations et de saisons sèches plus longues et plus sévères, soit encore quand la déforestation aura décimé 40 % de la superficie forestière totale du bassin de l'Amazonie. Compte tenu de toutes les pratiques humaines qui contribuent à modifier l'Amazonie – la déforestation, la multiplication des feux, le réchauffement planétaire et la hausse inexorable des concentrations de CO_2 –, il n'est pas exclu que 60 % de la forêt amazonienne disparaisse avant 2050. Cette perte massive de terres forestières aura des conséquences considérables et irréversibles, qui se répercuteront aussi sur le bien-être des populations humaines : en dégradant des écoservices forestiers essentiels, elle menacera la production alimentaire et elle nous privera d'une « barrière verte » contre la propagation des maladies infectieuses. Elle aura aussi des impacts dévastateurs sur la biodiversité, accélérant la disparition d'habitats et perturbant des interactions à bénéfices réciproques entre différentes espèces, comme la pollinisation et la dispersion des semences.

De plus en plus de signes indiquent que la forêt amazonienne approche dangereusement de ce point de bascule. En Amazonie méridionale, la saison sèche dure déjà trois à quatre semaines de plus qu'en 1980 – surtout dans les zones déboisées –, tandis que la pluviosité a diminué de 20 % à 30 % et que le mercure a grimpé de 2 °C à 3 °C. On constate par ailleurs une réduction notable de l'évapotranspiration et du recyclage de l'eau par la forêt, et certaines zones forestières ont commencé à émettre plus de carbone qu'elles n'en stockent. Le bassin de l'Amazonie dans son ensemble approche d'un point où il cessera d'être un puits de carbone pour devenir une source de CO_2.

Selon nos projections, l'Amazonie pourrait devenir une savane dégradée – ou une forêt secondaire dégradée, moins riche en espèces et avec un couvert forestier plus ouvert – entre 2050 et 2070, et cette transformation toucherait 60 % à 70 % de la forêt tropicale humide. Si la forêt atteint son point de bascule, elle relâchera plus de 200 milliards de tonnes de dioxyde de carbone dans l'atmosphère, et l'objectif 1,5 °C de l'accord de Paris sera forcément dépassé. Dans un tel scénario, la perte de diversité sera immense, condamnant à l'extinction des milliers d'espèces végétales et animales endémiques, comme l'opossum à épaules noires, le tamarin bicolore, et le capucin des Ka'apor. Enfin, pour les habitants de cette région, la savanisation couplée à une hausse des rejets de gaz à effet de serre n'annonce rien de bon : pendant près de la moitié de l'année, les températures maximales quotidiennes, dopées par un fort taux d'humidité de l'air, dépasseront le seuil physiologique de tolérance à la chaleur du corps humain, menaçant directement la survie des populations. /

2.18

Les forêts boréales et tempérées

Beverley E. Law

On distingue dans le monde trois grands types de forêts, en fonction de leur latitude et de leur climat (fig. 1) : les forêts boréales (ou taïga), les forêts tempérées et les forêts tropicales. Les forêts boréales et tempérées représentent environ 43 % de l'ensemble du couvert forestier de la planète, soit presque autant que les forêts tropicales. Bien que ces dernières abritent davantage d'espèces animales et d'oiseaux, l'environnement plus rude des hautes latitudes compte un plus grand nombre de sous-espèces. Distribuées sur la bande circumpolaire qui traverse la Russie (73 %), le Canada et l'Alaska (22 %) ainsi que la Scandinavie (5 %), les forêts boréales ont évolué dans des conditions climatiques très froides où la saison de croissance végétale est très courte. Les espèces résineuses persistantes – sapin, pin, épinette – dominent avec le mélèze, espèce robuste à feuilles caduques. Les forêts tempérées s'étendent pour leur part entre des latitudes de 25° et 50° dans les hémisphères Nord et Sud et recouvrent aussi bien des forêts humides qui poussent dans un climat doux et humide, comme les forêts de conifères sempervirentes de la côte de Colombie-Britannique (Canada), que les forêts d'arbres à feuilles caduques dans des régions où les températures hivernales descendent en dessous de 0 °C.

Les effets du changement climatique sur les forêts diffèrent d'un paysage et d'une région à l'autre, en fonction des variations de température et de pluviosité, de la résilience des écosystèmes forestiers et de la vulnérabilité d'espèces données. Leur immense superficie fait jouer aux forêts boréales un rôle majeur dans la régulation du climat et la protection de la biodiversité. Elles offrent un habitat aux migrations de longue distance de certains mammifères et poissons, accueillent d'importantes populations de grands prédateurs, et constituent une zone de reproduction pour 1 à 3 milliards d'oiseaux migrateurs. Elles stockent entre 367 et 1 716 gigatonnes de carbone (GtC), essentiellement dans les sols. Seuls 8 % à 13 % de la forêt boréale sont véritablement protégés et près de la moitié est exploitée pour la production de bois, surtout en Russie. Les coupes ont considérablement réduit l'étendue des forêts anciennes, détruisant leurs habitats, leur biodiversité et leur résilience. L'exploitation forestière, associée aux effets perturbateurs des incendies incontrôlés de ces trente dernières années, a également réduit la quantité de carbone séquestré dans les arbres. Entre un climat qui continue de se réchauffer et l'extension des surfaces détruites par le feu, l'aptitude des forêts boréales à stocker et à séquestrer du carbone

Distribution du couvert forestier mondial par domaine climatique

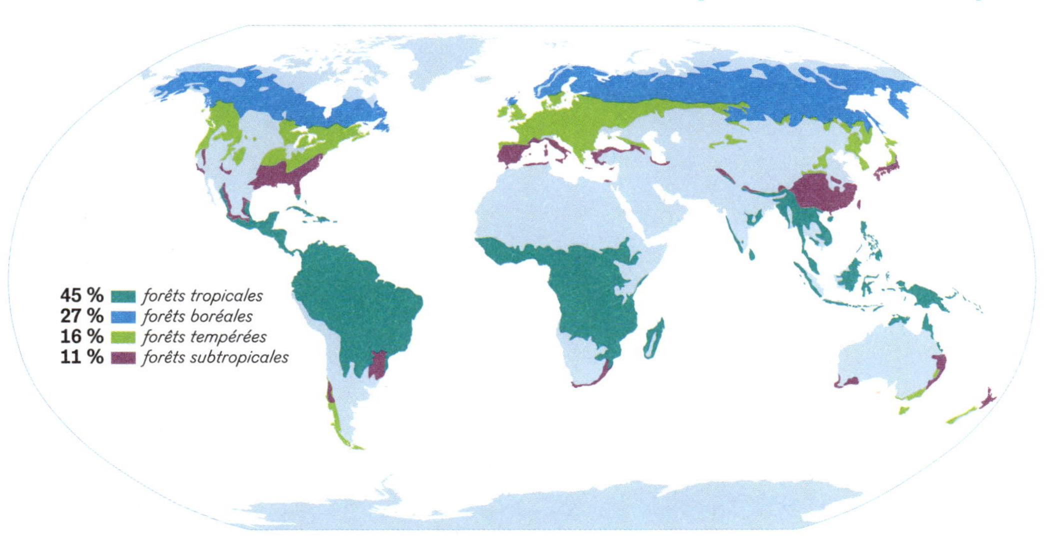

Figure 1 : En 2020, on estimait la superficie forestière mondiale à 4,06 milliards d'hectares, soit 31 % de la superficie terrestre totale.

risque de diminuer encore. En réaction à ces bouleversements, les forêts boréales se déplacent vers le nord. Leur zone de verdissement est trois fois plus étendue que la zone de brunissement, due à la mortalité des arbres sur les marges les plus chaudes du biome, ce qui pourrait compenser les pertes de carbone dues aux feux de forêts. Les impacts imbriqués du changement climatique, de l'exploitation, de l'homogénéisation et du changement d'affectation des terres (en déboisant pour exploiter des sables bitumineux, par exemple) ont également accéléré les pertes de biodiversité dans l'ensemble de la région boréale. Les forêts boréales d'Amérique du Nord abritent par exemple des troupeaux de caribous migrateurs qui peuvent parcourir entre 500 et 1 500 kilomètres chaque année, et des populations de loups migrateurs et sédentaires. La disparition des couloirs migratoires qui permettaient à ces animaux de migrer vers un climat et un habitat plus cléments met en grave péril leur survie même. Toutes les populations de caribous du Canada figurent aujourd'hui sur la liste des espèces en danger ou menacées.

Contrairement aux forêts boréales, les forêts tempérées présentent une grande variété d'écotypes. Les forêts humides se répartissent le long de la côte ouest d'Amérique du Nord, où les conifères dominent, et à la pointe méridionale humide d'Amérique du Sud, où les forêts de feuillus sont en grande partie peuplées d'espèces de hêtres. Dans les forêts tempérées des Appalaches et du nord-est des États-Unis on trouve les mêmes espèces feuillues qu'en Europe centrale et du Sud-Est (chêne, frêne, hêtre, orme et érable) ainsi que des résineux persistants (sapin, pin, épinette). Ces forêts tempérées mixtes présentent les densités de carbone les plus élevées du monde. Les forêts tempérées anciennes (de plus de quatre-vingts ans), du fait de leur forte densité de carbone et de leur canopée étagée, offrent un

En 2022, les forêts aménagées de Colombie-Britannique qui étaient des puits de carbone sont devenues des sources de carbone.

Figure 2 : Calculé sur la croissance forestière diminuée de la dégradation, de la combustion des résidus, des feux incontrôlés et de la décomposition des produits issus du bois récolté.

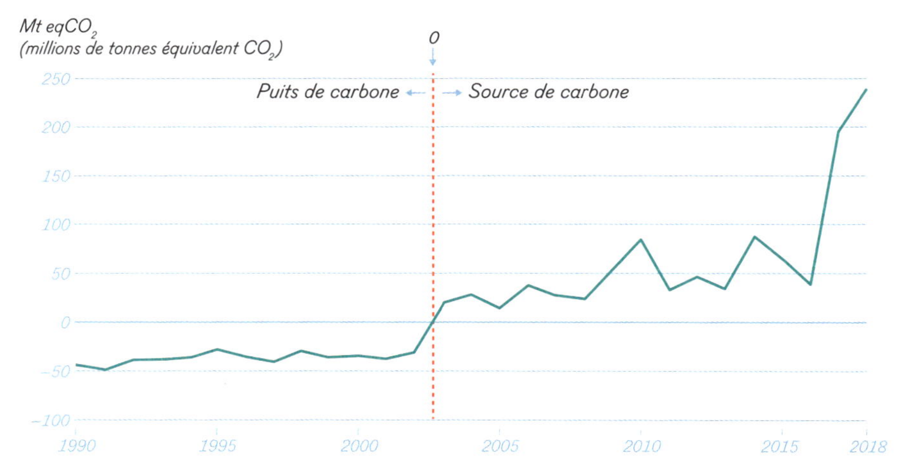

habitat critique à de nombreuses espèces menacées et en danger et sont des espaces de grande biodiversité. Toutefois, comme celles des régions boréales, les forêts tempérées sont fortement exploitées – à tel point que les émissions liées aux coupes sont plus de sept fois supérieures à celles de toutes les causes naturelles combinées (le feu, les insectes et les dégâts causés par le vent).

Dans l'ensemble, les forêts de l'hémisphère Nord tendent à stocker davantage de carbone, avec un bilan carbone net de l'écosystème forestier d'environ 1,44 GtC par an. Pour les forêts boréales et tempérées, on estime le potentiel d'atténuation global des solutions de gestion des forêts naturelles à environ 8,3 GtC d'ici à 2100 (soit 0,11 GtC par an). Ces estimations portent essentiellement sur les forêts tempérées et restent approximatives, car nous ne disposons que de données lacunaires pour les régions boréales les plus reculées. Les forêts tempérées de l'ouest des États-Unis, qui, sous le climat futur, présenteront des densités de carbone moyennes élevées et une vulnérabilité faible à modérée à la sécheresse ou au feu, stockeraient l'équivalent d'environ huit ans d'émissions fossiles de la région ; ce qui à l'horizon 2100 représenterait 18 % à 20 % du potentiel d'atténuation global pour l'ensemble des forêts boréales et tempérées.

Dans le monde entier, plusieurs forêts riches en carbone ont déjà franchi le point de bascule, de sorte qu'au lieu de jouer leur rôle de puits de carbone elles sont devenues des sources de carbone, ce qui ne laisse pas d'inquiéter. Des forêts de Colombie-Britannique ont basculé en 2002 sous l'effet conjugué des feux incontrôlés, de l'exploitation et de la pullulation d'insectes xylophages, notamment du dendroctone du pin ponderosa et de la tordeuse des bourgeons de l'épinette (fig. 2). Ces insectes dévastateurs s'attaquent à l'écorce des arbres, creusant des trous dans lesquels ils pondent, et leurs larves tuent les arbres en se nourrissant de leur sève et en bloquant la circulation des nutriments. La prolifération de vastes colonies d'insectes a été favorisée par la hausse des températures hivernales dans les Rocheuses, plus rapide que la moyenne mondiale. Les larves ont mieux survécu sous des températures plus clémentes, accélérant ainsi le dépérissement de la forêt. Les hivers moins rigoureux ont aussi permis aux insectes de traverser la ligne continentale de partage des eaux, menaçant les forêts de l'est du Canada et des États-Unis. Le climat plus chaud et plus sec, l'amincissement de la couverture neigeuse (dont la fonte fournit des réserves d'eau aux arbres pendant les étés secs), ainsi que les arbres morts tués par les insectes, sont à l'origine d'une recrudescence des feux dans toute la région. Étonnamment, le rapport d'inventaire des émissions de Colombie-Britannique 2021 révélait que les forêts de la province émettent davantage de carbone dans la région que le secteur de l'énergie.

Les forêts naturelles des zones boréales et tempérées peuvent contribuer de manière significative à atténuer le changement climatique et la perte de biodiversité – à condition toutefois qu'on les laisse pousser plus longtemps. La « gestion forestière durable », si courante dans ces régions, est en revanche beaucoup moins efficace, puisqu'elle s'attache en premier lieu à assurer un approvisionnement stable de bois, plutôt qu'à favoriser des écosystèmes durables. Les scieries industrielles récoltent de jeunes arbres avant même qu'ils n'aient eu le temps d'atteindre leur potentiel de stockage de carbone de la biomasse. Avec le temps, ces arbres stockent moins de carbone et en émettent plus que les forêts anciennes. Ce n'est donc pas en limitant ainsi le carbone forestier que l'on parviendra à un climat durable.

Le plus efficace pour accroître le stockage et la séquestration de carbone serait au contraire de laisser se développer les forêts anciennes et adultes, et d'espacer beaucoup plus les coupes sur les terres forestières existantes. Le reboisement et le boisement sont également de bonnes stratégies, mais donnent de moins bons résultats (fig. 3). La protection des forêts permet de laisser l'écosystème absorber le carbone au lieu de le relarguer dans l'atmosphère, et préserve en outre la biodiversité et les ressources en eau, comme en témoignent les forêts humides tempérées. Pour atténuer les effets du changement climatique et préserver la biodiversité, il est impératif d'enrayer les pertes forestières et de régénérer des écosystèmes forestiers riches en carbones et en espèces. /

Figure 3 : Réduire les coupes sur les terres publiques et doubler l'intervalle des coupes sur les terres privées a permis aux forêts adultes et anciennes de séquestrer du carbone. Cette stratégie constitue l'apport le plus significatif au bilan carbone net de l'écosystème à l'horizon 2100.

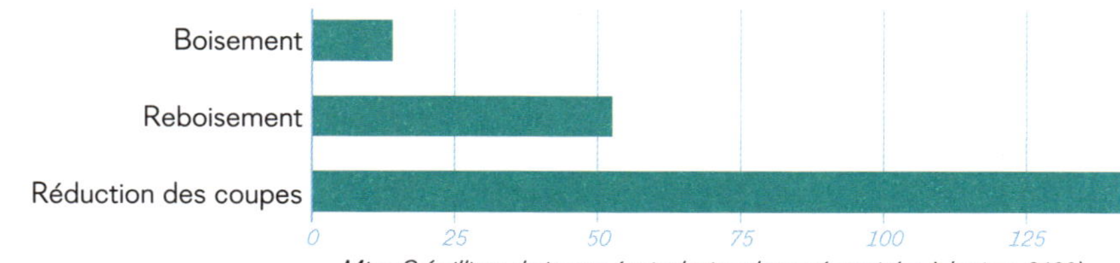

2.19

La biodiversité terrestre

Andy Purvis et Adriana De Palma

La biodiversité désigne la variété des formes de vie sur Terre, et elle est essentielle à notre survie. Elle assure en effet la propreté de l'air et de l'eau, la fertilité des sols, le contrôle naturel des nuisibles et des maladies, et nous fournit des aliments, des combustibles et des plantes qui servent de base à nos médicaments ; elle a même des effets bénéfiques sur notre santé mentale. La biodiversité aide les écosystèmes à ralentir le changement climatique (en absorbant du CO_2 atmosphérique) et à y réagir (en leur fournissant davantage de stratégies adaptatives). Elle nous permet aussi de mieux supporter le réchauffement – en milieu urbain par exemple, les îlots de verdure ont un effet refroidissant qui atténue les vagues de chaleur.

À l'échelle locale, la biodiversité est naturellement plus foisonnante dans les espaces qui bénéficient d'assez d'ensoleillement, de précipitations et de surfaces de sols pour que des forêts structurellement complexes puissent pousser, avec suffisamment de niches différentes et de biomasse pour accueillir une profusion d'espèces différentes. À l'échelle du paysage, elle est naturellement plus développée dans les zones montagneuses des tropiques humides, où les climats ont très peu évolué depuis des millénaires. Dans ces régions du monde, de nombreux régimes climatiques se côtoient, accueillant chacun sa propre communauté d'espèces, adaptées précisément au milieu et vivant en symbiose. Nombre d'espèces de ces écosystèmes n'existent nulle part ailleurs sur Terre. De même dans les îles tropicales les plus reculées, les quelques espèces originelles qui s'y sont implantées n'ont généralement pas rencontré trop de prédateurs, et ont donc eu suffisamment de temps et d'espace pour évoluer et donner naissance à de nombreuses formes de vie distinctes. Dans les paysages de plaine, en revanche, un même type de climat – donc d'écosystème naturel – couvrant des centaines voire des milliers de kilomètres déroule souvent des paysages beaucoup moins riches en espèces animales. Sous les latitudes plus froides, la faune est généralement moins diversifiée car la croissance végétale ne suffit pas à entretenir la dynamique des réseaux trophiques. De même, les environnements hostiles accueillent moins de vie car très peu d'organismes peuvent survivre au froid ou à la chaleur extrêmes, à l'aridité ou aux incendies naturels.

Ce schéma d'ensemble de la biodiversité terrestre reflète des processus qui se sont développés sur des millions d'années, mais la plupart de l'humanité vit désormais dans des lieux où trois vagues de changements d'origine anthropique ont entraîné une perte considérable de biodiversité.

La première de ces vagues remonte à la préhistoire, à l'époque de nos premiers contacts avec de nombreuses espèces qui vivaient sur la planète. La pratique de la chasse a contribué à la disparition de nombreuses espèces de grands mammifères et d'oiseaux (ce que l'on appelle « l'extinction de la mégafaune »), tandis que les rats et les chats que nous avons introduits dans d'innombrables îles ont éliminé beaucoup d'espèces d'oiseaux indigènes qui, ayant évolué dans un milieu dénué de prédateurs, ne savaient plus voler.

Il y a environ dix mille ans, le nomadisme a cédé la place à l'agriculture sédentaire, amorçant la deuxième vague de changement. L'homme a alors entrepris de réorganiser délibérément les écosystèmes pour les adapter à ses besoins alimentaires et matériels, faisant de la planète un monde plus facile à habiter. Les paysages agricoles qui sont ainsi apparus étaient généralement une mosaïque de différentes cultures (dont beaucoup changeaient chaque année), de jachères, de prairies et de vastes espaces naturels. Cette hétérogénéité, et le fait que seule une partie de la biomasse du paysage était récoltée, a permis à un grand nombre d'espèces de prospérer aux côtés des humains. Aujourd'hui, la plupart des peuples autochtones de la planète continuent à gérer leurs terres de cette façon et les initiatives actuelles en faveur d'une agriculture plus respectueuse de la nature s'inspirent de ce modèle.

À partir de la seconde moitié du XVIIIe siècle, les révolutions concomitantes de l'agriculture et de l'industrie manufacturière ont précipité la troisième vague de changements induits par l'homme. La gestion des écosystèmes a fait place à la domination des écosystèmes. La croissance démographique a poussé à cultiver davantage de terres et à couper davantage de bois de construction et de chauffage, accélérant la déforestation. Aujourd'hui, les énergies fossiles qui alimentent pratiquement tous les secteurs de notre économie génèrent du CO_2 beaucoup plus vite que les écosystèmes ne peuvent en absorber. Notre empreinte sur près de 75 % des terres est visible de l'espace, et nous faisons peser toute une série de lourdes menaces sur diverses régions du monde (fig. 1). La plus évidente tient sans doute aux méthodes de culture de plus en plus intensives qui concernent plus de 30 % des terres. À lui seul, l'élevage du bétail accapare une superficie équivalente à l'Amérique du Nord et du Sud réunies.

Les impacts de ces atteintes à la nature varient d'une région à l'autre. Dans les rares régions du monde n'ayant pas de tradition d'agriculture sédentaire, la chasse reste souvent le principal facteur de perte de diversité, de sorte que les impacts correspondent peu ou prou à l'extinction de la mégafaune de la première vague. Par exemple, dans les régions reculées de nombreuses forêts tropicales humides, la chasse au gibier sauvage a largement ou totalement décimé les grands mammifères ; de même, le braconnage menace les grands mammifères dans beaucoup de zones officiellement protégées. Dans les régions où l'agriculture de subsistance domine, les effets ressemblent davantage à ceux de la deuxième vague : la perte de biodiversité

Nombre de menaces graves sur la biodiversité dans le monde

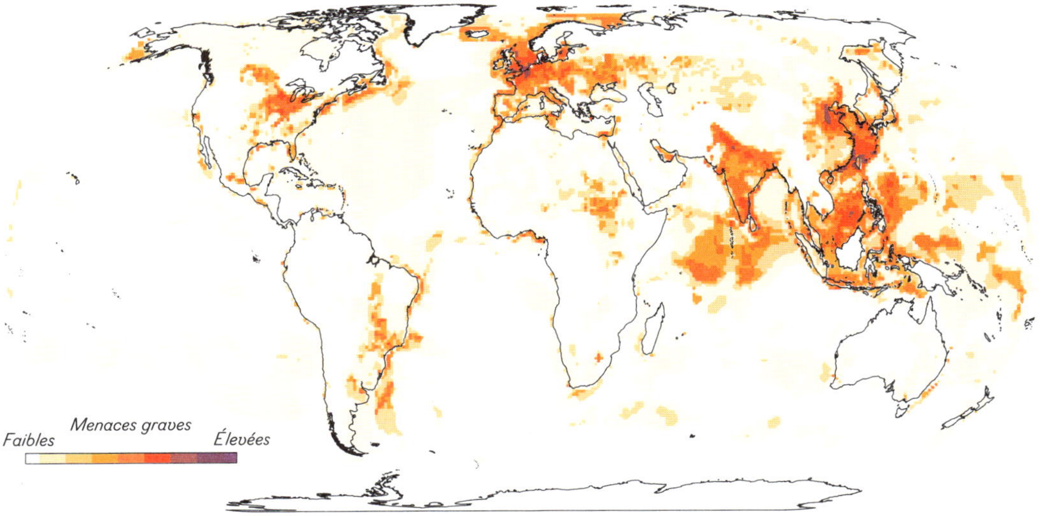

Figure 1 : Exposition des masses terrestres et des océans de la planète à l'une ou plusieurs des seize variables essentielles de biodiversité – dont le changement climatique, l'usage humain, la population humaine et la pollution induite par l'homme – en 2020.

est localisée dans les écosystèmes naturels transformés en écosystèmes agricoles plus simples, mais les paysages aménagés – un patchwork complexe et changeant, exempt de produits phytosanitaires – préservent généralement des niveaux modérés de biodiversité.

Dans les régions où la troisième vague est bien amorcée – les plus foncées, sur la fig. 1 –, la toile du vivant est tellement élimée qu'elle est à deux doigts de se décomposer. Les terres cultivées par des méthodes intensives sont d'une telle simplicité structurelle qu'elles n'offrent plus que très peu de niches aux espèces sauvages. La biomasse est prélevée en telle quantité qu'il n'en reste pas suffisamment pour héberger des réseaux alimentaires complexes. La biomasse végétale et la couverture forestière de la planète ne représentent plus que la moitié de ce qu'elles seraient à l'état naturel, et l'effectif du cheptel mondial de bétail dépasse largement celui de 5 000 espèces de mammifères sauvages réunies. Par ailleurs, l'usage des produits phytosanitaires a fait de la plupart des terres cultivées (et de nombre de cours d'eau dans lesquels ils se déversent) des environnements hostiles auxquels très peu d'espèces peuvent survivre. Paradoxalement, les espèces qui se sont le mieux adaptées aux pesticides sont les nuisibles eux-mêmes, alors que des milliers d'espèces qui pourraient contribuer à leur élimination, à la pollinisation et à la fertilité des sols sont souvent décimées. C'est le cas de plusieurs espèces de guêpes dont les larves dévorent les parasites ; des abeilles, des mouches, des scarabées, des phalènes et des papillons, si utiles à la pollinisation des plantes cultivées ; des vers de terre et d'un grand nombre d'insectes tels les collemboles, qui recyclent les éléments nutritifs de plantes mortes pour fertiliser le sol. Si depuis cinquante ans l'agriculture intensive a énormément augmenté la production agricole, elle a largement privé l'humanité de presque tous les autres services que la nature lui rendait.

La nature doit désormais faire face à une nouvelle menace : le changement climatique induit par l'homme. Si ses impacts sont encore relativement limités, nous assistons déjà à une migration de certaines espèces vivantes qui essaient de fuir la chaleur. Les espèces des hautes latitudes sont remontées en direction des pôles, les forêts boréales commencent à empiéter sur la toundra, et les espèces de montagne se déplacent vers de plus hautes altitudes. Il y a une quinzaine d'années, le réchauffement climatique a fait sa première victime officielle : le *Melomys rubicola*, petit rongeur endémique de l'île de Bramble Cay, minuscule langue de sable située à la pointe nord de la Grande Barrière de corail, en Australie. Le rongeur y a été aperçu pour la dernière fois en 2009, et il a probablement disparu à la suite des inondations répétées de son habitat dues à de fortes tempêtes et à la montée du niveau de la mer.

Bien que le changement climatique ne détruise pas encore autant la biodiversité que l'usage humain des terres, tous les signaux sont au rouge. À l'échelle régionale, la richesse de la biodiversité repose exclusivement sur la stabilité du climat. Si nous ne parvenons pas très vite à enrayer le changement climatique, il promet de faire bien d'autres ravages. Les espèces endémiques de haute montagne verront tout bonnement leur habitat disparaître. Face à l'avancée du front chaud, les espèces de plaines devront fuir leur environnement pour trouver des climats plus favorables : toutes n'y parviendront pas à temps. Les cultures devront également être déplacées vers des zones plus tempérées, où elles grignoteront des espaces sauvages, déclenchant de nouvelles vagues de destruction d'habitat, et beaucoup de régions aujourd'hui productives deviendront trop arides pour une agriculture rentable. Les migrations d'espèces entraîneront à leur suite les hommes, qui seront eux aussi contraints de se déplacer rapidement. L'appauvrissement de la biodiversité pourrait même enclencher un cercle vicieux avec le changement climatique : les écosystèmes qui ont perdu leur biodiversité stockent moins de carbone et résistent donc moins bien aux événements extrêmes et aux autres changements climatiques.

Mais un avenir durable est encore possible, à condition que nous soyons disposés à laisser davantage de place à la nature et à moins la solliciter. Pour limiter le nombre d'extinctions au cours des décennies à venir (faute de pouvoir les empêcher), et éviter les conséquences les plus catastrophiques du réchauffement, nous devons dès maintenant préserver les espaces qui concentrent le plus d'espèces uniques, mais aussi restaurer et protéger leurs écosystèmes. La régénération des écosystèmes riches en carbone et en biodiversité est une véritable solution fondée sur la nature – et il est urgent de la mettre en œuvre. /

2.20

Les insectes

Dave Goulson

J'ai toujours été fasciné par les insectes. À cinq ou six ans déjà, j'allais fourrager dans les herbes folles de la cour de récréation de mon école pour ramasser des chenilles à la livrée zébrée d'anneaux jaunes et noirs. Je les mettais dans ma boîte à déjeuner pour les ramener à la maison. Puis je les nourrissais jusqu'à ce qu'elles se transforment en magnifiques papillons aux ailes rouge et noir (vous aurez peut-être reconnu le carmin, ou goutte-de-sang). C'était ma passion, et j'ai eu la chance d'en faire mon métier. Depuis trente ans, je me suis spécialisé dans l'étude de l'écologie des bourdons, ces grosses abeilles duveteuses rayées de jaune qui, au printemps et à l'été, bombillent maladroitement parmi les fleurs dans nos prairies et nos jardins. Leur allure gauche est trompeuse, car ce sont les grands intellectuels du monde des insectes, capables d'étonnants exploits de navigation et d'apprentissage, et ils ont une vie sociale complexe et parfois féroce.

J'ai commencé à m'intéresser aux insectes pour la simple et bonne raison que je les trouvais fascinants et très beaux, mais depuis j'ai appris qu'ils étaient extrêmement importants. Les insectes représentent l'essentiel de la vie sur Terre : sur 1,5 million d'espèces répertoriées, plus des deux tiers sont des insectes. Ils sont la proie d'un grand nombre d'animaux plus gros qu'eux – la plupart des oiseaux, les chauves-souris, les lézards, les amphibiens et les poissons d'eau douce. Ce sont également d'importants agents de contrôle biologique pour les parasites agricoles, le recyclage de toutes sortes de matières organiques, (cadavres, déjections animales, feuilles, souches en décomposition), et ils contribuent à maintenir la santé des sols. La majorité des espèces végétales sauvages de la planète dépendent des insectes pollinisateurs pour leur reproduction, au même titre que les trois quarts des plantes que nous cultivons. Sans insectes, notre monde s'arrêterait de tourner.

Au vu du nombre faramineux de services essentiels qu'ils rendent, le déclin rapide de tant d'espèces d'insectes doit nous inquiéter. Au Royaume-Uni, par exemple, les effectifs de papillons ont diminué de moitié depuis 1976. Dans les réserves naturelles d'Allemagne, la biomasse des insectes volants a accusé une incroyable régression de 76 % entre 1989 et 2016. Aux Pays-Bas, les populations de trichoptères ont diminué de 60 % entre 2006 et 2017, et la biomasse des papillons de nuit (ou hétérocères) de 61 % entre 1997 et 2017. En Amérique du Nord, le nombre de papillons monarques, réputés pour leurs migrations annuelles entre le Mexique et le Canada, s'est effondré de 80 % depuis les années 1990. Quelques espèces d'insectes inversent la tendance, mais la plupart semblent être dans une situation préoccupante. Selon certains calculs, le taux moyen de déclin pourrait se situer entre 1 % et 2 % par an – ce qui paraît minime, mais équivaut pour les insectes à une apocalypse à l'échelle d'une vie humaine. Le plus inquiétant est que nous ne savons pas à quel moment ces disparitions ont débuté, puisque nous ne disposons d'aucune donnée antérieure aux années 1970 – et il est fort possible que nous ne voyions qu'un bout d'une bien plus longue dégringolade. Nous n'avons pas davantage d'information sur l'état des effectifs d'insectes sous les tropiques, grands réservoirs de biodiversité des insectes. Malheureusement, les preuves de l'effondrement de ces populations sont encore trop fragmentaires, pratiquement toutes les études à long terme sur le sujet étant centrées sur l'Europe et l'Amérique du Nord.

À quoi est dû ce déclin ? En 1962, trois ans avant ma naissance, dans son livre *Printemps silencieux,* Rachel Carson tirait déjà la sonnette d'alarme sur les effroyables dégâts que nous infligions à notre planète. Si elle était encore là pour voir combien ces atteintes se sont aggravées, elle en pleurerait. D'immenses surfaces d'habitats naturels foisonnant d'insectes comme les prés de fauche, les tourbières, les landes et les forêts tropicales humides ont été rasées au bulldozer, brûlées ou labourées. Les sols ont été dégradés, et les fleuves, envasés et pollués par des produits chimiques industriels et agricoles ou épuisés par la surexploitation. Les problèmes de pesticides et d'engrais dont parlait déjà Rachel Carson se sont considérablement amplifiés, puisque à l'échelle planétaire, ce sont aujourd'hui quelque trois millions de tonnes de pesticides qui seraient déversés chaque année dans l'environnement. Aux États-Unis, l'impact des épandages phytosanitaires a augmenté de 150 % depuis la sortie de *Printemps silencieux.* On a par ailleurs introduit de nouveaux pesticides beaucoup plus toxiques pour les insectes que tous ceux qui existaient à l'époque de Carson. Songeons à l'imidaclopride, un insecticide de la famille des néonicotinoïdes qui est aujourd'hui le plus utilisé dans le monde, bien que depuis 2018 l'Union européenne l'ait interdit en raison de sa toxicité pour les apidés. L'imidaclopride est à peu près sept mille fois plus nocif pour les abeilles que le DDT, l'insecticide massivement utilisé dans les années 1960 et 1970.

Outre toutes ces pressions, les insectes sauvages doivent à présent faire face au dérèglement climatique, phénomène qui, du temps de Rachel Carson, n'entrait pas en ligne de compte. Si une hausse des températures et des précipitations favorise certains insectes, comme les moustiques, la plupart des autres espèces la supportent mal. Mes chers bourdons disparaissent déjà des marges méridionales de leur aire de distribution, étouffant sous leur manteau velouté à mesure que le climat se réchauffe. Par le passé, les changements climatiques se produisaient lentement, et la faune, bien plus nombreuse, se déployait dans de vastes habitats intacts. Les populations d'insectes pouvaient aisément migrer vers les pôles à la saison chaude et revenir au début de la saison froide. Aujourd'hui la plupart se sont effondrées et n'occupent plus que de petits fragments d'habitat restants. Pour rejoindre les pôles, les insectes doivent franchir des étendues de terres agricoles et de zones urbaines hostiles, sans pour autant être assurés de trouver une parcelle d'habitat adapté quelque part au bout de leur route. Le changement climatique accroît par ailleurs la fréquence de tempêtes, sécheresses, inondations et incendies, autant d'événements qui ne peuvent que porter un coup dur – voire, pour certaines espèces, le coup de grâce – à des populations déjà en déclin.

Le biologiste américain Paul Ehrlich comparait la disparition d'espèces d'un écosystème aux ailes d'un avion dont on enlèverait les rivets. Si on en retire un ou deux, l'avion continuera probablement de voler. Que l'on en enlève dix, vingt ou cinquante, l'aile finira par casser et l'avion s'écrasera au sol. Les insectes sont les rivets qui assurent le bon fonctionnement des écosystèmes.

Si nous voulons inverser le déclin apocalyptique des insectes, nous devons agir sans attendre. Nous devons engendrer une société capable d'apprécier les insectes à leur juste valeur, pour leur utilité autant que pour eux-mêmes. Cette éducation commence bien entendu par nos enfants, en les sensibilisant à l'environnement dès le plus jeune âge. Nous devons reverdir nos zones urbaines. Imaginer des villes vertes, emplies d'arbres, de potagers, de mares et de fleurs sauvages jusque dans le moindre recoin libre – jardins, parcs, lotissements, cimetières, bords de routes, passages à niveau et ronds-points –, pour en faire des espaces propres de tout pesticide et bourdonnants de vie. Nous devons également modifier notre système alimentaire. La façon dont nous cultivons et transportons nos produits a de profondes répercussions sur notre santé et sur l'environnement ; nous avons donc tout intérêt à trouver des solutions durables. Il est urgent de réformer en profondeur notre système actuel, tant il nous est préjudiciable : il contribue largement aux émissions de gaz à effet de serre, à la pollution et à l'érosion de sols essentiels et décime la biodiversité sur laquelle repose la production alimentaire. Nous devons travailler en bonne intelligence avec la nature, en favorisant la prolifération des insectes prédateurs et des pollinisateurs, au lieu de chercher à les contrôler et à les éliminer. Les pratiques agricoles alternatives comme l'agriculture biologique et biodynamique, la permaculture et l'agroforesterie ouvrent des perspectives prometteuses. Nos sociétés aspirent à ce type de changement. Nous pourrions avoir un secteur agricole dynamique et respectueux de la nature, avec davantage de petites exploitations employant plus de main-d'œuvre, axées sur la production durable de produits sains, veillant à l'intégrité des sols et favorisant la biodiversité, qui produirait surtout des fruits et des légumes plutôt que de la viande, mais un tel programme ne pourra se faire qu'avec le soutien actif des responsables politiques et des consommateurs.

Il n'est pas encore trop tard. La plupart des espèces d'insectes n'ont pas encore totalement disparu, mais beaucoup, hier encore abondantes, ne présentent plus que de bien maigres effectifs et sont à deux doigts de sombrer dans l'oubli. La population de papillons goutte-de-sang aux ailes rayées de rouge que je chassais dans mon enfance a décliné de 83 %, mais il en reste encore quelques spécimens, et ils pourraient très bien se reconstituer si nous prenions des mesures dès maintenant. Nous n'en savons pas assez pour prédire si nos écosystèmes peuvent encore tenir longtemps, ou s'ils approchent des points de bascule au-delà desquels l'effondrement sera inévitable. Pour reprendre l'image des rivets de l'aile d'avion de Paul Ehrlich, nous ne sommes peut-être pas très loin du point où les ailes vont casser. /

2.21

Le calendrier de la nature

Keith W. Larson

De nombreuses espèces restent dans la même aire géographique de distribution année après année. Certaines espèces migratoires – oiseaux, papillons, baleines et autres – modifient en revanche leurs aires de répartition au gré des saisons. Ces schémas de migration saisonnière sont généralement pilotés par les modifications des conditions météorologiques, de l'habitat et de la disponibilité de ressources alimentaires. De la même façon, nombre d'espèces végétales et animales traversent différents stades de développement saisonniers. C'est ce que l'on appelle la phénologie. Tout comme les déplacements d'aires de distribution, ces événements récurrents déterminants dans la vie de la faune et de la flore sont dictés par des facteurs environnementaux, tels que les variations de température, de précipitations et la durée du jour.

La phénologie des arbres nous est familière : au printemps, ils se parent de nouvelles feuilles, souvent suivies d'une floraison ; à la fin de l'été, ils produisent des fruits, et enfin, à l'automne, leurs feuilles changent de couleur et tombent au sol. Chez les mammifères, les événements phénologiques se manifestent sous diverses formes : tandis que certaines espèces hibernent pendant les mois froids, d'autres changent la couleur de leur pelage pour se fondre dans leur environnement. Du fait de la régularité de ces événements saisonniers, on compare la phénologie au « calendrier de la nature ». Ce calendrier est important parce qu'il permet aux individus de synchroniser leurs cycles de reproduction pour éviter que les stades essentiels de leur cycle de vie ne tombent pendant des périodes défavorables (en ayant par exemple à élever leur nichée en hiver, lorsque la nourriture est rare).

Même dans les environnements tropicaux qui semblent bénéficier de climats relativement stables, l'intensité des saisons des pluies permet de prévoir la période de floraison et de fructification des végétaux, ce qui détermine la phénologie de reproduction de toute une variété d'insectes, de mammifères et d'oiseaux. Mais à mesure que l'on se déplace vers de hautes latitudes, les événements phénologiques saisonniers sont plus prononcés. En Suède, c'est au printemps qu'ils sont les plus spectaculaires. Les ornithologues se retrouvent pour repérer l'arrivée des premiers oiseaux migrateurs, comme le pouillot fitis et le gobemouche noir, arrivés de leurs lointaines zones d'hivernage des tropiques. Les citadins voient sortir de terre les premières fleurs mauves du crocus dans leur jardin, ou les tapis d'anémones sylvie dans les forêts de hêtres. Les écureuils et les ours sortent d'hibernation pour retrouver les rayons du soleil et d'abondantes sources de nourriture. Le lièvre variable et le lagopède des saules se débarrassent de leur livrée blanche d'hiver pour mieux se camoufler dans leur environnement reverdi.

Les aires de distribution et la phénologie de ces espèces constituent des indicateurs remarquablement précis du changement climatique, que les chercheurs suivent de près pour détecter les signes avant-coureurs d'altération des écosystèmes de la planète. Pour s'adapter au réchauffement de la Terre, les espèces animales et végétales n'ont guère de choix. Soit elles se déplacent pour suivre les conditions environnementales nécessaires à leur survie, ce qui implique généralement de migrer vers de plus hautes latitudes et altitudes ; soit elles décalent leur calendrier phénologique – ce que font par exemple les plantes en avançant leurs périodes de feuillaison et de floraison au printemps. Celles qui n'ont pas les moyens de se déplacer ou d'adapter leur horloge interne sont vouées à la disparition, à l'échelle locale, régionale ou planétaire. La vitesse à laquelle se produisent les changements est un facteur déterminant : si le climat se réchauffe trop vite, les espèces pourraient ne pas avoir le temps de réagir.

Nous avons déjà répertorié de nombreux exemples d'espèces qui ont déplacé leur aire de répartition et décalé leur calendrier phénologique. En Europe, la mésange charbonnière avance chaque été sa période de ponte d'une quinzaine de jours. Dans les régions tempérées d'Amérique du Nord, plus de la moitié des espèces végétales et animales ont déplacé leur habitat vers des régions plus septentrionales et plus élevées. Le cas le plus spectaculaire est certainement celui de la cryosphère (les régions dominées par les glaces permanentes ou temporaires), foyer exclusif de nombreux animaux propres à l'Arctique et à l'Antarctique comme l'ours polaire et le manchot, qui recule de 87 000 kilomètres carrés chaque année. Certaines espèces ont toutefois ceci de fascinant qu'elles seraient en train de s'adapter à un monde plus chaud non en se déplaçant mais en réduisant leur taille corporelle. Tous les organismes possèdent des mécanismes de thermorégulation qui leur permettent de maintenir leur équilibre thermique et, partant, l'apport calorique de leur alimentation. La règle de Bergman prédit que les populations et les espèces vivant à des altitudes et latitudes élevées (sous des climats plus froids) ont un corps plus gros (présentant un ratio surface externe/taille minime), ce qui leur permet de maintenir une température interne constante sous des climats froids. Une étude récente a démontré que la masse corporelle de plusieurs espèces aviaires d'Amérique du Nord diminuait avec le réchauffement planétaire. Ici encore, le rythme du réchauffement lié à nos activités est important, car plus nous réchauffons vite la planète, moins nous laissons de chances à certaines espèces de s'adapter ou de se déplacer.

Il est également essentiel de bien comprendre comment les réactions des différentes espèces au réchauffement pourraient affecter – ou être affectées par – leurs interactions complexes avec d'autres espèces. La pollinisation, par exemple, est aussi indispensable à la reproduction des plantes que le sont les insectes et les fruits à la survie des oiseaux migrateurs. En quoi l'avancée de la floraison ou de l'éclosion d'insectes pourrait-elle nuire à leurs pollinisateurs ou leurs proies ? Beaucoup d'espèces, dont les oiseaux migrateurs, réduisent les risques de concurrence alimentaire et territoriale en désynchronisant leurs événements périodiques, tels que la reproduction. En Europe, les gobemouches noirs reviennent plus précocement des tropiques où ils ont passé l'hiver, afin d'éviter la concurrence avec les mésanges charbonnières, qui colonisent leurs sites de nidification. Dans les régions subarctiques des montagnes de Scandinavie, des hivers plus chauds ont repoussé la limite des forêts de bouleaux vers de plus hautes altitudes – mais si ce recul en zone alpine est indubitablement lié au réchauffement, la dégradation des pâturages d'hiver de certains mammifères, comme le renne des Samis, en Finlande, n'y est pas non plus étranger.

La complexité de ces interactions est telle qu'il est difficile de mesurer pleinement les impacts d'un changement climatique rapide. Des régions tempérées jusqu'aux latitudes boréales et arctiques, les « faux printemps » dus à des épisodes de chaleur extrême en hiver peuvent avoir des répercussions catastrophiques pour les végétaux et leurs pollinisateurs qui se fient à la douceur des températures printanières. Le gel peut donner aux arbres le signal de la chute des feuilles, mais un printemps précoce ne conduira pas forcément à une feuillaison précoce. Si, trompés par des températures élevées, les animaux hibernants sortent trop tôt de leur tanière, leurs sources d'eau et de nourriture risquent d'être encore recouvertes de neige et de glace. A contrario, les oiseaux migrateurs comme l'hirondelle rustique risquent d'arriver trop tard pour profiter pleinement de l'abondance d'insectes dont l'horloge interne est réglée sur les signaux de l'environnement, tandis que le signal de migration de l'hirondelle est ancré dans de longues périodes de sélection naturelle. Ces décalages phénologiques sont susceptibles de bouleverser les systèmes agricoles dépendant des pollinisateurs et compromettent encore plus la survie d'innombrables espèces déjà impactées par les changements liés aux activités humaines.

Aujourd'hui, la vitesse à laquelle s'opèrent les changements climatiques et environnementaux met à rude épreuve notre capacité de prédire la résilience des espèces et de leurs communautés. On voit se déplacer non seulement les aires de répartition des espèces, mais des biomes entiers. Or le biome arctique de la toundra a atteint sa limite septentrionale et ne peut aller plus loin. Tous ces bouleversements nous ont précipités en territoire inconnu et promettent de transformer durablement les écosystèmes locaux. À l'échelle planétaire, ils sont susceptibles de déclencher des boucles de rétroaction qui modifieront les cycles du carbone et des nutriments, ce qui perturbera davantage notre système climatique, accentuant le réchauffement et détériorant plus encore les conditions nécessaires à la vie sur notre Terre. /

2.22

Les sols

Jennifer L. Soong

Les sols de l'ensemble de la planète renferment plus de 3 000 gigatonnes de carbone, soit quatre fois plus que l'atmosphère et toute la végétation de la planète réunies. Cet énorme réservoir souterrain régule le cycle mondial du carbone, tout en contribuant à la production alimentaire, à la biodiversité, à la résistance aux sécheresses et aux inondations et à l'équilibre des écosystèmes. Nous savons aujourd'hui que le changement climatique met en péril la capacité de ce bassin de carbone à absorber le CO_2 atmosphérique en excédent – et du même coup à atténuer les effets délétères de nos rejets de CO_2.

L'essentiel du carbone présent aujourd'hui dans les sols provient de l'atmosphère. Le carbone organique des sols se forme lors de la photosynthèse des végétaux terrestres, qui fixent le CO_2 atmosphérique pour synthétiser les composés organiques constitutifs de leurs tissus, tout en puisant leurs nutriments dans le sol. Pendant sa phase de croissance et après son dépérissement, la matière végétale est décomposée par des micro-organismes du sol (bactéries, champignons...) qui se nourrissent du carbone et des éléments nutritifs et les recyclent. Au cours de ce processus de décomposition, les nutriments sont restitués au sol pour relancer le cycle de croissance des plantes, tandis qu'une grande part du carbone est totalement dégradée par les micro-organismes et retournée à l'atmosphère sous forme de CO_2 par le processus de respiration. Mais tous les types de carbone du sol ne sont pas identiques. Une partie reste piégée sous terre, et échappe à la décomposition en adhérant à des surfaces minérales ou en se mélangeant à des mottes de terre, les agrégats. Ainsi protégé par des surfaces minérales, des agrégats ou simplement par la profondeur d'enfouissement, ce carbone organique reste séquestré dans les sols pendant des décennies, des siècles, voire des millénaires.

Au fil du temps, la quantité de carbone accumulée dans les sols par les plantes a dépassé la quantité de carbone dispersée par la décomposition, formant un énorme réservoir de carbone du sol indispensable pour maintenir l'équilibre des gaz à effet de serre à l'échelle de la planète. Les échanges gazeux qui s'opèrent à la surface du sol, par lesquels les végétaux absorbent le carbone et les micro-organismes les restituent par respiration tout en en laissant une partie dans le sol, transfèrent naturellement entre l'atmosphère et la biosphère des flux de CO_2 dix fois plus importants que la totalité des émissions d'origine humaine. Ce mécanisme de recyclage naturel du carbone entre l'atmosphère et la terre joue un rôle fondamental dans la régulation du climat terrestre : un changement infime pourrait avoir des effets considérables sur le climat, faisant basculer le point d'équilibre du cycle planétaire du carbone.

Avec la hausse des températures, l'activité des micro-organismes s'accélère et les sols renvoient davantage de CO_2 dans l'atmosphère. Cette augmentation des émissions de carbone du sol pourrait faire basculer le cycle naturel du carbone dans un cercle vicieux : le réchauffement accroît les émissions de CO_2 du sol, amplifiant ainsi le réchauffement planétaire, ce qui à son tour accroît les émissions de CO_2 du sol, et ainsi de suite. Cette boucle de rétroaction positive pourrait être particulièrement dommageable aux écosystèmes des hautes latitudes, où le réchauffement s'accélère et où le froid a piégé un immense réservoir de carbone du sol dans les sols gelés en permanence, le pergélisol. Si le pergélisol est généralement trop froid pour être décomposé, son dégel, déjà amorcé, le rend vulnérable à la décomposition microbienne et par là même plus susceptible de relâcher du CO_2 dans l'atmosphère.

Pour éviter d'en arriver au point où le carbone du sol et le réchauffement enclencheraient une boucle de rétroaction positive qui pourrait aboutir à un emballement des montées en températures, nous devons agir dès à présent. Le premier impératif est de réduire immédiatement et significativement nos émissions de gaz à effet de serre. Il nous faut également planter davantage d'arbres et de plantes à racines profondes, et les protéger ; préserver les écosystèmes naturels et adopter des pratiques agricoles durables ; et enfin faire tout ce qui est en notre pouvoir pour séquestrer davantage de carbone dans les sols et limiter les émissions de CO_2 dans l'atmosphère. Telles sont les conditions de survie de notre monde. /

Un changement infime des flux de carbone du sol pourrait avoir des effets considérables sur le climat, faisant basculer le point d'équilibre du cycle planétaire du carbone.

2.23

Le pergélisol

Örjan Gustafsson

Il n'existe dans la nature que très peu de mécanismes qui, en l'espace de quelques décennies à peine, provoquent un transfert net de carbone de la terre ou des océans vers l'atmosphère assez important pour accélérer de manière significative la crise climatique. Les principaux coupables sont la fonte du pergélisol et le dégazage naturel des hydrates de gaz sous-marins – la décomposition du méthane fossile piégé dans la glace – dans l'Arctique.

Le pergélisol est un sol composé de terre, de sédiments, de tourbe ancienne, de roche, de glace et de matière organique, qui reste gelé toute l'année et qui existe aussi bien sur les terres émergées que sous l'eau. Les quelques mètres d'épaisseur des sols gelés émergés de l'Arctique contiennent la moitié du carbone terrestre de la planète, renfermant près de deux fois plus de carbone que n'en stocke l'atmosphère sous forme de CO_2 et deux cents fois plus de méthane. Le pergélisol n'occupe pas moins de 60 % de l'immense territoire de la Russie. Il y a peu encore, on pensait que c'était un gisement de carbone inactif, isolé, « en sommeil », et qu'il ne participait pas aux échanges avec les autres bassins de carbone dans le cycle mondial du carbone. Or, la hausse des températures dans l'Arctique étant deux à trois fois plus rapide que la moyenne mondiale, les réservoirs de carbone du pergélisol sont maintenant réactivés.

Les hydrates de gaz naturel, ou clathrates, sont des molécules de méthane emprisonnées dans une cage de molécules d'eau gelée qui se sont formées au cours des temps géologiques dans des conditions de basses températures et haute pression, dans les fonds marins ou les profondeurs du sol. Pendant des millions d'années, ils se sont accumulés en épaisses couches sédimentaires sur le plancher océanique de l'Arctique, généralement à moins de 300 ou 400 mètres au-dessous du niveau de la mer. Certains hydrates sont également présents dans les eaux moins profondes du pourtour de l'Arctique eurasien, mais il leur aurait fallu des conditions bien plus froides pour se former. Ils sont apparus lors du dernier maximum glaciaire dans la toundra du nord-est de la Sibérie, qui était alors submergée par la montée des mers due à la fonte des glaciers, et forme aujourd'hui la mer de Sibérie orientale, au sud de l'océan Arctique. Cette région côtière inaccessible et très peu étudiée, aussi grande que l'Allemagne, la Pologne, le Royaume-Uni, la France et l'Espagne réunis, hébergerait près de 80 % du pergélisol immergé de la planète et environ 75 % des dépôts peu profonds d'hydrates de la Terre.

Cet immense réservoir de carbone et de méthane anciens qui s'étend sur le paysage et le plancher marin arctique est un « géant endormi », et de plus en plus de signes indiquent qu'il est en train de se réveiller. Lors de nos expéditions scientifiques des vingt dernières années sur toute la frange septentrionale du continent eurasien, la plus vaste mer côtière du monde couvrant la moitié du Cercle arctique, nous avons clairement constaté que le dégel du pergélisol libère du carbone vieux de plusieurs milliers d'années, et nous avons vu d'abondants nuages de bulles de méthane remonter des eaux peu profondes du plateau continental, provenant très probablement du dégel du pergélisol sous-marin et de la désagrégation des hydrates de méthane.

D'un bout à l'autre de la masse terrestre de l'Arctique eurasien et nord-américain, la couche supérieure du pergélisol fond et regèle chaque année. Mais quand les températures montent, cette couche dite « active » s'épaissit tandis que le pergélisol recule vers le nord. Même si nous parvenons à maintenir le réchauffement de la planète sous la barre de 1,5 °C, les scientifiques pensent qu'entre un tiers et la moitié de l'ensemble du pergélisol aura disparu d'ici à la fin du XXIe siècle. De plus, la hausse des températures et des précipitations risque d'accélérer l'effondrement de cet écosystème particulier et de dégrader les dépôts plus profonds de carbone organique.

Le long des milliers de kilomètres de côte de l'Arctique sibérien, il existe de vastes dépôts de pergélisol riche en glace formés durant la dernière glaciation (le yedoma, ou dépôts de glace complexe). Affaiblie par le réchauffement, la montée du niveau de la mer et une érosion plus active due à une exposition accrue à la fréquence des tempêtes, cette couche de roche sédimentaire est particulièrement vulnérable et menace de s'effondrer.

En dehors de l'Arctique, le pergélisol du plateau himalayen-tibétain, le « troisième pôle » de la planète, soulève également de vives inquiétudes. Cet immense champ de glace permanente ne correspond qu'à un dixième environ du pergélisol terrestre arctique, mais les scientifiques sont persuadés qu'il pourrait être encore plus vulnérable à un effondrement, du fait de sa topographie montagneuse, de sa plus faible latitude et de la proximité des centres de population et des activités humaines qui le perturbent directement, comme le pâturage, la construction et les émissions de particules fines de carbone noir comme la suie. Si l'on sait que l'effondrement du pergélisol a doublé au cours de ces dernières décennies dans l'Arctique, les scientifiques annoncent maintenant que le pergélisol du plateau tibétain s'effondre dix fois plus vite et est associé à des dégagements de gaz à effet de serre.

Alors que la plupart des études sur les rejets de méthane et de CO_2 dans l'Arctique se sont concentrées sur le pergélisol terrestre, les chercheurs s'intéressent désormais davantage au pergélisol immergé et aux hydrates de méthane. Le pergélisol sous-marin pourrait en effet être encore plus vulnérable que le pergélisol terrestre. Si l'un et l'autre ont la même origine, la zone qui a été inondée par la montée du niveau de la mer à la fin de la période glaciaire a non seulement été réchauffée par le changement climatique naturel des dix mille dernières années, mais au cours de cette même période elle a gagné près de 10 °C sous l'effet des eaux de surface. Le réchauffement induit par l'homme pourrait aggraver la fonte de ce permafrost sous-marin.

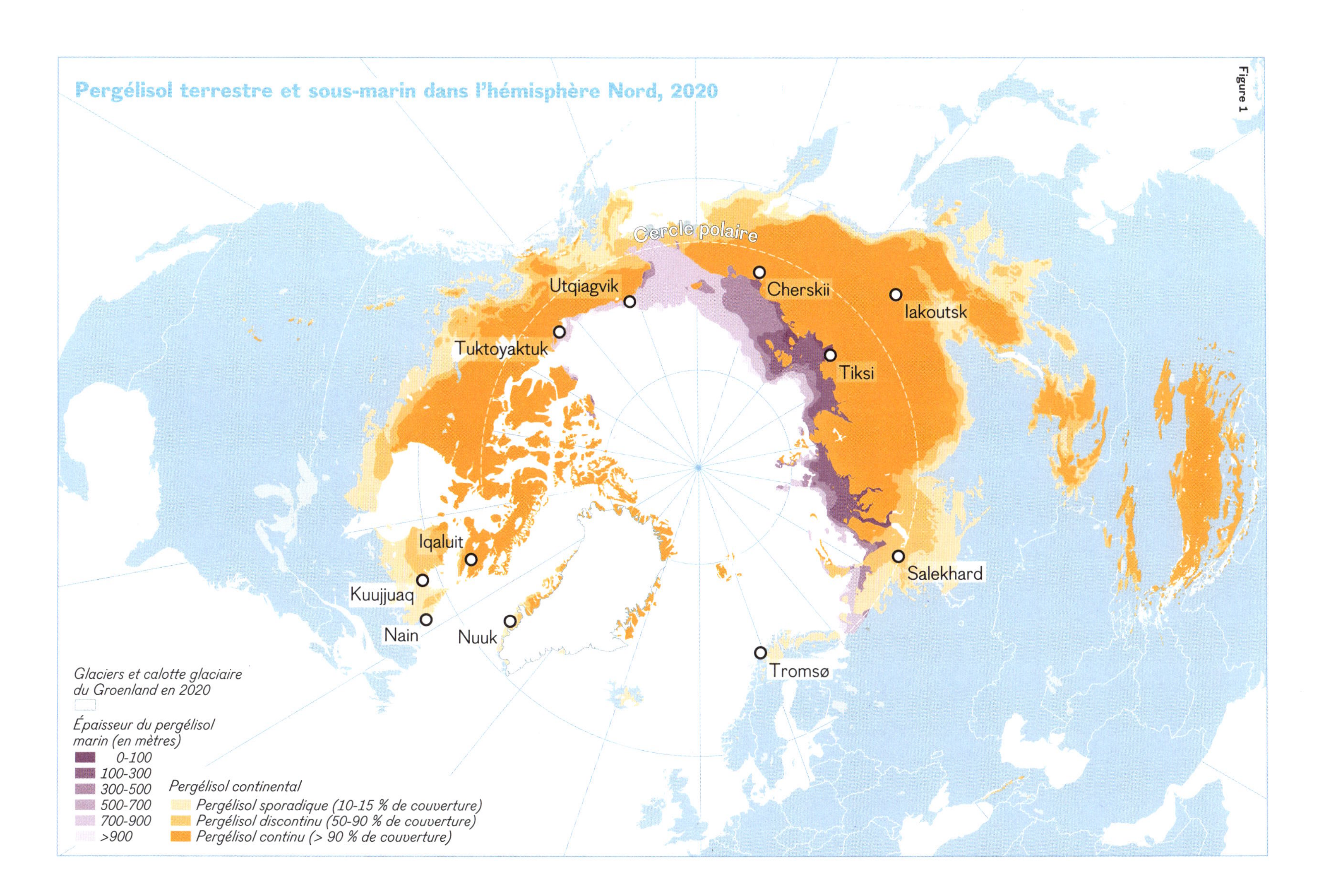
Figure 1
Pergélisol terrestre et sous-marin dans l'hémisphère Nord, 2020
Cercle polaire
Utqiagvik
Tuktoyaktuk
Cherskii
Iakoutsk
Tiksi
Iqaluit
Kuujjuaq
Nain
Nuuk
Salekhard
Tromsø
Glaciers et calotte glaciaire du Groenland en 2020
Épaisseur du pergélisol marin (en mètres)
0-100
100-300
300-500
500-700
700-900
>900
Pergélisol continental
Pergélisol sporadique (10-15 % de couverture)
Pergélisol discontinu (50-90 % de couverture)
Pergélisol continu (> 90 % de couverture)

Les immenses gisements d'hydrates de méthane enfouis à quelque 300 ou 400 mètres le long du talus continental de l'Arctique eurasien sont également menacés, car ils sont situés à la même profondeur que les courants chauds provenant de l'Atlantique qui pénètrent de plus en plus dans la région (un phénomène que l'on appelle l'« atlantification »). Nous avons en effet observé au cours de ces dix dernières années que les concentrations de méthane dans l'immense mer de Sibérie orientale, peu profonde, sont dix à cent fois supérieures aux concentrations normales dans d'autres zones de l'océan. Nous avons également constaté un dégagement de bulles de méthane sur des centaines de sites. Cela indique que le système de pergélisol sous-marin subit des perforations, qui libèrent des quantités de méthane supérieures à celle de tous les océans du monde réunis. Pour le moment, ces émissions ne représentent qu'un petit pourcentage de la totalité des émissions naturelles et anthropogéniques de méthane, mais il ne fait aucun doute que le dégazage de grandes poches de méthane du pergélisol sous-marin est amorcé.

Le géant endormi commence à se réveiller, mais ses émissions ne sont pas prises en compte dans nos budgets carbone. Les scientifiques pensent que, même avec nos engagements climatiques actuels (que nous avons peu de chances de respecter), la vitesse de fonte du pergélisol terrestre de l'Arctique libérera autant de méthane et de CO_2 au cours de ce siècle que tous les pays de l'Union européenne réunis. Ces rejets – sans parler du rôle du pergélisol sous-marin et des hydrates de méthane – compromettraient sérieusement notre aptitude à stabiliser le réchauffement en dessous du seuil de 1,5 °C ou 2 °C.

Nous devons dès à présent arrêter d'extraire des combustibles fossiles des réservoirs de l'Arctique et éviter de polluer davantage l'atmosphère avec des polluants à courte durée de vie comme les aérosols de carbone suie, particulièrement nocifs car, non contents de contribuer à réchauffer l'atmosphère, lorsqu'ils se déposent sur la neige et la glace ils assombrissent la surface et amplifient la rétroaction glace-albédo. Nous pourrions facilement réduire les émissions de carbone suie en limitant le torchage des gaz dans l'industrie pétrolière et gazière en Arctique, et en réglementant la combustion de bois à l'air libre dans la ceinture boréale, y compris en Scandinavie, en Russie et au Canada. Il est urgent d'adopter ces mesures d'atténuation et d'infléchir la courbe des émissions anthropogéniques en réagissant immédiatement. À titre personnel, j'espère que tandis que nous assistons au réveil du géant endormi des hydrates du pergélisol arctique, nous réveillerons également notre seule et unique société mondiale. /

Le géant endormi commence à se réveiller.

2.24

Quels scénarios à 1,5 °C, 2 °C ou 4 °C de réchauffement

Tamsin Edwards

Les effets commencent à se faire sentir. Nous avons déjà franchi la barre de 1 °C de réchauffement. Des vagues de chaleur battent des records. Des inondations dévastent même les pays les mieux préparés. De féroces incendies dévorent forêts et villages, jusqu'aux terres gelées du Grand Nord.

Ce n'est ni notre imagination qui nous joue des tours ni un effet de la couverture médiatique : le climat a bel et bien changé. Les épisodes de chaleur intense, qui avant que l'activité humaine n'entre en jeu ne se produisaient qu'une fois tous les dix ans, sont désormais trois fois plus probables. La probabilité de pluies diluviennes a augmenté de 30 %, celle des sécheresses (marquées par moins de précipitations et un sol plus sec), de 70 %. Et les scientifiques voient désormais l'empreinte de l'homme sur quelques-uns des événements les plus catastrophiques que l'humanité ait jamais connus : certains sont, par notre faute, trois, dix ou cent fois plus probables ; d'autres auraient été pratiquement impossibles sans notre influence.

En quoi notre monde sera-t-il différent avec 1,5 °C ou 2 °C supplémentaires de réchauffement (les limites basses et hautes fixées par l'accord de Paris) ? (fig. 1) Et à quels changements devrons-nous nous attendre si nous ignorons cet engagement mondial et continuons à laisser filer nos émissions au rythme actuel – elles auront alors doublé à la fin du siècle –, pour atteindre 4 °C ? Une hausse de 3 ou 4 °C pourrait paraître insignifiante, mais la dernière fois que les températures mondiales ont dépassé de 2,5 °C les niveaux préindustriels pendant une longue période, c'était il y a trois millions d'années. À l'époque où nos ancêtres commençaient à tailler des outils en silex.

Les perturbations que connaîtra notre planète vont s'exacerber avec chaque demi-degré supplémentaire. Les masses continentales et les régions polaires se réchaufferont plus vite. Le cycle de l'eau s'amplifiera : de nombreuses parties du monde déjà humides recevront encore plus de précipitations, et les régions en manque d'eau seront plus impactées par les sécheresses. Le régime des moussons changera.

De nombreux types d'événements météorologiques extrêmes continueront de s'aggraver (fig. 2). Avec 1,5 °C supplémentaire, les canicules qui jadis n'arrivaient qu'une fois par décennie risquent de se produire quatre fois plus souvent, exposant des centaines de millions de gens à des épisodes de chaleur extrême meurtriers d'ici au

Quel avenir choisirons-nous ?

1,5 °C	2 °C	4 °C

Températures

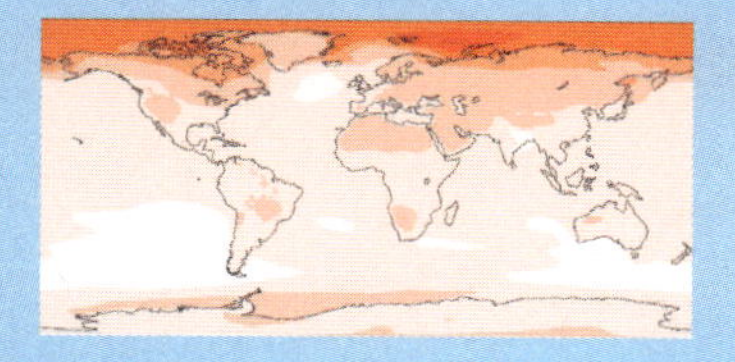

Précipitations

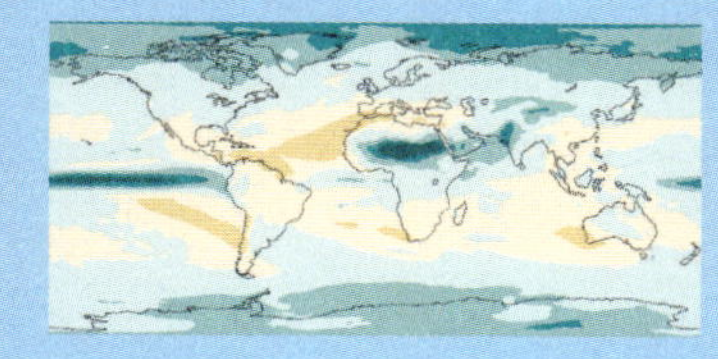
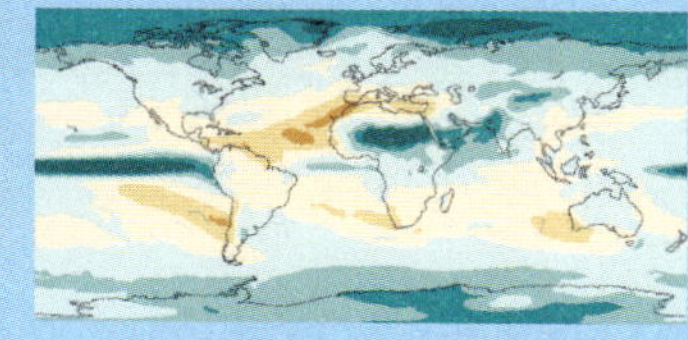

Figure 1

Les événements météorologiques extrêmes qui se produisaient une fois tous les dix ans avant l'intervention humaine seront…

	1,5 °C	2 °C	4°C
Chaleur extrême	4 fois plus probables	**6 fois plus probables**	**9 fois plus probables**
Fortes précipitations	50 % plus probables	**70 % plus probables**	**3 fois plus probables**
Sécheresse	2 fois plus probables	**2 fois plus probables**	**4 fois plus probables**

Figure 2

milieu du siècle. Avec 2 °C supplémentaires, la probabilité de chaleurs extrêmes sera multipliée par six, et à 4 °C de réchauffement ces températures que nous qualifions actuellement d'extrêmes reviendront pratiquement chaque année. Les précipitations et les sécheresses extrêmes deviendront également plus fréquentes et plus intenses.

Vu de l'espace, le visage de notre Terre changera progressivement. D'ici à 2050, même si le réchauffement est limité à 1,5 °C, la glace de mer recouvrant l'océan Arctique disparaîtra presque, au moins une fois en septembre, révélant un océan sombre. Si elle en venait à disparaître totalement, elle se reconstituerait l'hiver suivant sous forme d'une plaque plus fine et plus fragile. Avec 3 °C ou 4 °C supplémentaires, elle fondra entièrement pendant la plupart des étés, voire tous.

La limite de 4 °C n'est pas la plus haute que nous puissions atteindre. À long terme, plusieurs scénarios possibles se dessinent, selon nos choix à venir. La partie gauche de la fig. 3 met en regard les températures stables des deux derniers millénaires avec les scénarios possibles de réchauffement jusqu'en 2300.

Nous pourrions prendre des mesures pour limiter le réchauffement à la partie basse de cette fourchette, entre 1,5 °C et 2 °C. Or, même à ces températures, nous perdrions un grand nombre de glaciers du monde, sinon de la plupart, et nous assisterions à un réchauffement des océans et à un recul des calottes glaciaires. En revanche, l'élévation du niveau de la mer à échéance 2300 – la courbe bleue du graphique de la fig. 3 – serait relativement limitée. Avec un peu de chance, elle ne dépassera pas 50 centimètres, mais elle pourrait aussi atteindre 3 mètres – de quoi transfigurer les régions littorales d'un bout à l'autre de la planète.

Si en revanche nous continuions à rejeter des gaz à effet de serre dans l'atmosphère, décennie après décennie, siècle après siècle, nous nous retrouverions sur une planète méconnaissable : en 2300, le thermomètre planétaire afficherait 10 °C de plus. Il ne resterait pas un seul glacier dans le monde. Chaque année, nous accroîtrions le risque de déstabiliser la calotte glaciaire de l'Antarctique, si tant est que nous ne l'ayons pas déjà fait, ce qui contribuerait rapidement à élever le niveau de la mer pour plusieurs siècles. La montée des eaux pourrait atteindre 7 mètres, comme le montre la courbe rouge de la fig. 3. Dans le pire des cas, et l'Antarctique est particulièrement sensible, la hausse des mers pourrait être beaucoup plus importante encore.

Supposons que nous puissions réduire instantanément nos émissions à zéro. Certaines régions de la planète n'en continueraient pas moins de changer, en réaction à nos émissions passées. Les glaciers terrestres continueraient de reculer pendant des décennies ou des siècles, et les océans ne cesseraient pas de se réchauffer. Quoi que nous fassions, le niveau des mers montera et les inondations des régions côtières se poursuivront.

Un jour peut-être, dans un avenir lointain, serons-nous à même d'inverser certains impacts du changement climatique, si tant est que nous réussissions à ramener les températures à leurs niveaux antérieurs en éliminant l'excédent de dioxyde de carbone de l'atmosphère. Alors, notre climat redeviendrait plus normal et la glace de mer de l'Arctique se reformerait chaque été. Après encore bien longtemps, nous pourrions même assister à une nouvelle avancée des glaciers. Il ne sera toutefois pas possible d'inverser beaucoup d'autres changements de la planète à une échelle de temps humain

Scénarios d'avenir possibles d'ici à 2300

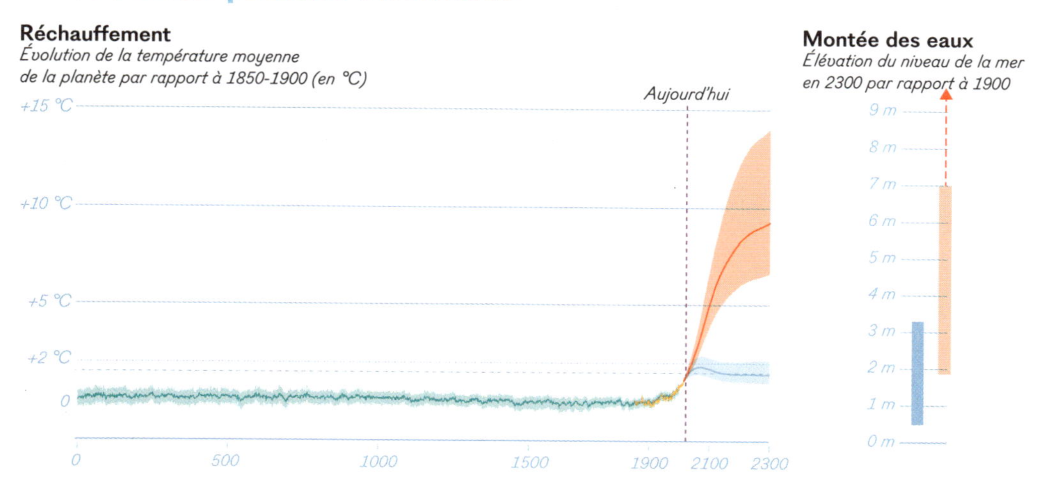

Figure 3 : Les variations de température des deux derniers millénaires, suivies par les scénarios de réchauffement futur jusqu'en 2300. La ligne en pointillé correspond à un réchauffement de 1,5 °C. À droite, l'élévation du niveau des mers en 2300 dans les mêmes scénarios.

Double page suivante : Des ours polaires ont investi une station météorologique abandonnée sur l'île Kolioutchine, dans le district autonome de Tchoukotka à l'extrême nord-ouest de la Fédération de Russie.

réaliste. Le réchauffement des océans, le rétrécissement des calottes glaciaires et la hausse du niveau des mers persisteront pendant plusieurs centaines ou milliers d'années.

Dans ces conditions, que faire ? C'est simple. Le GIEC a prévenu que « faute de réductions immédiates, rapides et massives des émissions de gaz à effet de serre, la limitation du réchauffement aux alentours de 1,5 ou même à 2 °C sera hors de portée ».

Où en sommes-nous pour l'instant ? Un monde où l'on s'obstinerait à brûler des combustibles fossiles gagnerait 4 à 5 °C d'ici à 2100. Heureusement, nous avons mis en place un certain nombre de mesures réduisant considérablement le risque de connaître un tel avenir. Nous avons également accompli des progrès technologiques et modifié nos modes de vie. Si ces mesures sont correctement appliquées, les experts prédisent que le réchauffement ne devrait pas dépasser 3 °C au XXIe siècle.

Nous avons également pris des engagements à long terme, à commencer par ceux de l'accord de Paris définissant pour chaque pays l'objectif de réduction d'émissions d'ici à 2030, assortis de calendriers fixant la date où chaque État prévoit d'arrêter totalement d'ajouter des gaz à effet de serre dans l'atmosphère. Si nous tenons ces promesses, le réchauffement se stabilisera à un peu plus de 2 °C, et pourrait même ne pas dépasser le seuil de 2 °C. À chaque nouvelle mesure, chaque nouvel engagement, ces prédictions sont revues à la baisse.

En effet, chaque tonne de dioxyde de carbone que nous éviterons de rejeter atténuera proportionnellement le réchauffement planétaire, pour le rapprocher de notre objectif de 1,5 °C - 2 °C. Comme nous l'avons souligné, même ramené à ces niveaux, le réchauffement aurait encore des conséquences désastreuses, et la dernière fraction de degré sera la plus difficile à éviter. Mais le changement climatique n'est pas un jeu que l'on gagne ou que l'on perd. C'est une courbe que nous pouvons continuer à infléchir pour nous assurer un monde meilleur. L'avenir s'annonce plus prometteur que nous ne l'imaginions, mais pas aussi radieux que nous l'espérons. Ce qui arrivera maintenant dépend de nous. Et les générations futures sauront ce que nous avons ou n'avons pas fait. /

TROISIÈME PARTIE /

Quels impacts sur l'humanité ?

« Nous
ne savons pas
relier les points. »

VALERO
4

VALERO
Gasoline
UNLEAD
PLUS
VALERO

3.1

Le monde a de la fièvre

Greta Thunberg

Le monde a de la fièvre. La fièvre est généralement le symptôme d'autre chose, comme une infection, une maladie, un virus. La crise climatique est aussi un symptôme, ou un résultat si vous préférez, d'une crise de la durabilité beaucoup plus profonde. En d'autres termes, ce n'est pas la hausse de la température moyenne qui est la racine du problème. C'est plutôt le fait que nous vivons au-dessus de nos moyens, exploitant les gens comme la planète. Ou, plus précisément, c'est ce que font un petit nombre d'entre nous. Des inégalités absurdes divisent le monde. Les 10 % les plus riches sont la cause de 50 % de nos émissions carbone. Les 1 % les plus riches sont responsables de près de deux fois les émissions de la moitié de la population la plus pauvre, à en croire un rapport de 2020 d'Oxfam et du Stockholm Environment Institute.

L'humanité n'a pas créé cette crise – elle a été créée par les gens au pouvoir et ceux-ci savaient exactement quelles valeurs inestimables ils sacrifiaient afin de gagner des quantités inimaginables d'argent et de maintenir un système qui leur était bénéfique. Ce sont – entre autres choses – les structures économiques et sociales qui génèrent ces inégalités si perverses qu'elles nous mènent vers le précipice écologique. L'idée d'une croissance infinie sur une planète finie.

Quand on chauffe de l'eau dans une casserole, on sait que pour bouillir elle devra atteindre 100 °C. Mais on ne peut pas prédire exactement quand la première bulle va apparaître, ni la deuxième, et ainsi de suite. On sait seulement que l'eau, à un moment, va se mettre à bouillir. C'est en ces termes que j'ai entendu certains scientifiques décrire le processus de la crise climatique. Et cette même image peut s'appliquer à la crise, plus large, de la durabilité.

Beaucoup se sont demandé quel serait le premier désastre à figer temporairement le monde moderne globalisé. Serait-ce un conflit en lien avec les ressources naturelles, une crise énergétique ou un effondrement financier ? Au lieu de quoi, c'est une pandémie apparue du jour au lendemain qui a changé nos vies.

À l'hiver 2022, au moment où nous terminons ce livre, il n'est pas possible de dire si le Covid-19 a été transmis aux humains par d'autres animaux, des chauves-souris en l'occurrence. Il reste des incertitudes ; ce que nous savons, en revanche, c'est que la plupart des épidémies viennent des animaux ; ce sont des zoonoses. En réalité 75 % de toutes les nouvelles maladies infectieuses trouvent leur origine dans la vie sauvage. Les habitats naturels devraient fonctionner comme un bouclier protecteur, mais en repoussant trop loin la barrière naturelle nous nous sommes exposés à des niveaux de risque accrus. Donc, le coronavirus a pu se transmettre,

Pages précédentes : Une station-service se consume pendant le Creek Fire, dans le centre de la Californie, en septembre 2020. Cette année-là, les feux de forêt ont brûlé 1,74 million d'hectares dans cet État, un record qui correspond à plus de 4 % de sa superficie.

ou non, des animaux aux humains. Quoi qu'il en soit, notre destruction de la nature prépare gentiment la création de nouvelles pandémies – potentiellement plus mortelles. Depuis l'apparition de la pandémie à l'échelle mondiale, en février 2020, la communauté scientifique nous l'exprime clairement. Pourtant, personne ne semble voir le lien.

Alors, pour information, sachez que l'on nous avait donné tous les faits. Comme l'a résumé le directeur exécutif du Programme d'urgence de l'Organisation mondiale de la santé dans un discours daté de février 2021 :

> *Nous sommes en train de créer les conditions dans lesquelles les épidémies se multiplient, nous forçons et incitons les gens à migrer loin de leur foyer à cause du stress climatique. Nous en faisons tant et nous le faisons au nom de la mondialisation, à la poursuite de cette chose merveilleuse que certaines personnes appellent la « croissance économique ». Eh bien selon moi, c'est devenu une nuisance, pas une croissance, à cause de ses conséquences, l'incitation à des pratiques non durables en matière de gestion des communautés, du développement, de la prospérité ; nous faisons des chèques en blanc que nous ne pourrons pas encaisser en tant que civilisation à l'avenir. Un jour, quand nous ne serons plus là, nos enfants se réveilleront dans un monde où existera une pandémie au taux de mortalité bien supérieur, qui pourrait mettre notre civilisation à genoux une bonne fois pour toutes. Nous avons besoin d'un monde plus durable, où le profit n'a pas la priorité sur les communautés. Où cela n'est pas l'alpha et l'oméga, où l'asservissement à la croissance économique est sorti de l'équation. Nous avons besoin d'une croissance durable dans nos communautés.*

Si vous deviez lire ce livre d'ici quelques années, disons plusieurs dizaines d'années après qu'il aurait été écrit, vous pourriez en conclure que de telles paroles ont dû avoir un impact. Vous imaginez peut-être qu'il y a eu des articles ou des reportages à ce sujet à la radio ou à la télévision. Mais je peux vous assurer que cela n'a suscité à peu près aucune réaction.

En matière de santé « nous nous tirons une balle dans le pied », résume Ana María Vicedo-Cabrera. Aujourd'hui, 37 % des décès liés à la chaleur sont causés par le changement climatique, une dizaine de millions de personnes meurent chaque année de la pollution de l'air et à mesure que notre planète continue de se réchauffer, le paludisme et la dengue pourraient en placer des milliards de plus en situation de risque d'ici la fin du siècle. Et tout cela pour une crise qui pourrait être décrite comme le prix à payer pour courir après la croissance économique à court terme, ou simplement le résultat d'un monde où la cupidité, l'égoïsme et l'inégalité ont tout déplacé, tout déséquilibré. En d'autres termes, la crise de la durabilité, c'est ce que l'on obtient une fois que l'on a relié tous les points. /

3.2

Santé et climat

Tedros Adhanom Ghebreyesus

La crise climatique est là, alimentée par notre dépendance aux combustibles fossiles, et l'on en constate d'ores et déjà les conséquences, bien réelles et souvent dévastatrices pour notre santé.

Les impacts sanitaires du changement climatique n'épargnent aucun pays du monde, mais ce sont les populations des pays à revenu faible ou intermédiaire, déjà confrontées à d'autres difficultés sanitaires, économiques et environnementales, qui sont les plus durement touchées. Les risques de famine et d'épidémie de maladies à transmission vectorielle s'intensifient jour après jour, tandis qu'une pénurie d'eau se profile et que le niveau de la mer monte.

Si, en soi, le changement climatique ne provoque pas de maladies, il a un effet sur leurs modes de propagation et compromet tout ce que nous faisons pour les combattre. Prenons par exemple le cas du paludisme : la hausse des températures, des précipitations et de l'humidité favorise la prolifération des moustiques vecteurs du paludisme et leur permet d'étendre leur aire de répartition, augmentant ainsi les risques de transmission, jusque dans des régions où aucun cas de paludisme n'avait encore été signalé. Une étude de l'Organisation mondiale de la santé estimait qu'entre 2030 et 2050, le changement climatique pourrait entraîner au bas mot 60 000 décès supplémentaires dus au paludisme, même en tenant compte de l'impact d'autres mesures visant à réduire l'incidence de la maladie. La même étude indiquait également qu'en 2030 au moins 5 % des cas de paludisme dans le monde, soit 21 millions de cas, seraient attribuables au changement climatique.

Ce n'est là qu'un exemple, mais il existe des centaines d'autres « risques sanitaires sensibles au climat ». Par exemple, les enfants nés après 2014 (qui ont donc moins de huit ans en 2022) connaîtront trente-six fois plus de vagues de chaleur qu'un individu né en 1960 (âgé de soixante-deux ans en 2022). En 2020, pas moins d'un cinquième (19 %) de la surface terrestre mondiale a été touché par une sécheresse extrême, entraînant une forte augmentation des pénuries de nourriture et d'eau. La liste est longue...

La vulnérabilité des individus à ces menaces est en grande partie déterminée par des facteurs sociaux : les impacts pèsent de façon démesurée sur les plus défavorisés, en particulier les femmes, les enfants, les minorités ethniques, les communautés pauvres, les migrants ou les personnes déplacées, les personnes âgées ou souffrant de problèmes médicaux sous-jacents.

Tout retard à contenir ces menaces sanitaires affectera en premier lieu les populations les plus défavorisées de la planète. En effet, la grande majorité des plus pauvres n'étant pas assurés, les crises et les chocs sanitaires font basculer chaque année quelque

100 millions de personnes dans la pauvreté, et les effets du changement climatique ne font qu'exacerber cette tendance. Pour répondre pleinement à l'urgence de cette crise, nous devons résoudre les inégalités dont elle découle.

À plus long terme, cependant, personne ne sera véritablement à l'abri. L'ampleur des risques sanitaires auxquels nous serons exposés dépendra largement de notre résolution à prendre dès à présent des mesures efficaces pour réduire nos émissions nocives et éviter de franchir des seuils de température critiques et des points de bascule irréversibles.

De nombreux États prennent conscience de l'urgence d'agir afin de protéger leurs citoyens des impacts climatiques de plus en plus graves et fréquents. Dans une enquête récente menée par l'OMS auprès de ses États membres, plus des trois quarts des pays indiquaient avoir élaboré ou être en train d'élaborer des stratégies ou des plans nationaux en matière de santé et de lutte contre le changement climatique.

Une ombre au tableau toutefois : alors que les pays à faible revenu et à revenu intermédiaire inférieur manquent souvent de ressources et de soutien technique pour mettre en œuvre ces plans, seuls un tiers d'entre eux bénéficient d'aides internationales. La solidarité mondiale, le renforcement des capacités et le partage des technologies et des savoir-faire seront essentiels pour surmonter ces obstacles.

Je constate cependant que nous comprenons de mieux en mieux les nombreux avantages – y compris pour la santé – qu'il peut y avoir à entreprendre une action rapide et ambitieuse pour enrayer et inverser la crise climatique, et cela m'emplit d'espoir.

Par exemple, beaucoup d'initiatives visant à réduire les émissions de gaz à effet de serre améliorent également la qualité de l'air et contribuent ainsi à atteindre nombre d'objectifs de développement durable des Nations unies. Certaines mesures encourageant l'activité physique – la marche et le vélo, par exemple – participent, par leurs effets bénéfiques sur la santé, à réduire l'incidence des maladies respiratoires et cardiovasculaires, de certains cancers, du diabète et de l'obésité.

Un autre exemple tient au développement des espaces verts urbains, qui favorisent l'atténuation et l'adaptation au changement climatique tout en apportant de multiples bienfaits pour la santé, tels qu'une réduction de l'exposition à la pollution de l'air et au stress, des îlots de fraîcheur, et des espaces de détente favorisant les échanges sociaux et l'activité physique.

Privilégier les produits végétaux nourrissants dans son régime alimentaire permettrait par ailleurs de réduire considérablement les émissions mondiales, renforcerait la résilience du système alimentaire et, d'ici à 2050, permettrait d'éviter chaque année jusqu'à 5,1 millions de décès liés à l'alimentation.

Les avantages sanitaires d'une politique d'atténuation ambitieuse dépasseraient largement son coût, et plaident d'autant plus en faveur d'un changement en profondeur qu'ils profiteraient à de nombreux secteurs. Des recherches ont en effet établi qu'une action climatique alignée sur les objectifs de l'accord de Paris sauverait des millions de vies en améliorant la qualité de l'air, les régimes alimentaires, l'activité physique, entre autres effets positifs.

Il arrive toutefois encore trop souvent que la prise de décision en matière de climat ne tienne pas compte de ces retombées sanitaires. Il peut être facile d'oublier, lorsqu'on est plongé dans les chiffres et que l'on fixe des objectifs climatiques lointains, que derrière ces chiffres et ces objectifs il y a des gens dont la santé et l'avenir dépendent de mesures ambitieuses et immédiates.

L'attentisme a un coût exorbitant : chaque dixième de degré supplémentaire de réchauffement ajoute au prix à payer pour notre propre santé et celle de nos enfants. Au regard des enjeux sanitaires, la devise « 1,5 °C pour rester en vie » – par laquelle les pays les plus vulnérables appellent à une action climatique plus ambitieuse – peut être prise au pied de la lettre.

Des responsables de santé de tous les pays du monde tirent la sonnette d'alarme sur le changement climatique et adoptent de plus en plus de mesures pour protéger leurs concitoyens contre l'aggravation des impacts climatiques, tout en réduisant leurs propres émissions. En octobre 2021, quelques semaines avant la 26e édition de la conférence des Nations unies sur les changements climatiques (COP 26), plus des deux tiers des personnels de santé du monde ont adressé une lettre ouverte aux dirigeants nationaux. « Partout où nous dispensons des soins, dans nos hôpitaux, nos dispensaires et nos communautés dans le monde, nous faisons déjà face aux conséquences néfastes des changements climatiques sur la santé », déclaraient les signataires.

Au même moment, l'OMS publiait un rapport spécial sur les changements climatiques et la santé, détaillant les recommandations de la communauté sanitaire mondiale pour lutter contre les changements climatiques et rappelant les mesures prioritaires que les États doivent mettre en place pour faire face à la crise climatique, restaurer la biodiversité et protéger la santé humaine.

Appliquer ces recommandations pour un avenir sain – s'engager à assurer un relèvement sain, écologique et durable après la pandémie de Covid-19, créer des systèmes énergétiques propres à préserver et améliorer le climat et la santé, favoriser des systèmes alimentaires sains, durables et résilients –, c'est investir dans un monde plus sain, plus juste et plus résilient. Les économies avancées, en particulier, ont une occasion unique de faire preuve d'une véritable solidarité mondiale.

La COP 26 nous a rapprochés de cet objectif, en renforçant les engagements climatiques nationaux, en débloquant des fonds supplémentaires pour le climat à l'intention des pays vulnérables, et grâce aux dizaines d'engagements des États à décarboner et améliorer la résilience de leurs systèmes de santé.

Mais protéger la santé passe nécessairement par un investissement actif d'autres secteurs, à commencer par l'énergie, les transports, la nature, les systèmes alimentaires et la finance. Malheureusement, la plupart des secteurs sont encore extrêmement mal préparés aux changements qui s'imposent, et à chaque minute qui passe des industries polluantes utilisant des combustibles fossiles continuent de percevoir 11 millions de dollars de subventions.

Il nous reste beaucoup de chemin à faire pour protéger notre santé et assurer un avenir sain à nos enfants, mais du moins savons-nous ce qu'il faut faire. Les arguments sanitaires en faveur d'une action climatique rapide n'ont jamais été plus impérieux. Mettons-nous au travail. /

3.3

Les maladies liées à la chaleur

Ana M. Vicedo-Cabrera

La chaleur est l'une des plus grandes menaces environnementales auxquelles nous sommes confrontés. Depuis quelques années, des vagues de chaleur extrême historiques, comme celles qui se sont abattues sur l'Europe en 2003 ou sur la Russie en 2010, ont démontré de manière stupéfiante leur potentiel de dévastation : on estime en effet que ces épisodes ont provoqué plusieurs milliers de décès supplémentaires. Aujourd'hui, environ 1 % de l'ensemble des décès survenus dans le monde est imputable à la chaleur, à raison de près de 7 décès liés à la chaleur par an pour 100 000 personnes – soit autant que la mortalité due au paludisme (fig. 1).

Il est impossible de ne pas relier la chaleur au changement climatique. Les changements climatiques d'origine anthropique sont aujourd'hui responsables de 1 décès sur 3 dûs à la chaleur, soit 37 % des décès liés à la chaleur entre 1991 et 2018. Sachant que cette forte charge de mortalité se produit à un réchauffement compris entre 0,5 °C et 1 °C, nous sommes en droit de penser que cette charge s'alourdira au cours des prochaines décennies, à mesure que le réchauffement s'intensifiera pour dépasser les 2 °C ou 3 °C, voire les 4 °C. Des études récentes prévoient que, dans le scénario le plus pessimiste (c'est-à-dire si les émissions se poursuivent et qu'aucune adaptation ne se produit), le changement climatique multipliera par dix le nombre actuel de décès liés à la chaleur d'ici à la fin du siècle dans des régions comme l'Europe méridionale, l'Asie du Sud-Est et l'Amérique du Sud. Soulignons en outre que les tendances sociétales actuelles telles que le vieillissement de la population et l'urbanisation croissante constitueraient des facteurs amplificateurs, puisque les risques accrus liés à la chaleur s'observent surtout dans les zones urbanisées (en partie à cause de l'effet d'îlot de chaleur urbain) et chez les personnes âgées, particulièrement vulnérables aux impacts physiologiques de la chaleur.

Lorsqu'il est exposé à des températures élevées, l'être humain dispose de divers systèmes pour maintenir sa température corporelle dans une fourchette sûre (et étroite) proche de 37 °C. Il arrive cependant que ces mécanismes ne fonctionnent pas correctement chez certaines personnes, ou perdent de leur efficacité dans des conditions de chaleur extrême – généralement associée à une forte humidité. Pour évacuer notre chaleur corporelle, nous devons évoluer dans un air suffisamment frais. Or nous vivons dans des environnements où l'air peut souvent être plus chaud que notre corps. L'humidité ambiante doit donc aussi être assez faible pour nous

Figure 1

permettre de nous refroidir en transpirant et continuer ainsi à dissiper la chaleur de notre organisme. Mais lorsque l'humidité relative de l'air atteint 100 %, la transpiration cesse de s'évaporer efficacement et ne refroidit plus notre peau. On appelle les températures accompagnées d'un taux d'humidité de 100 %, « températures du thermomètre mouillé », ou « températures humides ». Une température du thermomètre mouillé proche de 35 °C est fatale pour l'homme, mais elle cause de sérieux problèmes bien en deçà de ce seuil.

Lors d'un épisode de chaleur extrême, l'organisme ne parvient plus à réguler sa température, ce qui déclenche toute une série de mécanismes conduisant à diverses pathologies. Contrairement à une idée reçue, les coups de chaleur ne sont responsables que d'une infime partie de l'ensemble des décès dus à la chaleur. Une chaleur accablante peut provoquer plusieurs types d'affections aiguës, comme les crises cardiaques, ou exacerber des maladies sous-jacentes préexistantes comme la bronchopneumopathie chronique obstructive (BPCO). La mortalité n'est que la partie émergée de l'iceberg : la chaleur a également été associée à un risque accru d'hospitalisation pour des maladies cardiovasculaires ou respiratoires et des naissances prématurées.

La chaleur touche toutes les populations du monde, mais les personnes âgées, les femmes enceintes, les enfants et les personnes souffrant de maladies chroniques ont été identifiés comme des sous-groupes particulièrement vulnérables au plan physiologique. Les impacts varient également considérablement selon les régions, les pays et même les villes d'un même pays. Par exemple, en Europe les risques sont plus importants dans la région méditerranéenne que dans les villes du Nord. L'ampleur de l'impact sur une population donnée dépend de l'intensité de la chaleur, de la proportion de personnes vulnérables dans cette région et des ressources dont dispose la population pour se prémunir de la chaleur. Des évaluations récentes ont montré que les populations fortement urbanisées présentant des niveaux d'inégalité plus élevés sont les plus touchées.

Dans le monde actuel, les étés plus chauds et les épisodes de chaleur extrême deviennent la norme. Il est donc urgent de comprendre comment nous pouvons réduire notre vulnérabilité – ou en d'autres termes comment nous pouvons nous adapter efficacement à une hausse inéluctable des températures. S'il est vrai que nous nous sommes partiellement adaptés à la chaleur au cours de ces dernières décennies, nous ne savons toujours pas quelles seront les stratégies d'adaptation les plus viables pour l'avenir. La climatisation est longtemps apparue comme une solution efficace, mais ce n'est pas la seule qui s'offre à nous, et il reste encore à prouver qu'elle gardera son efficacité dans un monde beaucoup plus chaud – notamment au regard de la consommation d'énergie et des inégalités. Pour beaucoup, ce n'est tout simplement pas une solution réaliste. Les systèmes d'alerte canicule mis en place par les autorités sanitaires se sont également avérés utiles, mais là encore nous devons être prudents, car il est probable que les initiatives qui fonctionnent bien aujourd'hui ne seront pas aussi efficaces que nous l'espérons demain.

Les inégalités croissantes, l'urbanisation galopante et l'épuisement des ressources naturelles sont étroitement liés aux changements climatiques et ont également des répercussions, directes ou indirectes, sur notre santé. Il est donc essentiel que nous réfléchissions à des initiatives plus globales, plus ambitieuses et de plus grande envergure. C'est l'un des messages essentiels que les scientifiques s'efforcent de faire passer depuis le début de la pandémie de Covid-19, qui a mis en lumière les insuffisances manifestes de nos systèmes de santé publique. Malgré les mises en garde répétées des experts sur le risque de survenue de nouvelles maladies infectieuses dangereuses, la première vague de la pandémie a pris presque tout le monde de court et a révélé à quel point les gouvernements et les institutions de santé publique étaient mal préparés. Comme pour le changement climatique, la profusion de fausses informations, la défiance envers la recherche et l'absence de leadership communautaire, ainsi que la déconnexion entre les instances politiques, la communauté scientifique et la population en général, sont autant de facteurs qui ont singulièrement pesé sur la gestion de cette crise. Cette urgence sanitaire mondiale nous a appris que pour atténuer l'impact des crises sanitaires à venir, il était indispensable de mettre en place en amont des mesures efficaces de prévention, de capacité d'intervention et de riposte. Retenons la leçon de nos erreurs passées. Il n'est pas trop tard pour bâtir un monde plus résilient, plus durable et plus équitable pour la prochaine génération. /

La mortalité n'est que la partie émergée de l'iceberg.

3.4
La pollution atmosphérique
Drew Shindell

Le changement climatique et la pollution de l'air sont avant tout des tueurs invisibles. Nous voyons de temps à autre quelques victimes de tempête tropicale sur nos écrans de télévision, mais l'exposition à la chaleur tue chaque année des centaines de milliers d'individus. De la même manière, rares sont ceux qui savent que l'exposition à la pollution de l'air extérieur est à l'origine de près de 10 millions de décès par an dus à des maladies cardiaques ou respiratoires. L'exposition à des niveaux élevés de particules fines et d'ozone, un composant du smog, est en effet un facteur de risque aggravant de ces pathologies. Réduire les émissions responsables du changement climatique, qui proviennent en grande partie des mêmes sources que les polluants atmosphériques, induira donc de bien plus grands bénéfices que ne le pensent la plupart des gens. S'il est vrai que ce sont les individus les plus pauvres et les plus vulnérables de la société qui subissent le plus durement les effets délétères de la pollution atmosphérique et des changements climatiques, il faut également savoir que les avantages sanitaires des mesures d'atténuation du changement climatique ouvrent la voie à un monde plus juste et plus équitable.

L'une des mesures les plus efficaces que nous puissions prendre contre la pollution de l'air et la crise climatique consiste tout simplement à arrêter de brûler à tout-va. Arrêter de brûler des combustibles fossiles pour l'énergie est une mesure essentielle qui présente d'immenses avantages immédiats pour la qualité de l'air, lorsqu'on sait que 1 décès prématuré sur 5 est dû à la pollution liée aux combustibles fossiles. Arrêter de brûler des biocarburants pour la cuisine quotidienne (et parfois le chauffage) en permettant aux populations les plus pauvres du monde d'accéder à une énergie moderne et efficace offre des avantages considérables pour la santé en améliorant la qualité de l'air extérieur et intérieur. On estime que la pollution de l'air intérieur tue prématurément environ 4 millions de personnes chaque année, en particulier des femmes et des enfants, plus souvent exposés aux fumées de cuisine. De même, enfouir les déchets agricoles au lieu de les brûler réduit la pollution de l'air et restitue aux sols des éléments nutritifs essentiels. À long terme, toutes ces actions atténueront le changement climatique.

Nous devrions prendre d'autres mesures importantes pour que l'air que nous respirons soit plus sain et plus propre, en réduisant par exemple les émissions issues des décharges et du fumier. On dégagerait ainsi moins de méthane, gaz

Rapport bénéfice/coût des réductions d'émissions pour les États-Unis en respect de l'accord de Paris par rapport à un scénario à hautes émissions

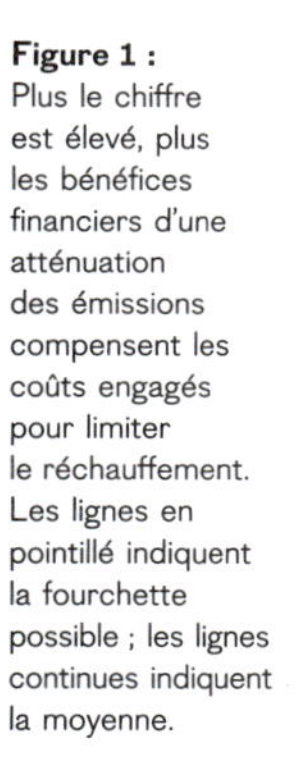

Figure 1 : Plus le chiffre est élevé, plus les bénéfices financiers d'une atténuation des émissions compensent les coûts engagés pour limiter le réchauffement. Les lignes en pointillé indiquent la fourchette possible ; les lignes continues indiquent la moyenne.

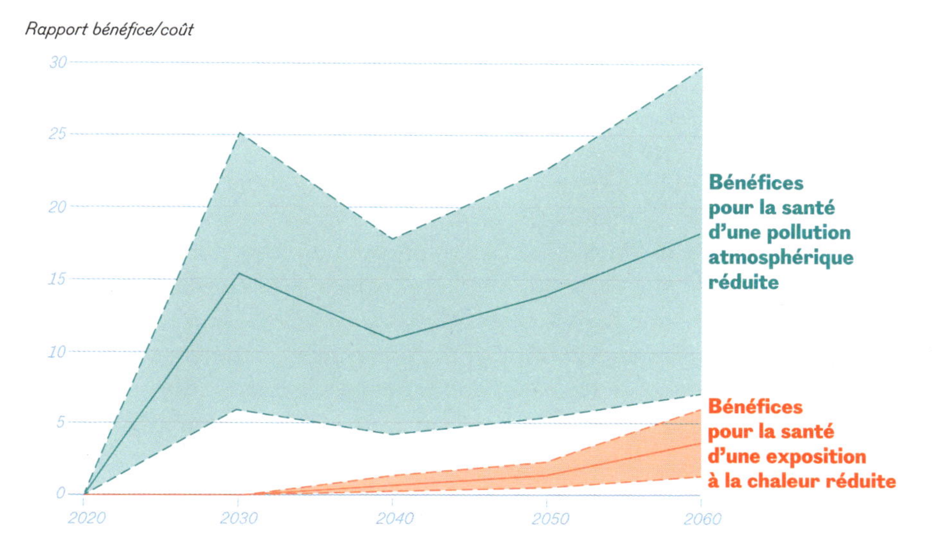

précurseur de l'ozone, ce qui limiterait la pollution locale. Nous devons par ailleurs réduire notre consommation d'aliments dérivés de l'élevage bovin car les immenses cheptels de bétail émettent de grandes quantités de méthane (principalement par la fermentation entérique et la fermentation des fumiers), qui représentent environ 30 % des émissions mondiales de méthane dues aux activités humaines. Ce point est important, puisque les émissions de méthane contribuent à environ un tiers de l'effet de réchauffement de l'ensemble des émissions de gaz à effet de serre à ce jour, et provoquent près de 500 000 décès prématurés par an dus à l'ozone.

Il est fondamental de garder à l'esprit que les bénéfices d'un air pur et de l'atténuation du changement climatique sont parfaitement complémentaires, d'où l'intérêt de mettre en place des politiques qui s'efforcent d'optimiser simultanément ces deux volets. Les bienfaits d'un air pur se font rapidement sentir, puisque la qualité de l'air réagit très vite aux variations d'émissions, comme en témoigne le ciel bleu qui, lors des confinements du Covid-19, s'est dégagé sur des villes normalement étouffées sous une chape de pollution, comme New Delhi, Guangzhou et Le Caire. Les bénéfices de l'atténuation du changement climatique mettent en revanche bien plus longtemps à se concrétiser car le système climatique réagit à un rythme plus lent, mais ils sont essentiels à long terme. L'aire géographique où s'opèrent ces deux changements environnementaux participe également de leur synergie : la pollution atmosphérique étant surtout un problème depuis l'échelle nationale jusqu'à l'échelle régionale, les pays qui réduisent leurs émissions sont ceux qui bénéficient le plus des retombées d'un air pur. Le changement climatique étant en revanche un problème planétaire, la réduction des émissions passe nécessairement par une coopération mondiale, pour que le monde entier puisse en ressentir les bénéfices. Il suffit de prendre conscience des bienfaits d'un air pur pour comprendre qu'il est absurde d'attendre que d'autres pays agissent les premiers, ou de prétendre qu'aucun pays ne devrait agir tant que tous les autres ne se sont pas mis d'accord. Nous avons ainsi montré dans une étude de 2021 que si les États-Unis réduisaient leurs émissions pour atteindre les objectifs de l'accord de Paris, les bienfaits qu'ils retireraient d'un air pur compenseraient largement les coûts de la transition sociétale dès la toute première décennie de leur action. Les bénéfices climatiques l'emportent également sur le coût de l'action, mais uniquement à partir de la seconde moitié du siècle et seulement si le reste du monde est également déterminé à poursuivre les objectifs de l'accord de Paris (fig. 1). Rien qu'aux États-Unis, la réduction des émissions mondiales au cours des cinquante prochaines années pour atteindre l'objectif de l'accord de Paris de maintenir le réchauffement en dessous de 2 °C pourrait éviter environ 4,5 millions de décès prématurés, 1,4 million d'hospitalisations et de passages aux urgences, et 1,7 million de cas de démence. Si seuls les États-Unis réduisaient leurs émissions conformément à l'accord de Paris, 60 % à 65 % de ces avantages se concrétiseraient tout de même.

Par conséquent, une perspective élargie prenant en compte le bien-être global de la société plutôt que les seuls effets du changement climatique peut inciter à passer à l'action en montrant aux gens comment s'assurer à court terme et localement des bienfaits sanitaires locaux et, en outre, empêcher la catastrophe climatique à long terme que beaucoup ont du mal à conceptualiser. /

Rien qu'aux États-Unis, la réduction des émissions mondiales au cours des cinquante prochaines années conformément à l'accord de Paris pourrait éviter environ 4,5 millions de décès prématurés.

3.5

Les maladies à transmission vectorielle

Felipe J. Colón-González

Les maladies à transmission vectorielle – transmises aux humains et entre humains par toutes sortes d'organismes, des moustiques aux phlébotomes en passant par d'autres arthropodes – sont responsables d'environ 17 % de l'ensemble des décès, maladies et invalidités enregistrés dans le monde, provoquant chaque année plus de 700 000 décès. Les principales sont le paludisme, la dengue, le chikungunya, la maladie à virus Zika, la fièvre jaune, l'encéphalite japonaise, la filariose lymphatique, la schistosomiase, la maladie de Chagas et la leishmaniose.

Plus de 80 % de la population mondiale vit actuellement dans une zone exposée au risque d'au moins une de ces maladies, et plus de 50 % de la population est susceptible d'en attraper au moins deux. Ces pathologies – dont beaucoup sont chroniques, invalidantes et stigmatisantes – sont très étroitement liées à la pauvreté et aux inégalités et constituent un obstacle majeur au développement socio-économique.

Le changement climatique peut avoir de nombreux impacts sur l'écologie et la transmission de ces maladies, et il est essentiel de comprendre ces effets pour anticiper les aggravations possibles de ce risque et y réagir. Avec la montée des températures planétaires, les maladies à transmission vectorielle se propagent peu à peu dans des régions du monde où elles n'existaient pas et refont surface dans des zones d'où elles avaient disparu depuis plusieurs décennies. En Afrique et en Amérique du Sud par exemple, le paludisme migre à de plus hautes altitudes, où le climat est devenu propice à la transmission. Des cas de dengue sont désormais signalés dans des pays comme l'Italie, la Croatie et l'Afghanistan – des pays où la maladie n'avait jamais réussi à se propager auparavant.

Leur transmission et leur propagation tiennent à des interactions complexes entre le climat, l'environnement et les caractéristiques de la population, tels les niveaux d'immunité et la mobilité. La probabilité que le changement climatique continue de déclencher l'émergence – et la résurgence – de maladies à transmission vectorielle suscite des inquiétudes croissantes et justifiées. À travers des expériences de laboratoire, des modélisations empiriques et des études sur le terrain, nous avons établi que les variations de température peuvent accroître le potentiel infectieux des agents pathogènes, car la température est un déterminant majeur de variables telles que la taille d'une population de parasites vecteurs, son taux de piqûre, sa probabilité de survie et sa durée de vie.

Les effets de la température et des précipitations sur la transmission saisonnière du paludisme

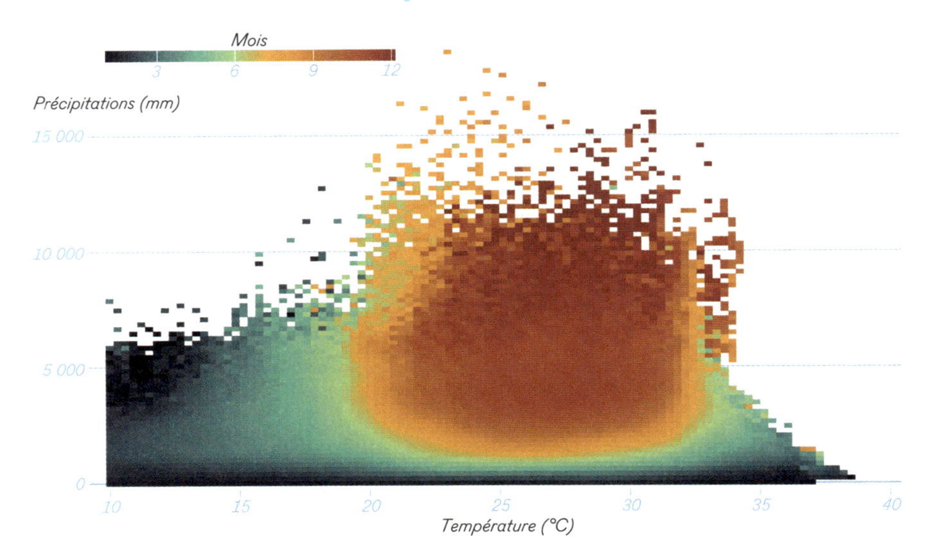

Figure 1 : Un climat plus chaud et de plus fortes précipitations allongent la saison de transmission – qui pourrait, dans certains cas, durer toute l'année.

De manière générale, des températures plus élevées favorisent la transmission des maladies vectorielles, qui atteint un pic dans une fourchette de températures intermédiaires – environ 25 °C – alors que s'il fait trop chaud ou trop froid le risque de transmission est réduit. Ces effets varient en fonction de la nature du vecteur et de l'agent pathogène mais, à mesure que le changement climatique repousse de nombreuses régions vers une zone de températures intermédiaires (une sorte de « zone Boucle d'or » de température, idéale pour la propagation des maladies), les agents pathogènes et les vecteurs ont de plus en plus de chances de proliférer.

Les précipitations ont également des effets significatifs, notamment pour les insectes comme les moustiques qui passent trois phases de leur développement en milieu aquatique. Les précipitations influencent aussi indirectement d'autres espèces propagatrices dont le cycle de vie ne comporte pas de phase aquatique, comme les tiques ou les phlébotomes, à travers les variations du taux d'humidité. De plus fortes précipitations créent ou agrandissent des flaques d'eau, propices à la reproduction de ces insectes ; les sécheresses, quant à elles, favorisent indirectement l'apparition de sites de reproduction, en incitant les populations à collecter et à stocker de l'eau en prévision des périodes de pénurie.

Plusieurs études ont examiné les effets du changement climatique sur le paludisme et la dengue, deux des principales menaces sanitaires mondiales. Elles ont établi que le changement climatique pourrait considérablement allonger la durée de leur saison de transmission sur une année donnée.

D'ici à 2080, celle du paludisme pourrait ainsi se prolonger jusqu'à 1,6 mois dans les régions montagneuses d'Afrique, de Méditerranée orientale et d'Amérique

Évolution de la durée de la saison de transmission de la dengue à horizon 2080

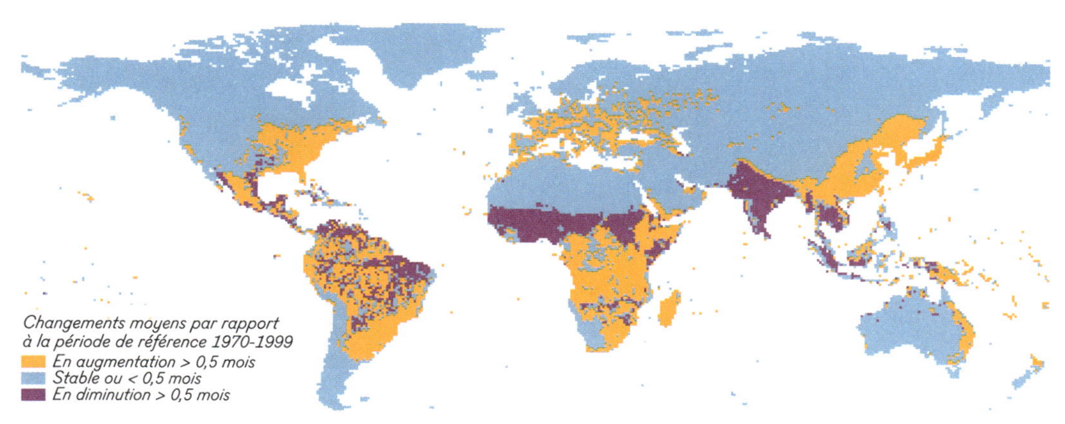

Figure 2

du Sud. Or, s'agissant de zones où la transmission est actuellement faible, les populations sont mal immunisées et les systèmes de santé publique ne sont pas préparés à prendre en charge un nouvel afflux de patients. La saison de transmission de la dengue pourrait se prolonger jusqu'à quatre mois dans les zones du Pacifique occidental situées à moins de 1 500 mètres d'altitude.

Avec la hausse des températures, le climat favorisera la prolifération de certains insectes vecteurs et sera moins adapté à d'autres. Par exemple, le principal moustique vecteur du paludisme en Afrique pourrait être remplacé par un moustique d'une autre espèce, plus adapté aux fortes chaleurs de l'Afrique subsaharienne. Il se pourrait également que le climat devienne moins propice à la transmission du paludisme, mais plus adapté à celle d'autres maladies telles que la dengue, le chikungunya ou le zika, transmis par des moustiques qui préfèrent un temps plus chaud.

Les changements climatiques pourraient également modifier l'aire de distribution et de propagation des maladies vectorielles. Celles du paludisme et de la dengue pourraient s'étendre à des régions tempérées comme la France, la Bulgarie, la Hongrie et l'Allemagne, ainsi qu'à la côte est des États-Unis, du sud d'Atlanta jusqu'au nord de Boston (fig. 2). Si les systèmes de santé publique parviennent à identifier et à éliminer les foyers d'infection, une explosion du nombre de cas pourrait être évitée. La pandémie de Covid-19 a toutefois révélé la fragilité de nos systèmes de santé publique, jusque dans les pays les plus riches. Il sera donc indispensable de mettre en place des systèmes de veille épidémiologique, de suivi et d'alerte précoce pour préparer ces foyers à risque.

Alors que les maladies à transmission vectorielle s'étendent à de nouvelles régions, d'ici à 2070 le paludisme et la dengue pourraient toucher 3,6 milliards de personnes de plus que celles qui y étaient déjà exposées entre 1970 et 1999. Une forte réduction de nos émissions suffirait à ramener ce chiffre à 2,4 milliards, alors qu'un taux d'émissions accru le porterait jusqu'à 4,7 milliards.

Comme nous le voyons, l'enjeu est de taille : limiter le réchauffement climatique à 2 °C réduirait considérablement l'impact dévastateur des maladies vectorielles sur les communautés et les économies à risque. Si la lutte contre un grand nombre de ces maladies a considérablement progressé, les effets du changement climatique, associés à des facteurs de maladie tels que l'urbanisation croissante, les flux migratoires et les déplacements internationaux, ne pourront que compliquer davantage dans les prochaines décennies les efforts que nous déployons pour les contrôler et les éradiquer. /

L'aire de distribution et de propagation du paludisme et de la dengue pourrait s'étendre à des régions tempérées comme la France, la Bulgarie, la Hongrie et l'Allemagne, ainsi que sur la côte est des États-Unis.

3.6

La résistance aux antibiotiques

John Brownstein, Derek MacFadden, Sarah McGough et Mauricio Santillana

La découverte des antibiotiques, l'une des plus grandes avancées de la médecine des cent dernières années, a assuré aux humains un moyen efficace de lutter contre les infections bactériennes. Les antibiotiques ont sauvé d'innombrables vies et leur utilisation constitue désormais un élément essentiel de la pratique de la médecine moderne. Cette ressource semble hélas appelée à décliner. En effet, plus nous consommons d'antibiotiques, moins ils sont efficaces car, avec le temps, les bactéries développent une résistance aux agents antibiotiques. C'est l'exemple même du principe de « survie du plus fort » : la sélection naturelle favorise la prolifération des gènes et des bactéries de résistance aux antibiotiques (y compris les « superbactéries » hautement résistantes).

D'un bout à l'autre du monde, les infections dues à des bactéries résistantes aux antibiotiques ne cessent d'augmenter. Selon certaines estimations, elles provoquent chaque année plusieurs dizaines voire des centaines de milliers de morts et entraîneraient des pertes économiques de l'ordre de plusieurs milliards de dollars. La résistance aux antibiotiques, ou antibiorésistance, s'est progressivement imposée comme l'un des plus graves problèmes de santé publique de notre époque. Comprendre les mécanismes précis qui pourraient relier le phénomène de résistance accrue aux antibiotiques à un autre grand enjeu de santé publique, le changement climatique anthropique, est l'une des questions les plus urgentes auxquelles nous sommes maintenant confrontés.

Au cours des cinq dernières années, les chercheurs ont réuni un ensemble de données laissant entrevoir un lien entre le développement de la résistance bactérienne aux antibiotiques et le climat, notamment la température ambiante : des études ont mis en évidence des corrélations entre l'élévation des températures ambiantes et une plus forte résistance des bactéries responsables de quelques-unes des infections les plus courantes chez l'homme. En effet, certaines des infections bactériennes les plus résistantes de ces dernières décennies ont été observées sous des latitudes moyennes chaudes. Nous savons que les bactéries résistantes à l'origine de ces infections et, dans certains cas, leurs gènes, se propagent et prolifèrent à toute vitesse dans le monde entier à partir de leurs aires de distribution originelles supposées. Nous ne savons en revanche toujours pas comment ils se propagent, mais ils pourraient bénéficier de multiples vecteurs, dans l'intestin ou sur la peau des humains ou des animaux, dans les produits alimentaires, ou dans l'environnement, par les cours d'eau par exemple.

Il semble également exister une corrélation troublante entre la vitesse de développement de l'antibiorésistance et le climat, les indices de prévalence de la résistance augmentant plus rapidement au fil du temps dans les régions les plus chaudes. Il est difficile de distinguer précisément le rôle des facteurs climatiques des autres caractéristiques régionales, mais de plus en plus d'éléments tendent à confirmer que le réchauffement climatique favoriserait de façon significative la résistance aux antibiotiques.

Ces résultats sont plausibles, a fortiori si l'on tient compte de l'impact de la température sur le cycle de vie des bactéries et sur les activités humaines ou animales en général. Nous savons que la survie et le taux de croissance des bactéries dépendent fortement de la température, il n'est donc pas irréaliste de déduire que le facteur température a un effet sur la contamination des humains et des animaux, ainsi que la persistance dans l'environnement. Une hypothèse que viennent étayer plusieurs études qui ont détecté de très nettes variations saisonnières des taux d'infection dues à des bactéries présentes dans notre propre flore, démontrant que les infection dermatologiques, urinaires et sanguines connaissent un pic pendant les mois les plus chauds. La température peut également accentuer le mécanisme de transfert des grappes de gènes d'antibiorésistance d'une bactérie à l'autre. L'un des gènes de résistance les plus inquiétants (le variant NDM-1) a été identifié dans les flaques d'eau des rues et dans l'eau potable de New Delhi. Il confère une résistance à certains de nos antibiotiques les plus puissants et les plus couramment utilisés. Le NDM-1 réside généralement dans un ensemble de gènes mobile capables de migrer d'une bactérie à l'autre, et la même étude de New Delhi a révélé que ce transfert se produisait le plus souvent à des températures diurnes courantes pour la région. Il se peut qu'en favorisant la propagation d'organismes résistants et de leurs gènes des températures plus élevées facilitent la sélection et la propagation efficaces de la résistance.

Il est extrêmement difficile d'estimer le coût actuel de la résistance accrue aux antibiotiques, et plus encore son coût à venir. Selon certaines projections, d'ici le milieu du XXIe siècle, les décès attribuables pourraient se chiffrer chaque année en millions et les pertes économiques en millions de milliards. Ces chiffres doivent toutefois être interprétés avec prudence, car ils reposent sur des hypothèses imparfaites de veille sanitaire et de croissance économique et ne tiennent aucun compte de facteurs comme le réchauffement climatique, susceptibles d'accélérer la propagation des bactéries antibiorésistantes et des gènes de résistance. Les tendances climatiques qui s'annoncent pourraient provoquer un effet d'entraînement qui aggraverait considérablement l'impact de la résistance aux antibiotiques dans le monde au cours des prochaines décennies, hâtant du même coup la disparition de notre meilleur outil pour lutter contre les infections bactériennes. /

3.7

Alimentation et nutrition

Samuel S. Myers

En février 2020, une agricultrice kenyane du nom de Mary Otieno contemplait des champs de maïs recouverts d'une nuée de criquets pèlerins incroyablement voraces s'étirant sur 2 400 kilomètres carrés. Les récentes perturbations des circulations océaniques et atmosphériques n'étaient pas étrangères à cette infestation hors norme, mais la hausse des températures et des cycles de précipitations plus extrêmes avaient déjà pris leur tribut sur les rendements des récoltes de Mary, exceptionnellement maigres. Un mois plus tard, à la suite d'un événement secondaire qui avait provoqué, par effet d'entraînement, la transmission d'agents pathogènes des animaux à l'homme, le virus du Covid-19 arrivait au Kenya, menaçant la santé de Mary et de sa famille, provoquant des pénuries de main-d'œuvre et désorganisant la chaîne d'approvisionnement, les privant du même coup de produits et de matériels indispensables au travail de la ferme. Mary était loin de se douter qu'entre-temps la valeur nutritive de sa production se dégradait peu à peu en raison de la hausse des concentrations de dioxyde de carbone dans l'atmosphère. Toutes ces catastrophes – les unes soudaines, d'autres évoluant lentement – ont un point commun : elles résultent d'un dérèglement induit par l'activité humaine dans les systèmes et les rythmes naturels de notre planète. Quelles sont les conséquences de ces perturbations environnementales de plus en plus rapides sur la santé et le bien-être humains ? Cette question relève du champ de la santé planétaire. Ce domaine médical nous rappelle que tout, en ce monde, est lié, et que les modifications et les dégradations que nous infligeons à la nature nous reviennent en boomerang, parfois sous des formes que nous n'attendions pas. La nutrition est l'une des manifestations les plus inquiétantes de ce retour de bâton.

À la suite d'expériences réalisées sur des sites répartis sur trois continents, nous avons découvert avec mon équipe de recherche que les cultures vivrières de base telles que le riz, le blé, le maïs et le soja s'appauvrissent en nutriments essentiels au maintien de la santé humaine. Nous avons fait pousser des cultures dans une atmosphère présentant une teneur en dioxyde de carbone de 550 parties par million (ppm), le niveau que notre planète devrait atteindre vers le milieu de ce siècle. Nous avons constaté que les produits cultivés à ces concentrations élevées de CO_2 présentaient des quantités significativement plus faibles de fer, de zinc et de protéines que les spécimens identiques cultivés aux niveaux actuels de CO_2. Ce qui revient à dire que le CO_2 que nous continuons à rejeter dans l'atmosphère de notre planète diminue la valeur nutritive de nos aliments. Des études ultérieures ont révélé que plusieurs variétés de riz soumises à des niveaux accrus de CO_2 contenaient beaucoup moins de vitamines B essentielles comme l'acide folique (folate) et la thiamine.

Quels sont les effets de cette diminution de la teneur en zinc, en protéines, en vitamines B et en fer sur la santé humaine ? Des études de modélisation ont montré que cette chute de valeur nutritionnelle provoquerait probablement des carences en zinc et en protéines chez 150 à 200 millions de personnes, et exacerberaient les carences existantes chez environ 1 milliard d'individus. Or, les carences en zinc entraînent une augmentation de la mortalité due aux maladies infectieuses chez les enfants, et les carences en protéines sont un facteur de surmortalité infantile. Lorsque nous avons analysé l'impact de l'appauvrissement en vitamines B du riz, nous avons constaté que même à supposer que cet effet ne concerne que le riz et aucune autre culture, il se traduirait par une augmentation de 132 millions de personnes présentant une carence en folates, carence responsable de l'anémie ainsi que d'anomalies du tube neural chez les nourrissons. De même, nous avons estimé que 67 millions de personnes supplémentaires souffriraient d'une carence en thiamine, cause des lésions nerveuses, cardiaques et cérébrales. Pour le fer, nous avons établi que dans les pays où les taux d'anémie sont supérieurs à 20 %, les populations les plus vulnérables – 1,4 milliard de femmes et d'enfants de moins de cinq ans – perdraient au moins 4 % de leur fer alimentaire en raison de cet effet du CO_2 sur la teneur en nutriments des cultures. La carence en fer entraîne une anémie, une mortalité maternelle, une augmentation de la mortalité infantile et juvénile et une capacité de travail réduite.

L'augmentation des niveaux de gaz à effet de serre dans l'atmosphère n'est pas l'unique changement anthropique qui compromet notre santé et notre nutrition. Nous provoquons également l'extinction de certaines espèces à un rythme mille fois supérieur au taux de référence, et nous avons déjà réduit de deux tiers les populations d'oiseaux, de poissons, de reptiles, d'amphibiens et de mammifères depuis 1970. Les insectes ont été particulièrement touchés. Une étude portant sur des espaces protégés en Allemagne, par exemple, a révélé un déclin de plus de 75 % des insectes volants en vingt-sept ans à peine. Certains de ces insectes jouent un rôle fondamental pour assurer à l'humanité une alimentation nutritive : une grande partie de l'ensemble des calories et une part encore plus importante des nutriments de l'alimentation humaine proviennent de cultures qui dépendent d'animaux pollinisateurs. Nos recherches nous ont également amenés à conclure qu'un effondrement total des insectes pollinisateurs entraînerait jusqu'à 1,4 million de décès supplémentaires chaque année – décès dus, pour la plupart, à des maladies cardiaques, des accidents vasculaires cérébraux et certains cancers qui auraient pu être évités en consommant des fruits, des légumes et des fruits à coque nécessitant tous une pollinisation par les insectes. Dans une étude en cours d'évaluation, nous estimons que près d'un demi-million de décès surviennent chaque année en raison de l'insuffisance actuelle des effectifs de pollinisateurs dans la nature.

L'évolution rapide des conditions environnementales affecte d'autres dimensions de la production alimentaire, au-delà de l'agriculture. Les pêcheurs exploitent environ 90 % des ressources halieutiques mondiales au seuil maximal de durabilité ou bien au-delà, et les captures mondiales de poisson baissent régulièrement depuis 1996. Le réchauffement des océans est susceptible d'aggraver ces tendances en réduisant la taille et le nombre de poissons tout en déplaçant les pêcheries des tropiques vers les pôles. Du point de vue de la nutrition humaine, ces tendances sont préoccupantes car pour plus d'un milliard de personnes, l'unique source de nutriments essentiels tels que les acides gras oméga-3, la vitamine B12, le fer et le zinc est la consommation de poissons sauvages.

Pour des familles comme celle de Mary Otieno, le problème nutritionnel est intriqué dans un réseau de changements environnementaux planétaires dus à l'activité de l'homme. Tous les autres aspects de la santé humaine – de l'exposition aux maladies infectieuses aux maladies non transmissibles et à la santé mentale – sont également menacés par ces perturbations parmi d'autres des écosystèmes terrestres. Protéger notre planète n'est plus uniquement une priorité environnementale : c'est désormais aussi un impératif incontournable pour assurer un avenir vivable à l'humanité. /

La nutrition
est l'une des manifestations
les plus inquiétantes
de ce retour de bâton.

Double page suivante :
Un village de pêcheurs de l'Andhra Pradesh, dans le sud-est de l'Inde, empiète sur une forêt de palétuviers, révélant l'ampleur de la dégradation de cet écosystème côtier primordial.

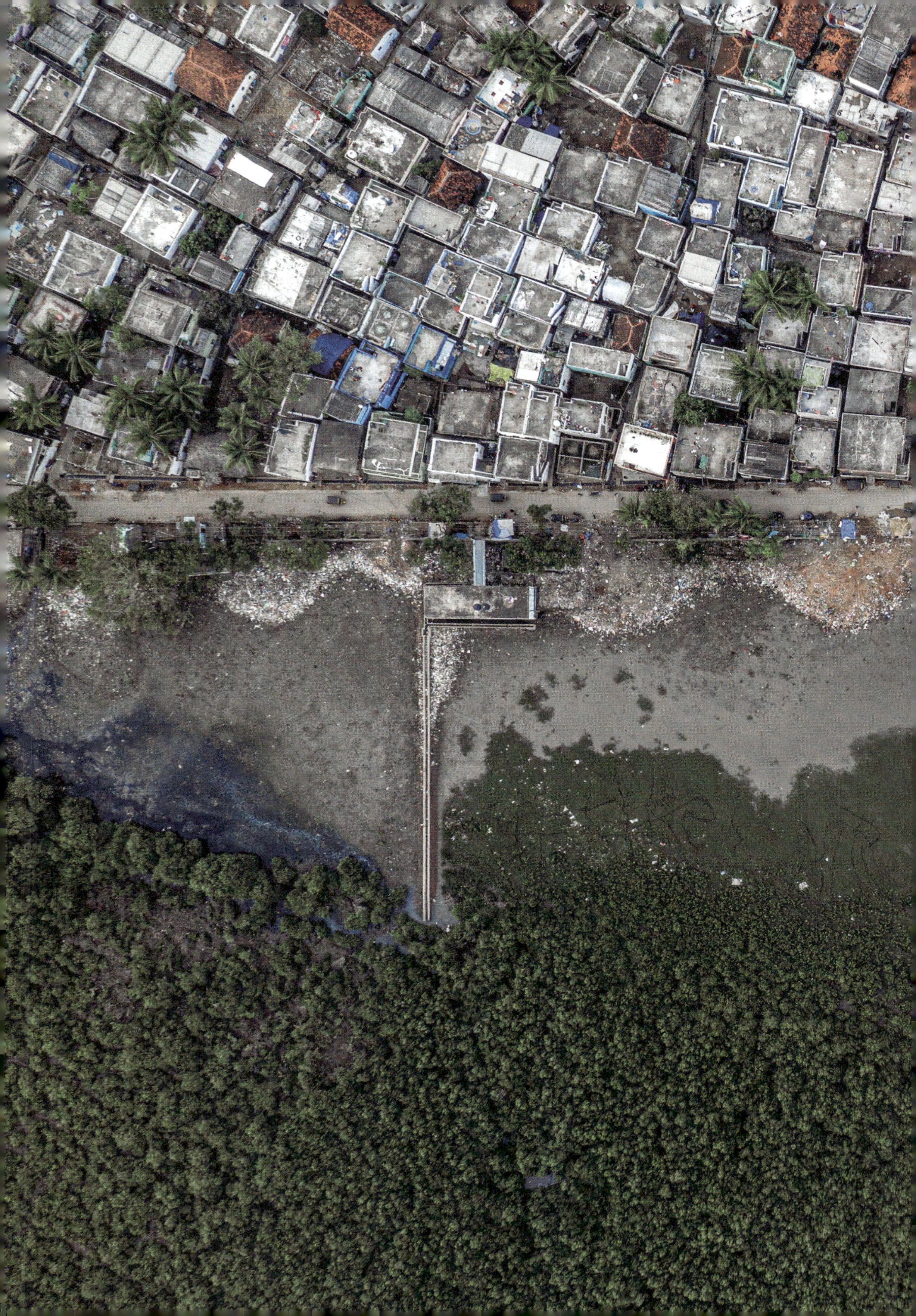

3.8

Nous ne sommes pas tous dans le même bateau

Greta Thunberg

Nos budgets carbone qui s'épuisent à toute vitesse devraient être considérés pour ce qu'ils sont : une ressource naturelle limitée qui appartient à parts égales à tous les êtres vivants. Que 90 % du budget qu'il nous restait pour avoir 67 % de chances de ne pas dépasser les 1,5 °C ait déjà été dépensé – principalement par les pays des Nords – est un fait qui ne doit pas être négligé. Tout comme les pays riches – y compris le mien – sont actuellement en train de consommer ce qu'il reste de ce budget à un rythme infiniment plus soutenu que ceux qui ont historiquement été exploités par ces mêmes nations.

Si tout le monde vivait comme nous en Suède, il nous faudrait les ressources de 4,2 planètes Terre pour subvenir à nos besoins. Et les objectifs climatiques fixés par l'accord de Paris seraient déjà un très lointain souvenir – un palier que nous aurions franchi il y a de très, très nombreuses années. Le fait que 3 milliards de personnes utilisent moins d'énergie, par tête et par année, qu'un réfrigérateur standard américain vous montre à quel point nous sommes loin actuellement de l'équité globale et de la justice climatique.

La crise climatique n'est pas une chose que « nous » avons créée. La vision du monde qui prédomine largement à Stockholm, Berlin, Londres, Madrid, New York, Toronto, Sydney ou Auckland n'est pas aussi répandue à Mumbai, Ngerulmud, Manille, Nairobi, Lagos, Lima ou Santiago. Les gens issus des régions qui sont les plus responsables de cette crise doivent se rendre compte que d'autres points de vue existent et qu'il faut les entendre. Parce qu'en matière de crise écologique et climatique – comme la plupart des autres questions d'ailleurs – nombreux sont ceux dans les économies riches qui se comportent comme s'ils régnaient encore sur le monde. Ils ont peut-être laissé les colonies se diriger par elles-mêmes, mais ils colonisent désormais l'atmosphère et resserrent leur emprise sur ceux qui sont les plus affectés et les moins responsables.

En épuisant le reste de notre budget carbone, les pays des Nords volent l'avenir, mais aussi le présent – non seulement de leurs propres enfants, mais surtout de tous ces gens qui vivent dans les régions les plus touchées, dont beaucoup n'ont pas

Émissions de carbone cumulées (1850 à 2021) par population actuelle, pour les pays indiqués

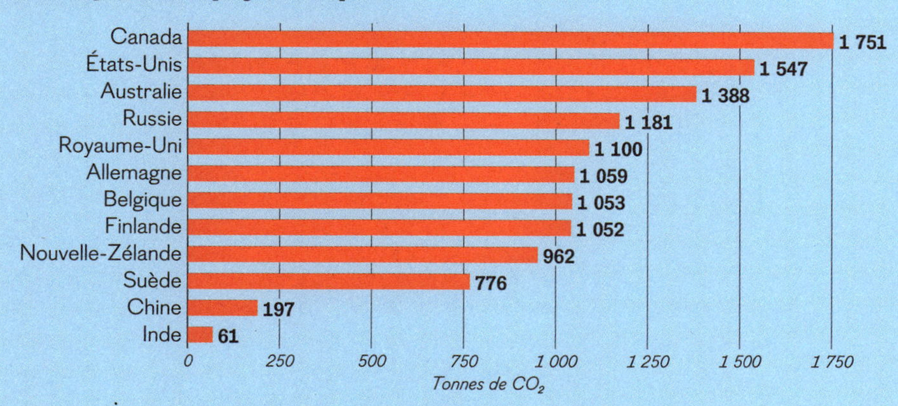

encore construit les infrastructures de base que les autres prennent pour acquises – les routes, les hôpitaux, l'électricité, les écoles, l'eau potable et la gestion des déchets. Et pourtant, ce vol profondément immoral n'existe même pas dans le discours du monde soi-disant « développé ».

Il y a de nombreuses choses que nous pouvons et devrions célébrer, comme les développements incroyables de l'énergie renouvelable ; le fait que de plus en plus de personnes prennent conscience de notre situation ; que le journalisme commence à faire ses premiers pas vers la couverture de la crise et demande des comptes aux responsables ; que nous soyons capables de transmettre des informations, des faits, de la solidarité, des idées à travers le globe en l'espace de quelques minutes, quelques heures. Et les personnes qui subissent le plus la crise, qu'ils ont si peu créée – les communautés qu'évoquent Saleemul Huq, Jacqueline Patterson, Hindou Oumarou Ibrahim, Elin Anna Labba et Sônia Guajajara dans leurs chapitres – ont fait preuve d'un esprit d'initiative remarquable et d'une volonté de nous enseigner, à nous tous, ce qu'ils ont appris. Et bien sûr, il nous reste du temps pour éviter les pires conséquences de la crise.

Mais ce n'est pas là la principale source d'optimisme dans la plupart des sociétés. Au lieu de ça, lorsque nous communiquons les meilleures données scientifiques, on nous incite à nous concentrer sur les possibilités, les occasions – sur la « révolution industrielle verte » (quel que soit le sens de cette expression), sur des histoires positives. Nous voulons des rapports fondés sur des solutions et de l'espoir. Mais de l'espoir pour qui ? Celles et ceux, relativement rares parmi nous, qui pourraient initialement être capables de s'adapter à un monde en réchauffement accéléré ? Ou pour l'écrasante majorité qui n'aura pas cette chance ? Que signifie même l'espoir dans ce contexte ? Est-ce l'idée que nous pourrions maintenir ce système, déjà condamné ? Que nous ne sommes pas obligés de changer ? Que nous pouvons continuer à vivre nos vies plus ou moins comme nous les menons aujourd'hui – dans un système dont la plupart des gens ne tirent aucun bénéfice ?

Que nous pouvons « résoudre » cette crise avec les mêmes méthodes et le même état d'esprit qui nous ont mis dans cette situation pour commencer ?

Des progrès sont faits, dit-on, et voilà ce que nous devrions célébrer ces développements positifs. Alors si c'est le cas quels sont-ils exactement, ces progrès ? Peut-être que nous ayons significativement réduit nos émissions tout en maintenant, en parallèle, la croissance économique ? Oui, bien sûr. Mais est-ce vrai ? Observons deux exemples.

D'abord, le Royaume-Uni. Ses gouvernements successifs ne cessent de répéter que le pays a baissé ses émissions de 43 % entre 1990 et 2018. Mais une fois que l'on inclut les émissions liées à la consommation des biens importés, l'aviation et la marine internationales, ce chiffre est plus proche de 23 %. La baisse de ses émissions liées à la consommation s'explique simplement par l'action du pays dans le secteur de l'énergie, non par la réduction de l'intensité carbone de ses importations. En réalité, les émissions indirectes dues aux biens importés consommés par les habitants du Royaume-Uni n'ont été réduites que de 19 %. Auxquels il faut ajouter les 13,2 millions de tonnes de CO_2 manquantes relâchées chaque année par la combustion du bois à Drax – pour ne prendre qu'un exemple – ainsi que les émissions associées à la défense, significativement sous-déclarées. Le fait que le Royaume-Uni produise actuellement quelque 570 millions de barils équivalent pétrole chaque année et détienne pas moins de 4,4 milliards de barils équivalent pétrole supplémentaires en réserve, attendant d'être extraits du plateau continental, vient encore compliquer ses prétentions en matière de leadership climatique. Nous devons également garder à l'esprit que – comme dans de nombreuses études de cas nationales – les réductions restantes reposent en partie sur la solution de facilité : le passage du charbon au gaz fossile, légèrement moins catastrophique, impliquant quoi qu'il en soit des décennies supplémentaires de pollution de gaz à effet de serre.

Le second exemple est celui du pays dans lequel je vis, la Suède, qui rappelle fièrement à ses citoyens la baisse de ses émissions d'environ 30 % depuis 1990. Mais là encore, une fois incluses celles liées à l'aviation et la marine internationales, ainsi que les émissions biogéniques perdues dans les failles du Protocole de Kyoto, nos émissions n'ont absolument pas décru. Pire, une fois cumulées toutes les données disponibles sur cette période, elles ont en réalité augmenté.

On nous demande donc de nous réjouir – et de nous réjouir encore – de la sous-traitance, de l'exclusion des émissions, des petits calculs malins et de la négociation de cadres globaux qui rendent les choses parfaitement légales. Ou plutôt on nous demande de nous réjouir de nos duperies. Pendant ce temps, partout dans le monde, des gens subissent des sécheresses, de mauvaises récoltes, des invasions de sauterelles et des famines à grande échelle. D'autres nations entières s'enfoncent dans la mer. Et tout cela se produit à seulement 1,2 °C de hausse de la température moyenne mondiale.

Depuis la création du GIEC, en 1988, nos émissions de CO_2 ont plus que doublé. Un tiers de l'ensemble des émissions anthropiques a été rejeté depuis 2005. Et, à en croire une récente enquête du *Washington Post*, les données sur lesquelles reposent nos politiques climatiques sont des chiffres sous-estimés, faux. Il y a un écart très clair et jusqu'à 23 % de nos émissions totales de CO_2 sont portées disparues. Tel est le progrès que les gens au pouvoir ont créé ces trois dernières décennies. Le progrès qui selon eux ne doit pas être minimisé, qui n'est pas que du bla-bla.

« La vie humaine n'a pas de prix », ont affirmé nos responsables en prenant la décision de confiner nos sociétés afin de maîtriser la pandémie de Covid-19. Au moment où j'écris, cette tragédie, qui restera dans l'histoire, a coûté la vie à 5 467 835 personnes. Mais chaque année, 10 millions de personnes décèdent à cause de la pollution atmosphérique, ainsi que l'explique Drew Shindell dans son chapitre, au sein de cette partie. Il faut croire que certaines vies humaines valent moins que d'autres. Et si vous vivez dans la mauvaise région, si vous avez la mauvaise nationalité ou simplement si vous mourez du mauvais côté du monde, alors le risque est que votre mort ne compte pas. Ou, disons, qu'elle compte significativement moins. Il n'y aura pas de confinement pour votre sécurité, pas de conférence de presse quotidienne.

En matière de crise climatique, les choses ne sont pas différentes. Avec les politiques actuellement appliquées, nous nous dirigeons vers une hausse des températures de 3,2 °C d'ici la fin de ce siècle. Ce qui équivaut à une catastrophe. Mais nous ne réagissons toujours pas. En réalité, nous accélérons dans la mauvaise direction. Peut-être parce que les dirigeants nous croient encore capables de nous adapter. Les habitants des parties les plus fortunées du monde ont peut-être la même impression. Ce qui expliquerait pourquoi on parle si souvent de « prophéties de malheur » dès qu'on fait référence aux faits scientifiques, pour mieux les écarter. « Il n'y a aucune raison de paniquer ou de vous inquiéter – si vous vivez en Allemagne, en Australie ou aux États-Unis, vous vous en sortirez. Montez la clim, activez l'arrosage automatique et détendez-vous. »

Le mouvement Fridays For Future des grèves pour le climat existe partout dans le monde. Dans des pays comme le mien on nous dit : « Ne t'inquiète pas, parce que même si tes amis ou tes collègues ne réussissent pas à s'adapter, tout ira bien pour toi. » Et s'il ne s'agit pas là d'une forme d'écofascisme – ou de racisme –, je ne sais pas ce que c'est. Nous sommes tous confrontés à la même tempête, mais nous ne sommes décidément pas dans le même bateau.

Plus nous prétendrons pouvoir résoudre cette crise sans la traiter comme telle, plus un temps précieux sera perdu. Plus nous prétendrons pouvoir nous adapter à cette catastrophe interconnectée, plus d'inestimables vies seront perdues. Il ne peut y avoir de l'espoir que si nous disons la vérité. L'espoir, c'est toutes les connaissances que nous ont données la science pour agir et les histoires des gens assez courageux pour prendre la parole, comme ceux que vous lirez dans les pages qui suivent. /

3.9

Vivre avec 1,1 °C de plus

Saleemul Huq

Le problème du changement climatique a évolué au fil du temps. Il ne nous laisse que rarement de répit, et ce n'est certainement pas celui que nous imaginions il y a trente ans – il est bien plus grave. Il a franchi l'une de ses étapes les plus significatives à la date précise du 9 août 2021. Ce jour-là, le changement climatique est officiellement arrivé – le jour où le groupe de travail 1 du GIEC, un panel de scientifiques internationaux, a publié son sixième rapport d'évaluation. Ces scientifiques sont extrêmement compétents, et ils sont aussi extrêmement prudents – ils ne se mouillent pas trop. Et ils n'avaient encore jamais dit ce qu'ils ont dit cette fois-ci. « Sans équivoque, l'influence humaine a réchauffé l'atmosphère, les océans et les terres », ont-ils déclaré pour la première fois, ajoutant qu'en raison du changement climatique induit par l'homme la température de la Terre a augmenté de 1,1 °C. Nous n'en sommes donc plus à anticiper ou prévoir le changement climatique. Il est là. Et l'on voit clairement sa marque sur toutes les régions de la planète.

Désormais, chaque année, d'un bout à l'autre du monde, des extrêmes météorologiques pulvérisent tous les records, qu'il s'agisse d'une canicule, d'un typhon ou de pluies diluviennes. Au moment où j'écris ces lignes, quelque part dans le monde, de nouveaux records sont battus. Et cela continuera chaque année, et chaque année la situation sera pire encore que celle de l'année précédente. L'effort que nous déployons à l'échelle planétaire pour tenter de maintenir la hausse des températures en dessous de 1,5 °C est une stratégie à long terme – conçue pour l'avenir. Or, nous avons déjà franchi le seuil de 1,1 °C, et ce 1,1 °C fait déjà des dégâts, sous nos yeux. À mon sens, il est bien plus important de se demander comment vivre avec 1,1 °C de plus que comment éviter d'atteindre la hausse fatidique de 1,5 °C, mais c'est une question que nous n'avons pas encore abordée.

C'est là quelque chose que les dirigeants qui se sont réunis à Glasgow pour la COP 26, en novembre 2021, ne comprennent tout bonnement pas. Ils continuent de vivre comme si nous pouvions encore éviter les impacts du changement climatique. Or, ceux-ci ne peuvent plus être évités. Nous sommes désormais entrés dans une ère de « pertes et dommages ». Les « pertes » désignent ce qui a été irrémédiablement perdu, de la même manière qu'une vie humaine est perdue : une fois perdue, elle ne revient pas ; peu importe que l'on ait beaucoup d'argent, elle s'est éteinte, point. Il en va de même pour la perte d'une espèce ou d'un écosystème. Une fois disparu, il ne revient jamais. Il n'en reste rien, pas plus que d'une île qui a sombré, submergée par la montée des mers. Les « dommages » désignent quant à eux ce que l'on peut réparer, si l'on a suffisamment d'argent ou de ressources. Il faut de l'argent, certes, mais du moins est-ce faisable. Des récoltes perdues peuvent se récupérer à la moisson suivante. Une maison détruite par un ouragan peut être reconstruite.

« Pertes et dommages » sont également un euphémisme diplomatiquement négocié pour désigner ce dont nous n'avons pas le droit de parler : « responsabilité et indemnisation ». Ce sont là des mots tabous, surtout pour les diplomates des États-Unis et d'autres pays riches. Tout le monde peut comprendre l'idée que les pollueurs soient tenus pour responsables d'avoir provoqué une pollution, et que ceux qui en subissent les conséquences souhaitent être indemnisés. Mais lors des discussions sur l'accord de Paris les pays riches et pollueurs ont décrété que nous ne pouvions pas parler en ces termes – autre conséquence du monde inégal dans lequel nous vivons, dont l'héritage se poursuit aujourd'hui dans les pourparlers internationaux. Jusqu'à présent, les gouvernements n'ont pas fait la preuve de leur capacité d'agir à l'échelle mondiale ; ils agissent dans un esprit nationaliste. La pandémie de Covid-19 et la distribution de vaccins qui a suivi sont emblématiques de ces pays qui pensent qu'en s'occupant d'eux-mêmes ils peuvent éviter que les problèmes ne s'aggravent. C'est moralement et scientifiquement faux. Cette façon de penser est pourtant très fortement ancrée dans les esprits.

L'heure est maintenant venue de réfléchir à l'injustice mondiale. L'injustice manifeste qui fait que les pollueurs – en grande partie les riches du monde entier, qui sont les principaux responsables des émissions de carbone et des dommages environnementaux – portent préjudice aux pauvres. Les communautés touchées par la dégradation de l'environnement et le changement climatique sont majoritairement des personnes de couleur, pauvres, même dans des pays riches comme les États-Unis. Nous avons tous vu la tragédie qui a frappé la communauté noire de La Nouvelle-Orléans après l'ouragan Katrina. Et cette disparité des conséquences est un phénomène mondial. Le Bangladesh, mon pays, est confronté à une lente catastrophe à mesure que l'élévation du niveau de la mer menace les côtes, ce qui pourrait aboutir au déplacement de millions de personnes.

Mais l'histoire du Bangladesh n'est pas une histoire de victimes. C'est une histoire de héros, une histoire qui nous raconte l'avenir de la planète. Le reste de la planète connaîtra demain ce que nous connaissons aujourd'hui, et le reste de la planète va devoir venir nous chercher pour que nous lui apprenions comment faire face à ce problème. Nous n'avons pas toutes les réponses, nous n'avons pas toutes les solutions, mais nous apprenons très vite et je suis en mesure de partager quelques-unes de ces leçons. La première est que même si vous possédez tout l'argent et toute la technologie du monde, cela ne vous servira à rien. Ce n'est pas ce qui empêchera la mort et la destruction de déferler sur New York. L'ouragan Ida a inondé le réseau du métro, et bon nombre de pauvres sont morts dans leur appartement en sous-sol parce qu'ils n'ont pas pu sortir à temps. Vous pouvez construire une barrière, comme l'a fait la ville de Londres, pour protéger une ville contre les inondations, mais vous ne pouvez pas construire une barrière autour d'un pays entier. Le Royaume-Uni est très vulnérable aux impacts du changement climatique. L'argent et la technologie ont certes leur place, mais à eux seuls ils ne suffisent pas.

En temps de crise, ce qui est vraiment important, c'est la cohésion sociale – la solidarité –, et nous n'en manquons pas au Bangladesh. À chaque fois que nous essuyons un épisode météorologique extrême, nous nous relevons les manches et nous nous entraidons. Personne n'est laissé pour compte. Dans les écoles, on organise des exercices de sécurité afin que les enfants sachent où aller pour évacuer en cas d'urgence, et qui aider – une dame âgée, veuve et vivant seule, se verra affecter deux lycéens qui seront chargés d'aller la chercher.

Rien de tout cela n'empêche le typhon de toucher nos côtes, et il fait encore beaucoup de dégâts, mais il est moins meurtrier que par le passé. Et la raison principale, c'est que nous travaillons main dans la main, nous nous entraidons – nous faisons front tous ensemble. Ce n'est pas le cas dans de nombreux pays développés. Les riches peuvent vivre seuls dans leur bulle, parfois sans même connaître leurs voisins. Mais travailler en tant que communauté, comme nous le faisons au Bangladesh, contribue à renforcer la résilience et la capacité de faire face aux crises lorsqu'elles surviennent.

La seconde leçon que nous avons à offrir est que les jeunes font toute la différence. À partir du moment où ils s'organisent et bénéficient de soutien et de conseils, ils peuvent constituer une force extrêmement puissante. La lutte contre le changement climatique nécessite un changement de perspective que les personnes âgées peuvent trouver difficile ; c'est l'une des raisons pour lesquelles nos dirigeants sont incapables de comprendre le changement de paradigme qui s'impose. Ce sont eux qui ne changent pas assez vite, qui empêchent le changement, lui résistent, partout. Les jeunes peuvent faire bouger les lignes. C'est vrai au Bangladesh, c'est vrai aux États-Unis, c'est vrai en Allemagne, c'est vrai en Suède. Le changement de paradigme dont nous avons maintenant besoin tient à faire de ces jeunes une force mondiale – et à ce titre nous avons un coup d'avance au Bangladesh. Nos enfants ne se bornent pas à aller manifester tous les vendredis, ils passent la semaine entière à sillonner leur quartier pour aider les gens, afin de préparer nos communautés aux impacts du changement climatique.

Pour apprendre à vivre avec un 1,1 °C de plus, nous devons trouver des façons d'envisager le changement climatique mondial qui nous responsabilisent, qui fassent de nous de véritables acteurs. Nous devons admettre que nous faisons partie du problème – nous sommes tous des pollueurs par notre alimentation et notre mode de vie. Et cela signifie que nous sommes en mesure d'agir pour résoudre le problème et que nous devons réduire nos émissions partout où nous le pouvons. Il y a toutefois une limite à ce qu'un individu peut réellement faire – vous ne parviendrez pas à réduire vos propres émissions à un niveau zéro, et ce n'est pas ce que l'on attend de vous. Vous devez en revanche faire plus que votre petite part. Plus que simplement changer votre mode de vie. Il faut agir avec les autres, faire équipe avec eux, et c'est précisément ce que font maintenant les jeunes. Prenez contact avec des gens qui partagent votre sensibilité, au bureau, à l'école, dans votre ville ou village, dans votre immeuble, où que vous soyez – trouvez des alliés qui vous rejoindront, puis passez à l'action : devenez militant. Vous devez vous organiser à une échelle qui vous permette réellement de changer la politique. Vous pouvez influencer vos dirigeants politiques, et quel que soit le niveau de démocratie ou le type de gouvernement de la société dans laquelle vous vivez, il y a toujours une possibilité de faire avancer les choses et de faire pression sur les dirigeants politiques. La tâche n'est pas aisée, mais elle est réalisable. Vous pouvez changer les choses à l'échelle mondiale. Commencez local, mais visez global. /

L'heure est maintenant venue de réfléchir à l'injustice mondiale. L'injustice manifeste qui fait que les pollueurs – en grande partie les riches du monde entier, qui sont les principaux responsables des émissions de carbone et des dommages environnementaux – portent préjudice aux pauvres. Et cette disparité des conséquences est un phénomène mondial.

3.10

Le racisme environnemental

Jacqueline Patterson

C'est à l'époque où j'étais volontaire du Corps de la paix en Jamaïque, au début des années 1990, que j'ai véritablement commencé à prendre conscience de la terrible réalité des injustices mondiales. J'habitais à Harbour View, un petit village aux abords de la capitale où l'eau courante avait été contaminée par de grandes multinationales pétrolières sans qu'aucune indemnisation soit proposée aux habitants. Dans le cadre de ma mission, je travaillais avec de très jeunes enfants malentendants qui devaient leur infirmité à une épidémie de rubéole qu'un vaccin aurait suffi à leur épargner. Des colonies de squatteurs étaient disséminées dans la région – signe d'extrême pauvreté en dépit des revenus considérables que générait le secteur du tourisme, au seul profit d'une poignée de privilégiés. C'étaient là des manifestations d'un système capitaliste mondial vieux de plusieurs siècles, fondé sur l'exploitation implacable des êtres humains et l'extraction des ressources naturelles – c'est-à-dire une économie faite par et pour des suprémacistes blancs, avec des gagnants et des perdants, et une ligne de fracture nette tracée selon des critères de couleur de peau, de sexe et de nationalité séparant clairement le camp des dominants de celui des opprimés.

La Jamaïque partage un certain nombre de fondements historiques avec le pays dans lequel je vis et travaille – que l'on appelle désormais les États-Unis. Des fables aseptisées se sont imposées dans les mythes fondateurs des deux pays : d'intrépides aventuriers européens traversent vaillamment les océans pour découvrir de nouvelles terres et rapportent de pleines cargaisons de soies et d'épices. Une version qui passe sous silence la réalité des meurtres, des rapines, des maladies et des déportations. À peine avaient-ils posé le pied sur des terres volées dans toutes les Amériques que les explorateurs blancs décrétèrent que les premiers habitants autochtones étaient des êtres inférieurs, taillables et corvéables à merci, et remplaçables. Au nom de quoi ils ont massacré et asservi les communautés autochtones qu'ils croisaient sur leur chemin, les chassant de leurs terres. Au même moment en Afrique subsaharienne, des gens étaient arrachés à leur terre natale, entassés dans les cales des navires et emmenés sur le continent américain où, réduits en esclavage, ils bâtirent l'infrastructure et travaillèrent la terre, jetant les fondements de la révolution industrielle et de l'économie capitaliste moderne. En imposant leur domination sur ces gens, les colons ont institutionnalisé un rapport à la terre et à ses richesses ancré dans une folle logique d'exploitation.

Faisons un bond dans le temps : aujourd'hui, les ravages de la suprématie blanche, portée par un modèle économique extractiviste, perdurent. La déshumanisation et l'exploitation fondées sur l'appartenance ethnique demeurent le mode opératoire dominant. Aux États-Unis, au-delà des terribles souffrances que subissent les Noirs en butte aux forces de police et au complexe industriel pénitentiaire, les communautés noires, autochtones et de personnes de couleur (BIPOC) sont considérées dans tout le pays comme des pions interchangeables à volonté au service d'intérêts financiers. Les zones de sacrifice – des sites exposés à des menaces écologiques ou à des niveaux de pollution dangereux pour la santé – sont essentiellement peuplées de foyers à faible revenu et de personnes de couleur. De telles zones à haut risque ont vu le jour à Crossett, dans l'Arkansas, à East Chicago, dans l'Indiana, à Wilmington, dans le Delaware, pour n'en citer que quelques-unes. L'une de ces zones sacrifiées, celle de la communauté afro-américaine de Reserve, en Louisiane, a été surnommée « Cancer Town », la ville du cancer. Exposés à des émissions de chloroprène (un agent cancérogène avéré) 755 fois supérieures aux recommandations de l'Agence de protection de l'environnement (EPA), les résidents présentent le risque de cancer le plus élevé du pays, cinquante fois supérieur à la moyenne nationale. L'usine chimique qui produit l'air parmi les plus toxiques du pays a été construite sur le terrain d'une ancienne plantation exploitant des esclaves. Parallèlement, des ouragans et des inondations d'une violence extrême ont dévasté à plusieurs reprises des communautés BIPOC en Alabama, dans l'État de New York, en Louisiane et en Floride. Les communautés urbaines à prédominance BIPOC étouffent quant à elles dans leurs quartiers, où l'effet îlot de chaleur ne cesse de s'accentuer avec la fréquence et l'intensité accrues des canicules.

L'histoire de Chauncey, un jeune résident d'Indiantown, en Floride, illustre de façon saisissante les impacts de notre économie extractiviste sur les populations qui sont en première ligne. Chauncey est tout à la fois victime du racisme environnemental et de l'injustice climatique. Il habite à 3 kilomètres d'une centrale à charbon. Comme 71 % des Afro-Américains, il vit dans un comté qui ne respecte pas les normes fédérales de pollution de l'air. Pour que ses poumons lui permettent de respirer, il doit avaler chaque jour tout un sac de médicaments. Chauncey est asthmatique, or aux États-Unis trois à cinq fois plus d'enfants noirs que d'enfants blancs risquent d'être hospitalisés pour une crise d'asthme et les jeunes Noirs sont deux à trois fois plus susceptibles d'en mourir. Les jours où la qualité de l'air est mauvaise, Chauncey ne peut pas aller à l'école, car son traitement ne suffit pas à lui éviter une crise. Outre la pollution de l'air, sa ville figure parmi les zones à « très haut risque d'ouragan », risque exacerbé par le changement climatique : depuis 1930, elle a essuyé pas moins de soixante-dix-sept ouragans majeurs.

La population des États-Unis ne représente que 4 % de la population mondiale, pourtant le pays est responsable de 25 % des émissions historiques à l'origine du changement climatique planétaire. Il existe donc un lien de causalité direct entre ce que font les Américains et les dévastations infligées aux pays des Suds, qui se manifestent par des sécheresses, des inondations et d'autres catastrophes. Pourtant, lorsque les habitants des pays voisins sont obligés de quitter leurs terres rendues inhabitables par les pratiques irraisonnées des États-Unis, dans les zones frontalières du Texas comme Laredo et Del Rio, ils sont accueillis par des hommes à cheval brandissant leurs rênes pour les fouetter et des fonctionnaires de police chargés d'enfermer leurs enfants dans des cages.

La bonne nouvelle, cependant, est que certaines des solutions alternatives les plus dynamiques et exaltantes à ce système extractiviste et raciste proviennent des communautés BIPOC elles-mêmes. Des incinérateurs et des centrales à charbon ferment, et les oléoducs Dakota Access et Atlantic Coast se sont vu retirer leur permis d'exploitation, tandis que des militants mènent la fronde contre le chantier du pipeline « Line 3 » – qui doublerait la quantité de pétrole acheminé entre les sables bitumineux de l'Alberta et les raffineries du nord de Wisconsin. De Brooklyn, dans l'État de New York, à Boise, dans l'Idaho, en passant par Laredo, au Texas, on voit briller des étincelles d'espoir dans les actions d'individus issus des communautés les plus à risque – des mouvements locavores, des initiatives de recyclage, des projets d'énergie propre, et bien plus. Un exemple révélateur de cette tendance est le centre Jenesse de Los Angeles qui, à travers son approche intersectionnelle en faveur de la libération et de la durabilité, montre comment nous pouvons passer d'une économie extractiviste à une économie durable.

Le centre Jenesse d'intervention et de prévention des violences domestiques dessert essentiellement une population de femmes afro-américaines ayant réchappé de violences conjugales. Pendant des années, les factures d'électricité des logements de transition représentaient l'un des plus gros postes budgétaires du centre. L'association a donc décidé de passer à l'énergie solaire. Les sept résidentes qui étaient alors hébergées dans les foyers temporaires du centre ont été formées à l'installation solaire et ont intégré l'équipe de salariés qui a installé le nouveau système électrique solaire. Aujourd'hui, trois ans plus tard, ces anciennes résidentes sont employées dans le secteur de l'énergie solaire et mènent une vie indépendante avec leurs enfants. Leur nouveau métier leur a assuré un emploi et la sécurité de logement, réduisant ainsi le risque de les voir retourner chez leur agresseur : l'insécurité financière est en effet l'une des raisons pour lesquelles trop de personnes continuent à se mettre en danger. Ce projet à lui seul a permis de diminuer les émissions de gaz à effet de serre du centre, fourni davantage de ressources financières aux services de lutte contre les violences conjugales et assuré une vie plus sûre à de nombreuses familles.

Ce type de modèle économique régénératif et durable commence à prendre forme et à prospérer. Si nous voulons le reproduire à l'échelle mondiale, pour voir apparaître une société extrêmement diversifiée vivant en harmonie avec les richesses de la Terre, il faut que tout le monde s'investisse dans des systèmes régénératifs et coopératifs ancrés dans les valeurs fondamentales de la démocratie. Notre Terre nourricière – tout comme les communautés de Reserve, d'Indiantown, de Los Angeles, de Laredo et d'autres – est en train de nous faire clairement comprendre qu'il est urgent et impératif de passer d'une économie mondiale extractiviste à une économie mondiale régénérative. /

3.11

Les réfugiés climatiques

Abrahm Lustgarten

Quand les paysages du Salvador se sont soudain transformés en déserts arides, Carlos Guevara savait qu'il ne s'agissait pas d'une simple sécheresse. Visiblement, le monde avait changé.

La première année, les pieds de maïs qu'il cultivait sur un hectare et demi en bordure du fleuve Lempa, non loin de son embouchure dans le Pacifique, n'ont poussé qu'à hauteur des hanches, puis ils se sont ratatinés sous la chaleur. Il n'a récolté que cinq sacs, contre quarante d'habitude. Au printemps suivant, en 2015, la situation s'est encore aggravée. De mai à juin, dans cette région luxuriante aux allures de jungle, il n'est pas tombé une seule goutte de pluie.

Guevara – dont les parents avaient émigré au Salvador depuis la Palestine pendant la Seconde Guerre mondiale – avait déjà connu des temps difficiles. Son village s'appelle Catorce de Julio – « 14 juillet » – en hommage au jour de 1969 où l'armée salvadorienne a déclaré la guerre au Honduras, ouvrant la voie à vingt années de violences et de guerre civile. Pendant cette période sombre, 80 % des habitants du village – soit quelque 7 000 personnes – ont été tués ou ont fui le pays. Guevara a survécu à tout cela et, dans les années 1990, il a été l'un des premiers à rentrer dans son village. Il est revenu parce qu'il croyait en la promesse de la terre, que l'eau était abondante et qu'avec un travail acharné la terre donnerait du maïs, des concombres, des piments et plus encore.

À présent, il ne lui restait même plus cela.

« Quand j'ai perdu mes récoltes, j'ai eu l'impression que le ciel m'était tombé sur la tête », confie-t-il. Ce gaillard tout en muscle, aux cheveux en brosse implantés en pointe qui lui donnent moins que ses quarante-deux ans, accompagne ses propos de grandes gesticulations, comme s'il jonglait avec une balle invisible. « On espère toujours offrir mieux à ses enfants, ou tout au moins faire en sorte qu'ils ne manquent jamais de nourriture. »

En 2016, les banques qui ont garanti les achats de semence sur les terres de Guevara l'ont averti que la prochaine saison de culture serait à nouveau déficitaire. La famille puisait dans ses économies pour acheter des produits qu'il cultivait autrefois. Entre-temps, des bandes violentes tentaient de recruter ses enfants et rackettaient la famille. L'épouse de Carlos, Maria, a entrepris de vendre des *pupusas* dans une vitrine qu'elle louait à une boutique en bordure de route, pour avoir « au moins un peu d'argent pour le lait de [leur] fils ».

Dans toute l'Amérique centrale, les années de sécheresse qui se succèdent depuis 2014 ont bouleversé plus de 3,5 millions de vies. Au Salvador, au Guatemala et au Honduras, 500 000 de ces personnes ont été exposées à un risque immédiat de malnutrition aiguë – et même de famine – du fait du déclin de la production agricole. Les autorités ont dû distribuer des rations de riz. Pour ne rien arranger, la fréquence des cycles du phénomène météorologique La Niña – soupçonné d'être à l'origine de cette sécheresse sévère – augmentait, tendance qui est appelée à se poursuivre tant que les émissions d'origine fossile et anthropique continueront de réchauffer notre planète. Dans le village de Guevara et ailleurs, d'autres s'étaient résignés à abandonner leurs exploitations. La terre – et, de fait, tout l'écosystème – dont Carlos tirait sa subsistance l'abandonnait. Pire encore, elle semblait le repousser.

Par une soirée étouffante de printemps, après cette dernière récolte catastrophique, Guevara a annoncé à sa femme qu'il ne voyait qu'une seule solution : aller chercher du travail vers le nord.

Le lendemain matin, avec une tenue de rechange pour tout bagage et 50 dollars cachés dans les semelles de ses chaussures, il est parti à pied au village voisin de San Marcos Lempa, et a pris un autobus pour San Salvador, puis un autre pour traverser le Guatemala jusqu'à la frontière mexicaine, près de Tapachula. De là, changeant régulièrement de taxi pour éviter les postes de contrôle, il a rejoint Arriaga, où il a embarqué à bord de *La Bestia*, monstrueux train de marchandises dans lequel s'entassent les migrants pour un périlleux voyage vers le nord.

Pendant deux jours, Guevara s'est recroquevillé dans une minuscule cage au bout d'un wagon à céréales, seul endroit où il pouvait se reposer sans tomber du train. Plus tard, alors que le train traversait Veracruz et que le temps devenait plus froid, il a rampé à l'intérieur du silo et s'est glissé dans le maïs pour se réchauffer et échapper aux cartels qui s'attaquent aux migrants. Après des semaines de voyage, comme 500 000 autres migrants d'Amérique centrale qui, cette année-là, ont passé la frontière américaine, Guevara a franchi le Rio Grande et pénétré dans l'immensité aride du désert texan.

Dans toutes les régions du monde, la hausse des températures et les catastrophes climatiques touchent de plus en plus d'individus. Avec les sécheresses, les inondations, les tempêtes et les canicules, il devient plus difficile de cultiver la terre, de travailler et d'élever des enfants, et peu à peu les populations se déplacent, partant en quête de climat tempéré, de sécurité et d'emploi. L'insécurité alimentaire, en passe de devenir la première menace planétaire pour l'homme, nous rapproche jour après jour d'une vague catastrophique de migration climatique.

Pendant six mille ans, les humains ont vécu dans un spectre relativement étroit de conditions environnementales, recherchant un équilibre entre précipitations et chaleur à peu près équivalent aux climats de Jakarta et de Singapour d'un côté, et à ceux de Londres et de New York de l'autre. À l'heure actuelle, on estime que seul 1 % de la planète est trop chaud et trop sec pour être habitable. Mais les chercheurs ont conclu que d'ici à 2070 19 % de la planète – une zone abritant quelque 3 milliards de personnes – pourrait devenir inhabitable. En clair, le monde s'apprête à voir des centaines de millions de personnes déplacées et des milliards d'autres souffrir, avec l'emballement du changement le plus rapide et le plus dévastateur de mémoire d'homme.

Des migrations à pareille échelle ne pourront que déstabiliser le monde. Bien que de tels changements puissent être bénéfiques – les États-Unis sont après tout un produit de l'immigration –, l'ampleur de ce qui s'annonce risque davantage d'attiser la compétition et les conflits, puisqu'un nombre croissant de gens se disputeront des ressources raréfiées, tandis que les grandes puissances érigeront des murs, des clôtures et des barrières pour repousser les migrants. Les grandes organisations mondiales de sécurité et de défense préviennent déjà que les migrations climatiques pourraient entraîner l'effondrement de nations entières, tout en déplaçant l'équilibre des pouvoirs et des bénéfices mutuels vers d'autres pays, à savoir la Russie et la Chine, qui sauront profiter de l'aubaine.

Les foyers de changement se situent exactement où on les attendrait : dans les régions équatoriales qui sont déjà les plus chaudes, les plus peuplées, à la démographie galopante. L'Afrique subsaharienne compte près de 1 milliard d'habitants, chiffre susceptible de doubler dans les prochaines décennies. Or, la région du Sahel, dont la population devrait atteindre 240 millions d'habitants d'ici au milieu du siècle, est confrontée à la plus grave crise de l'eau au monde et connaît d'importantes migrations intérieures. Selon la Banque mondiale, le stress climatique pourrait déplacer jusqu'à 86 millions de personnes supplémentaires d'ici à 2050.

L'Asie orientale et l'Extrême-Orient sont d'autres épicentres où les fortes populations se heurteront à des terres trop chaudes et humides pour rester habitables. La Banque mondiale prévoit dans ces régions près de 89 millions de réfugiés intérieurs.

Ce phénomène frappera aussi de plein fouet l'Amérique centrale : d'après les modèles climatiques, cette région se réchauffera plus vite que toute autre et les sécheresses y seront plus longues, les périodes de culture plus courtes et les tempêtes plus violentes et plus destructrices. Dans les projections de la Banque mondiale à horizon 2050, les facteurs de stress climatique déplaceront jusqu'à 17 millions de personnes à l'intérieur des pays d'Amérique centrale – sans tenir compte des migrants qui, comme Carlos Guevara, partiront vers le nord, aux États-Unis. Mais les chiffres pourraient être encore plus élevés.

Pour essayer de comprendre les schémas de déplacement des migrants de demain, j'ai travaillé avec le démographe Bryan Jones de l'université de la Ville de New York et réalisé une simulation informatique semblable à celle qu'utilise la Banque mondiale. En intégrant les paramètres complexes du risque de sécheresse et des déplacements transfrontaliers, la modélisation indiquait qu'à échéance 2050 quelque 30 millions de Centraméricains migreraient vers la frontière méridionale des États-Unis, poussée à l'exil en partie par des facteurs climatiques.

La modélisation montrait également des résultats radicalement différents en fonction des différentes approches politiques des défis du changement climatique et des migrations. De toute évidence, l'avenir se joue sur les choix qu'effectuent aujourd'hui les dirigeants politiques. Ainsi, dans un monde implacable où, à un niveau maximal de réchauffement climatique seraient associés des politiques anti-immigration draconiennes et de stricts contrôles aux frontières, un monde qui réduirait les aides financières aux pays en développement, les réfugiés seraient plus nombreux et soumis à de plus grandes souffrances. A contrario, un monde où le réchauffement planétaire aurait été jugulé et où les États continueraient d'abonder les fonds d'aide aux régions déshéritées connaîtrait moins de déplacements de population et serait plus stable.

Presque immédiatement après son arrivée aux États-Unis, Carlos Guevara a été arrêté et renvoyé dans son pays. Le chauffeur qui l'avait pris en stop dans le désert a été interpellé par la police pour excès de vitesse. En rentrant dans son village, c'est à peine si Guevara l'a reconnu : il semblait vide. D'autres habitants, fuyant la sécheresse, étaient aussi partis, qui vers les États-Unis, qui vers les villes voisines. Mais au même moment une équipe du Programme alimentaire mondial des Nations unies (PAM) était arrivée à Catorce de Julio pour proposer des aides à l'agriculture et à l'irrigation, ouvrant à Guevara et à ses voisins de nouvelles perspectives de survie.

J'ai rencontré Carlos Guevara par une matinée lumineuse et chaude, dans l'un de ses champs. Les feuilles crissaient sous les semelles craquelées de ses bottes alors qu'il parcourait les rangs de cultures qui avaient séché sur pied, caressant des tiges cassantes, qui auraient dû être souples et fraîches. Le champ était sec et d'un brun uniforme. Son fils a jeté une pierre dans un puits peu profond. Elle a atterri dans un bruit sourd, sans une éclaboussure.

Mais un peu plus loin, une structure neuve est apparue : une serre à ossature métallique recouverte de plastique. Elle avait été construite dans le cadre d'un projet pilote du PAM visant à installer des fermes communales dans tout le Salvador, et à l'intérieur une atmosphère humide et de longs alignements de goutte-à-goutte veillaient sur des plants de poivrons aux grandes feuilles luxuriantes et de tomates juteuses – bien plus qu'il n'en fallait pour nourrir la famille de Guevara, et largement de quoi engranger des bénéfices. Guevara avait déjà réinvesti la recette de sa première récolte pour agrandir sa ferme et acheter une vache laitière. Sa famille n'avait pas été aussi prospère depuis cinq ans.

L'avenir de Carlos reste toutefois incertain. Le projet du PAM ne sera pérenne qui si les donateurs étrangers continuent de le financer. Et Guevara sait que dans cinq ans le climat aura empiré. La serre lui donne une raison de ne pas retenter de migrer vers le nord – pour le moment. Mais il a appris qu'il ne peut pas faire confiance à ce que l'avenir pourrait lui réserver.

« L'espoir est la dernière chose que l'on perd, me dit-il. Tant que le changement climatique poursuivra sur sa lancée, nous ne serons jamais certains d'avoir de quoi manger. » /

3.12

La montée des eaux et les petites îles

Michael Taylor

L'élévation du niveau de la mer est l'un des principaux effets du changement climatique qui menace les petites îles, comme celle des Caraïbes où je vis. On s'imagine très souvent des îles entières sur le point d'être englouties par les océans. L'image n'a rien de fantaisiste : si les émissions se poursuivent au rythme actuel, une élévation du niveau de la mer de un mètre ou plus est prévue d'ici à la fin du siècle. À supposer même que nous parvenions à limiter un tant soit peu le réchauffement climatique, une partie de cette hausse à venir est déjà scellée et des pans entiers d'îles de faible altitude vont être submergés. La menace existentielle de la montée des eaux est donc bel et bien réelle et l'image d'îles appelées à être rayées à plus ou moins court terme de la carte devrait suffire à mobiliser le monde entier pour lutter contre le changement climatique. Mais il n'est pas besoin d'attendre ce stade catastrophique pour constater la gravité des pertes engendrées par l'élévation du niveau des mers dans les petites îles. Elles sont d'ores déjà visibles.

Tout insulaire vous montrera un endroit du large qui était autrefois sur terre. La montée des eaux grignote inexorablement les plages et les côtes sur lesquelles reposent, directement ou indirectement, l'économie des îles : dans les Caraïbes, les plages sont un des grands piliers du tourisme, secteur qui représente 70 % à 90 % du PIB et fournit directement et indirectement en moyenne 30 % des emplois. Ces dernières années, de nombreuses plages des Caraïbes très appréciées des visiteurs ont vu leur bande de sable rétrécir, prise en étau entre la montée des mers et les aménagements côtiers. Elles perdent peu à peu leur attrait touristique, avec toutes les répercussions que cela comporte pour les nombreuses personnes travaillant dans ce secteur. Pour protéger les plages et les emplois qu'elles créent et soutiennent, les pays des Caraïbes installent des infrastructures coûteuses, notamment des brise-lames et des digues – bien qu'on ne puisse encore véritablement mesurer l'intérêt de tels investissements.

Mais les conséquences de l'érosion ne se limitent pas au tourisme, car de nombreuses petites communautés vivent essentiellement des ressources côtières. Les villages de pêcheurs se développent autour des plages, qui font office de lieux d'habitation, de débarquement des produits de la pêche et de marchés informels. Avec le recul des plages, leur espace de vie et de travail se restreint. Les poissonneries et les échoppes ferment les unes après les autres, et les habitants migrent vers l'intérieur des terres pour trouver d'autres moyens de gagner leur vie. À mesure que la pêche cesse d'être viable, des communautés entières finissent par déménager. Pour les petites îles des Caraïbes, l'image associée à la montée des eaux n'est donc pas uniquement celle d'îles appelées à disparaître dans un avenir plus ou moins lointain. C'est une image de plages, de moyens de subsistance et de communautés entières qui disparaissent, aujourd'hui même.

Nous voyons se manifester de plus en plus clairement des conséquences encore plus graves de la hausse actuelle du niveau de la mer. Dans certains endroits, elle retarde ou anéantit même le développement des pays, car elle exacerbe les inondations provoquées par des ondes de tempête dues à l'intensification des cyclones et des tempêtes tropicales dans notre monde plus chaud. Aux Bahamas, les inondations extrêmes que l'ouragan Dorian a laissées dans son sillage en 2019 ont fait plus de soixante-dix morts et engendré d'importants dégâts sur les îles de faible altitude Abacos et Grand Bahama – dégâts qui ont été chiffrés à un quart du PIB du pays. Hélas, ce type d'événement extrême ne semble plus être rare. Deux ans auparavant à peine, trois ouragans de catégorie cinq avaient balayé les Caraïbes, dont l'ouragan Irma – qui, à l'époque, était considéré comme le plus puissant jamais enregistré dans l'Atlantique Nord – suivi, quinze jours plus tard, par l'ouragan Maria. Parmi les pays touchés figuraient les petits États insulaires de Barbuda, Anguilla et les îles Vierges britanniques, qui, du fait de leur économie fragile, de leur faible niveau de vie et de leur retard de développement, mettront des années à s'en remettre. L'ouragan Irma a détruit 95 % des maisons de Barbuda et rendu un tiers du pays inhabitable. Même les tempêtes moins puissantes font désormais bien plus de dégâts à l'intérieur des terres qu'il y a quelques décennies, et constituent une menace directe pour les populations et les infrastructures de ces îles. La plupart des centres urbains des Caraïbes sont construits au bord du littoral. Plus de 50 % de la population de la région vit à moins de 1,5 kilomètre d'un rivage. Si les eaux côtières montent de un mètre, on estime que jusqu'à 80 % des terres entourant les ports de la région pourraient être immergées.

Envisager l'impact de la montée des eaux, c'est aussi imaginer un patrimoine que nous ne léguerons pas aux générations futures. Le phénomène rétrécit les habitats, déplace l'aire de répartition des espèces côtières, diminue la biodiversité et réduit les écoservices. L'élévation du niveau marin accroît la salinité des aquifères côtiers, qui sont souvent l'unique source d'eau potable des populations locales. Elle menace de nombreux sites du patrimoine culturel et cérémoniels situés dans les zones côtières et ne pouvant pas être déplacés en cas d'inondation. Elle limite les espaces publics de détente et de jeu que sont les plages. L'accès à l'eau potable, des écosystèmes dynamiques, un patrimoine culturel préservé et des espaces récréatifs sont autant d'attentes raisonnables pour la prochaine génération. C'est le moins que nous leur devions.

À quelques exceptions près, les petites îles sont les territoires qui ont le moins contribué au changement climatique. Elles en paient pourtant le prix fort. Nous ne parlons pas uniquement d'îles appelées à disparaître un jour, mais de moyens d'existence menacés, de retard de développement et d'un patrimoine dilapidé – en ce moment même. /

3.13

La pluie au Sahel

Hindou Oumarou Ibrahim

Au Sahel, la pluie est tout. Dans ma communauté d'éleveurs nomades qui vivent autour du lac Tchad, nous avons beaucoup de mots pour décrire la pluie. Il y a ceux qui annoncent l'arrivée de la saison des pluies et l'amorce de notre migration avec nos troupeaux, et ceux qui nous disent que la saison sèche approche et nous engagent à revenir nous installer autour du lac. Nous avons des mots pour décrire les douces pluies qui irriguent nos cultures et des mots pour celles qui déferlent en tempêtes pour détruire nos champs.

Dans cet environnement hostile, nous avons appris à vivre en harmonie avec la nature. Nous coopérons avec nos écosystèmes. Nos vaches fertilisent la terre tout au long de notre chemin de transhumance. Tous les trois ou quatre jours, nous nous déplaçons d'un endroit à un autre pour laisser à la nature le temps de se régénérer. Et nous vivons aussi en harmonie avec nos voisins. Dans notre région, où la plupart des gens sont soit des agriculteurs, soit des pêcheurs, notre bétail est l'unique source d'engrais pour les sols, et quand nous quittons un endroit nous laissons derrière nous une bonne terre prête à être cultivée.

Quand je suis née, il y a trente ans, le lac Tchad était immense. Et il y a soixante ans, quand ma mère était enfant, le lac était presque une petite mer au beau milieu d'un désert. Aujourd'hui ce n'est plus qu'une goutte d'eau au cœur de l'Afrique. 90 % de notre eau a disparu. La température moyenne a augmenté. Nous vivons maintenant avec des augmentations de température supérieures à 1,5 °C, ce qui, concrètement, revient à dire que mon peuple vit déjà au-dessus du seuil fixé par l'accord de Paris. Et ce n'est qu'un aperçu de ce qui nous attend. Selon le dernier rapport du GIEC, nous approchons des portes d'un enfer climatique. Au Sahel, la température moyenne pourrait grimper de plus de 2 °C avant 2030 et de 3 °C à 4 °C d'ici au milieu de ce siècle. Au cours de ma vie, le visage du Sahel aura beaucoup changé.

Il ne pleut déjà pratiquement plus. La terre est souvent sèche et infertile. Nos vaches qui produisaient 4 litres de lait par jour ne donnent maintenant plus que 2 litres à peine, ou même un seul, car elles n'ont plus de pâturages. Et la pluie, qui était notre alliée, devient de plus en plus souvent notre ennemie. Au cours des cinq dernières années, des inondations ont à plusieurs reprises détruit nos terres, nos maisons, la culture de mon peuple.

Nous sommes désormais aux avant-postes des guerres climatiques. Les gens se battent pour les maigres ressources qui restent. Lorsque la nature est malade dans une région où 70 % de la population vit de l'agriculture, ils deviennent fous.

L'alliance traditionnelle entre agriculteurs et éleveurs s'est brisée dans la compétition pour les bienfaits de la nature. Au Mali, au nord du Burkina Faso et au Nigeria, nous avons vu des villages incendiés par des gens qui voulaient s'emparer de la terre de leurs anciens amis.

Mais pour moi le Sahel reste une terre d'espoir. Nous avons une armée de guerriers climatiques qui se battent farouchement. Dans ma communauté, les femmes ont déjà mis en place des solutions au changement climatique. Ces peuples autochtones puisent dans leurs savoirs traditionnels pour choisir les cultures résistant aux sécheresses et aux canicules afin de nous assurer une agriculture résiliente. Et dans la mémoire de nos grands-mères et de nos grands-pères, nous disposons d'une carte précise des anciennes sources, celles qui fournissent encore de l'eau au plus haut des pires saisons sèches.

Les connaissances traditionnelles des peuples autochtones ne nous donnent pas seulement des mots pour décrire la pluie, elles nous offrent les outils pour lutter contre le changement climatique. Pour avoir vécu pendant des siècles en harmonie avec la nature, à observer les nuages, les oiseaux migrateurs, la direction du vent, le comportement des insectes et de nos vaches, nous sommes armés pour résister. Nous n'avons peut-être pas eu la chance d'aller à l'école, mais nos aînés ont des maîtrises et des doctorats en protection de la nature et ils sont en passe de devenir des experts de l'adaptation climatique.

Nous ne voulons pas être de simples victimes du changement climatique. Nous ferons notre part. Nous la faisons déjà. Notre mode de vie est climatiquement neutre. Nous sommes la preuve vivante qu'il est possible de préserver les forêts et les savanes et d'accroître les stocks de carbone de la nature tout en produisant de la nourriture. Dans la plupart des pays industrialisés, l'agriculture est une source majeure d'émissions. Dans ma communauté, c'est un puits de carbone. Nous prenons soin de la nature depuis longtemps, non seulement pour nous mais aussi pour les sept générations à venir. C'est ce qui guide la façon dont les choses se décident dans ma communauté. Avant de prendre la moindre décision importante, nous devons nous demander ce que les sept dernières générations auraient fait à notre place, et réfléchir à l'impact de cette décision pour les sept générations à venir. C'est une façon de mettre l'équité intergénérationnelle au cœur de chaque décision importante.

Le temps est maintenant venu pour la communauté mondiale d'écouter mon peuple et de l'aider. Pendant trop longtemps, les peuples autochtones ont été considérés comme des représentants de l'histoire de notre Terre. Mais nous n'appartenons pas au passé : nous représentons l'avenir.

C'est le cas des communautés autochtones du monde entier. La biodiversité est notre meilleur partenaire. Parce que nous ne considérons pas la nature comme un outil, comme une chose que l'on peut posséder, utiliser et détruire à volonté. La nature est notre supermarché, notre pharmacie, notre hôpital, notre école. Et pour de nombreuses communautés autochtones, c'est encore plus que cela : c'est l'essence de notre vie spirituelle, de notre culture, la source de notre langue. C'est notre identité. /

3.14

L'hiver en Laponie

Elin Anna Labba

La Laponie est magnifique en ce moment. Les arbres sont lourds de givre, si blancs qu'ils se confondent avec les nuages. Sur la tourbière, on aperçoit des rennes. Un faon est allongé dans la neige. Il a baissé la tête, roulé en boule comme une pierre polie, le dos offert au ciel. Si l'on passait la main sur son pelage d'hiver laineux, on sentirait ses battements de cœur légers. Il a l'air paisible, assoupi comme un bébé repu de lait.

Mais les gens qui suivent les rennes depuis leur plus tendre enfance voient un tout autre tableau. Un petit ainsi recroquevillé dans la neige ne survivra pas bien longtemps. Ils savent qu'il est tard. Le faon est né à l'été dans les montagnes, et il est descendu jusqu'ici, suivant sa mère, mais il n'ira pas plus loin. Ils ont essayé de le nourrir, mais il était déjà trop faible. Il n'a rien mangé depuis trop longtemps.

La Laponie est un vaste territoire, à cheval sur quatre pays. Il s'étire sur tout le nord de la Suède, de la Norvège, de la Finlande et de la péninsule de Kola, en Russie. Les Samis, seul peuple autochtone d'Europe, élèvent des rennes depuis la nuit des temps et ont toujours protégé les animaux. D'aussi loin que l'on s'en souvienne, les gens d'ici se sont adaptés au renne. Leur vie s'organise autour de la neige, car l'été dans le Grand Nord n'est qu'un souvenir fugace et scintillant. Lorsqu'on vit dans un environnement enneigé une grande partie de l'année, on apprend à suivre la forme de la couverture neigeuse. C'est indispensable pour survivre. Avant même que le reste du monde ne ressente les premiers effets du changement climatique, une sourde inquiétude avait commencé à se répandre d'un bout à l'autre des communautés autochtones de l'Arctique. Il est en train d'arriver quelque chose de bizarre à la neige. Elle arrive plus tôt, et ensuite il pleut des cordes. Après quoi, elle gèle à nouveau. Comment se fait-il que les hivers nous transpercent jusqu'à la moelle, maintenant ? Les sabots du petit renne agonisant ont piétiné une neige qui ne devrait pas être là si tôt.

L'endroit où vit ma famille s'appelle Dálvvadis en langue same – « le village d'hiver ». En suédois, cette petite localité porte le nom de Jokkmokk. Elle est située dans les forêts du nord de la Suède, non loin des montagnes. Il n'y a pas si longtemps, de grands troupeaux de rennes venaient encore pâturer ici pendant l'hiver. Ils allaient et venaient librement et fouillaient dans l'épaisse couche de neige encore poreuse. Puis, quand la neige durcissait avec l'avancée de l'hiver, ils relevaient la tête pour aller grignoter le lichen des arbres. Au printemps, ils reprenaient la route des montagnes. Cette année, Jokkmokk est un paysage d'enclos. Tout le village est entouré de pâturages où les rennes sont nourris, au nord, à l'est, au sud et à l'ouest.

On installe des rennes squelettiques dans les garages pour leur permettre de se réchauffer et de récupérer. Lorsqu'on pousse la porte d'un de ces refuges, l'odeur prend à la gorge, emplit les narines, s'insinue jusque dans les moindres replis. Les animaux sauvages ne sont pas faits pour vivre enfermés ; ils tombent malades, leurs yeux s'infectent, se brouillent d'écoulements purulents. Leur estomac lâche.

Alors, un frisson de panique nous parcourt l'échine. Nous avons confisqué leur liberté à ces animaux pour leur éviter de mourir dans la forêt, mais nous n'avons pas été capables de les protéger. Quels changements définitifs sommes-nous en train d'opérer ? Il y a toujours eu des années de famine et de désespoir, pour lesquelles le same a son propre mot : *goavvi*. *Goavvi* désigne une saison de pâture difficile, mais le mot signifie aussi « rude » et « implacable ». C'est un mot mythique qui sème la terreur, surtout parmi les anciens. Lors d'un *goavvi* resté dans les mémoires, il y a une centaine d'années de cela, une multitude de nouveaux buissons semblaient avoir poussé dans la forêt. Mais en allant y voir de plus près, on comprenait que ces buissons étaient en fait les bois de rennes morts, dépassant de la neige.

Lorsque les hivers implacables sont arrivés, les éleveurs ramassaient les herbes et arrachaient les lichens des arbres pour nourrir leurs animaux à la main. C'est un surcroît de travail que l'on peut consentir pendant un long hiver si l'on sait qu'il ne s'agit que d'une crise passagère et que des temps meilleurs viendront.

Mais les anciens disent maintenant que cette crise « passagère » dure depuis plus de dix ans et que l'on n'en voit pas la fin. Le changement climatique n'est pas une peur pour l'avenir : nous le vivons dans notre chair, ici et maintenant. « Le monde a changé. Nous nous obstinons à penser que ce n'est pas vrai, mais nous savons que c'est vrai », soupire une vieille éleveuse de rennes. Quand elle était jeune, il y avait encore des forêts totalement intactes. Aujourd'hui, les montagnes où allaient paître les rennes autrefois sont écorchées par les coupes à blanc des forêts et défigurées par des parcs éoliens. Les dernières routes de migration peuvent finir au cœur d'une mine souterraine. La couche de glace qui recouvre les lacs de retenue est cassante et incertaine. Le sol est tellement épuisé que l'on a parfois l'impression que son cœur bat aussi faiblement que celui du petit renne à l'agonie. Pourtant, la Suède veut encore croire qu'il reste des ressources à exploiter dans le Nord. La Laponie est la *Terra nullius* des pays nordiques ; on considère qu'elle est suffisamment inhabitée pour y implanter des industries vertes, mais aussi des « industries grises », polluantes.

Dans les pays qui n'ont pas encore accepté les leçons de leur histoire, on ne voit plus comment cette histoire se répète, comment le colonialisme d'hier revient sous de nouveaux oripeaux, trouve de nouveaux arguments, prend de nouvelles formes. Dans aucune région du monde, les populations déjà frappées de plein fouet par le changement climatique ne sont en mesure de contrôler leur propre histoire. Tout ce qu'ils ont perdu de leurs terres, de leur langue, de leur famille et de leurs croyances prépare malheureusement les peuples autochtones à cela. Histoire et présent marchent main dans la main.

Dans la grande épopée classique lapone sur les enfants du soleil, la fille du soleil s'inquiète : que va-t-il advenir des hommes ? Au coucher du soleil, les loups arrivent, se déplaçant d'un pas furtif dans l'obscurité de la nuit. Le soleil disparaît derrière l'horizon et le troupeau s'éclaircit. Mais elle est aussi emplie d'espoir, car elle est la fille du soleil et elle se doit d'être un phare d'espoir. Nous ne pouvons pas préserver la terre si nous ne croyons pas en notre pouvoir de la protéger, et la fille du soleil se demande, pleine d'espérance : « Une nouvelle aube arrive, n'est-ce pas ? »

Je pense qu'à travers cette question, la fille du soleil pensait aux jeunes, qui aujourd'hui se lèvent pour qu'une nouvelle aube arrive. Ici dans le Nord, il n'y a plus de doute. Au cours des dix dernières années, nous avons appris à emmitoufler les animaux de l'Arctique dans des vestes et à ajouter au lichen du sucre dissous dans l'eau. Même les petits enfants apprennent à soigner les animaux. Mais ils apprennent surtout à se battre pour la forêt et les montagnes comme si c'étaient les dernières, car c'est ce que la vie leur dit lorsqu'ils s'accroupissent à côté du faon mourant. Menez chaque bataille comme si c'était la dernière, parce que c'est effectivement la dernière. Nous sommes tous enfants du soleil, et il est de notre devoir de protéger la terre, sans quoi nous ne serions pas là. /

Dans les pays qui n'ont pas encore accepté les leçons de leur histoire, on ne voit plus comment cette histoire se répète, comment le colonialisme d'hier revient sous de nouveaux oripeaux, trouve de nouveaux arguments, prend de nouvelles formes.

3.15

Se battre pour la forêt

Sônia Guajajara

La lutte contre l'apocalypse climatique est un combat planétaire auquel nous devons tous nous joindre pour défendre nos territoires. Où que nous vivions sur cette planète, il est essentiel que nous nous battions pour préserver nos écosystèmes et leur permettre de se remettre des dégâts dus à l'infinie cupidité de ceux qui ne voient dans une forêt qu'une source de profit.

Je suis une femme autochtone, née en Amazonie. Dès mon plus jeune âge, j'ai compris l'importance fondamentale qu'il y avait à protéger nos territoires, car la vie, le corps et l'esprit de notre peuple sont inextricablement liés aux rapports que nous entretenons avec notre terre.

Notre chemin nous a toujours conduits à défendre la vie. Depuis que les premiers envahisseurs ont posé le pied sur ces terres qui alors ne s'appelaient pas le Brésil, nous n'avons jamais relâché notre vigilance face aux agressions répétées et constantes. Le projet colonisateur a usurpé nos territoires, nous apportant des maladies et la mort, et détruisant nos biomes par le feu et les mâchoires des bulldozers. Si nous avons survécu jusqu'à ce jour, c'est parce que nous sommes d'inlassables guerriers, et parce que nous comptons sur la force de nos ancêtres pour défendre notre Terre nourricière.

En septembre 2021, à l'occasion de la deuxième Marche des femmes autochtones organisée à Brasilia, nous avons lancé la plateforme Reflorestarmentes, créée pour centraliser et relier des projets communautaires innovants sur la protection de l'environnement et pour faire partager au monde les savoirs et la sagesse des femmes autochtones. Nous vivons une époque où plusieurs crises mondiales dévastent l'humanité et notre Terre nourricière : les crises climatique et environnementale, la crise d'un système économique exclusif et inégalitaire, la crise de la faim et du chômage, la crise de la haine et du désespoir. Cet enchevêtrement de crises frappe plus durement les peuples premiers de la planète, dont la survie même repose sur les rapports étroits qu'ils entretiennent avec leurs biomes.

Ce qui revient à dire que ceux qui se soucient le plus de notre planète, de nos forêts, de nos sources d'eau douce, sont ceux qui sont le plus touchés par sa destruction. Et c'est un fait indéniable, confirmé par de nombreuses institutions scientifiques : les véritables gardiens des forêts, et de la planète, sont les peuples autochtones. Ils représentent environ 5 % de la population mondiale et n'occupent

Pages suivantes : Femme autochtone géographe et militante écologiste, Hindou Oumarou Ibrahim dirige un groupe d'éleveuses de bétail au Tchad, prônant des pratiques agroécologiques ancestrales.

pas plus de 28 % des terres habitées de la planète. Pourtant, c'est à eux qu'il incombe de protéger et de préserver 80 % de la biodiversité qui vit à nos côtés, sur la Terre nourricière. Ces statistiques viennent étayer ce que nous répétons depuis des siècles : il n'y a aucun avenir possible pour l'humanité qui ne passe par nous, les peuples autochtones. J'irai plus loin encore, ajoutant que les femmes autochtones sont au cœur de ce combat visant à assurer un avenir à l'humanité. Car dans de nombreuses communautés originelles, c'est à nous, les femmes autochtones, qu'il revient de gérer et de préserver nos écosystèmes et de transmettre nos savoirs par le biais de la mémoire et de la coutume. Nous vivons depuis des millénaires en symbiose avec les forêts, et nous les avons façonnées pour nous assurer de meilleures conditions de vie, mais aussi pour leur permettre à elles aussi de mieux vivre. Il ne s'agit donc pas d'espaces naturels vierges, comme se plaisent habituellement à le croire les étrangers, mais bien d'un espace cultivé.

Nous nous organiserons et nous partagerons nos savoirs ancestraux millénaires afin d'offrir à l'humanité un vaste projet d'avenir, celui qui permettra à la vie de se poursuivre de manière plus équilibrée et équitable. Nous ne possédons pas la vérité infuse, mais depuis que nous occupons cette planète nous avons, avec nos ancêtres, développé des connaissances et des technologies qui n'ont jamais été plus nécessaires qu'aujourd'hui.

Nous devons promouvoir un mode de vie qui concilie harmonieusement la vie humaine avec la pleine et puissante continuité de nos biomes. C'est là une chose que les femmes autochtones savent faire, car nous sommes depuis des générations des expertes des sciences de la vie sur cette planète. Et nous sommes prêtes à partager nos connaissances afin que nous ayons tous une chance de vivre aujourd'hui et à l'avenir. /

Il n'y a aucun avenir possible pour l'humanité qui ne passe par nous, les peuples autochtones.

3.16

D'énormes défis nous attendent

Greta Thunberg

« Au rythme actuel de réchauffement, les spécialistes prévoient que d'ici à 2050, 1,2 milliard de personnes pourraient être forcées de se déplacer », écrit Taikan Oki dans son chapitre. Il s'agit de l'un de ces chiffres sur lesquels on tombe en se renseignant sur la crise climatique et écologique. Il est presque impossible d'envisager et de traduire tous ces chiffres – les défis énormes qui nous attendent sur cette voie que nous continuons de vouloir emprunter. Sur ce 1,2 milliard de personnes, la plupart seront probablement déplacées au sein de leur propre pays mais, étant donné la façon dont le monde a traité les réfugiés ces dernières décennies, il y a quelque raison de croire que cela engendrera des souffrances inexprimables, des catastrophes humaines à grande échelle et mettra en danger l'ensemble de notre civilisation telle que nous la connaissons.

Ils sont très, très rares, ceux qui abandonnent leur foyer par choix. S'échapper, prendre la fuite sont des instincts humains naturels et on peut imaginer sans trop de risque de se tromper que la vaste majorité d'entre nous ferait de même si nous nous trouvions à leur place. Mais je ne crois pas que beaucoup de ceux que nous définirions comme étant des réfugiés climatiques se qualifieraient de la sorte. Peut-être est-ce une inondation, une sécheresse, des conflits qui auront décidé leur départ, mais il s'y ajoute sûrement une combinaison d'autres facteurs, la pauvreté, les maladies, la violence, la terreur ou l'oppression. Tout est lié comme l'explique Amitav Ghosh dans *The Nutmeg's Curse.*

Aucun mur, aucun barbelé n'assurera la sécurité de qui que ce soit à long terme. Fermer nos ports, laisser les gens se noyer dans la Méditerranée ou dans la Manche ne fera pas disparaître ces problèmes. Ils ne cesseront de hanter l'humanité jusqu'à ce que nous commencions à faire des efforts pour surmonter nos divisions et partager nos ressources de façon raisonnable et durable.

La démocratie est notre plus précieux outil et, ne vous y trompez pas, sans elle nous n'avons pas la moindre chance de résoudre les problèmes auxquels nous sommes confrontés. Imaginez simplement le fait d'exposer des résultats scientifiques dérangeants ou de dire la vérité sous une dictature. Il est évident qu'un climat déstabilisant donnera naissance à un monde déstabilisant et cela finira par mettre en danger tout ce qui fait nos sociétés, y compris la démocratie. La crise climatique amplifiera les conflits et les problèmes sociétaux. Comme l'écrit Marshall Burke dans son chapitre sur les conflits climatiques : « Le nombre total de conflits armés organisés dans le monde est également à la hausse et atteint désormais son plus haut niveau depuis près d'un siècle, entraînant un nombre record de personnes déplacées à l'intérieur de leur pays et des niveaux alarmants de faim dans le monde. » Si nous ne nous attaquons pas à toutes les questions plus profondes qui constituent en définitive cette crise climatique émergeant tout autour de nous, cela entraînera, c'est certain, une nouvelle érosion de la démocratie. Tout au long de l'histoire moderne, notre dépendance aux combustibles a aussi joué un rôle clé dans les conflits armés, de diverses manières. Pourtant, au lieu d'entamer une démarche visant à nous débarrasser de notre dépendance aux combustibles fossiles, nous l'augmentons. Ce faisant, nous finançons des puissances géopolitiques qui, clairement, œuvrent contre les droits humains. Nous devenons plus dépendants du pétrole, du charbon, du gaz provenant de régimes autoritaires, depuis la Russie de Poutine jusqu'aux nations du Golfe persique.

Lorsque la situation s'aggravera – et elle s'aggravera –, nous verrons certainement apparaître de plus en plus de politiciens autoritaires prêts à offrir des solutions simplistes et des boucs émissaires en réponse à des questions de plus en plus complexes. C'est en général à ce moment-là que le fascisme survient et prend de l'ampleur. Nous en voyons déjà les signes partout dans le monde. C'est la somme de toutes les inégalités que nous avons laissées s'emballer au fil des siècles. Et à moins que nous ne nous attaquions aux racines de ces problèmes, que nous ne commencions à bâtir des mouvements forts, démocratiques, citoyens qui traversent toutes nos sociétés – des mouvements comme ceux que nous venons de découvrir, des mouvements qui n'abandonnent personne en route –, alors toutes les belles choses, les choses signifiantes que l'humanité a pu créer pourraient bien être perdues – littéralement – à jamais.

Certains de ces mouvements existent déjà. D'autres se formeront au fur et à mesure. Tous ont d'énormes responsabilités pour se tenir loin de toute forme de violence et pour éviter de créer des troubles sociaux qui pourraient donner lieu à du vandalisme, de la destruction, risquant ainsi de faire plus de mal que de bien. Nous avons besoin de milliards d'activistes climatiques. De manifestations non violentes, pacifistes et de désobéissance civile qui ne constituent pas un risque pour la sécurité des autres ; de grèves, de boycotts, de cortèges, etc. L'humanité a réussi à modifier la société à de nombreuses reprises, nous pouvons y parvenir à nouveau.

Comme pour la crise climatique, il faut dans ce but que tout le monde travaille de façon conjointe. Ces crises de la durabilité, de l'inégalité, de la démocratie ne peuvent pas être résolues individuellement, ni par une personne ni une nation. Nous devons tous unir nos forces en solidarité. Lorsque nous, humains, faisons front pour une cause commune, nous sommes capables de créer des sociétés justes, durables, égalitaires. Tout comme nous sommes capables d'en créer d'autres, égoïstes, non durables, inégalitaires. C'est une affaire de choix. /

3.17

Réchauffement et inégalités

Solomon Hsiang

Notre monde est traversé de profondes fractures inégalitaires. Nous voyons aujourd'hui coexister d'une part des communautés riches bénéficiant de possibilités et d'un niveau de vie qui auraient été inimaginables il y a quelques siècles, et d'autre part des communautés pauvres dont l'accès aux ressources, aux soins de santé et aux technologies n'a guère changé depuis des centaines d'années.

À l'avenir, les changements climatiques induits par nos émissions de gaz à effet de serre vont probablement redistribuer les cartes de ces inégalités mondiales. L'évolution des conditions environnementales modifiera également les opportunités et les ressources dont disposeront différentes sociétés – les améliorant pour certaines, les dégradant pour d'autres. Une modification du climat aura par exemple forcément un impact sur les moyens de subsistance d'une communauté tirant ses revenus de l'agriculture, mais cet impact pourra être positif ou négatif selon le mode d'agriculture qu'elle pratique et les effets du changement climatique sur son environnement particulier. Dans une région chaude et sèche, une hausse des précipitations serait favorable aux agriculteurs. Si en revanche les températures continuent d'augmenter, ils en feront les frais. L'impact global du réchauffement planétaire sur une communauté donnée dépendra donc de nombreux facteurs, à commencer par le mode de vie de cette communauté, le climat auquel elle est aujourd'hui soumise et la trajectoire probable de son évolution.

Compte tenu de la complexité du problème, il n'est pas toujours évident de prévoir les effets concrets du changement climatique sur les inégalités. S'il appauvrissait les sociétés les plus riches et enrichissait les plus pauvres, il pourrait réduire les inégalités mondiales. Mais si, a contrario, il favorisait les plus riches et lésait les plus pauvres, il ne ferait que creuser plus profondément encore ce fossé. Pour tenter de savoir lequel de ces scénarios est le plus probable, de nombreux chercheurs, dont moi-même, se sont tournés vers l'analyse des données et ont cherché à comprendre comment différentes sociétés réagissent à différentes conditions climatiques.

Ce que nous indiquent les données penche fortement dans le sens d'un accroissement des inégalités mondiales. Selon les critères de bien-être que l'on mesure (par exemple, la santé, l'éducation ou les revenus), il apparaît que les populations riches sont parfois favorisées et parfois lésées par le réchauffement. Mais dans quelque sens que l'on retourne les données, nous constatons que les populations

Figure 1 : L'effet non linéaire du réchauffement peut s'avérer préjudiciable ou profitable, selon la région du monde où l'on vit.

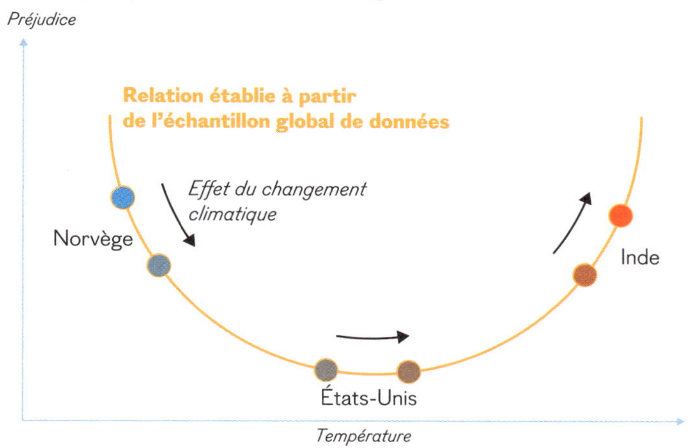

pauvres sont toujours impactées défavorablement, et généralement plus que les populations riches.

Les recherches pointent deux grandes raisons qui expliqueraient que, dans toutes les régions du monde, les populations pauvres aient tendance à souffrir davantage du changement climatique que les populations riches. Premièrement, les communautés les plus pauvres disposent de moins de ressources pour se prémunir des effets délétères du changement climatique. La climatisation, les digues et les systèmes d'irrigation atténuent l'impact de la hausse des températures et des phénomènes météorologiques extrêmes, mais ils exigent un investissement important en argent et en ressources.

La seconde raison est moins connue mais est potentiellement encore plus significative : la température a une incidence *non linéaire* sur de nombreux déterminants humains critiques. C'est ce qu'illustre la figure 1 : l'effet du réchauffement dépend de la température actuelle du lieu. En général, nous constatons que si une communauté vit dans une région froide (par exemple, la Norvège), le réchauffement est utile – les coûts de chauffage et les maladies respiratoires hivernales diminuent, tandis que la productivité du travail augmente. Si une communauté vit dans une région tempérée (comme l'Iowa, aux États-Unis), le réchauffement a très peu d'effet sur son bien-être. De nombreuses études montrent que la température moyenne « idéale » se situe généralement entre 13 °C et 20 °C. Pour une communauté vivant dans une région chaude (l'Inde, par exemple), la moindre hausse de température aura des effets très néfastes, qui se traduiront par un effondrement du rendement des récoltes, une exacerbation des maladies vectorielles et un ralentissement de la croissance économique. Un degré supplémentaire de réchauffement n'a pas le même effet partout, ce qui a de profondes implications sur les inégalités mondiales.

Si l'effet non linéaire de la température revêt une telle importance, c'est qu'aujourd'hui, les populations pauvres sont surtout concentrées dans des endroits

PIB par habitant en 2019

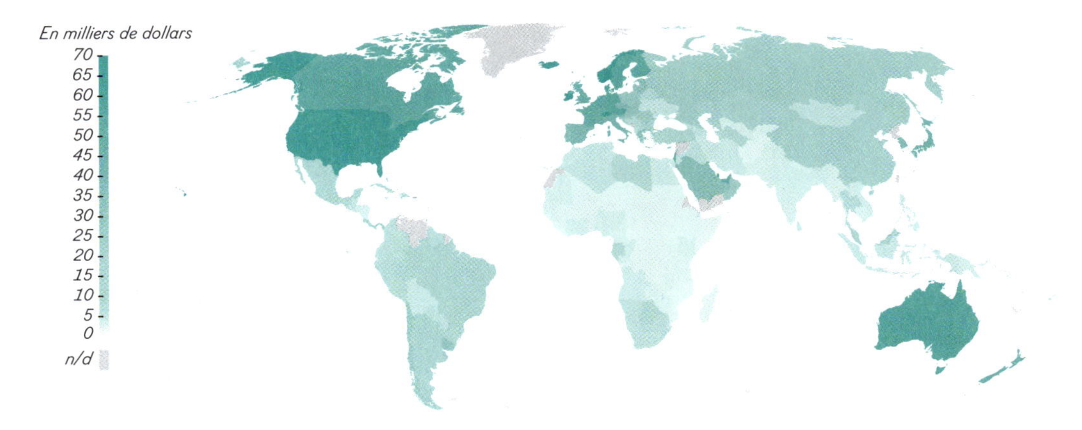

Impact du changement climatique sur les taux de mortalité en 2100

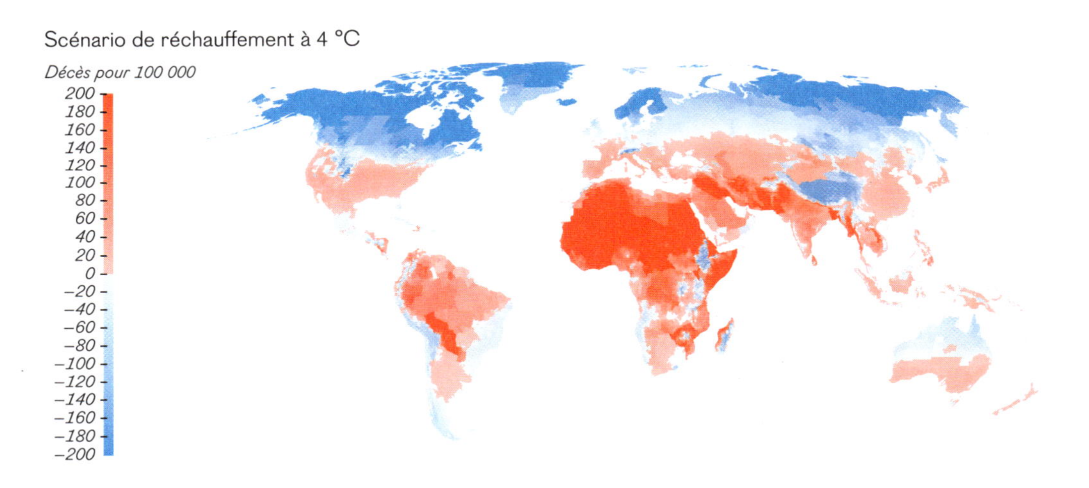

Impact du changement climatique sur le PIB par habitant en 2100

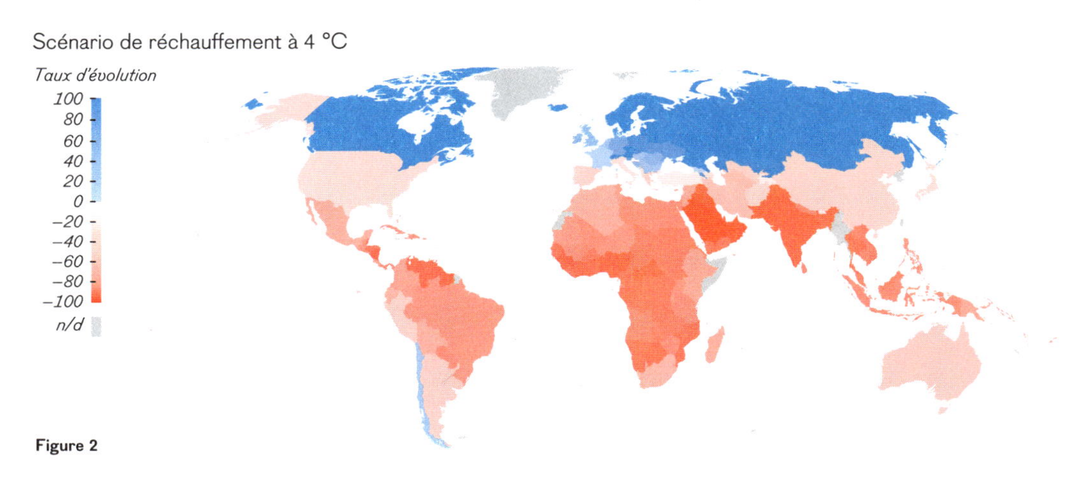

Figure 2

beaucoup plus chauds. Le graphique du haut de la figure 2 présente le revenu moyen par personne dans le monde aujourd'hui. Ce que vous voyez est un schéma familier dans lequel les pays des régions froides ou tempérées ont des revenus moyens élevés, tandis que les pays chauds des régions tropicales et subtropicales, proches de l'équateur, ont tendance à être beaucoup plus pauvres. Cette configuration place les populations pauvres dans une position de départ défavorable face au changement climatique, car elles vivent dans des endroits chauds, où le réchauffement est particulièrement néfaste, tandis que les populations riches vivent dans des endroits frais, où il s'avère moins dommageable – et est même parfois bénéfique.

Les deux graphiques suivants de la figure 2 illustrent la façon dont cela devrait se traduire à la fin du XXIe siècle. Celui du milieu montre l'incidence probable du réchauffement sur les taux de mortalité dans le monde dans un scénario de hautes émissions (+4 °C en 2100). Celui du bas montre comment, dans le même scénario, le réchauffement pourrait modifier le revenu national moyen par personne. Dans les deux cas, le fait que les pays les plus riches disposent de plus de ressources pour se protéger est pris en compte dans le calcul. Cependant, ce qui ressort vraiment, c'est l'effet non linéaire de la température. Les endroits les plus chauds des régions tropicales et subtropicales sont plus impactés en ce qui concerne la santé et les perspectives économiques, avec des taux de mortalité annuels augmentant de plus de 100 décès pour 100 000 et des pertes de revenu national d'environ 50 % ou plus. Les impacts sont moindres dans les régions tempérées. Le réchauffement est dans bien des cas favorable aux régions froides, car il peut en réalité être bénéfique pour la santé humaine et la productivité économique.

Une comparaison de ces deux derniers graphiques de la figure 2 avec celui du haut fait apparaître que, plutôt que relever le niveau de vie des pays pauvres du monde, le changement climatique ralentira leur progression, aggravant les inégalités mondiales entre riches et pauvres. /

Un degré supplémentaire de réchauffement n'a pas le même effet partout, ce qui a de profondes implications sur les inégalités mondiales.

3.18

Les pénuries d'eau

Taikan Oki

Lors de la Semaine mondiale de l'eau qui s'est tenue à Stockholm en août 2019, j'ai demandé à Johan Rockström si Stockholm pouvait rester une ville civilisée si la température moyenne passait de 7 °C à 15 °C et les précipitations annuelles moyennes de 500 millimètres à 1 500 millimètres au cours de ce siècle. Sa réponse était celle que j'attendais : ce serait impossible.

Peut-être pas si impossible que cela, pourtant... Si le climat de Stockholm changeait si radicalement en si peu de temps, le processus d'adaptation serait certes très difficile. Mais pas forcément impossible. Tokyo n'est pas loin de connaître une température moyenne de 15 °C et un niveau annuel moyen de précipitations de 1 500 millimètres. Et, jusqu'à présent, les habitants de Tokyo ne manquent ni de technologies modernes, ni de sécurité, ni de confort (mais sur une planète où Stockholm aurait le climat actuel de Tokyo, les étés à Tokyo seraient insupportablement chauds et je serais fortement tenté d'aller m'installer à Stockholm). Ceci pour dire que nous ne pouvons pas raisonner en valeurs absolues – en fixant la température ou le niveau de précipitations auxquels nos sociétés peuvent faire face – mais plutôt en fonction de l'ampleur du changement climatique et du temps dont nous disposons pour nous y adapter. Ce sont les sociétés les plus vulnérables du monde qui auront le plus à souffrir des effets délétères du changement climatique. Même si les conditions futures étaient telles que d'autres sociétés puissent s'y adapter et prospérer, ces communautés seraient confrontées à de graves difficultés, sinon à des épreuves intolérables.

L'eau est la clé de voûte du mécanisme de répartition des impacts du changement climatique sur la société. Il y a plus de dix ans, j'ai participé avec un collègue à une étude sur les cycles hydrologiques à l'échelle planétaire et les ressources mondiales en eau, dans lequel nous déclarions que « le changement climatique devrait accélérer les cycles de l'eau », ce qui apparemment, se traduirait par un *accroissement* des ressources renouvelables d'eau douce disponibles. Un tel scénario ralentirait l'augmentation du nombre de personnes vivant en situation de stress hydrique. Mais nos recherches ont également montré que des changements de cycle saisonnier et la probabilité croissante d'événements extrêmes peuvent compenser cet effet lorsque l'événement de précipitation est plus intermittent. D'où notre mise en garde : « Si la société n'est pas préparée à de tels changements et ne parvient pas à surveiller les variations du cycle hydrologique, un grand nombre d'individus risquent de se retrouver en situation de stress hydrique ou de voir les ressources dont ils tirent leur subsistance dévastées par des aléas tels que les inondations. »

Malheureusement, le nombre de catastrophes naturelles a augmenté depuis la publication de ces résultats. Un rapport du Bureau des Nations unies pour la réduction des risques de catastrophe signalait qu'au cours de ces vingt dernières années le nombre de sécheresses répertoriées a été multiplié par 1,29, les tempêtes par 1,4, les inondations par 2,34 et les canicules par 3,32 par rapport aux deux dernières décennies du XXe siècle. Ces impacts devraient s'aggraver avec l'intensification du changement climatique et les communautés vulnérables ne seront pas les seules à en faire les frais. Selon le *Guide sur les menaces écologiques* publié par l'Institut pour l'économie et la paix, bien que le monde développé soit en mesure de faire face à l'épuisement des ressources et aux catastrophes naturelles, il ne pourra pas échapper aux conséquences de l'afflux de migrants désespérés chassés de chez eux par ces dommages environnementaux. Ainsi, en Europe, la crise migratoire de 2015, par exemple, s'est traduite par une vague de réfugiés qui ne représentait pas plus de 0,5 % de la population européenne ; il n'en a pas fallu davantage pour déclencher des tensions politiques et des troubles sociaux. Au rythme actuel de réchauffement, les spécialistes prévoient que d'ici à 2050, 1,2 milliard de personnes pourraient être forcées de se déplacer. Le Haut-Commissariat des Nations unies aux réfugiés estime qu'environ 20 % de ces migrants quitteront leur pays ou leur région.

Ces crises climatiques et environnementales n'ont pas été déclenchées par un seul politicien, un gouvernement particulier ou une entreprise donnée, mais plutôt par l'ensemble des choix que nous effectuons au jour le jour. Nous commençons à prendre conscience de cette réalité, ne serait-ce que dans une perspective égoïste et utilitaire : de nombreuses entreprises comprennent désormais qu'à long terme prendre des mesures pour éviter les crises climatiques et écologiques est ce qu'elles ont de plus judicieux à faire pour préserver leurs intérêts ; de même, de nombreux politiciens et gouvernements sont extrêmement sensibles à l'opinion publique, de plus en plus mobilisée pour la justice climatique. S'il y avait eu plus de monde pour tenter de stabiliser le climat en modifiant nos comportements que pour modifier le climat sans rien changer à nos comportements, nous aurions engagé beaucoup plus vite une action climatique décisive pour effectuer une transition équitable.

À ce stade, nous ne sommes plus en mesure d'enrayer l'emballement du changement climatique. Faute de quoi, le monde s'est résolu à poursuivre ses efforts pour limiter la hausse de température à 1,5 °C par rapport aux niveaux préindustriels. Concrètement, cela laisse présager que même si, dans certaines parties du monde, les ressources d'eau douce peuvent augmenter dans les années à venir, beaucoup d'entre nous subiront encore les effets dévastateurs des sécheresses et des inondations à répétition ; et les quelque 733 millions de personnes qui vivent actuellement dans des pays en situation de fort stress hydrique sont particulièrement vulnérables. /

3.19

Les conflits climatiques

Marshall Burke

Au cours de notre passage relativement bref sur cette Terre, les hommes sont à bien des égards devenus plus pacifiques les uns envers les autres. Les grandes nations s'affrontent moins fréquemment, les combats font moins de victimes et la criminalité, avec son cortège d'agressions et d'homicides, a diminué dans un grand nombre de sociétés.

Notre monde n'en reste pas moins un endroit violent. Les homicides font chaque année des centaines de milliers de morts et dans de nombreux pays les taux d'homicide ont désormais tendance à augmenter. Le nombre total de conflits armés organisés dans le monde est également à la hausse et atteint désormais son plus haut niveau depuis près d'un siècle (fig. 1), entraînant un nombre record de personnes déplacées à l'intérieur de leur pays et des niveaux alarmants de faim dans le monde. Et de plus en plus d'éléments convergents indiquent que le changement climatique pourrait exacerber ces tendances à la violence.

L'idée que le climat puisse influencer le comportement des hommes envers leurs semblables n'est pas nouvelle. On la retrouve dans les écrits de plusieurs universitaires et écrivains. Dans *Roméo et Juliette*, de Shakespeare, Benvolio prévient son ami Mercutio qu'ils feraient mieux de rentrer chez eux, car la chaleur qui règne ce jour-là annonce une bagarre ; mais ils ne partent pas, et la tragédie éclate. Dans *L'Étranger*, de Camus, Meursault, oppressé par le soleil écrasant d'une plage

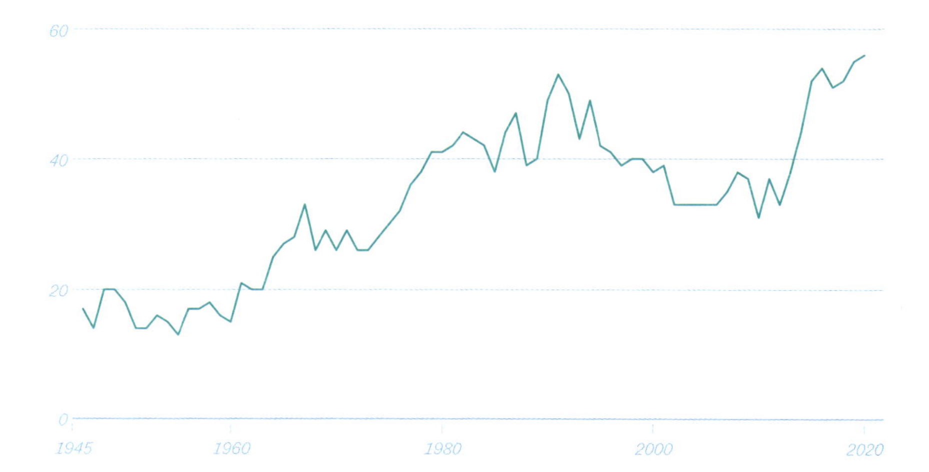

Figure 1 : Conflits dont au moins l'une des parties est le gouvernement d'un État.

d'Algérie, tire sur un homme. Il y a plus d'un siècle, des articles parus dans des revues économiques grand public attribuaient la chute brutale de l'Empire romain aux changements climatiques survenus au fil des siècles précédant la naissance du Christ. Plus près de nous, depuis une dizaine d'années, de nombreux chercheurs ont démontré – grâce à l'existence de données bien plus précises sur la date de survenue et la localisation des conflits humains dans le monde – que dans certaines situations une modification du climat peut accroître le risque de conflit.

Comment expliquer qu'un changement climatique puisse avoir une quelconque influence dans la survenue des conflits ? Tout conflit – une personne en blessant une autre lors d'une altercation, ou un groupe de guérilla prenant les armes contre un gouvernement – est un événement complexe, sans doute motivé par un enchevêtrement de raisons. Bien que le climat ne soit jamais l'unique cause d'un conflit donné, un vaste corpus d'études relevant de tout un éventail de disciplines universitaires montre qu'il peut être « le doigt qui fera pencher la balance », amplifiant la volonté, la capacité ou les motivations des individus ou des groupes les menant à se battre. C'est pourquoi le ministère américain de la Défense considère depuis longtemps le changement climatique comme un « multiplicateur de menace » – un facteur qui peut exacerber et aviver les innombrables raisons pour lesquelles les êtres humains choisissent de se battre.

Pendant des décennies, des chercheurs en psychologie ont démontré à travers des expériences de laboratoire que lorsqu'on monte la température de la pièce où ils se trouvent, les gens sont plus irritables et peuvent être poussés à des comportements plus agressifs. Cette réponse physiologique est également évidente dans la vraie vie : des études réalisées dans divers pays du monde ont mis en évidence l'influence de la chaleur sur l'agressivité au volant, la violence dans les sports professionnels, et l'incidence accrue des crimes violents – des violences domestiques aux meurtres, en passant par les voies de fait graves.

Il est également avéré que des températures plus élevées et des variations extrêmes de précipitations accroissent la probabilité de conflits de groupes, qu'il s'agisse de violence des gangs, d'émeutes populaires ou de guerre civile. De fait, au Mexique, la hausse des températures attise la violence des gangs ; en Afrique, la sécheresse et les fortes chaleurs enveniment les conflits civils ; et les épisodes El Niño provoquent une recrudescence des conflits civils dans le monde. Soulignons que ces résultats ne sont pas fondés sur de simples corrélations. Ils proviennent d'études soigneusement élaborées visant à isoler précisément le rôle des variables climatiques des innombrables autres facteurs possibles de conflit.

Nous disposons de suffisamment d'études sérieuses de ce type pour nous permettre d'en faire une « méta-analyse » – une étude d'études – résumant les résultats globaux de plusieurs dizaines d'ouvrages publiés. Cette démarche corrobore les éléments prouvant que la hausse des températures peut en soi accentuer le risque de divers risques de conflits, révélant en particulier que le risque de conflits entre groupes violents augmente de 10 % à 20 % pour chaque degré supplémentaire de

Effets du réchauffement sur l'accroissement des risques de conflits humains

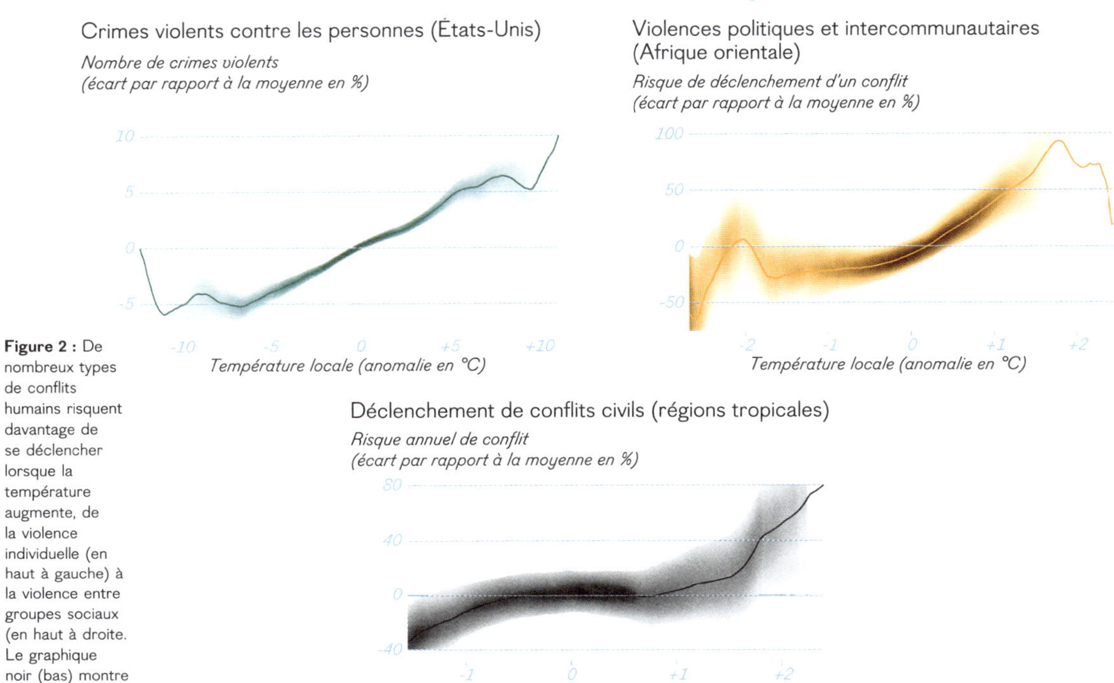

Figure 2 : De nombreux types de conflits humains risquent davantage de se déclencher lorsque la température augmente, de la violence individuelle (en haut à gauche) à la violence entre groupes sociaux (en haut à droite. Le graphique noir (bas) montre l'impact d'El Niño sur la conflictualité dans le monde.

réchauffement. Ce sont là des effets significatifs et ils laissent présager d'un accroissement substantiel de la possibilité de violences à mesure que les températures continueront d'augmenter tout au long de ce siècle.

En fermant les yeux sur ces risques à venir, nous nous mettons nous-mêmes en danger. Le climat n'est cependant pas une fatalité. En tant que sociétés humaines, nous pouvons choisir le seuil de réchauffement que nous sommes prêts à tolérer, et nous pouvons également choisir la façon dont nous réagissons au réchauffement actuel. Les conflits civils, autrefois courants dans la majeure partie du monde, ont désormais pratiquement disparu dans de nombreux pays. Dans ces sociétés paisibles, il est peu probable qu'un réchauffement supplémentaire déclenche un conflit à grande échelle. De même, d'autres recherches ont montré que même dans les sociétés ou les régions agitées par des conflits, l'extension des systèmes de couverture sociale peut contribuer à maintenir les revenus des citoyens pour les aider à faire face aux catastrophes climatiques et ainsi rompre le lien de causalité entre extrêmes climatiques et conflits. Il sera à l'avenir essentiel d'investir dans les communautés vulnérables afin de leur donner les moyens de résister à cette nouvelle donne climatique, voire à en tirer parti, et d'éviter les pires effets du changement climatique. /

3.20

Le véritable coût du changement climatique

Eugene Linden

Quel pourrait être le coût socio-économique du changement climatique ? Si nous poursuivons sur notre trajectoire actuelle jusqu'à atteindre un réchauffement de 3 °C par rapport aux niveaux préindustriels, le risque est tout bonnement de voir la civilisation disparaître. Ce sera une calamité mondiale marquée par un effondrement financier, une famine de masse, des migrations à grande échelle, ce qui précipitera de nombreux pays dans la guerre civile. Si les États avaient reconnu la gravité du risque dès le début des années 1990, cette perspective apocalyptique aurait pu inciter à agir pour contenir les émissions de gaz à effet de serre et éviter une catastrophe en puissance. Mais les premières projections des impacts socio-économiques du changement climatique étaient des sous-évaluations flagrantes qui confortaient les tenants de l'attentisme. (En 1993, un article influent d'un économiste qui devait par la suite remporter le prix Nobel estimait qu'un réchauffement de 3 °C à horizon 2100 ne coûterait à l'économie américaine pas plus de 0,25 % du PIB). Aujourd'hui, la réalité rattrape l'économie, et l'on comprend enfin que ce ne sont plus les contraintes de l'action climatique qui menacent le plus la prospérité de demain, mais le changement climatique lui-même.

À supposer même que nous prenions maintenant des mesures pour limiter le réchauffement à moins de 3 °C, le changement climatique n'en aura pas moins d'immenses conséquences. Il est difficile de prévoir ce qu'il en coûtera, surtout parce que par leur nature même, les seuils et les points de bascule du changement climatique peuvent augmenter de plusieurs ordres de grandeur les dégâts induits. L'ouragan Sandy a illustré de façon saisissante l'importance des seuils en provoquant dans le métro de New York des inondations telles que l'on n'en avait plus vu depuis cent vingt-cinq ans, dont le coût a été chiffré à 5 milliards de dollars. Si la combinaison de l'onde de tempête, de la grande marée et de l'élévation du niveau de la mer n'avait été inférieure que de 15 %, les dégâts auraient été négligeables.

Le problème des points de bascule est encore plus sérieux, tant il interdit de prédire avec quelque degré de certitude l'ampleur des dégâts à venir. Par exemple, l'accélération de la fonte du pergélisol dans le Grand Nord pourrait libérer de grandes quantités de gaz à effet de serre, entraînant une inexorable boucle de rétroaction de réchauffement, qui aboutirait à des niveaux de réchauffement largement supérieurs aux prévisions les plus pessimistes issues des modèles climatiques. Inversement, un apport massif d'eau douce dans l'Atlantique Nord pourrait arrêter la circulation du système de courants qui maintient des températures clémentes dans une grande partie de l'Europe. Nous ignorons à quel moment ces points de bascule pourraient être franchis, mais nous savons qu'une fois franchis ils seront irréversibles dans un laps de temps significatif pour les sociétés humaines.

Il convient en outre de prendre en compte les impacts indirects d'un climat plus chaud. Dans l'Ouest américain, les hausses de température ont entraîné une prolifération spectaculaire des populations de scolytes, qui s'est traduite par une forte mortalité des conifères auxquels ils s'attaquent. Ces arbres morts ont fourni un combustible tout trouvé pour attiser les incendies de forêt qui ont ravagé toute la région, renforcés par un taux d'humidité très faible, des températures élevées et l'intensification des vents secs caractéristiques des paysages en voie de réchauffement et d'assèchement. Cette association d'impacts directs et indirects se répercute sur les sociétés humaines, avec des résultats imprévisibles.

Au Moyen-Orient par exemple, l'un des corollaires des pressions migratoires a fait que les températures extrêmes ont rendu inhabitables des régions entières d'Iran, de Syrie, d'Irak et d'autres pays. Ces migrations forcées alimentent l'instabilité intérieure, qui se propage à l'international : comme nous l'avons vu ces dernières années, l'afflux massif de réfugiés en Europe s'est heurté à la résistance et à la xénophobie dus à la montée en puissance des dirigeants populistes et autoritaires.

Certaines des possibilités sont tout simplement inimaginables. Plusieurs milliards de personnes dépendent de céréales cultivées dans quelques « greniers à céréales », des régions qui bénéficient toutes de régimes de température et de précipitations parfaitement adaptés et relativement stables depuis des millénaires. Or, le GIEC estime qu'à 2 °C de réchauffement, les rendements mondiaux de maïs diminueront de 5 %. À mesure que les températures augmentent, les régimes de précipitations changent, le sol s'assèche plus rapidement et il arrive un moment où les cultures de base ne poussent plus du tout – c'est d'ailleurs la raison pour laquelle il n'y a pas de grenier à céréales sous les tropiques.

Tous ces impacts interagissent de manière imprévisible et font qu'il est extrêmement difficile de prédire exactement le coût économique des dégâts associés à tel ou tel degré de réchauffement.

Certains tentent toutefois de relever le défi.

En 2021, Moody Analytics chiffrait à 69 000 milliards de dollars l'impact sur l'économie mondiale d'un réchauffement de 2 °C. Une étude menée conjointement par Oxfam et Swiss Re estimait pour sa part qu'un réchauffement de 2,6 °C à horizon 2050 aurait un coût économique trois fois supérieur à celui de la pandémie de Covid-19. Mais contrairement à celle-ci, les conséquences économiques du réchauffement ne feront que s'aggraver année après année. Avec 3 °C supplémentaires, la planète redeviendrait telle qu'elle était avant l'apparition de l'espèce humaine. Elle accueillait certes alors beaucoup de formes de vie, mais pas d'humains. En tout état de cause, il est évident qu'un monde pareil ne pourrait pas faire vivre 7,8 milliards de personnes.

Double page suivante : En août 2017, le passage de l'ouragan Harvey a provoqué d'importantes inondations à Houston, au Texas (États-Unis), submergeant l'autoroute 45.

Le monde pourrait bien connaître une crise financière mondiale liée au climat bien avant que la hausse des températures n'atteigne 3 °C, ou même 2 °C. En fait, les dommages économiques dus au changement climatique se chiffrent peut-être déjà en billions de dollars. Selon le groupe britannique d'assurances Aon, le monde a essuyé 1,8 billion de dollars de pertes liées aux intempéries au cours des dix premières années du XXIe siècle. Entre 2010 et 2020, ce chiffre est passé à 3 billions de dollars. Les incendies de forêt qui ont récemment dévasté l'Ouest américain ainsi que les inondations et les ouragans qui ont déferlé sur la côte Est nous ont donné un aperçu de ce que nous réserverait une crise financière climatique, même dans un pays riche.

Le scénario serait le suivant : avec la multiplication des inondations et des incendies, l'intensification et la fréquence accrue des tempêtes, et la hausse des températures, les particuliers et les entreprises verront flamber leurs primes d'assurance couvrant les risques de catastrophe naturelle. Les assureurs refuseront autant qu'ils le pourront de couvrir les zones les plus à risque. Or, sans ce type d'assurance, les acheteurs immobiliers ne pourront pas obtenir de prêt hypothécaire, tandis que dans les zones à risques d'incendie et d'inondation, où les primes d'assurance auront grimpé en flèche, de nombreux propriétaires essaieront de vendre – mais à qui, et qui financera l'achat ? Cette dynamique ouvrirait la voie à une vague de ventes précipitées et à un effondrement de l'immobilier plus grave que la crise de 2008, car il ne s'agirait pas d'un événement ponctuel. Or, comme nous l'avons vu en 2008, une crise de l'immobilier peut rapidement dégénérer en crise financière systémique, puisque les banques détiennent l'essentiel de la valeur, et donc du risque de l'immobilier résidentiel et commercial.

Notre économie mondiale est un système étroitement couplé – comme nous l'ont appris la crise de 2008 et, plus récemment, les perturbations de la chaîne d'approvisionnement liées à la pandémie de Covid-19. Dans des rouages si finement réglés, le moindre grain de sable peut avoir des répercussions dévastatrices. Les perturbations liées au changement climatique n'ont rien d'anodin et sont appelées à s'aggraver progressivement. Le message que nous devons faire passer aux décideurs, aux politiciens et à l'opinion est qu'il faut à tout prix enrayer le changement climatique, car son coût final dépasse l'imagination et est incalculable. /

Le message que nous devons faire passer aux décideurs, aux politiciens et à l'opinion est qu'il faut à tout prix enrayer le changement climatique, car son coût final dépasse l'imagination et est incalculable.

QUATRIÈME PARTIE/

Qu'avons-nous fait jusqu'ici ?

« Nous ne parlons pas la même langue que la Terre. »

4.1

Comment réparer nos échecs si nous ne sommes pas capables de les reconnaître ?

Greta Thunberg

On sauve le monde sur la base du volontariat. Vous pourriez certainement contrer cet argument d'un point de vue moral, mais les faits sont là : il n'existe aucune loi, aucune restriction en place qui forcera quiconque à prendre les mesures nécessaires pour sauvegarder nos conditions de vie sur la planète Terre. C'est ennuyeux à plus d'un titre, l'un d'entre eux et pas des moindres étant que – je suis bien désolée de devoir le reconnaître – Beyoncé avait tort. Ce ne sont pas les filles qui dirigent le monde. Ce sont les politiciens, les grandes entreprises et les intérêts financiers – principalement représentés par des hommes cis hétéros d'âge moyen, blancs et privilégiés. Et il se trouve que la plupart d'entre eux sont – dans les circonstances actuelles – terriblement mal taillés pour le poste. Cela ne vous surprendra peut-être pas. Après tout, le but d'une entreprise n'est pas de sauver la planète, c'est de gagner de l'argent. Ou plutôt de gagner autant d'argent que possible afin de contenter actionnaires et intérêts du marché. Il en va de même pour les intérêts financiers, qui poussent l'économie à la poursuite de plus de profits et de croissance.

Restent donc nos leaders politiques. Ils ont de formidables occasions d'améliorer la situation, mais voilà, sauver le monde n'est pas non plus leur priorité. Cela pourrait l'être, si les gens le souhaitaient – mais c'est loin d'être le cas aujourd'hui. Il apparaît donc que leur boulot est simplement de garder le pouvoir, se faire réélire et rester en accord avec l'opinion publique. Beaucoup disent que les hommes politiques ne prévoient pas, ne réfléchissent pas au-delà de la prochaine élection, mais je ne suis pas du tout d'accord. Selon mon expérience, leurs politiques à long terme ont pour horizon le prochain sondage – quoique en général leur principal objectif ne concerne même pas le long terme ; souvent, ils ne pensent pas au-delà du journal du lendemain ou des informations du soir.

Se confronter aux questions de la crise écologique et climatique, inévitablement, implique de nombreuses questions gênantes. Aucun politicien, clairement, ne souhaite endosser le rôle de celui qui dit des vérités désagréables, risquant

Pages précédentes : La pire marée noire au monde. En avril 2010, la plateforme pétrolière Deepwater Horizon, exploitée par BP, a pris feu, ce qui a fait onze morts. Près de 500 000 mètres cubes de pétrole ont été crachés dans le golfe du Mexique, ce qui a anéanti des étendues immenses de cette zone de haute biodiversité.

ainsi sa popularité. Ils font donc de leur mieux pour se tenir loin du sujet jusqu'à ce qu'ils ne puissent absolument plus l'éviter – après quoi ils se tournent vers les tactiques de communication et les relations publiques pour faire comme si de véritables actions étaient entreprises, alors qu'en réalité c'est l'exact contraire qui se produit.

Interpeller sans cesse nos prétendus responsables sur leurs bobards ne me procure aucun plaisir. Je veux croire à la bienveillance. Mais ces jeux cyniques semblent véritablement sans fin. Si votre objectif en tant que personnalité politique était d'agir en faveur du climat, alors sûrement, votre premier réflexe serait de réunir des chiffres corrects concernant nos émissions afin d'avoir une vision globale de la situation puis, juste après, de vous mettre à chercher d'authentiques solutions ? Cela vous donnerait aussi une idée rapide des changements nécessaires, de leur ampleur et de la rapidité à laquelle ils doivent être mis en place. Cependant, rien de tout cela n'a été fait – ni même suggéré – par aucun leader mondial. Ni, à ma connaissance, par le moindre politicien. J'y vois le signe d'une sincérité modérée de leur part concernant leur ambition de résoudre cette crise.

La journaliste Alexandra Urisman Otto a expliqué comment elle a commencé à enquêter sur les politiques climatiques suédoises et ainsi découvert qu'un tiers seulement de nos émissions de gaz à effet de serre était inclus dans nos objectifs climatiques et dans les statistiques nationales officielles. Le reste était soit sous-traité, soit dissimulé grâce aux failles des cadres comptables climatiques. Ainsi à chaque fois que la crise climatique est débattue dans mon pays « progressiste », nous laissons de côté deux tiers du problème, comme c'est pratique. Une vaste investigation menée par le *Washington Post* en novembre 2021 a montré que ce phénomène est loin d'être spécifique à la Suède. Bien que les chiffres varient d'un pays à l'autre, ce processus et la mentalité générale consistant à constamment glisser la poussière sous le tapis puis rejeter la faute sur les autres sont la norme internationale.

Aussi, quand nos hommes politiques disent « nous devons résoudre la crise climatique », nous devrions tous leur demander à quelle crise climatique ils font référence. Est-ce celle qui prend en compte toutes nos émissions ou celle qui se contente d'une partie seulement ? Lorsque les politiques vont un cran plus loin, accusant le mouvement pour le climat de « ne proposer aucune solution à nos problèmes », nous devrions leur demander de quel problème ils parlent. Est-ce celui provoqué par toutes nos émissions ou bien par celles qu'ils n'ont pas réussi à sous-traiter ou à cacher dans les statistiques ? Parce que ce sont deux problèmes complètement différents.

Il nous faudra beaucoup de ressources pour commencer à affronter l'urgence – mais par-dessus tout il nous faudra de l'honnêteté, de l'intégrité et du courage. Plus nous attendons sans agir comme il se doit pour demeurer dans le cadre de nos objectifs internationaux, plus il sera difficile et coûteux de les atteindre. L'inaction d'aujourd'hui et d'hier doit être compensée dans le temps qu'il nous reste.

Réduction du CO_2 nécessaire pour avoir 67 % de chance de rester en deçà de 1,5 °C de réchauffement

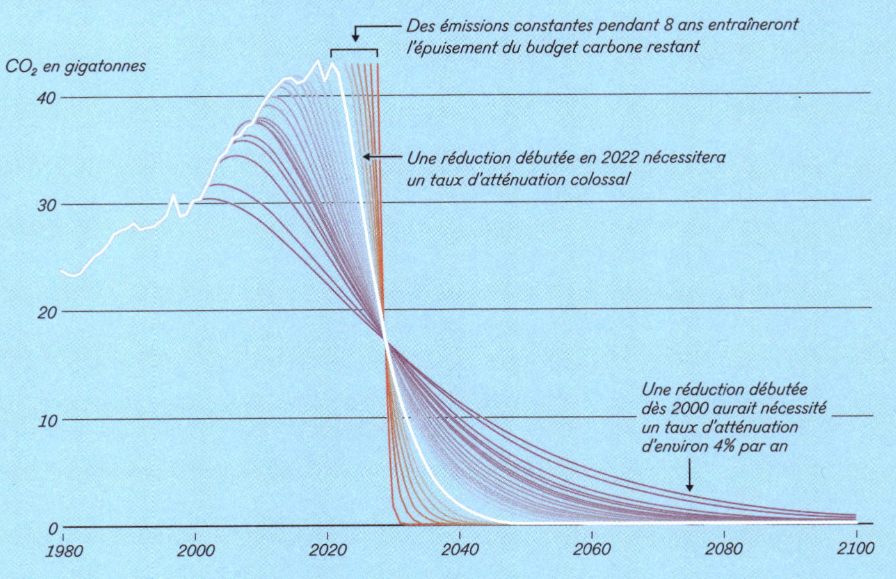

Pour que nous ayons la moindre chance, si petite soit-elle, d'éviter de déclencher des réactions en chaîne irréversibles et tout à fait incontrôlables, nous avons besoin de réductions à la source des émissions qui soient drastiques, immédiates, d'envergure. Quand la baignoire est sur le point de déborder, vous n'allez pas chercher des seaux, vous ne commencez pas à disposer des serpillières sur le sol, vous fermez d'abord le robinet, aussi vite que possible. Laisser l'eau couler, c'est ignorer ou nier le problème, retarder les solutions et minimiser les conséquences. Et en matière de crise climatique aucune personne, aucun groupe ni aucune nation n'est seule responsable de ce niveau de déni et de retard. Il faut que la société tout entière s'implique, du moins une grande partie. Il faut aussi des normes culturelles fortes, des intérêts communs – des intérêts idéologiques ou peut-être, plus essentiels encore, financiers – comme les toutes-puissantes politiques économiques court-termistes qui font le monde actuellement.

Avoir laissé le consumérisme capitaliste et l'économie de marché régir à eux seuls l'unique civilisation connue de l'univers paraîtra probablement, a posteriori, avoir été une très mauvaise idée. Mais gardons à l'esprit qu'en ce qui concerne la durabilité, tous les systèmes précédents ont échoué eux aussi. Ainsi que l'ensemble des idéologies politiques actuelles – le socialisme, le libéralisme, le communisme, le conservatisme, le centrisme, pour n'en citer que quelques-unes. Toutes ont échoué. Pour être honnête, certaines ont plus échoué que d'autres.

Un des problèmes auxquels nous sommes confrontés aujourd'hui est que la quasi-totalité des gens qui ont consacré leur vie à la politique sont de fervents adeptes de ces idéologies. C'est probablement cette croyance qui les a incités à s'engager en politique à la base. C'est elle encore qui leur a permis de subir ces interminables meetings, campagnes, conférences – cette croyance que le socialisme, le conservatisme ou le je-ne-sais-quoi pourrait offrir les réponses aux défis de nos vies quotidiennes modernes. Cette même croyance qui les a poussés à lire ces dizaines de milliers de pages de rapports, la croyance que leur petite niche de politique de parti actuelle avait les clés pour débloquer toutes les solutions nécessaires aux maux de la société. Il n'est pas facile d'abandonner ses croyances. Pourtant, comment changer si nous n'apprenons pas de nos erreurs ? Et comment réparer nos échecs si nous ne sommes pas capables de les reconnaître ?

Selon mon expérience, la plupart des hommes politiques sont plus ou moins informés de la situation dans laquelle nous nous trouvons et pourtant, pour diverses raisons, ils continuent de se concentrer sur autre chose. Vous pourriez bien sûr dire – à juste titre d'ailleurs – qu'il en va de la responsabilité des médias de les forcer à agir. Après tout, c'est l'opinion publique qui fixe l'ordre du jour du monde libre et si suffisamment de personnes se préoccupaient d'écologie et de durabilité alors nos leaders politiques n'auraient plus le choix, ils seraient bien obligés d'affronter ces questions de façon crédible. C'est ce qui est peu à peu en train de se produire, mais nous n'en sommes qu'au début.

Néanmoins, nos hommes politiques n'ont pas besoin d'attendre qui que ce soit avant de commencer à agir. Ils n'ont pas plus besoin de conférences, de traités, d'accords internationaux, de pression extérieure pour commencer à agir vraiment en faveur du climat. Ils pourraient commencer immédiatement. Ils ont aussi – et ce depuis bien longtemps – d'innombrables possibilités pour prendre la parole et envoyer un message clair sur le changement radical que doivent subir nos sociétés. Pourtant, à de très rares exceptions près, ils choisissent activement de ne pas le faire. C'est une décision morale qui non seulement leur coûtera cher à l'avenir, mais qui met la planète entière en danger. /

Quand la baignoire est sur le point de déborder, vous n'allez pas chercher des seaux, vous ne commencez pas à disposer des serpillières sur le sol, vous fermez d'abord le robinet.

4.2

La nouvelle idéologie du déni

Kevin Anderson

Fin 2021. Je suis installé dans un espace qui surplombe l'un des pavillons de la COP26 et je travaille sur mes sempiternelles présentations PowerPoint. Je repère soudain un brouhaha différent du bruit ambiant qui règne habituellement dans ces conférences. Je regarde par-dessus la rambarde et je vois en contrebas une foule grouillante de délégués de la COP : tous espèrent entrapercevoir l'idole qui est guidée jusqu'à une estrade. C'est sans doute un nouvel Obama ou Bezos, une star ou un prince, une personne venue dispenser de sages paroles à la populace qui réclame des selfies. Les journalistes guettent non loin.

Pendant ce temps, dans d'autres pavillons à quelques mètres de là, les délégations autochtones décrivent la destruction de leurs terres ancestrales ; un scientifique explique la fonte sans précédent de la calotte du Groenland ; un manifestant, qui n'a pas eu l'autorisation de manifester, se voit privé de son badge et se fait sortir de la « zone bleue ». Toutes ces scènes se déroulent dans l'indifférence générale, seuls en sont témoins les quelques participants dans chaque pièce, dans le respect des gestes barrière.

Trente et un ans après le premier rapport du GIEC sur le changement climatique, la zone bleue – le site officiel clôt où se passent les négociations et où les gouvernements affichent leur « mobilisation pour le climat » – est un microcosme de ces trois décennies d'échec. Cet échec, ce sont des émissions en forte hausse, le climatoscepticisme, l'optimisme technique opportuniste, les « émissions négatives » et, aujourd'hui, « la neutralité carbone, oui, mais pas pendant mon mandat ». Qui s'inquiète des populations vulnérables déjà victimes des impacts climatiques, de l'extinction des espèces, de la disparition d'une riche biodiversité au profit de monocultures qui épuisent les territoires ? Qui s'inquiète de l'avenir de nos enfants ?

Comment en sommes-nous arrivés là ? Au sommet de la Terre à Rio de Janeiro, en 1992, les espoirs étaient si grands. D'honnêtes gens pouvaient envisager un avenir durable, peu polluant et progressiste.

À l'époque, les argentiers commençaient tout juste à prendre conscience des arnaques lucratives que sont les quotas d'émissions, l'exploitation financière de la nature et la mise sur le marché de titres obligataires dits « catastrophe », autant de dispositifs servant à faire dérailler aujourd'hui toute défense concrète du climat. En revanche, les exploitants d'énergies fossiles avaient une dizaine d'années d'avance sur nous tous. Ils avaient connaissance des risques et des défis à relever, et les ont dissimulés pendant des années. Ils étaient préparés. Certains ont tout nié en bloc, d'autres ont rassuré en promettant que la technique nous sauverait. Les années suivantes, les puissants sans scrupule de la finance et du pétrole ont progressivement identifié les profits qu'ils pouvaient tirer du statu quo, sous le vernis de la « transition écologique ». Quelques-uns d'entre eux ont même réussi à se bercer d'illusions en pensant qu'avec de complexes produits financiers de « compensation », ils concilieraient l'inconciliable et maintiendraient les émissions sans conséquences réelles.

Cette palette d'odieux personnages médiatiques est responsable du fait que, depuis le premier rapport du GIEC, en 1990, nous avons injecté plus de CO_2 dans l'atmosphère que tout au long de l'histoire humaine. Le changement climatique est toutefois un problème systémique ; c'est un échec dont les strates sont nombreuses. Rares sont ceux parmi nous qui peuvent garder la tête haute, y compris chez les défenseurs du climat. Où est le chœur d'universitaires de haut vol qui, collectivement, dénonce la duperie de l'industrie pétrolière et de la finance ? Où sont les dirigeants de nos associations écologistes réputées, nos décideurs et nos journalistes d'investigation ? Nous ne sommes pas dans la lune. Non, nous avons activement mené la société à sa perte. Pourquoi ? Parce que nous avons peur de faire des vagues et de déplaire à nos créanciers. Nous aimons le prestige qu'il y a à fréquenter les grands et les sages de ce monde, et nous voulons recevoir les honneurs de la classe dirigeante. Et nous avons peur de nos propres conclusions. Nous nous sommes aussi persuadés que notre rémunération élevée est méritée, ainsi que le mode de vie correspondant, dont le bilan carbone est tout aussi élevé. Comment résister aux feux des projecteurs ?

Notez que je n'évoque pas ici les données climatiques proprement dites. Nombreux sont ceux qui, au sein de la communauté scientifique, ont très bien réussi à utiliser les outils habituels de la science, saupoudrés de mathématiques et de statistiques, pour développer une analyse complexe du climat et du changement climatique. C'était d'autant plus impressionnant que de nombreux scientifiques ont dû lutter contre des forces puissantes, coordonnées et généreusement financées, qui étaient fermement décidées à saper leur crédibilité ; des forces non pas motivées par le désaccord intellectuel (qui était pour ainsi dire inexistant), mais par la crainte des conséquences concrètes des données scientifiques.

Finalement, les scientifiques ou, plus précisément, la science, l'ont emporté. S'il reste quelques poches d'opposition, la plupart de ceux qui décriaient autrefois le constat scientifique l'acceptent aujourd'hui plus ouvertement. En réalité, ils sont toutefois passés à une nouvelle phase de déni – celui de l'« atténuation des effets » – en vertu duquel la nécessité de réduire radicalement les émissions dès aujourd'hui est remplacée par de vaines promesses, qui annoncent pour demain des technologies peu polluantes. En l'occurrence, le filet de la responsabilité doit englober plus de monde et de nombreux spécialistes du climat s'y trouvent empêtrés.

Le changement climatique est un problème d'accumulation. La combustion d'énergies fossiles rejette du CO_2 qui s'accumule dans l'atmosphère, jour après jour, décennie après décennie, réchauffant ainsi le climat pour les siècles et même les millénaires à venir. Chaque année, nous sommes incapables de mettre en œuvre les réductions nécessaires d'émissions, c'est pourquoi les objectifs sont de plus en plus ambitieux d'un an sur l'autre. S'il fallait une baisse de 10 % cette année pour respecter notre budget de CO_2, mais que nous en restons à 5 %, alors pour revenir dans les clous il faut une baisse supérieure à 15 % l'année suivante. Pour dire les choses franchement, une baisse insuffisante des émissions n'est pas un pas dans la bonne direction. C'est un pas en arrière, même si nous reculons moins qu'en l'absence d'action.

C'est cette régression inexorable qui a donné naissance à des formes de plus en plus sophistiquées de déni en matière d'atténuation : autrement dit, nous nous appuyons sur des concepts de plus en plus spéculatifs d'« émissions négatives ». J'entends par là des technologies inexistantes qui aspirent le CO_2 et des « solutions fondées sur la nature » simplistes, mais aussi la rémunération de pays pauvres pour qu'ils réduisent leurs émissions à notre place. Ces ruses sont surtout conçues pour « compenser » notre responsabilité d'engager des réductions radicales d'émissions dès aujourd'hui. C'est honteux, mais nombre de ceux qui travaillent sur le changement climatique adhèrent à cette manipulation mathématique et, pire encore, certains vantent avec enthousiasme ce remède de charlatan.

Loin de ce subterfuge, les données scientifiques indiquent sans équivoque que pour avoir une chance de rester en deçà d'une température donnée (disons, 1,5 °C), il ne faut pas émettre plus d'une quantité donnée de CO_2 (notre « budget carbone »). La quantité précise reste incertaine, mais la science nous donne une fourchette fiable.

Ce budget carbone est restreint et rétrécit à toute vitesse. Pour éviter un dépassement « probable » du seuil de 1,5 °C, nous avons huit ans au vu des émissions actuelles. Si nous réévaluons à la baisse cet engagement, qui est alors un réchauffement « bien en deçà de 2 °C » (acceptant ainsi plus de répercussions catastrophiques), nous ralentissons le compte à rebours, mais il reste malgré tout moins de vingt ans d'émissions au rythme actuel.

Pour mettre ce constat en perspective, imaginons qu'à la fiesta du climat en 2022 (autrement dit la COP 27) les dirigeants internationaux s'accordent sur des mesures pour réduire les émissions et limiter le réchauffement à 1,5 °C. Ensuite, à l'échelle mondiale et d'ici à 2035 environ, il faudra par ailleurs avoir éliminé tout usage des énergies fossiles, mis un terme à toute déforestation et réduit radicalement toutes les autres émissions de gaz à effet de serre. C'est malgré tout une estimation mondiale et, depuis le sommet de la Terre à Rio en 1992, la communauté internationale est convenue que pour les nations plus pauvres les réductions d'émissions ne devaient pas trop entraver leur développement. Par conséquent, les nations les plus riches, qui assument largement la responsabilité historique du changement

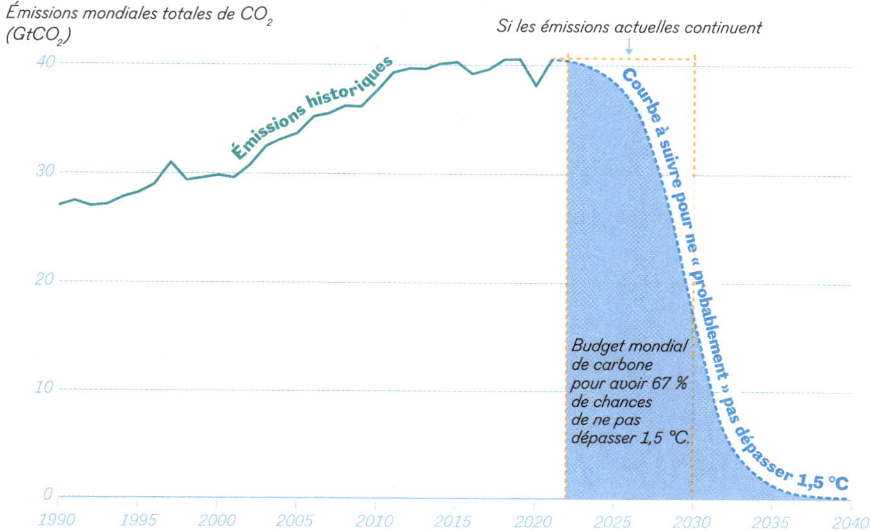

Figure 1 : D'ici à 2035, il faudra être sorti des énergies fossiles, avoir mis un terme à toute déforestation et avoir réduit radicalement toutes les autres émissions de gaz à effet de serre.

climatique, doivent limiter leurs émissions de façon plus précoce et plus rapide, par opposition aux pays qui amorcent leur développement. Mathématiquement, on en déduit que les pays riches doivent sortir complètement des énergies fossiles d'ici à 2030 pour avoir une chance de rester en deçà de 1,5 °C, avec un délai allongé à 2035 ou 2040 pour rester sous 2 °C.

Ces calculs sont pourtant loin d'être justes. Même dans des conditions aussi exigeantes, les émissions moyennes annuelles d'un citoyen, entre aujourd'hui et la neutralité carbone mondiale, resteraient bien supérieures dans les riches pays pollueurs à celles des pays plus pauvres, dont les émissions sont plus faibles. Concrètement, notre inaction face au changement climatique signifie qu'en termes quantitatifs nous avons bien trop tardé pour que la justice soit possible. La solution « la moins injuste » est aujourd'hui ce qu'on peut espérer de mieux. C'est cette injustice qui donne beaucoup de poids aux arguments réclamant des réparations financières considérables, versées par les pays riches pollueurs aux pays plus pauvres qui sont confrontés aux impacts climatiques que nous leur avons infligés en toute connaissance de cause.

Ce tableau est peut-être difficile à accepter, mais nous en sommes là précisément parce que pendant trente ans nous avons préféré les simulacres à une réelle atténuation des effets. Nous récoltons ce que nous avons choisi de semer ou, plus précisément, de ne pas semer.

Ceux d'entre nous qui vivent dans les pays riches pollueurs ne peuvent pas faire semblant de ne pas savoir. Depuis maintenant des décennies, la science décrit les répercussions à prévoir quand on donne priorité à l'hédonisme au lieu de montrer l'exemple. Si l'on coupe court à nos préoccupations de façade, nous sommes parfaitement conscients des impacts climatiques des voyages fréquents en avion, de l'achat de SUV, des résidences secondaires, des voyages toujours plus loin toujours plus vite, et de la consommation croissant d'une année sur l'autre. Ce n'est pourtant pas nous qui payons le prix de cette consommation moyenne toujours plus élevée, ce sont les populations pauvres plus vulnérables au climat, ailleurs, souvent des personnes racisées qui polluent peu. Et nos enfants comptent parmi ces populations vulnérables. Nous les couvrons de cadeaux, nous les emmenons à l'école en voiture, nous les emmenons à l'étranger pour les vacances : en faisant tout cela, nous mettons leur avenir en péril. Quand les parents pollueurs mangeront les pissenlits par la racine, leur progéniture et sa descendance subiront nos solutions de facilité : croire aux utopies techniques et accuser autrui ; certains en mourront.

Depuis quelques années, de nombreux travaux de recherche ont montré l'immense asymétrie des responsabilités en matière d'émissions. Il est préoccupant d'apprendre que le 1 % le plus fortuné a un mode de vie qui engendre le double d'émissions par rapport aux 50 % les plus démunis de la population mondiale. Il n'y a pas un seul et unique « nous ». La responsabilité n'est pas uniformément répartie ; nous ne sommes pas tous dans le même bateau, que ce soit en matière de mesures d'atténuation ou d'impacts. À quasiment tous les niveaux, les répercussions du changement climatique correspondent aux inégalités liées au patrimoine et aux revenus. Ce ne sont pas de petits écarts : à vrai dire, ce sont plutôt des fractures tectoniques qui se sont banalisées au point qu'on ne peut pas ou ne veut pas les voir, au même titre que le changement climatique.

Pour vous donner une idée de ces écarts en matière d'émissions, si le premier décile des pollueurs mondiaux ramenait son bilan carbone au niveau d'un citoyen ordinaire de l'UE, et que les 90 % restants ne changeaient rien, cela suffirait à réduire les émissions mondiales d'environ un tiers. C'est loin d'être suffisant pour limiter la hausse des températures à 1,5 °C ou même à 2 °C, mais ce serait une immense chance à saisir pour mettre en œuvre des changements rapides et équitables, délibérément omise des débats sur l'atténuation des changements par le grand public.

Alors pourquoi l'équité reste-t-elle si taboue ? Et qui influence le débat sur le climat, détermine son cadre, élabore les modèles d'atténuation des effets, et propose les stratégies qui n'en tiennent pas compte ? Les professeurs universitaires, les décideurs, les journalistes, les juristes, les entrepreneurs, les hauts fonctionnaires, pour ne citer qu'eux – autant de personnes qui vivent souvent dans le pourcent supérieur des pays les plus pollueurs. Pour nous tous, s'en tenir à une juste ration de CO_2 entraînerait de profondes modifications de « notre » vie : la surface (et le nombre) de nos résidences ; la fréquence de nos vols en avion (et leur classe) ; la taille et le nombre de nos voitures, et les distances parcourues avec. Même au travail, quelle est la taille de notre bureau ? à combien de réunions à l'étranger et de conférences internationales allons-nous ? à quelle fréquence allons-nous sur le terrain ?

Ce « nous » très sélect, très polluant et consommateur s'est construit et s'est planqué derrière le mythe d'un « nous » universel qui doit collectivement lutter contre le changement climatique. Dès lors que l'on met en pièces ce faux « collectif », il n'y a plus d'atténuation mondiale qui tienne.

Les mesures indispensables pour limiter le réchauffement à 1,5 ou 2 °C nécessitent des transformations structurelles de grande ampleur. Elles exigent d'améliorer la construction de nos logements, de développer rapidement les transports en commun, d'engager un immense projet d'électrification, de modifier les règles d'urbanisme, de déployer des vélos électriques dans les villes et des véhicules électriques partagés dans les campagnes. Une majorité pourrait y trouver son compte dans nos pays. Nos villes et milieux urbains pourraient de nouveau être aménagés au service des citoyens, et non de boîtes en métal roulantes. Il en découlerait des emplois garantis et bien payés. Les enfants pourraient faire du vélo en toute sécurité et l'air serait moins toxique pour leurs poumons.

Ces avantages immenses seraient assortis de coûts considérables, qui incomberaient principalement à « notre » petit groupe : ceux d'entre nous qui ont jusqu'à présent orienté le débat climatique vers les nouvelles technologies incertaines, les SUV électriques, les crédits carbone que « nous » pouvons acheter, les pompes à chaleur pour nos résidences secondaires et les compensations pour nos vols en avion. C'est bel et bien « nous » qui n'avons pas atténué le réchauffement. Nous n'avons pas été disposés à mettre en cause notre consommation outrancière, l'attrait de la croissance économique ininterrompue et l'affectation complètement disproportionnée des capacités productives au service des luxes relatifs de quelques privilégiés.

Ce « nous » élitiste perd pourtant prise. En 2018, nous avons été secoués – non par un chef d'État, un lauréat des grands de ce monde, mais par une ado de quinze ans. Depuis, un groupe hétéroclite de jeunes, de grands-parents, de militants professionnels, de personnalités politiques inquiètes et d'universitaires chevronnés ont trouvé leur voix et s'emploient à recadrer le débat. Le changement climatique a quitté son nid protégé et il est entré dans notre quotidien. D'innombrables personnes débattent d'idées, les mettent à l'épreuve et les peaufinent. Non pas sous la forme d'une expérience classique ou d'une analyse abstraite des molécules de carbone, des prix ou des budgets. Non, la sensibilisation au climat a imprégné la psyché collective, permettant ainsi au grand public d'y voir clair dans les grands discours politiques, de contester l'utopie technique et de débusquer l'embrouille, même si la population n'identifie pas précisément ce qui cloche.

Nul ne sait si un « nous » plus inclusif peut *in fine* se substituer à temps à la vieille garde, pour éviter le scénario climatique du pire. Les émissions restent en hausse et les politiques lâches restent soumis aux puissants du pétrole et de la finance. Pour l'instant, l'avenir est malgré tout guidé, du moins en partie, par ce nouveau groupe motivé et inquiet, beaucoup plus hétérogène, qui a décidé de prendre son destin en main. /

4.3

La vérité sur les objectifs climatiques des États

Alexandra Urisman Otto

Quand j'ai écrit mon premier article sur Greta Thunberg, j'étais complètement ignare. Je l'avais rencontrée lors d'un long entretien pour l'édition dominicale de mon journal, à l'automne 2018, et pendant l'essentiel de notre conversation j'avais joué le jeu et fait semblant de comprendre de quoi elle parlait.

À l'époque, j'étais en fait chroniqueuse judiciaire. J'adorais le frisson des enquêtes sur un homicide ou la tension qui règne au tribunal. Le changement climatique était, à mes yeux, complètement dénué d'intérêt. Ce n'était que des données et des graphiques barbants et incompréhensibles que je ne savais pas interpréter. Certes, le risque de catastrophe était réel, mais je me rassurais en pensant que la situation était maîtrisée. Les responsables avaient une stratégie, pas vrai ? Et surtout, j'étais contente que ce ne soit pas mon problème et que quelqu'un d'autre travaille dessus.

Quand Greta Thunberg s'est fait connaître, mon collègue Roger Turesson et moi avons été invités à suivre son parcours. En tant que journaliste, c'était une occasion qui ne se refusait pas. Son histoire était surréaliste. À ce moment-là, j'ai compris qu'il fallait comprendre la situation car c'était le seul moyen de vérifier ses dires. Je me suis attelée à cette mission.

Pour avoir une perspective exacte de la crise, j'ai créé un nouveau compte sur Twitter. J'ai commencé à suivre des climatologues, des journalistes spécialistes de l'environnement et des militants. J'ai lu des newsletters, des livres sur le climat et de longs articles dans la presse internationale. À l'été 2019, j'ai passé un cap et j'ai quitté la douce insouciance pour sombrer droit dans l'abîme.

Le budget carbone permettant de tenir les objectifs cités dans l'accord de Paris serait dilapidé en quelques années seulement. Et moi, j'avais consacré mon temps à écrire sur des affaires judiciaires. J'ai dû faire face à un constat d'échec, comme la majorité de mes collègues : le monde qui était décrit aux infos – à la radio, dans les journaux et à la télévision – était un monde où tout était normal, à l'exception de quelques interruptions « liées au climat ». Il n'y avait pas de crise. Nos lecteurs, auditeurs et téléspectateurs nous avaient fait confiance pendant des décennies parce que nous étions journalistes. Et pourtant, au cœur de la plus grande crise menaçant l'humanité, nous continuions à leur donner « les infos » en supposant que la routine était une option recevable. C'était une immense trahison.

Toutefois les journalistes ne sont pas les seuls à avoir échoué. Plus je lisais, mieux j'appréhendais la véritable crise : les réponses politiques aux défis n'étaient nulle part à la hauteur, tant s'en faut.

Au printemps 2021, je suis devenue journaliste du climat. J'ai parcouru les forêts d'Estonie pour enquêter sur l'industrie des biocarburants en Suède et dans le reste de l'Europe. J'ai écrit des articles sur les sempiternelles études climatiques qui racontent toujours la même sombre histoire. J'ai discuté avec des scientifiques quasiment tous les jours. Et j'ai commencé à me dire que la réaction politique à la crise n'avait peut-être pas le défaut que je lui prêtais : et si la situation était pire que je pensais ?

Pour mettre à l'épreuve mon hypothèse, je me suis intéressée au cœur de la stratégie climatique suédoise : l'objectif de la neutralité carbone d'ici à 2045, ce qui est supposé placer ce pays à « l'avant-garde ». Je me suis installée dans une pièce calme aux archives nationales, j'ai ouvert l'une après l'autre des boîtes de documents émanant de la commission parlementaire, qui avait été félicitée pour la négociation de cet objectif. Puis j'ai comparé ce que j'ai trouvé aux statistiques sur les émissions et aux mesures nécessaires, selon les scientifiques, pour se conformer à l'accord de Paris.

Cela m'a pris des mois. J'ai assimilé les statistiques des pouvoirs publics, pour ensuite les présenter de façon compréhensible. La Suède émet environ 50 millions de tonnes de gaz à effet de serre chaque année : c'est le chiffre qui est systématiquement donné lors des débats politiques et dans les statistiques officielles. Pourtant, grâce à l'aide de ma collègue infographiste Maria Westholm, j'étais en mesure de prouver que le véritable chiffre était beaucoup plus élevé. Quand on additionne les émissions issues de la consommation et de la combustion de biomasse, le total est plus proche de 150 millions de tonnes, soit le triple du chiffre officiel. Et cela ne tient pas compte, par exemple, des émissions des fonds de pension investis dans les énergies fossiles ou des émissions liées au charbon de l'entreprise publique d'énergie, qui a des activités à l'étranger.

J'ai discuté avec des scientifiques, des spécialistes du lien entre justice internationale et transition climatique. Ils m'ont affirmé que la Suède aurait besoin d'un taux de baisse à deux chiffres chaque année pour s'approcher de sa juste part de la transition. Et si, à l'instar de la Suède, tous les pays ne fixent pas avec exactitude leurs objectifs, à quel réchauffement climatique mondial faut-il s'attendre ? Selon eux, de 2,5 °C à 3 °C. Et faut-il encore que nous réussissions à atteindre ces objectifs, ce qui est assez peu probable : l'agence publique suédoise de protection environnementale, dans son évaluation de la politique climatique de l'État, a montré que les stratégies actuelles n'arrivaient qu'à mi-chemin d'une cible déjà très insuffisante.

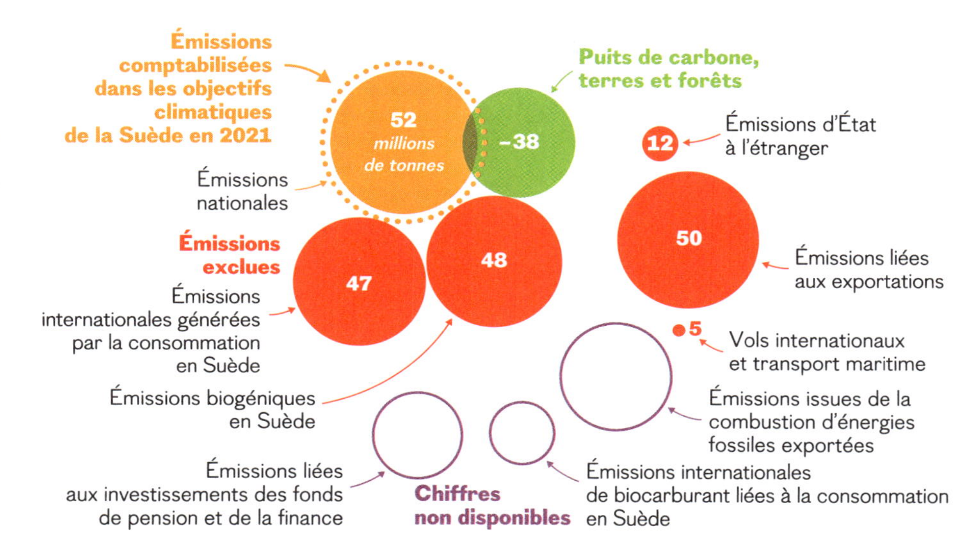

Figure 1 : Moins d'un tiers des émissions suédoises sont comptabilisées dans ses objectifs climatiques (chiffres de 2018).

Et ce n'était qu'un premier aperçu des lacunes. Le mot « neutralité », dans la formule « neutralité d'ici à 2045 », permet à la Suède d'émettre jusqu'à 10 millions de tonnes de gaz à effet de serre par an *après* 2045. L'État veillerait à la « compensation » de ces émissions de CO_2 principalement par des formes très critiquées d'investissements climatiques à l'étranger – on les appelle « compensation carbone » – ou par des « solutions » techniques comme la bioénergie associée à la captation et au stockage du CO_2, qui sont loin d'être prêtes au déploiement à grande échelle et qui entraînent d'autres problèmes, notamment un recul de la biodiversité.

Dans la mesure où la majorité de mes collègues et de mon lectorat se désintéressaient du climat, comme c'était mon cas quelques années plus tôt, la publication de mon article pendant l'été est passée inaperçue. Même quand l'enquête a été primée « Meilleur article de l'année sur le climat » par le journal suédois *Aftonbladet*, ses conclusions ont été négligées. Cette même semaine, plusieurs médias dont mon journal ont publié de grandes enquêtes sur les propositions climatiques des partis politiques suédois, à l'approche d'une élection. Aucun d'entre eux n'a repris les chiffres de mon enquête, préférant mesurer les propositions à l'aune de la neutralité carbone promise pour 2045. Personne n'a indiqué aux lecteurs ou aux téléspectateurs que l'objectif était fondamentalement insuffisant.

Quasi simultanément, pendant la COP 26, à Glasgow en novembre 2021, le *Washington Post* a montré qu'à l'échelle internationale, tout aussi délibérément, la feuille de route pour faire face à la crise climatique était complètement indigente. Cette enquête a révélé que l'écart était béant entre les émissions déclarées par les pays aux Nations unies et les émissions réelles de gaz à effet de serre : entre 8,5 et 13,3 milliards de tonnes par an, soit 16 à 23 % d'émissions non recensées, la fourchette haute équivalant presque aux émissions annuelles de la Chine.

Pages suivantes : L'aciérie de Magnitogorsk, au centre de la Russie. Plus d'une personne sur sept, dans cette ville de 420 000 habitants, travaille pour l'aciérie, qui a produit 11,3 millions de tonnes d'acier en 2019, quasiment le double de la production britannique cette même année.

« En fin de compte, tout relève de l'imaginaire, a déclaré le scientifique Philippe Ciais au journal. Car entre ce qui est déclaré et les émissions réelles il y a un monde. »

L'une des journalistes du *Washington Post*, Anu Narayanswamy, a conclu : « Si nous calculons mal les émissions aujourd'hui, les politiques que nous devrions mener ces cinquante prochaines années seront fondées sur ces chiffres erronés. Par conséquent, dans cinquante ans, la situation sera bien pire que l'anticipent nos modèles ou prédictions. »

La mission la plus cruciale d'un journaliste est de donner à son lectorat les informations dont il a besoin, en particulier pour qu'ils et elles puissent prendre des décisions démocratiques éclairées. Nous avons des décennies de retard sur le traitement médiatique du climat, et seul une poignée de journalistes voient le climat et la crise écologique comme un sujet qui les concerne. L'élaboration d'une feuille de route en bonne et due forme ne fait que commencer. /

Le mot « neutralité », dans la formule « neutralité d'ici à 2045 », permet à la Suède d'émettre jusqu'à 10 millions de tonnes de gaz à effet de serre par an *après* 2045.

4.4

Nous n'avançons pas dans la bonne direction

Greta Thunberg

À l'automne 2021, la plus grande usine au monde de captage de CO_2 directement dans l'air a ouvert ses portes en Islande. Si tout se passe comme prévu et que cette infrastructure, Climeworks Orca, fonctionne sans subir de revers, elle sera capable – à en croire les calculs du scientifique du climat Peter Kalmus – de capter l'équivalent d'environ trois secondes des émissions de CO_2 mondiales par année. Le captage et le stockage de carbone sont des éléments essentiels de la stratégie à laquelle nous semblons nous en remettre aveuglément pour maintenir les conditions futures de la vie telle que nous la connaissons. À cela s'ajoute l'abattage des arbres, des forêts, des cultures et d'autres organismes biologiques vivants afin de les expédier à l'autre bout du monde, où ils seront brûlés pour produire de l'énergie pendant que nous captons le carbone dans d'énormes cheminées avant de le transporter et de l'enfouir sous terre, ou dans des grottes sous le plancher océanique. Ce processus – connu sous le nom de bioénergie avec captage et stockage de carbone ou BECSC – est bien sûr tout bénéfice pour les responsables politiques, puisque les fortes émissions liées à la combustion du bois sont exclues de toutes les statistiques.

Dans les décennies à venir, ces trois secondes en Islande devront être transformées en des périodes de temps significativement plus longues. Et quand je dis significativement, je veux dire très, très, très significativement plus longues. Je ne parle pas de transformer des secondes en minutes, en heures ni même en jours. Il s'agirait d'en faire des semaines d'ici le milieu du siècle ou même avant. Lorsque nos responsables affirment que « nous pouvons encore réussir », ils incluent bien entendu cette extension des secondes à des semaines entières. Le fossé qui sépare la rhétorique du captage de carbone et la réalité de la situation est si vaste que cela semble presque une plaisanterie. Une fois encore, les dirigeants font illusion à cause du seuil douloureusement bas de l'intérêt du public et du niveau de conscience général.

Si les personnes au pouvoir étaient un tant soit peu honnêtes à propos de leurs stratégies pour rester sous la barre de 1,5 °C ou même 2 °C de hausse moyenne de la température, ils injecteraient de l'argent dans des projets tels que cette usine en Islande et d'autres feraient leur apparition dans tous les pays, les États, les provinces et les municipalités, partout dans le monde. Tous leurs plans, leurs engagements dépendent de cette technologie et ce n'est pas comme si elle était innovante – elle existe depuis de très, très nombreuses années. Pourtant à peine une vingtaine de petites usines de captage et stockage sont en fonctionnement dans le monde, dont il a été montré pour certaines qu'elles émettent plus de CO_2 qu'elles n'en captent.

Nous ne pouvons pas simplement nous sortir de la crise climatique et environnementale à coups d'achats, d'investissements ou de constructions. Cela dit, l'argent reste, il est vrai, le nerf de la guerre. L'investissement est vital. Les ressources financières doivent être fléchées sur les meilleures solutions, adaptations et restaurations à notre disposition autant qu'il est possible de les trouver. Mais les fonds semblent toujours aller ailleurs.

L'argument éculé selon lequel « nous n'avons pas les moyens » a été maintes fois démenti. À en croire le Fonds monétaire international, la production et la combustion de charbon, de pétrole et de gaz fossile ont été subventionnées à hauteur de 5 900 milliards de dollars rien qu'en 2020. Soit 11 millions de dollars qui chaque minute sont destinés à la destruction de la planète. Durant la pandémie de Covid-19, les gouvernements, partout dans le monde, ont mis en place des plans de sauvetage financier sans précédent. Ces plans ont été considérés comme une occasion inespérée de remettre l'humanité sur une voie toute neuve, en direction d'un paradigme économique plus durable. On a parlé de « notre dernière chance pour éviter une catastrophe climatique », les investissements étaient si énormes que leurs conséquences à venir seraient pour nous quasiment impossibles à défaire si par malheur le financement était légèrement mal employé.

Cependant, en juin 2021, l'Agence internationale de l'énergie a conclu que, sur ce plan de sauvegarde mondial historique, à peine 2 % avaient été injectés dans l'énergie verte, quel que soit le sens de « verte » en l'occurrence. Au sein de l'Union européenne, par exemple, ces 2 % ont bien pu être dépensés en gaz fossile acheté à la Russie de Poutine ou en combustion de biomasse à base de forêts rasées – puisque ces activités, comme beaucoup d'autres, sont pour l'heure considérées comme « vertes » dans la toute nouvelle taxonomie européenne.

Donc ces fonds n'ont pas été « légèrement mal employés » ; nos responsables ont totalement échoué. Et ils persistent, malgré toutes leurs belles paroles et leurs merveilleux engagements, ils n'avancent pas dans la bonne direction. En fait, nous continuons de développer nos infrastructures pour les combustibles fossiles sur l'ensemble de la planète. Dans de nombreux cas, nous accélérons même le processus. La Chine prévoit de construire quarante-trois nouvelles centrales à charbon en plus des milliers déjà en activité. Aux États-Unis, les accords autorisant les forages pour le pétrole et le méthane sont partis pour atteindre leur plus haut niveau depuis la présidence de George W. Bush. La production pétrolière explose partout dans le monde : de nouveaux gisements pétroliers sont exploités, des pipelines sont construits, de nouvelles licences pétrolières sont mises aux enchères et la quête pour de nouveaux sites de production se poursuit. Même l'usage du charbon se développe – la quantité globale d'électricité produite au charbon a accédé en 2021 à un niveau jamais atteint. Les prévisions générales pour 2022 évoquent des émissions de plus en plus hautes de CO_2.

Deux ans se sont écoulés depuis le début de ce que l'on appelle « la décennie décisive » – un cinquième du chemin est derrière nous. Si nous voulons avoir une chance, même minime, de rester sous l'objectif de 1,5 °C, nos émissions doivent subir une baisse sans précédent. Mais au lieu de ça, en 2021, nous avons assisté à la deuxième plus forte hausse jamais enregistrée. Et cela ne s'arrête pas. Un rapport de l'ONU daté de septembre 2021 affirme qu'il faut s'attendre à voir s'accroître les émissions de 16 % d'ici 2030 par rapport aux niveaux de 2010. Ajoutez à cela le fait qu'à 1,2 °C de réchauffement nous voyons déjà des retours qui n'apparaissaient pas tout à fait sur les voies scientifiques. À en croire le service de surveillance de l'atmosphère de l'Union européenne Copernicus, les incendies sur toute la planète en 2021 ont créé l'équivalent de 6 450 mégatonnes de CO_2. C'est 148 % plus haut – c'est-à-dire plus du double – que la totalité des émissions des combustibles fossiles de toute l'Union européenne en 2020.

Donc, somme toute, l'infrastructure de captage de carbone en Islande a intérêt à changer d'échelle, et rapidement – et même à fournir un effort qui ridiculiserait la totalité des entreprises humaines du passé. Pourtant, ce n'est clairement pas ce qui est en train de se produire, et cela n'a aucun sens. Pourquoi entretenir cette idée que cette technologie sous-développée pourrait être un substitut pour la réduction immédiate et radicale dont nous avons besoin ? Pourquoi parier la survie de notre civilisation tout entière dessus sans consentir le moindre effort pour la faire fonctionner ? Pourquoi inciter le monde à s'imaginer une solution potentielle de façon aussi réaliste, au point que nous l'incluons dans tous les scénarios futurs possibles, sans pour autant investir dedans ? Serait-ce parce que cette solution n'a jamais été censée fonctionner à cette échelle ? Qu'elle a simplement été utilisée – une fois de plus – pour détourner l'attention et retarder toute action climatique significative, afin que les entreprises de combustibles fossiles puissent poursuivre leurs affaires comme si de rien n'était et continuent de remporter des sommes faramineuses un peu plus longtemps encore ?

Quoi qu'il en soit, il est évident que la technologie seule, malheureusement, ne nous sauvera pas. Et ce sont les lobbyistes, les champions des intérêts des économies à court terme, qui occupent le siège du conducteur dans notre société.

Dans les chapitres qui suivent, les scientifiques et les experts nous montrent à quel point nos actions sont éloignées des véritables solutions, qu'il s'agisse de la version greenwashing du consumérisme durable, de l'échec à nous adapter aux sources d'énergie renouvelable ou à abandonner les énergies fossiles, de notre désir d'ignorer les questions d'équité et de justice. Nous verrons dans ces pages à quel point la situation est grave et comme nous sommes encore loin de nous saisir des solutions évidentes. Les entreprises, les hommes politiques ont tant fait pour utiliser les fausses solutions afin de préserver le *statu quo*. Pourtant, les véritables réponses sont devant nous. /

4.5

La persistance des énergies fossiles

Bill McKibben

L'énergie est le cœur brûlant de la crise climatique : notre système actuel, qui repose sur la combustion d'énergies fossiles, fait constamment grimper la température. Remplacer ce charbon, pétrole et gaz par autre chose est le plus grand défi de l'histoire humaine. Si le changement climatique est, à certains égards, un problème arithmétique, alors nos sources d'énergie sont les chiffres en question ; faire les bons calculs est notre seul espoir.

Jusqu'au XVIIIe siècle, les humains ont brûlé de petites quantités de combustible fossile ; le bois était à l'époque au centre de notre économie énergétique. En Angleterre, des inventeurs ont néanmoins trouvé comment alimenter des moteurs au charbon, ce qui a ouvert la voie à la révolution industrielle. Les populations ont bien sûr remarqué la pollution qui accompagnait toute cette combustion – les villes étouffaient sous la fumée, qui, aujourd'hui, tue 8,7 millions de personnes par an. C'est plus que le sida, le paludisme et la tuberculose réunis. Les gens ignoraient toutefois que le vrai problème leur était invisible. En brûlant 4 litres d'essence, soit 3,6 kilos environ, on émet 2,5 kilos de carbone, associé à deux atomes d'oxygène dans l'air pour produire environ 10 kilos de CO_2. C'est invisible, inodore et ça ne nous fait aucun mal directement. En revanche, comme la structure moléculaire du CO_2 piège la chaleur qui devrait normalement rayonner vers l'espace, le réchauffement de la Terre a commencé.

Nous avons brûlé suffisamment de ces combustibles fossiles pour faire passer la concentration de CO_2 dans notre atmosphère de 275 parties par million (ppm) avant la révolution industrielle à environ 420 ppm aujourd'hui. Autrement dit, nous piégeons chaque jour l'équivalent en chaleur de 500 000 bombes sur Hiroshima. Ça ne devrait donc pas nous surprendre que les banquises fondent, que le niveau des océans monte et que les ouragans soient de plus en plus violents.

Afin de ralentir ou d'interrompre le changement climatique, nous devons cesser de brûler des énergies fossiles, mais c'est difficile pour trois raisons.

La première, c'est que les combustibles fossiles sont une matière miraculeuse, autant dire des rayons solaires concentrés. Au fil de centaines de millions d'années, le soleil a produit de vastes forêts, des océans remplis de plancton et des plantes qui ont nourri des centaines de milliards d'animaux. À leur mort, leurs carcasses se sont décomposées jusqu'à finir compressées sous forme de charbon, gaz et pétrole.

En l'espace de deux siècles, nous avons procédé à l'extraction et à la combustion de ce passé. C'est comme vivre sur une planète qui a de nombreux soleils, une planète débordante d'énergie. Un seul baril de pétrole (159 litres) peut accomplir autant qu'un homme qui travaillerait 25 000 heures. Autrement dit, les utilisations possibles des énergies fossiles nous ont fourni, en Occident, l'équivalent de dizaines de domestiques. Pour la première fois, nous avons pu nous déplacer et acheminer nos affaires facilement sur de longues distances ; prolonger la lumière du jour bien après le coucher du soleil ; réchauffer et rafraîchir grâce à un simple interrupteur. Les énergies fossiles ont donné naissance au monde tel que nous le connaissons. C'est bien dommage qu'elles le détruisent du même coup.

Heureusement, les scientifiques et les ingénieurs ont *in extremis* trouvé une solution de remplacement. Au milieu du XXe siècle, des chercheurs ont construit les premiers panneaux solaires, conçus pour les vaisseaux spatiaux, car il serait évidemment impossible de brûler du charbon en orbite. Les premiers modèles étaient néanmoins bien trop coûteux pour faire concurrence aux combustibles fossiles. Au fil du temps, leur prix a progressivement baissé et depuis les années 2010 le coût de l'énergie solaire s'est effondré. L'énergie éolienne a suivi le même chemin, à mesure que les ingénieurs ont appris à construire des turbines bien plus grandes et même à les faire flotter en mer. Aujourd'hui, les batteries qui permettent de stocker l'énergie quand le soleil se couche ou quand le vent se calme sont aussi de moins en moins chères. Selon les économistes, à chaque fois que nous doublons l'énergie solaire sur Terre, son coût chute de 30 %, tout simplement parce que nous apprenons à la fabriquer plus efficacement.

C'est tout le contraire des énergies fossiles : le pétrole, le gaz et le charbon ne coûtent pas moins cher au fil du temps, car nous avons déjà exploité l'essentiel des gisements accessibles : autrefois, les foreurs au nord du Texas tombaient sur des « puits éruptifs » desquels jaillissait du brut, alors qu'aujourd'hui, il faut forer des puits de plusieurs kilomètres de profondeur dans l'océan ou chauffer des « sables bitumineux » pour que ce magma puisse s'écouler dans les oléoducs. À ce stade, les énergies renouvelables sont les moins chères presque partout sur Terre, sans même prendre en compte l'immense coût économique de la surchauffe planétaire.

On pourrait imaginer une transition rapide vers les énergies renouvelables et elle s'amorce en effet, mais jusqu'à présent elle est bien trop lente pour compenser les dégâts du réchauffement mondial.

C'est en partie un problème d'inertie, deuxième motif de notre lenteur. Notre système est organisé autour des énergies fossiles – il y a environ 1,446 milliard de véhicules sur les routes dans le monde. Mon pays, les États-Unis, en compte 282 millions. Presque tous ces véhicules ont un moteur à essence ou au diesel ; il existe un réseau sans fin de raffineries, de canalisations et de stations-service pour assurer leur fonctionnement. C'est donc une très bonne nouvelle que les ingénieurs aient inventé les véhicules électriques, qui sont préférables sur de nombreux points aux machines à combustion interne : ils sont plus silencieux, nécessitent moins de pièces détachées, etc. Malgré tout, il faudra sans doute des décennies avant que les voitures à essence ne disparaissent d'elles-mêmes et on ne peut attendre des décennies si nous voulons remédier au changement climatique. Et les voitures qui fonctionnent aux énergies fossiles devraient être relativement faciles à remplacer, car leur durée de vie moyenne est d'une dizaine d'années.

Les pouvoirs publics commencent à encourager ces voitures électriques et à subventionner leur achat ; les constructeurs les commercialisent progressivement. Surmonter l'inertie semble possible. Pensez toutefois aux chaudières qui se trouvent au sous-sol des maisons du monde entier : elles ont souvent une durée de vie de trente ou quarante ans. Il faudra une action gouvernementale bien plus concertée pour accélérer leur remplacement.

L'inertie n'est pourtant pas le plus grand problème. L'autre souci – la troisième raison pour laquelle nous progressons trop lentement – a pour nom les intérêts personnels. Il va de soi que l'énergie renouvelable est plus logique que les énergies fossiles : elle coûte moins cher, elle est moins polluante, elle est accessible partout. Ces arguments n'ont en revanche aucun poids pour un groupe d'êtres humains en particulier : ceux qui sont propriétaires de puits pétroliers ou de mines de charbon. Pour eux, l'avènement des énergies renouvelables est une catastrophe, car si elles se développent trop vite ils n'auront jamais l'occasion d'extraire et de vendre ce qu'il reste de leurs réserves d'hydrocarbures.

Et ces propriétaires de l'industrie des énergies fossiles ont énormément d'influence dans notre sphère politique. Jusqu'à récemment, ExxonMobil était la plus grande entreprise au monde. Des pays entiers – la Russie ou l'Arabie saoudite, par exemple – sont pour ainsi dire des pétro-États, car ils tirent des hydrocarbures l'essentiel de leurs revenus et de leur puissance. Les plus grands bailleurs de fonds de toute l'histoire des États-Unis, les frères Koch, étaient aussi les plus grands magnats du pétrole et du gaz. Le sénateur américain Joe Manchin, qui détient à Washington le record de dons reçus du secteur des énergies fossiles, et qui a lui-même investi des millions dans le charbon, a été en mesure, à lui seul, de faire réécrire la loi américaine sur le climat en 2021. Dans des pays riches où le niveau d'études est élevé, notamment le Canada et l'Australie, il existe des régions très influentes sur la scène politique, comme l'Alberta et le Queensland, qui sont sous la férule des groupes houillers et pétroliers.

L'industrie des combustibles fossiles a résolument tiré parti de son pouvoir pour retarder l'action. Comme le souligne Naomi Oreskes dans la première partie, de grandes enquêtes journalistiques ces dernières années ont prouvé que les entreprises pétrolières avaient parfaitement connaissance du réchauffement climatique dans les années 1970. Les scientifiques d'ExxonMobil ont su prédire avec une grande exactitude la hausse des températures jusqu'à 2020. Et les cadres dirigeants les ont crus : ils ont par exemple commencé à construire des plateformes de forage plus hautes pour compenser la montée du niveau de la mer qui leur avait été annoncée. Dans l'ensemble du secteur, au lieu d'expliquer le dilemme à la communauté internationale, les dirigeants ont fait le choix inverse : ils ont engagé une petite armée de communicants, dont certains avaient travaillé pour les cigarettiers, afin de mettre en doute les données scientifiques auprès du grand public. Cette stratégie a très bien fonctionné : pendant près de trente ans, le monde s'est enlisé dans un débat stérile sur la « réalité » du réchauffement climatique, alors même que les deux camps savaient pertinemment qu'il existait. C'est simplement que l'un des deux camps était prêt à mentir ; son mensonge nous a coûté ce qui nous manquait déjà : le temps.

L'industrie des énergies fossiles continue à faire pression, à faire du greenwashing, à procrastiner. Aujourd'hui, ses représentants font toutefois face à un mouvement populaire de grande ampleur qui, par exemple, a persuadé des institutions de se désengager du secteur, ce qui complique la levée de capitaux. D'autres militants ont bloqué des oléoducs et des dépôts de charbon. L'amorce du changement est là, mais sera-t-il assez rapide ?

Ces transformations ne seront pas parfaites, d'ailleurs : il n'y a pas de production d'énergie sans coût humain et environnemental. Il faudra veiller à empêcher les mauvais traitements dans le cadre de l'extraction des minerais nécessaires à la production de panneaux solaires et de batteries. Et certaines personnes n'aiment pas la vue des éoliennes, mais d'autres les trouvent belles, à la fois parce qu'elles matérialisent le vent et qu'elles montrent que les gens assument à l'échelle locale la responsabilité de l'énergie consommée. Il y a d'autres avantages potentiels aux énergies renouvelables : comme les énergies fossiles sont concentrées dans quelques régions du monde, ceux qui en ont la mainmise ont trop de pouvoir – citons le roi de l'Arabie saoudite. Le soleil et le vent sont en revanche omniprésents, c'est pourquoi ils permettront d'atténuer au moins l'injuste répartition du pouvoir. Et songez au milliard d'êtres humains, surtout en Afrique, qui n'ont toujours aucun accès à l'énergie moderne : les Nations unies estiment que 90 % d'entre eux auront pour la première fois l'électricité grâce aux sources renouvelables, car installer des panneaux solaires en périphérie d'un village reculé est beaucoup moins cher et beaucoup plus facile que de prolonger le réseau électrique traditionnel jusqu'à ces régions isolées.

Quand on y pense, il est tout à fait miraculeux de vivre à une époque où le moyen le plus aisé de produire de l'électricité est d'orienter une plaque de verre face au soleil. Je me suis rendu dans des villages où les habitants ont, pour la première fois, de petits réfrigérateurs pour stocker les vaccins (et des crèmes glacées), et assez de lumière pour que les enfants fassent leurs devoirs le soir. C'est de la magie digne de Harry Potter, et si nous étions intelligents et bienveillants nous ferions en sorte de déployer cette nouvelle technologie partout, ces dix prochaines années. Ça ne suffirait pas à arrêter le réchauffement climatique, c'est déjà trop tard, mais c'est ce que nous pouvons faire de mieux pour le ralentir et donner une chance à l'humanité.

Et comprendre d'où vient notre énergie nous rappellera peut-être qu'il ne faut pas la gaspiller. Les voitures électriques sont une solution de dépannage, en quelque sorte, en attendant d'avoir mis en place des réseaux de transport public (électrique). Si nous nous servons de l'énergie renouvelable bon marché pour construire des maisons encore plus grandes et les remplir d'encore plus de bazar, alors nous continuerons d'épuiser les fermes et les forêts du monde, nous continuerons à tuer les animaux. La transition énergétique est peut-être la crise à régler le plus rapidement, mais c'est loin d'être le seul danger qui nous guette.

Malgré tout, ne sous-estimons pas le potentiel de la période actuelle. Voyons les choses ainsi : il est temps pour nous d'arrêter de brûler des choses à la surface de la Terre. Nous ne devrions pas creuser pour trouver du charbon, du gaz et du pétrole afin de le consumer. C'est dégoûtant, dangereux et déprimant. Tirons plutôt parti de la boule de feu qui se trouve à 149 millions de kilomètres de nous. Choisissons l'énergie venue des cieux, pas de l'enfer ! /

La transition vers les énergies renouvelables est bien trop lente pour compenser les dégâts du réchauffement mondial.

4.6

L'avènement des énergies renouvelables

Glen Peters

Avant 1800, nous tirions surtout notre énergie de la force humaine et animale ; ensuite, nous sommes passés à la combustion de bois. Et depuis, les énergies fossiles ont pris le dessus et les émissions mondiales de CO_2 ont sans cesse augmenté, cette croissance étant étroitement liée à l'avènement de la prospérité. Pendant deux cents ans, les émissions mondiales de CO_2 ont régulièrement augmenté à raison de 1,6 % par an. Le déploiement rapide, ces derniers temps, des sources d'énergie non fossiles – la biomasse, l'énergie hydraulique, le nucléaire, les énergies solaire et éolienne – n'a pas réussi à tenir le rythme de la demande croissante d'énergie. Par conséquent, la part des énergies non fossiles est restée autour de 22 % pendant plusieurs décennies, même si elle progresse lentement ces dernières années grâce à la croissance des énergies solaire et éolienne, et même si elle est à son niveau le plus élevé depuis les années 1950 (fig. 1).

Ces chiffres d'ensemble cachent une situation bien plus complexe. Dans les pays à revenu élevé, les émissions de CO_2 sont en baisse – au rythme de 0,7 % par an aux États-Unis et de 1,4 % par an dans l'Union européenne depuis dix ans. Nous nous intéressons toutefois au développement et non à la politique climatique. Les pays à revenu élevé, du moins dans l'ensemble, ont atteint un niveau de vie confortable. Leur consommation d'énergie s'est stabilisée et baisse parfois. Leur infrastructure énergétique est ancienne, et leur politique relative à l'énergie et au climat confère au solaire et à l'éolien des prix concurrentiels. À mesure que leurs centrales au charbon arrivent en fin de vie, et dans la mesure où la consommation d'énergie est stable, le déploiement du solaire et de l'éolien dans ces pays remplace en grande partie leur infrastructure énergétique vieillissante. Pendant ce temps, ces pays bénéficient aussi des chaînes logistiques mondiales, grâce auxquelles l'importation de biens de consommation allège la pression sur leur système énergétique et leurs émissions.

La réalité est tout autre pour les pays à revenu moyen et faible. Leur niveau de vie est, dans l'ensemble, très inférieur à celui de l'Europe et des États-Unis. Pour l'améliorer, la consommation d'énergie est en forte croissance. L'infrastructure énergétique de ces pays est récente. La croissance rapide des énergies solaire et éolienne ne suffit pas à absorber la demande énergétique et, par conséquent, la consommation d'énergies fossiles et les émissions de CO_2 continuent d'augmenter.

ɡure 1 :
nergie mondiale
ɔuis 1850 (en
ɹt). On observe
ɔrépondérance
ꞩ énergies
siles et
nergence
ente des
ırces d'origine
ı fossile.
nergie, telle
elle est
nptabilisée
nt toute
ısformation
une forme
ondaire ou
tiaire, est
elée « énergie
naire ». Les
issions de CO_2
bas) sont
ıcipalement
ıes des sources
siles, mais aussi
la biomasse et
ꞩ modifications
l'occupation
ꞩ sols (non
résentées).
biomasse
souvent
ssée neutre
carbone dans
statistiques
ses émissions
t affectées au
ngement des
cks forestiers
carbone mais,
ɔng terme, la
énergie ne peut
e mise de côté,
la combustion
bois était la
mière source
nergie avant
énergies
siles.
ant 1850, il faut
si tenir compte
l'énergie
naine et
nale.

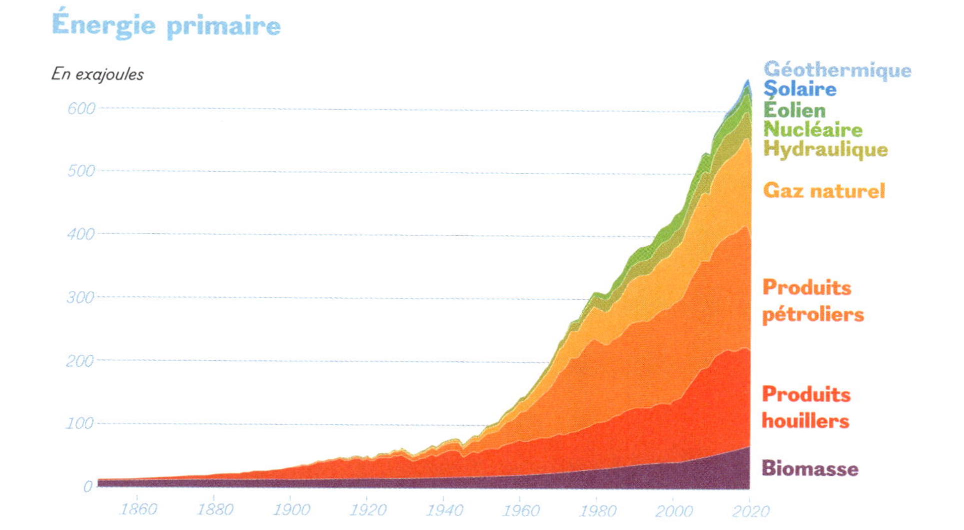

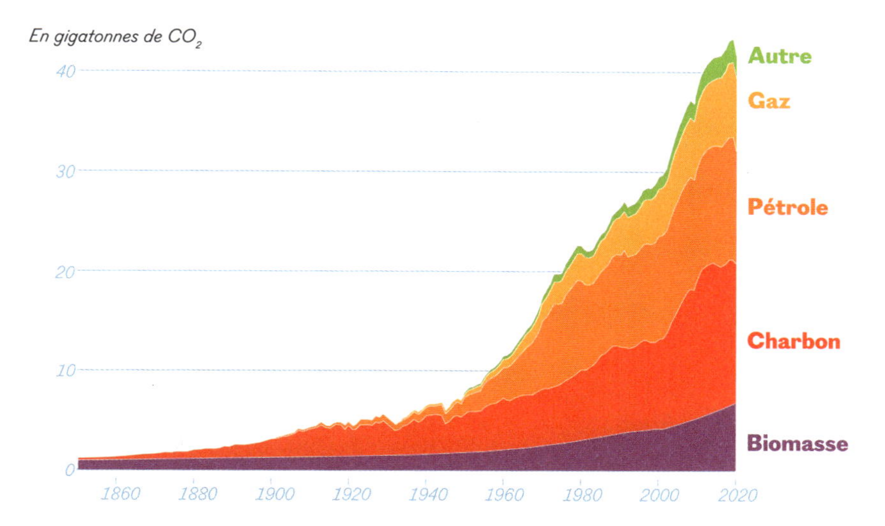

Ce n'est pas que les pays à revenu moyen et faible ne savent pas stabiliser et réduire leurs émissions. Souvent, ils figurent parmi les meilleurs élèves au monde pour ce qui est du déploiement de technologies propres. Leur contexte est tout simplement différent.

Depuis les années 2010, les émissions mondiales de CO_2 semblent s'approcher de leur pic (fig. 1). Ce pic potentiel représente un tiraillement entre la baisse des émissions dans les pays à revenu élevé et la hausse des émissions dans les pays à revenu moyen et faible. Le monde s'approche peut-être du jour où ces forces contraires s'équilibreront. À certains égards, on pourrait y voir un progrès, mais c'est un progrès qui ne suffirait pas à respecter nos ambitieux objectifs climatiques.

Cette lutte acharnée a aussi lieu entre le déclin des énergies fossiles et l'ascension des énergies non fossiles, telles que le solaire et l'éolien (fig. 1). Ces deux énergies renouvelables connaissent un fort accroissement dans de nombreux pays, quel que soit le niveau de revenu. On observe la même chose avec certaines technologies propres telles que les voitures et les bus électriques. La part des sources d'énergie non fossiles par rapport à l'ensemble du système amorce une augmentation pour la première fois depuis plusieurs décennies et elle atteint maintenant un niveau inédit depuis les années 1950, quand le recours à la biomasse (c'est-à-dire faire brûler du bois) était généralisé. C'est une avancée positive, mais loin d'être suffisante.

La progression de la crise climatique ne nous laisse pas le temps d'observer la lente sortie mondiale des énergies fossiles. Le simple constat mathématique présenté sous l'angle du « budget carbone » montre qu'on ne pourra utiliser des combustibles fossiles que pendant quelques décennies supplémentaires, jusqu'en 2050 environ, à moins que des technologies soient mises au point pour éviter l'émission de CO_2 due aux énergies fossiles (captage et stockage de carbone) ou en prélevant le CO_2 de l'atmosphère. Aucune de ces deux technologies n'est fonctionnelle à ce jour. Et comme les usines ou les centrales alimentées aux combustibles fossiles ont une durée de vie de cinquante ans ou plus, ça signifie que les infrastructures construites actuellement (ou récemment) dans les pays à revenu moyen ou faible devront être mises à l'arrêt avant leur fin de vie.

Si les transitions énergétiques ont toujours été lentes, ce n'est pas une fatalité. Les mouvements sociaux et politiques peuvent s'associer au développement technologique afin d'accélérer l'indispensable transition énergétique. Les outils de base existent : le monde sait créer de l'électricité grâce au solaire et à l'éolien, stocker l'énergie dans des batteries ou de l'hydrogène, et créer des transports non polluants. Il faut toutefois noter que dépolluer le système énergétique n'est pas uniquement un problème technique. Ça ne se résume pas à arrêter de brûler des énergies fossiles et à les remplacer par des sources renouvelables. Chaque aspect du système de production sur lequel repose notre vie est inséparable de la production d'énergie et donc des émissions de CO_2 – de la simple communication aux aliments essentiels en passant par le logement –, et même les nouvelles sources d'énergie ont des coûts environnementaux et entraînent des émissions. Nous pouvons utiliser de l'électricité, de l'hydrogène ou des biocarburants pour faire rouler nos véhicules par exemple, mais les trois sont susceptibles de créer des émissions considérables pendant leur production ou leur acheminement. Le solaire et l'éolien ne produisent aucune émission lorsqu'ils fonctionnent, mais leur fabrication consomme de l'énergie. Résoudre le problème climatique exige par conséquent d'adopter une perspective systémique. Cela concerne tous les aspects de notre vie à un moment ou un autre. Résoudre le problème exige d'alléger la pression que nous exerçons sur le système, ce qui sous-entend d'adopter un mode de vie qui dépend moins de la consommation matérielle.

Une fois le problème diagnostiqué, il faut identifier les mesures à prendre. Trop longtemps, la tentation a été forte de chercher la solution pratique parfaite, afin de respecter les objectifs climatiques, notamment par une tarification du carbone ou un mécanisme de quotas d'émissions. La réalité est plus complexe. Les pays ont des situations différentes, des régimes politiques différents et des contextes différents. Concrètement, ils doivent mettre en œuvre les stratégies et incitations qui fonctionnent de leur point de vue, même si elles sont très imparfaites. Cette mosaïque de stratégies et d'incitations est un cauchemar pour les économistes, car la question climatique ne nous accorde pas le temps nécessaire pour trouver la solution concrète acceptable pour tous.

La transition énergétique va être douloureuse pour certains et en récompensera d'autres. C'est inévitable, mais le monde compte moult exemples de ces transformations radicales. Des chevaux à la voiture, des machines à écrire aux ordinateurs, des lignes téléphoniques fixes aux téléphones mobiles, de l'essence aux voitures électriques, des énergies fossiles aux énergies renouvelables. Les pays et les entreprises qui tireront leur épingle du jeu seront ceux qui amorcent et conçoivent la transition, par opposition à ceux qui cherchent à s'accrocher au passé. Il incombe aux gouvernements de protéger et d'aider les victimes collatérales de la transition énergétique (par exemple les mineurs de charbon), mais pas ceux qui font le choix de l'entraver, comme certaines puissantes entreprises.

Le délai pour mettre en œuvre la transition énergétique se resserre. Pour y arriver, nous devons mobiliser tous les outils à notre disposition. La technique a peu de chances de résoudre à elle seule le problème, tout en sachant que les technologies entraînent aussi leur lot de risques et de difficultés. Les changements d'habitudes ont aussi, indépendamment d'autres mesures, peu de chances de résoudre le problème, mais ce n'est pas pour autant un angle à négliger. Les choix écologiques ont souvent d'immenses bénéfices, notamment une amélioration de la santé et du bien-être, ainsi que de l'équilibre entre vie privée et vie professionnelle. Les seules mesures politiques risquent également d'être insuffisantes, car les gouvernements sont souvent coincés par les avis contradictoires de l'électorat, les lobbyistes et ce qu'il y a de plus favorable pour la société. C'est à l'intersection de ces trois axes que se situe le progrès : associer les changements techniques, comportementaux et politiques aboutira à une transformation sociétale qui nous épargnera les pires dangers de la crise climatique. /

Sources d'énergie non fossiles

Énergie solaire

L'énergie solaire a un immense potentiel. Ses coûts de production sont faibles, l'installation est rapide et le déploiement à la même échelle que les centrales électriques classiques est possible. En Allemagne, par exemple, 10 % de l'électricité est tirée de l'énergie solaire. L'inconvénient ? Il faut du soleil – ou du moins une journée peu nuageuse – pour produire de grandes quantités d'énergie. Pour être réellement efficace, le solaire doit donc être accompagné d'appareils de stockage électrique, par exemple des batteries. De cette manière, l'énergie peut être conservée pour compenser les périodes où sa production est faible ou nulle. Une autre difficulté vient du fait que l'énergie solaire à grande échelle nécessite beaucoup d'espace, c'est pourquoi l'emplacement choisi doit éviter tout potentiel dommage dans l'environnement immédiat. Il est notamment possible d'installer des panneaux solaires sur les bâtiments existants, où la préservation de la biodiversité n'est pas un sujet. Tous les toits et parkings pourraient devenir une source d'énergie solaire. /

Énergie éolienne

L'éolien est omniprésent, propre et bon marché. Et son coût baisse rapidement. La critique la plus fréquente, c'est que le vent ne souffle pas en permanence. C'est vrai, mais uniquement pour les petits réseaux électriques. Dans les réseaux nationaux ou régionaux, le vent souffle plus ou moins tout le temps. Pour l'éolien, le vrai défi du déploiement à grande échelle est la perturbation de la faune locale et l'impact sur les populations avoisinantes. Le choix de l'emplacement est crucial, comme dans le cas du solaire. Les parcs éoliens peuvent être construits près des grands axes routiers et des zones industrielles ou dans d'autres endroits où peu de gens seront affectés et où les conséquences pour la faune sont minimales, en mer notamment. La technologie facilite aussi les centrales mobiles en mer, ce qui réduit la fréquence des plaintes du genre « c'est très bien, mais pas chez moi ». /

Hydrogène vert

L'hydrogène est une source d'électricité et un carburant qui ne rejette que de l'eau lorsqu'il sert dans une pile à combustible. Toutefois, l'hydrogène existe rarement dans la nature, c'est pourquoi il doit être produit à partir d'autres sources, généralement du méthane ou de l'eau. Cette procédure consomme plus d'énergie qu'elle ne produit de carburant. L'avantage, c'est que l'hydrogène peut être stocké dans le temps sans déperdition.
Selon le magazine *New Scientist*, 96 % de l'hydrogène est actuellement produit à partir d'énergies fossiles, c'est donc actuellement loin d'être une énergie renouvelable ou une solution non fossile. En revanche, il peut aussi être fabriqué à partir d'eau et en utilisant des énergies renouvelables comme l'éolien et le solaire. C'est ce qui s'appelle l'hydrogène vert, qui peut remplacer les énergies fossiles dans certains cas, notamment si la source d'énergie ne peut pas être électrifiée ou si l'énergie doit être stockée pendant plus longtemps que ne le permet une batterie.
Reste que l'hydrogène vert nécessite une abondance d'énergie renouvelable, ce qui n'est pas un scénario réaliste à court terme. Il existe aussi « l'hydrogène rose » produit par électrolyse et l'énergie nucléaire, ainsi que « l'hydrogène bleu », qui est produit à partir d'énergies fossiles au moyen du captage et stockage de carbone. Dans la mesure où cette technologie est loin d'être au point à grande échelle, l'hydrogène conserve beaucoup d'inconvénients. Selon un rapport de Global Witness paru en 2022, une centrale d'hydrogène bleu au Canada, la « première en son genre », engendre plus de gaz à effet de serre qu'elle n'en capte. /

Énergie hydraulique

Les centrales hydroélectriques se servent d'un puissant débit d'eau pour créer de l'électricité. Selon l'Agence internationale de l'énergie, cette méthode a fourni 17 % de l'électricité mondiale en 2020.
Bien qu'il s'agisse d'une source d'énergie propre, son impact sur l'environnement local est considérable, car elle est néfaste pour la faune, les écosystèmes, et les populations humaines qui vivent près de ces centrales ou des réservoirs indispensables à la régulation du flux. /

Énergie nucléaire

L'électricité peut aussi être produite grâce au nucléaire, où des réacteurs procèdent à la fission atomique d'éléments comme l'uranium et le plutonium. Cette source d'énergie fiable et faible en carbone fournit environ 10 % de l'électricité mondiale actuellement.

L'énergie nucléaire présente néanmoins d'importants inconvénients en raison de sa complexité technique. Les centrales sont coûteuses et longues à construire. Les deux centrales construites le plus récemment en Europe de l'Ouest, Olkiluoto 3, en Finlande, et Hinkley Point, au Royaume-Uni, ont toutes deux connu de longs retards : quand le réacteur finlandais a enfin ouvert, à l'hiver 2021-2022, c'était à l'issue d'un chantier de seize ans. Même si ce délai pouvait être considérablement réduit, il serait difficile de remplacer les centrales nucléaires vieillissantes dans les délais imposés par nos objectifs climatiques.

Sur le plan de la sécurité, le nucléaire a révélé des désavantages alarmants, comme en témoignent les catastrophes de Fukushima, en 2011, et de Tchernobyl, en 1986. Le nucléaire présente aussi des risques de sécurité, car une centrale de ce type risque d'être ciblée en cas de guerre et d'attentat terroriste. La production et l'utilisation de cette énergie nécessitent une stabilité géopolitique.

Vient ensuite la question du stockage sans danger des déchets radioactifs qui sont produits, une question qui reste irrésolue au bout de soixante-dix ans. En raison de ses complications techniques, le nucléaire demeure une source limitée d'énergie mondiale. /

Énergie géothermique

L'énergie géothermique vient du cœur de la croûte terrestre. Elle peut servir à produire de la chaleur ou de l'électricité. Pour créer de l'électricité à partir de la géothermie, des puits profonds sont creusés jusqu'à accéder à la vapeur et à l'eau chaude qui actionneront les turbines productrices d'électricité.

Si l'énergie géothermique émet peu de carbone – elle produit environ 17 % des émissions de gaz fossile –, elle engendre d'autres émissions, comme le sulfure d'hydrogène et le dioxyde de soufre, deux gaz dont les effets néfastes sur l'environnement sont préoccupants.

L'électricité géothermique a aussi des limites géographiques, car elle n'est possible qu'à proximité de failles tectoniques : c'est pour cette raison qu'on la trouve notamment en Islande, en Californie, en Nouvelle-Zélande, en Indonésie, au Salvador et aux Philippines. /

Biomasse

L'énergie de la biomasse crée de l'électricité ou de la chaleur par la combustion du bois ou d'autres matériaux végétaux ou animaux, comme des cultures, de la tourbe, des algues, des déchets domestiques ou issus des abattoirs. La biomasse est considérée comme une énergie renouvelable, mais elle ne l'est réellement que si elle découle d'une agriculture et d'une industrie forestière durables à grande échelle, ce qui n'est pas le cas pour l'instant.

En outre, elle n'est renouvelable qu'à très longue échéance : il faut jusqu'à un siècle pour qu'un arbre pousse et de nombreux siècles pour qu'une forêt se reconstruise pleinement si elle a été rasée ; si tant est qu'elle s'en remette un jour. Par ailleurs, quand nous remplaçons des forêts par des plantations d'arbres, nous perdons une biodiversité et une résilience irremplaçables. L'inaptitude relative des plantations à piéger le carbone est un autre point négatif, tout comme le fait que ces plantations sont plus vulnérables aux incendies et aux maladies.

Le fait que la biomasse soit considérée comme renouvelable a déclenché une exploitation à grande échelle de cette source d'énergie, ce qui accélère la déforestation et le recul de la biodiversité. C'est une boucle de rétroaction négative provoquée par les humains et qui est aujourd'hui incontrôlable. Pour que la biomasse soit une source durable et renouvelable, nous devons réduire considérablement l'échelle de cette exploitation.

Actuellement, brûler du bois pour produire de l'énergie diffuse plus de CO_2 dans l'atmosphère que brûler du charbon, et le fait que ces émissions soient exclues de nos statistiques nationales et qu'elles soient jugées renouvelables a créé un vide juridique qui risque d'être catastrophique. /

D'AUTRES PISTES PROMETTEUSES :

- les économies d'énergie
- la fabrication moins énergivore de produits
- la consommation d'énergie à l'endroit et au moment de sa production

4.7

Les forêts à la rescousse

Karl-Heinz Erb et Simone Gingrich

Les forêts ont un rôle crucial à jouer dans l'atténuation de la crise climatique. Elles piègent le carbone et en stockent deux fois plus que l'atmosphère, et le bois qu'elles fournissent peut remplacer les produits et services très polluants. Les pays des Nords prévoient actuellement de développer le recours aux forêts comme source d'énergie et de produits à l'avenir, tout en captant davantage de carbone dans l'atmosphère. Cette approche risque pourtant de faire plus de mal que de bien.

On sait très bien qu'à l'échelle mondiale la déforestation contribue considérablement aux émissions de gaz à effet de serre, soit la production d'environ 13,2 gigatonnes en équivalent CO_2 par an. De nombreuses forêts tempérées et boréales sont toutefois des puits nets de carbone car, dans l'ensemble, ces forêts gagnent en superficie et en densité de carbone. Reste que cette expansion correspond souvent à des forêts industrielles en monoculture – des arbres qui poussent vite et sont destinés à être abattus – et non à des forêts primaires. C'est paradoxal, mais les hausses de l'absorption de carbone dans les forêts ont, dans plusieurs cas, coïncidé avec des hausses simultanées de l'abattage de bois. Comprendre comment et pourquoi c'est possible est crucial pour évaluer le rôle des forêts dans nos stratégies d'atténuation du changement climatique.

L'énigme peut être résolue en partant du principe que la capacité d'une forêt à absorber du carbone ne résulte pas uniquement de la gestion actuelle : au contraire, elle est fortement influencée par le passé. Les pratiques actuelles et historiques déterminent la quantité de carbone qu'une forêt piège donc la marge de manœuvre avant d'atteindre son potentiel de stockage. Au début du XIXe siècle, les forêts de nombreuses régions étaient à l'article de la mort tant elles avaient été exploitées. L'industrialisation a allégé la pression sur les zones forestières, grâce à l'avènement des énergies fossiles, au commerce international et à l'intensification de l'agriculture. Ainsi, les forêts pouvaient se reconstituer alors même que davantage de bois était abattu, tant que la quantité plantée était supérieure à celle coupée.

Il est essentiel toutefois de comprendre que les stocks de carbone dans les forêts ont augmenté non pas en raison mais en dépit des forts taux d'abattage. L'abattage d'arbres pousse les sols à émettre des gaz à effet de serre et il extrait le carbone des arbres en forêt. À l'échelle mondiale, les produits à base de bois correspondraient chaque année à 2,4 gigatonnes en équivalent CO_2 d'émissions liées à l'utilisation des sols. Par ailleurs, les stocks de carbone des forêts gérées par l'homme sont considérablement plus faibles que ceux des forêts primaires – en moyenne, de 33 % dans les zones tempérées, 23 % dans les forêts boréales et 30 % dans les régions tropicales.

Lorsqu'on abat du bois, il faut penser au carbone qui resterait piégé si nous laissions une forêt intacte. L'impact climatique de l'utilisation du bois dépend de la durée de vie des produits à base de bois. Cette « durée de vie » est généralement d'une cinquantaine d'années, alors que les arbres continueraient à piéger du carbone pendant des décennies voire des siècles s'ils n'étaient pas abattus. Pendant ce temps, brûler du bois pour en tirer de la bioénergie provoque plus d'émissions par unité d'énergie que les énergies fossiles, et ces émissions ne peuvent être réabsorbées que grâce à la reconstitution des forêts. L'atténuation du changement climatique a donc lieu uniquement lorsqu'une forêt repousse et qu'assez d'émissions ont été réduites, pour équivaloir à la quantité de carbone qui aurait été piégée si la forêt n'avait pas été exploitée. Dans les zones tempérées et boréales, ce délai d'équivalence peut être de plusieurs décennies, voire siècles. Que faut-il en déduire pour ce qui est des stratégies forestières d'atténuation du changement climatique ? On ne peut s'opposer à toute forme d'exploitation forestière. Le bois peut remplacer de nombreux produits qui engendrent beaucoup de gaz à effet de serre et réduire les déchets issus de matériaux comme le plastique. En revanche, le bois doit avant tout être utilisé pour des produits qui ont une longue durée de vie et conformément à des pratiques durables. L'approvisionnement en bois doit être fonction de la quantité d'arbres qui repoussent, si nous voulons éviter la déforestation ou la dégradation des forêts. La protection de la biodiversité doit constituer une limite supplémentaire. Dans un monde où la masse d'objets fabriqués par les humains est supérieure à la biomasse totale du vivant, nous devrions concentrer la transition sur la réduction de l'exploitation des ressources dans tous les pays industrialisés.

De plus, au vu de l'urgence qui caractérise la crise climatique, le délai d'équivalence pour la bioénergie issue des forêts est bien trop long. Dans l'UE, un quart à un tiers du bois abattu sert directement d'énergie. Si la législation européenne considère que la bioénergie forestière est durable et foncièrement « neutre en carbone » (si tant est que l'abattage est inférieur au reboisement), la biomasse ne doit cependant être classée durable que si la matière consumée est strictement limitée aux résidus industriels qui ne trouvent aucune autre valorisation. Dans les chaînes industrielles du bois, les résidus ne sont pas des sources de déchets mais des ressources destinées à l'industrie papetière et cartonnière ; et, dans ce cas, la bioénergie est en concurrence avec ces usages.

L'expansion des zones de forêt dans l'hémisphère Nord n'a qu'un potentiel limité pour la séquestration de carbone, car c'est une option trop chronophage au vu de la crise actuelle. Cette option risque d'aboutir à des rivalités pour l'accès aux parcelles. Par conséquent, protéger les puits de carbone en réduisant l'abattage d'arbres semble la stratégie optimale : ces puits de carbone séquestrent actuellement

10,6 gigatonnes en équivalent CO_2 chaque année, c'est-à-dire qu'ils compensent environ 30 % des émissions totales annuelles. Pour séquestrer le carbone atmosphérique à grande échelle, c'est la seule stratégie réaliste actuellement.

Les puits de carbone que sont les forêts finiront par saturer ; pas tout de suite, mais dans cinquante à cent cinquante ans. Des bouleversements naturels influenceront et réduiront les stocks de carbone dans les forêts et les monocultures industrielles y sont particulièrement vulnérables. Par conséquent, il nous faut une stratégie en plusieurs axes : l'exploitation du bois doit venir de ces monocultures, tandis qu'il faut agir pour améliorer la résilience forestière en renforçant la diversité des essences et en laissant vieillir (au moins une partie) des arbres. Les forêts qui se caractérisent par leur résilience et leur biodiversité doivent être laissées intactes et considérées comme une « technologie relais », pour ainsi gagner du temps pendant que d'autres secteurs sortent des énergies fossiles, ce qui sera par ailleurs le plus bénéfique pour la biodiversité.

Mobiliser les forêts pour atténuer le changement climatique nécessitera sans doute de limiter l'accès aux produits du bois. Afin d'éviter que cette offre plafonnée soit compensée par des énergies fossiles, des stratégies doivent être envisagées pour répondre à la demande, de manière à réduire l'utilisation de matériaux tout en préservant le bien-être humain et garantissant l'accès équitable aux ressources. /

Les forêts qui se caractérisent par leur résilience et leur biodiversité doivent être laissées intactes et considérées comme une « technologie relais », pour ainsi gagner du temps pendant que d'autres secteurs sortent des énergies fossiles.

4.8

Et la géo-ingénierie dans tout ça ?

Niclas Hällström, Jennie C. Stephens et Isak Stoddard

La « géo-ingénierie » est la manipulation délibérée de l'atmosphère et des écosystèmes terrestres par des moyens technologiques, à des échelles si grandes qu'elle pourrait transformer les systèmes climatiques planétaires. La majorité des techniques en la matière sont à ce jour des idées théoriques, mais aussi extrêmement polémiques.

La géo-ingénierie ne vise pas à réduire la production d'énergies fossiles ou les émissions de gaz à effet de serre, qui sont à l'origine du réchauffement climatique. Ses partisans cherchent plutôt à réduire les effets réchauffant du soleil, soit en réfléchissant une partie de son rayonnement vers l'espace, soit en retirant du CO_2 dans l'atmosphère, pour ensuite le stocker d'une manière ou d'une autre. Les propositions en matière de géo-ingénierie solaire sont très controversées, notamment le survol continu de la Terre par des avions qui pulvériseraient dans la stratosphère de grandes quantités d'aérosols bloquant les rayons solaires, ou encore le déploiement de billes de verre sur d'immenses superficies de la banquise arctique. L'extraction du CO_2 à l'échelle proposée par la géo-ingénierie prévoit notamment la fertilisation de grandes surfaces de l'océan afin de provoquer une prolifération massive d'algues, ou encore la conversion d'immenses superficies en plantations d'arbres afin d'y brûler le bois et d'y capter le CO_2.

La géo-ingénierie comporte toujours des risques immenses, certaines idées faisant risquer l'effondrement des écosystèmes et des sociétés. De nombreuses répercussions seraient irréversibles et imprévisibles, et elles exacerberaient les injustices existantes. C'est tout particulièrement le cas de la géo-ingénierie solaire, où l'injection d'aérosols dans la stratosphère risquerait de perturber les moussons, d'intensifier les sécheresses et de menacer les moyens de subsistance de milliards de personnes. Pire encore, si ce dispositif était lancé et qu'un jour les pulvérisations qui tamisent les rayons solaires étaient interrompues, l'effet dissimulé du CO_2 accumulé dans l'atmosphère pourrait provoquer des pics soudains et massifs des températures, empêchant toute adaptation et provoquant ainsi un choc catastrophique.

De nombreux universitaires, spécialistes et militants ont conclu que ces technologies ne pouvaient pas être mises en œuvre équitablement et sans danger.

Concrétiser la géo-ingénierie solaire suppose l'existence d'une gouvernance mondiale stable, susceptible de fonctionner sans faille pendant des centaines ou des milliers d'années – c'est un critère qui n'est pas réaliste. Autoriser la mise au point de ces technologies aboutit par ailleurs à une terrifiante perspective : la mainmise totale de puissants États, organismes et particuliers fortunés sur ces technologies, ce qui accentuerait d'autant les injustices actuelles en matière de pouvoir et d'accès à l'argent. S'ensuivrait un risque accru de guerres déclenchées dans le but de contrôler les systèmes climatiques de la Terre. Partout dans le monde, les appels se multiplient pour interdire immédiatement et à l'international la recherche en géo-ingénierie solaire (voir en anglais sur solargeoeng.org), et nombreux sont ceux qui cherchent à renforcer le moratoire existant en la matière, au titre de la Convention des Nations unies sur la diversité biologique.

Les tentatives pour faire progresser la recherche et l'expérimentation concrètes sur la géo-ingénierie solaire font systématiquement face à une virulente résistance des peuples autochtones, des scientifiques et de la société civile, qui expriment une mise en garde : l'humanité ne doit pas s'engager sur la pente glissante de la banalisation. Les tentatives pour reformuler le terme polémique de « géo-ingénierie » en créant de nouvelles expressions moins connotées, telles que « intervention climatique », « réparation climatique » et « technologies de protection climatique », montrent en quoi certaines parties prenantes cherchent à brouiller le débat que suscitent ces techniques controversées.

Tous les projets de géo-ingénierie visent à manipuler la Terre et sont animés par l'état d'esprit de domination qui nous a précisément menés à la crise climatique. Les répercussions de la popularisation de la géo-ingénierie, par des intérêts privés qui la présentent comme une option viable, risquent d'être aussi dangereuses que les impacts du déploiement effectif de la géo-ingénierie. Sous-entendre que la géo-ingénierie est un « plan B » donne une excuse bien pratique à l'industrie des énergies fossiles, aux milliardaires qui ont fait fortune grâce à Internet et à d'autres promoteurs de ces idées. De cette manière, ils retardent et font dérailler les grandes transformations sociétales qui sont urgentes. La géo-ingénierie est à exclure. Les dérèglements et les injustices climatiques de plus en plus extrêmes exigent tout autre chose : prêter attention à l'autosuffisance et au bien-être, réduire les émissions à la source et sortir rapidement de la production de combustibles fossiles, tout en donnant priorité à l'équité, aux moyens de subsistance locaux et à l'intégrité écologique. /

4.9

Comment éliminer le CO_2 dans l'atmosphère ?

Rob Jackson

La nécessité d'éliminer du CO_2, du méthane et d'autres gaz à effet de serre dans l'atmosphère, seulement *après* qu'ils y ont été libérés, répond à un constat d'échec. Nous avons inondé l'atmosphère de 2 000 milliards de tonnes de pollution au CO_2 – dont une majorité en cinquante ans, depuis les années 1970 – alors même que le danger pour la vie était parfaitement connu. D'ailleurs, les émissions annuelles mondiales de CO_2 liées aux énergies fossiles ont augmenté de 60 % depuis la publication du premier rapport du GIEC, en 1990. Ce n'est pas seulement un échec, mais bien un échec spectaculaire.

Au vu de notre incapacité à nous mobiliser, la génération de Greta n'a d'autre choix que de brandir une baguette magique et de remédier à nos émissions rétroactivement, si nous voulons que les hausses mondiales de température restent sous les seuils de 1,5 °C ou de 2 °C ; cette génération doit débourser davantage pour éliminer a posteriori les gaz à effet de serre dans l'atmosphère.

Les technologies d'élimination du CO_2 peuvent-elles réellement fonctionner ? Elles n'ont rien de magique, comme nous allons le voir, et elles sont extrêmement coûteuses.

Quasiment tous les scénarios prévoient de capter du CO_2 qui est déjà dans l'atmosphère pour respecter l'objectif de 1,5 °C. Selon une analyse récente, si nous pouvions maintenir les émissions totales mondiales en deçà de 750 milliards de tonnes (environ deux décennies au rythme actuel) entre 2019 et 2100, il faudrait tout de même extraire un excédent d'environ 400 milliards de tonnes de CO_2 dans l'atmosphère afin de limiter le réchauffement à 1,5 °C en 2100.

Au prix optimiste de 100 dollars par tonne de CO_2 éliminé, extraire 400 milliards de tonnes de CO_2 dans l'atmosphère coûterait 40 000 milliards de dollars, sachant que d'autres analyses y voient une sous-estimation. À juste titre, les jeunes générations se demandent : « Pourquoi est-ce à nous de financer ça ? »

Il faut bien avoir en tête que ne pas envoyer de gaz à effet de serre dans l'atmosphère aujourd'hui coûtera forcément moins cher que de les en extraire demain. L'atmosphère contient environ une molécule de CO_2 pour 2 500 molécules d'autres gaz, c'est pourquoi trouver et « éliminer » le CO_2 de l'atmosphère revient à chercher quelques aiguilles dans une botte de foin. Dans une centrale alimentée aux énergies fossiles, environ une molécule rejetée sur 10 est une molécule de CO_2, c'est pourquoi il est illogique de continuer à relâcher du CO_2 concentré dans l'air, puis de financer son élimination sous forme diluée. Quel que soit l'endroit où nous continuons à brûler des combustibles fossiles, nous devons capter la pollution au carbone dès qu'elle sort des cheminées, avant qu'elle ne pollue l'air.

Actuellement, il n'y a qu'une trentaine d'usines de captage et de stockage du carbone, contre des milliers d'usines qui fonctionnent aux énergies fossiles. Si toutes ces centrales traditionnelles restent en fonctionnement jusqu'à la fin de leur durée de vie sans captage et stockage du carbone, les émissions correspondantes entraîneront des centaines de milliards de tonnes supplémentaires de pollution au CO_2, ce qui suffira largement à nous propulser au-delà de 1,5 °C, voire de 2 °C.

Si nous ne parvenons pas à enrayer les émissions, et à capter et stocker cette pollution, alors les technologies d'extraction entrent en jeu. Les terres émergées sont l'une des options les plus flagrantes – en particulier les forêts et les sols –, qui remplacent le carbone perdu dans l'atmosphère à cause de la déforestation et de l'agriculture.

La planète a perdu un milliard d'hectares de forêt au XXe siècle, et l'essentiel de ces parcelles sont actuellement affectées aux cultures industrielles et à l'élevage. Les activités agricoles telles que le labourage ont aussi envoyé dans l'atmosphère 500 millions de tonnes de CO_2 sorti des sols, à l'échelle mondiale. Ce carbone issu des sols et des forêts motive les solutions fondées sur la nature, des méthodes qui inversent la teneur en carbone des sols : l'idée est de réinjecter le carbone grâce à la préservation, la régénération et un meilleur aménagement des terres. Des estimations relativement optimistes portent à croire que ces procédés pourraient correspondre à un tiers des mesures d'atténuation climatique nécessaires d'ici à 2030 pour stabiliser le réchauffement mondial en deçà de 2 °C. Les solutions climatiques fondées sur la nature sont actuellement le moyen le moins cher de compenser la pollution des énergies fossiles, soit un coût estimé à environ 10 dollars par tonne de CO_2 stocké.

Nous pouvons réinjecter des milliards de tonnes de carbone dans les sols grâce à ce type de solutions, comme le reboisement et la régénération des zones humides, la plantation d'arbres, les cultures sans labourage, entre autres possibilités. Un régime alimentaire faisant une plus grande place au végétal, notamment par une réduction de la viande rouge, ainsi qu'une population mondiale moins nombreuse réduiraient aussi la déforestation et l'élevage mondial de bétail bovin (ce qui ferait baisser les émissions de méthane), permettant de réserver ces terres à d'autres écosystèmes et usages.

Peut-on se contenter de solutions climatiques fondées sur la nature ? Non, en tout cas c'est loin d'être suffisant pour compenser 35 à 40 milliards de tonnes de pollution annuelle aux énergies fossiles.

Sans réductions drastiques des émissions, l'extraction industrielle de gaz à effet de serre sera nécessaire pour limiter la hausse des températures mondiales à 1,5 °C ou 2 °C. Les scientifiques étudient l'extraction atmosphérique du CO_2 depuis plus de dix ans, c'est-à-dire comment capter le CO_2 dans l'air pour ensuite le stocker. Des plantes, des roches et des produits chimiques industriels peuvent être utilisés pour éliminer le

CO_2 dans l'air. Des plantes, notamment des arbres, des graminées, des algues et du phytoplancton, ainsi que certains microbes absorbent du CO_2 pendant la photosynthèse. Outre ces solutions fondées sur la nature, il existe un procédé courant fondé sur le végétal : c'est la bioénergie avec captage et stockage de carbone (BECSC). Dans ce cas, on collecte ou récolte de la biomasse végétale, on la brûle pour produire de l'électricité (ou la convertir en biocarburant) et on injecte le CO_2 dans le sous-sol pour qu'il ne finisse pas dans l'atmosphère. De toutes les technologies d'extraction ou d'émissions négatives, la BECSC est la seule qui fournit de l'énergie au lieu d'en consommer (et, dans les bonnes conditions, elle peut fournir de l'énergie quasiment sans émission de carbone). Comme toutes les solutions climatiques qui concernent des émissions par milliards de tonnes, la BECSC comporte des problèmes : elle mobilise beaucoup de terrains et d'eau, et, comme dans tout projet qui prévoit le stockage souterrain de déchets, il faut surveiller le réservoir pendant des décennies afin que le CO_2 n'en bouge pas. Malgré tout, la BECSC est relativement peu coûteuse par rapport au marché des émissions négatives (environ 50 à 280 dollars par tonne de CO_2 stocké) et des usines sont déjà en activité actuellement. En 2019, les centrales de BECSC éliminaient environ 1,5 million de tonnes de CO_2 par an, la plus grande d'entre elles étant une centrale d'éthanol de maïs à Decatur, dans l'Illinois, aux États-Unis. Une étude de l'Académie américaine des sciences a placé le potentiel de la BECSC entre 3,5 et 5,2 milliards de tonnes de CO_2 éliminé par an sans qu'il en découle des effets néfastes de grande ampleur.

Une autre technologie d'extraction du CO_2 est la météorisation accélérée. Cette méthode cherche à précipiter la vitesse à laquelle des roches comme les silicates réagissent naturellement au CO_2 atmosphérique. Le basalte magmatique est l'une des roches les plus répandues sur Terre et sous-tend un dixième des surfaces continentales et l'essentiel du plancher océanique. Le basalte contient beaucoup de silicate riche en calcium, en magnésium et en fer, qui réagit avec le CO_2 et forme des carbonates et d'autres roches riches en carbone. Le carbonate de calcium, que l'on appelle couramment le calcaire, associe un atome de calcium avec un de dioxyde de carbone et un atome supplémentaire d'oxygène, soit $CaCO_3$. L'Empire State Building, à New York, et la pyramide de Gizeh, en Égypte, sont construits dans cette roche.

Imaginez l'extraction de basalte que l'on réduirait en poussière et exposerait à l'air libre pour réagir avec le CO_2. On pourrait même fertiliser un champ agricole avec, et ainsi doper la pousse des plantes grâce aux compléments de calcium, de magnésium et de substances nutritives que libèrent les roches. Il serait aussi possible d'exposer à l'air libre des roches écrasées, pour ensuite les ensevelir de nouveau après qu'elles ont pleinement réagi avec le CO_2 atmosphérique. Les estimations financières de la météorisation accélérée sont comprises entre 75 et 250 dollars par tonne de CO_2 éliminé. Des start-up commencent à se former pour mettre à l'épreuve cette méthode, mais la météorisation accélérée n'a pas encore été déployée à très grande échelle. Nous savons que la météorisation fonctionne dans la nature sur des milliers d'années ; la question est de savoir si nous pouvons l'accélérer de manière à tenir notre calendrier, soit réduire le délai à des années ou des décennies.

Enfin, des dizaines d'entreprises travaillent sur l'extraction directe dans l'air du CO_2 à partir de produits chimiques spécialisés. Les amines azotées servent depuis des décennies dans les raffineries et les usines pétrochimiques pour éliminer le CO_2 des courants gazeux. Les hydroxydes sont une deuxième famille de substances chimiques utilisées actuellement dans le cadre commercial d'extraction directe dans l'air. Dans les deux cas, les produits chimiques d'origine peuvent être régénérés par la chaleur ou en modifiant l'acidité d'une solution. Du CO_2 concentré est obtenu au cours de cette régénération chimique.

Dans la majorité des activités d'extraction directe dans l'air, le CO_2 qui en découle doit être pressurisé et injecté en sous-sol, tout comme avec la BECSC (la partie « captage et stockage de carbone » du processus). Le coût actuel de l'extraction directe dans l'air est compris entre 250 et 600 dollars par tonne de CO_2 éliminé, une fourchette bien supérieure aux solutions climatiques fondées sur la nature. Aujourd'hui, des entreprises extraient de l'atmosphère quelques millions de tonnes de CO_2 par an par des moyens industriels. C'est un début, mais nous sommes loin des milliards de tonnes par an dont nous avons besoin.

Outre le CO_2, nous aurons probablement besoin d'éliminer d'autres gaz à effet de serre de l'atmosphère. Le méthane (CH_4) est le deuxième gaz à effet de serre le plus significatif, et il réchauffe la Terre 80 à 90 fois plus qu'une masse équivalente de CO_2 pendant les vingt premières années où il se trouve dans l'atmosphère. Plus de la moitié des émissions mondiales de méthane est issue d'activités humaines, notamment la combustion d'énergies fossiles et l'agriculture. Les concentrations mondiales de méthane sont aujourd'hui 2,6 fois plus élevées qu'il y a deux siècles.

L'extraction du méthane (ou, plus littéralement, son « oxydation ») est difficile. Le méthane est 200 fois moins abondant dans l'atmosphère que le CO_2 et donc plus complexe à isoler. Sa structure pyramidale fait aussi qu'il est plus difficile de le scinder qu'une molécule de CO_2, excepté à des températures extrêmement élevées.

L'extraction du méthane a toutefois des avantages. Premièrement, il n'est pas nécessaire de le piéger et de l'injecter dans le sous-sol. Si une oxydation est possible grâce à des catalyseurs ou les agents oxydants naturels (des radicaux atmosphériques comme les hydroxyles et le chlore), alors on peut le transformer en CO_2 et le relâcher dans l'air ambiant. Tout le méthane émis dans l'atmosphère finit par s'oxyder en CO_2 de toute façon, alors l'extraction de méthane ne fait qu'accélérer la réaction de la nature. Comme le méthane est beaucoup plus puissant que le dioxyde de carbone, la transformation du CH_4 en CO_2 est favorable au climat. Un autre atout vient du fait que nous devons éliminer des quantités bien plus petites de méthane que de dioxyde de carbone pour vraiment changer la donne en matière climatique, soit des dizaines ou des centaines de millions de tonnes par an « uniquement », et non des milliards de tonnes.

Si ce procédé peut être déployé à grande échelle, il rognera aussi quelques dixièmes de degrés des températures maximales et retardera ainsi le jour où l'un des seuils de température sera franchi. Préparer dès aujourd'hui l'extraction de méthane pourrait aussi nous prémunir contre un rejet catastrophique de méthane depuis l'Arctique, ce qui, selon de nombreux scientifiques, est possible voire probable au cours du XXIe siècle.

Si je suis convaincu que l'extraction de méthane est essentielle, le procédé doit faire l'objet de recherches et d'investissements pour être mis en œuvre à l'échelle industrielle. Associer l'élimination du CO_2 et du méthane sur les mêmes sites me paraît particulièrement prometteur, en faisant appel à des systèmes de ventilation afin d'extraire plusieurs gaz en même temps et non un seul à la fois.

Enfin, pour toutes ces solutions, nous aurons besoin de fixer un prix mondial du carbone susceptible de pousser à l'action. Un prix du carbone fixé « en amont » ajoute une redevance à chaque fois que des énergies fossiles sont sorties du sous-sol, un coût répercuté sur les consommateurs dans le prix des produits dérivés d'énergies fossiles. Des discussions sont nécessaires sur l'usage de ces redevances et sur les moyens d'éviter que les plus démunis paient leur énergie plus cher. Mais ce prix répartirait mieux le fardeau financier des émissions, de manière à le faire peser sur les épaules de ceux qui en sont responsables ; il serait par ailleurs (plus) représentatif du coût réel de la pollution fossile. Aucune des options abordées plus haut n'est réaliste à grande échelle sans l'établissement d'un prix du carbone ou, au minimum, d'obligations émanant des gouvernements.

S'il coûtera cher de réduire les émissions, le coût de l'inaction est ahurissant. Les compagnies d'assurances connaissent mieux que quiconque l'articulation entre coûts et risques. Le géant suisse du secteur, Swiss Re (deuxième groupe mondial de réassurance, c'est-à-dire ceux qui assurent les assurances), a récemment estimé que l'économie mondiale se contracterait de 18 % si aucune mesure d'atténuation du changement climatique n'était prise, ce qui coûterait jusqu'à 23 000 milliards de dollars par an d'ici à 2050. Le rapport concluait : « Notre analyse montre les atouts d'investir dans une économie neutre en carbone. Par exemple, ajouter ne serait-ce que 10 % aux investissements annuels mondiaux dans les infrastructures, soit une enveloppe actuelle de 6 300 milliards de dollars, maintiendrait la hausse moyenne des températures sous 2 °C. Ce n'est qu'une fraction des pertes des PIB mondiaux qui nous attendent si nous ne prenons pas les mesures adaptées. »

Pour réduire ces coûts, nous devons réduire les émissions, puis les réduire encore davantage. Nous devons mettre en œuvre des solutions climatiques fondées sur la nature, régénérer les forêts et les sols partout où c'est possible. Nous devons faire en sorte qu'il coûte moins cher de faire baisser le CO_2 atmosphérique et espérer que les populations accepteront ces technologies. Nous devons discuter des questions humaines comme la démographie, les régimes alimentaires, la consommation d'énergie et les inégalités.

En toute honnêteté, écrire un chapitre sur les technologies d'extraction du CO_2 suscite en moi une certaine exaspération, car nous ne devrions pas en avoir besoin. J'ai observé des années d'inaction climatique défiler comme se suivent les chars d'une procession. À quand un défilé de la victoire ? /

4.10

Une toute nouvelle façon de penser

Greta Thunberg

« Le mode de vie américain n'est pas négociable. Point. »

Tels sont les mots que le président américain George H.W. Bush a prononcés en amont du sommet de la Terre organisé à Rio de Janeiro sous l'égide des Nations unies. A posteriori, on se rend compte qu'il exprimait en réalité le point de vue de l'ensemble des pays des Nords. Et à ce jour, cette position n'a pas changé. La solution à cette crise n'a rien de très compliqué à comprendre. Nous devons cesser les émissions de gaz à effet de serre, ce qui, en théorie, est assez simple à réaliser, ou du moins était – avant que nous laissions le problème devenir hors de contrôle. Le plus dur est de résoudre la crise climatique tout en maximisant la croissance économique. À tel point que cela s'est révélé quasi impossible.

Depuis que le président George H.W. Bush a prononcé ces mots, nos émissions annuelles de CO_2 ont grimpé de plus de 60 %, transformant ce qui était alors un « gros défi » en une urgence existentielle. Nous avons développé une impressionnante comptabilité créative, des failles, de la sous-traitance, de belles histoires de greenwashing qui font croire que de véritables actions sont entreprises quand ce n'est en fait pas le cas. La croissance économique en continu, d'un autre côté, a connu un immense succès… Du moins pour un petit nombre de personnes qui peuvent se targuer d'avoir une empreinte carbone de la taille de villages entiers. Néanmoins, la croissance économique depuis le sommet de la Terre de 1992 nous a au moins apporté un avantage majeur : elle a prouvé au-delà de tout doute raisonnable que notre ambition n'avait jamais été de sauver le climat, mais de sauver notre mode de vie. Et cela reste vrai.

Jusqu'à récemment, vous pouviez arguer qu'il était possible de sauver le climat sans changer votre comportement. Cela n'est plus le cas. Les faits scientifiques sont limpides : nos responsables ont trop attendu pour que nous puissions éviter des changements majeurs de mode de vie et de système. Il ne reste tout simplement pas assez de ressources. Si nous voulons avoir une chance de réduire autant que possible les futurs dégâts irréparables, nous devons maintenant choisir. Soit nous voulons sauvegarder les conditions de vie pour l'ensemble des générations futures, soit nous laissons une poignée de gens très fortunés maintenir leur quête constante et destructrice pour maximiser les profits immédiats. Si nous choisissons la première option et que nous décidons de continuer en tant que civilisation, nous devons

Pages suivantes : Une campagne de boisement volontaire à la lisière du désert de Badain Jaran, dans la province de Gansu, au nord de la Chine.

commencer à prioriser. Dans les années, les décennies, les siècles à venir nous aurons, c'est certain, besoin de nombreuses transformations à tous les niveaux de nos sociétés. Et puisque nos ressources sont limitées, nous devons mettre de l'ordre dans nos priorités.

Au-delà des bases les plus essentielles, notre priorité absolue doit être de distribuer le reste de nos budgets carbone de façon équitable et globale entre les différentes parties du monde, mais aussi d'offrir réparation pour nos énormes dettes historiques. Cela signifie que les plus responsables de cette crise doivent immédiatement et radicalement réduire leurs émissions. Nous comprenons que le monde est très compliqué et que les variables sont innombrables. C'est pour cette raison, précisément, que nous devons commencer le plus tôt possible. Cela exige, de la part de nos sociétés, une nouvelle façon de penser, du moins dans les régions les plus riches.

On ne cesse de demander aux activistes ce qu'il faudrait faire pour « sauver le climat ». Mais la question en elle-même n'est peut-être pas la bonne ? Peut-être vaut-il mieux commencer à se demander ce que nous devons arrêter de faire. Parfois on entend dire que nous avons déjà toutes les solutions à la crise climatique et qu'il suffit de les appliquer. Mais ce n'est vrai que si l'on considère que « ne pas faire quelque chose » est une solution valide. Si nous choisissons d'accepter cette idée, alors nous serons toujours capables de nous en sortir.

Pourvu que nous soyons prêts à accepter ce principe, il n'y a en effet aucune raison pour que les changements nécessaires nous rendent plus malheureux ou moins satisfaits. Si nous parvenons à faire ça bien, alors nos vies auront plus de sens que ne pourront jamais en offrir la surconsommation, l'égoïsme, le vide et la cupidité. Au lieu de quoi, nous pouvons faire place à la communauté, la solidarité et l'amour. En aucune manière cela ne devrait être considéré comme un recul dans notre développement. Au contraire, il s'agirait d'une évolution de l'humanité – d'une révolution de l'humanité.

Un climat stable et une biosphère qui fonctionne bien sont les conditions élémentaires pour la vie sur Terre telle que nous la connaissons. Cela nécessite une atmosphère qui ne contient pas trop de gaz à effet de serre. Le niveau de sécurité du dioxyde de carbone pour cette stabilité climatique est souvent considéré autour de 350 parties par million (ppm) – un niveau dépassé vers 1987. En février 2022, nous étions au-dessus des 421 ppm. Nos budgets carbone restants, si nous voulons avoir une chance relative de ne pas aller au-delà de 1,5 °C, et ainsi de minimiser le risque d'irréversibles et incontrôlables réactions en chaîne, auront disparu avant la fin de cette décennie au niveau d'émissions actuel. Aucune politique efficace n'a été mise en place. Et il n'y a pas de remède miracle, pas de solution technologique magique en vue. Il se trouve que personne ne peut négocier avec les lois de la physique. Pas même le président George H.W. Bush. /

4.11

Notre empreinte sur les terres

Alexander Popp

Nous vivons sur la terre, mais nous vivons également de la terre. Elle nous fournit de la nourriture et des fibres, du bois et de la bioénergie ; ce sont autant de services quotidiens qui nous paraissent évidents, alors qu'ils assurent littéralement nos fonctions vitales. Les terres sont un pilier du confort humain et nous les utilisons depuis d'innombrables générations. En faire mauvais usage, en revanche, pourrait être fatal aux générations futures. Toutes les activités humaines sont fonction des écosystèmes et doivent s'y plier ; tout au long de notre évolution, nous avons manipulé et transformé la terre et ses ressources naturelles. Au cours de l'histoire récente, les humains ont toutefois développé l'exploitation des terres au point d'altérer ces mécanismes et fonctions, ce qui suscite des effets généralement néfastes pour les populations et la planète.

Quand nous évoquons la marque que la civilisation humaine laisse sur Terre, nous avons tendance à penser aux métropoles et aux grandes agglomérations mondiales, interconnectées par un maillage étroit de routes, de réseaux électriques et d'infrastructures. Ce sont en effet des activités terrestres invasives, mais leur influence écologique, économique et sociale est quasi négligeable par rapport à l'agriculture. À l'échelle mondiale, l'agriculture est actuellement la principale forme d'aménagement du territoire, et elle transforme l'aspect et la fonction de la planète. Ces dernières décennies, la production agricole a augmenté bien plus rapidement que la population. Le principal moteur de cette croissance est simple : la demande en hausse de nourriture. Non seulement l'apport calorique par personne a beaucoup augmenté, mais la composition du régime alimentaire a aussi évolué. C'est une tendance étroitement liée à un développement économique généralisé et à l'évolution des modes de vie. À la place de régimes maigres faisant la part belle au végétal et aux aliments non transformés, on trouve des régimes très riches en sucre, gras et produits d'origine animale, ainsi qu'en aliments industriels. Ce sont des régimes qui, par ailleurs, augmentent le volume de déchets alimentaires par foyer. Par conséquent, les êtres humains et le bétail représentent actuellement l'immense majorité de la biomasse mammifère sur Terre, et la biomasse de la volaille domestique fait quasiment le triple de celle des oiseaux sauvages. C'est un phénomène inédit. Les cultures agricoles ont été multipliées par environ 3,5 depuis 1961, la production de produits d'origine animale par 2,5 et la sylviculture par environ 1,5.

Historiquement, la croissance démographique a toujours entraîné une expansion des superficies agricoles afin de répondre aux besoins en hausse. Par conséquent, environ trois quarts des surfaces émergées non couvertes de glaces, et l'essentiel des terres très productives, sont actuellement exploités d'une façon ou d'une autre par les humains. Les pâturages pour le bétail et d'autres animaux occupent le plus de surface, suivis des régions forestières puis des terres affectées aux cultures. La superficie totale utilisée pour l'élevage est stupéfiante : c'est environ 37 millions de kilomètres carrés, à peu près quatre fois le Brésil. Cela comprend non seulement tous les pâturages, mais aussi une part considérable des terres cultivables, qui servent à produire l'alimentation des bêtes. En ce qui concerne les zones boisées, l'essentiel est exploité par les humains, mais à divers degrés d'intensité. Moins de la moitié des forêts comporteraient des arbres anciens et les dernières grandes forêts primaires sont cantonnées aux latitudes tropicales et boréales septentrionales. En outre, les forêts ne sont pas les seuls attributs « naturels » de notre planète qui sont soumis à l'exploitation humaine. La majorité des autres écosystèmes naturels – les prairies, les savanes, etc. – est aussi utilisée par les humains. Rare est la nature laissée à l'état « naturel ».

Outre la croissance de la production agricole, le volume de biens agricoles destiné au commerce international a aussi augmenté – soit une multiplication par neuf depuis les années 1970 –, ce qui entraîne une déconnexion croissante entre les régions de production et de consommation. Il en découle une redistribution nette des terres agricoles vers les tropiques. Si l'expansion des pâturages a surtout remplacé les prairies naturelles, l'expansion des terres cultivables a surtout remplacé les forêts. Des conversions particulièrement immenses ont eu lieu dans les forêts tropicales sèches et les savanes : environ la moitié du Cerrado, au Brésil, a par exemple été transformée à des fins agricoles, tandis que les savanes africaines sont menacées du même sort. Les prairies naturelles tempérées sont aujourd'hui considérées comme l'un des biomes les plus menacés au monde et la majorité des zones humides dans le monde ont aussi été victimes de l'étalement agricole. L'agriculture continue à se développer dans certaines régions comme l'Afrique subsaharienne et l'Amérique latine, mais la plupart des autres ont connu une faible expansion des zones cultivables par rapport à l'accroissement de la production, ce qui constitue une rupture forte avec le passé. Dans ce cas, les rendements ont plutôt augmenté en raison de l'intensification, qui est devenue majoritaire du fait du recours plus important aux engrais, à l'eau et aux pesticides, aux nouvelles variétés et à d'autres technologies dites de la « révolution verte » : depuis le début des années 1960, la superficie mondiale de l'irrigation a doublé, le recours total à l'engrais azoté a été multiplié par dix, et, aujourd'hui, quasiment toutes les cultures poussent avec des engrais. De nos jours dans le monde, environ 10 % des surfaces émergées non couvertes de glaces sont soumises à une gestion intensive (la plantation d'arbres, l'élevage intensif, d'importants moyens de production agricole), 66 % environ font l'objet d'une exploitation modérée et le reste d'une faible exploitation.

Affectation des sols dans le monde, 1600-2015

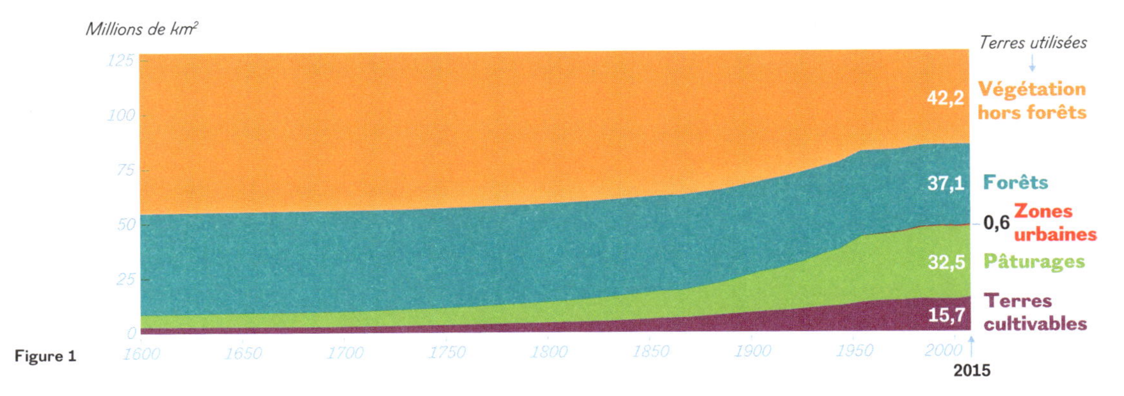

Figure 1

Ce développement agricole a donné une meilleure qualité de vie à beaucoup de gens et réduit le pourcentage d'humains risquant de connaître la faim. De nombreux pays, notamment en Asie et en Afrique, subissent malgré tout une sous-nutrition généralisée et les problèmes de santé qui en découlent, tandis que d'autres sont de plus en plus confrontés au surpoids et, par conséquent, à des maladies comme le diabète et le cancer.

Au-delà de ces questions de santé, le problème fondamental reste que les terres sont une ressource limitée, appelée à de multiples fonctions. Les bienfaits d'une meilleure production agricole, que ce soit par l'expansion ou l'intensification, ont été contrebalancés par des effets néfastes sur l'environnement, liés aux services écosystémiques (comme l'air ou l'eau non pollués) et, *in fine*, sur le bien-être humain. Par exemple, l'irrigation agricole représente l'immense majorité de l'eau prélevée par les humains, mais cette activité entraîne la dégradation de nombreux écosystèmes d'eau douce et le déclin considérable de leurs populations vertébrées. L'engrais azoté artificiel, qui dope les rendements agricoles depuis plus d'un siècle, se répand dans les écosystèmes aquatiques, provoquant une pollution des nappes, la hausse des nitrates dans l'eau potable, l'eutrophisation des agroécosystèmes, la destruction des zones littorales, ainsi qu'une prolifération plus fréquente et plus abondante d'algues. Associés aux impacts du changement climatique et à l'introduction d'espèces invasives, les agroécosystèmes ont provoqué dans le monde entier le déclin rapide et généralisé de la biodiversité et la dégradation des écosystèmes naturels. Les vertébrés terrestres ont disparu à un rythme sans précédent et davantage d'espèces sont aujourd'hui menacées d'extinction qu'à n'importe quel autre moment de l'histoire humaine.

L'expansion agricole – au vu de la disparition d'écosystèmes riches en carbone qui en découle – et l'intensification agricole contribuent considérablement au changement climatique. Aujourd'hui, le secteur qui regroupe l'agriculture, la foresterie et les autres affectations des terres est responsable d'environ 20 % des émissions mondiales anthropiques de gaz à effet de serre, qui sont principalement le CO_2

issu de la déforestation tropicale, le méthane issu du bétail et de la riziculture, et le protoxyde d'azote issu du bétail et des sols fertilisés.

Nous voici donc face à un grand dilemme. L'humanité, pour vivre de la terre, impose des transformations sans précédent et risque de mettre fin aux services écosystémiques dont elle dépend.

Trouver un équilibre entre les besoins humains immédiats et le maintien d'autres fonctions écosystémiques nécessite d'aborder l'affectation des sols de manière globale et durable, d'autant que les utilisations des terres et les services écosystémiques correspondants, ainsi que le choix entre exploitation et protection, ne sont pas des sujets indépendants les uns des autres. Nous devons trouver de nouveaux moyens d'augmenter la production agricole tout en préservant les habitats naturels et la biodiversité. Dans ce contexte, la préservation des écosystèmes riches en carbone et en diversité biologique peut ralentir nettement le déclin de la biodiversité et atténuer les effets du changement climatique. Ce serait une nouvelle utilisation de la nature au bénéfice de la vie humaine : se servir des terres en n'y touchant pas. Tout repose sur de nouvelles affectations des sols. Cela sous-entend d'accroître l'intensification de l'agriculture pour répondre à la croissance démographique, tout en protégeant les terres de l'expansion incessante des superficies agricoles. La grande question n'est pas « si » mais « comment ». Comment peut-on intensifier la production alimentaire dans le monde sans renoncer à une perspective durable ?

La productivité agricole doit augmenter pour nourrir la population mondiale en hausse sans renforcer les dégradations environnementales qui lui sont associées : autrement dit utiliser beaucoup plus efficacement l'azote, le phosphore et l'eau. Des synergies positives sont possibles quand ces mesures axées sur l'offre sont associées à des mesures du côté de la demande : c'est adapter, par exemple, les régimes alimentaires en faveur d'un apport sain et équitable de protéine animale, mais aussi réduire le gaspillage. Si davantage de personnes favorisaient un régime d'origine végétale et évitaient le gaspillage alimentaire, les terres seraient moins sous pression, ce qui serait une bonne chose pour la santé, le climat et la biodiversité.

Cette terre est notre terre, pour le meilleur et pour le pire. Nous devons défendre son intégrité. Cette défense passe par l'innovation et la préservation. Peut-être faut-il la protéger de nous-mêmes. Nous avons entrepris la première révolution dite « verte » et transformé l'exploitation des terres pour nourrir le monde. Il est temps aujourd'hui que cette transformation soit durable, pour aboutir, cette fois-ci, à une révolution résolument verte. /

4.12

L'enjeu alimentaire

Michael Clark

L'origine de nos calories est un enjeu mondial. Les systèmes de production alimentaire sont certainement la première cause de dégradation environnementale. Ils produisent 30 % de toutes les émissions de gaz à effet de serre, occupent 40 % des surfaces émergées, consomment au moins 70 % de l'eau douce mondiale et sont la principale cause du recul de la biodiversité et de la pollution par des éléments nutritifs. Ces systèmes sont aussi à l'origine d'une nutrition et d'une santé mauvaises, en raison des aliments que nous mangeons et buvons, et des modes de production de notre alimentation.

L'impact environnemental de chacun des aliments varie considérablement. Ils sont classés en trois catégories selon que leur impact est faible, moyen ou élevé par calorie produite : les aliments d'origine végétale ont le plus faible impact ; les œufs, la volaille, le porc et la majorité des poissons ont un impact de 5 à 20 fois plus élevé que les aliments d'origine végétale ; et certains poissons, ainsi que la viande issue du bétail, des chèvres et des moutons a un impact 20 à 100 fois supérieur aux aliments d'origine végétale. Cet écart est avant tout dû aux ressources nécessaires pour produire ces aliments. Pour consommer une plante, il faut cultiver un peu plus qu'une plante, en raison des pertes et gâchis au fil des chaînes logistiques. Toutefois, avec les produits laitiers, les œufs, la volaille, le porc et le poisson, il faut généralement 2 à 10 calories végétales pour produire une calorie de nourriture consommable ; avec le bœuf ou l'agneau, il faut 10 à plus de 50 calories végétales pour produire une calorie de viande consommable. Les produits d'origine animale (viande, œufs et produits laitiers) sont susceptibles de provoquer des dégâts supplémentaires en raison du purin qui découle de l'élevage, ainsi que du méthane que les vaches, moutons et chèvres lâchent naturellement pendant leur digestion. Il existe quelques rares exceptions à cette tendance générale. Par exemple, le café, le thé et le cacao ont un impact plus élevé que d'autres plantes, principalement parce que la demande mondiale en hausse provoque souvent une déforestation dans des régions tropicales où la biodiversité est particulièrement riche, ce qui entraîne de grandes quantités d'émissions de gaz à effet de serre et une grande perte de biodiversité. Les noix ont aussi un impact globalement bien plus élevé, car leur culture nécessite une assez grande quantité d'eau et elles poussent souvent dans des régions en état de stress hydrique (notamment la Central Valley, en Californie).

L'impact environnemental d'un aliment peut aussi varier selon ses modes de production. Par exemple, une analyse récente a conclu que les producteurs bovins à faible impact ont parfois un dixième de l'impact de ceux qui ont des pratiques moins respectueuses de l'environnement. Toutefois, cette variation est généralement bien inférieure à la différence d'impact d'une catégorie d'aliments à l'autre. Une analyse de grande ampleur, reposant sur les données de près de quarante mille exploitations agricoles, a conclu que même les produits d'origine animale répondant aux meilleurs critères de développement durable ont des effets environnementaux plus prononcés que les produits d'origine végétale aux modes de production les moins durables.

Dans le monde entier, les régimes alimentaires sont plus abondants, mais comportent aussi plus de viande, de produits laitiers et d'œufs, à mesure que le niveau de vie des populations augmente. À l'échelle mondiale, l'apport calorique moyen par personne et par jour est passé d'environ 2 200 en 1961 à 2 850 en 2010, dont une hausse disproportionnée des produits d'origine animale et des calories vides (sucres, gras mauvais pour la santé et alcool). Ces transitions n'ont pas lieu partout à la même vitesse, les changements les plus rapides ayant lieu dans les pays à revenu faible et moyen, notamment de nombreux pays de l'Asie du Sud-Est, de l'Amérique centrale et du Sud, et de l'Afrique du Nord ; les changements les plus lents concernent les pays au revenu le plus faible et le plus élevé. Dans les pays riches où il existe depuis longtemps une forte consommation de viande, les impacts environnementaux du régime alimentaire sont jusqu'à dix fois plus élevés par personne que dans les pays pauvres. Ces nations fortunées sont les premières responsables des effets néfastes de nos systèmes alimentaires sur la planète ; il leur incombe plus qu'aux autres de réduire leur bilan carbone. Ce sont notamment les États-Unis, le Royaume-Uni, l'Australie, la Nouvelle-Zélande, l'essentiel de l'Europe, le Brésil et l'Argentine.

Figure 1 : L'impact relatif moyen sur l'environnement (IRME) est un indicateur qui condense les données de cinq facteurs environnementaux : émission de gaz à effet de serre ; affectation des sols ; consommation d'eau ; risque d'eutrophisation ; risque d'acidification. L'IRME est fonction de l'impact environnemental d'une portion de légumes : un aliment qui a un IRME de 10 a ainsi dix fois l'impact environnemental des légumes.

Impacts sur l'environnement et la santé d'une portion par jour d'aliments donnés

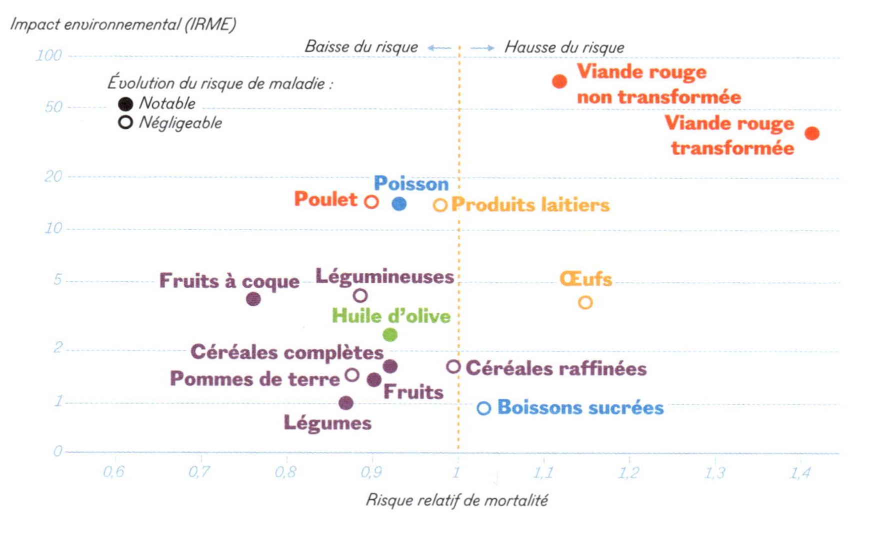

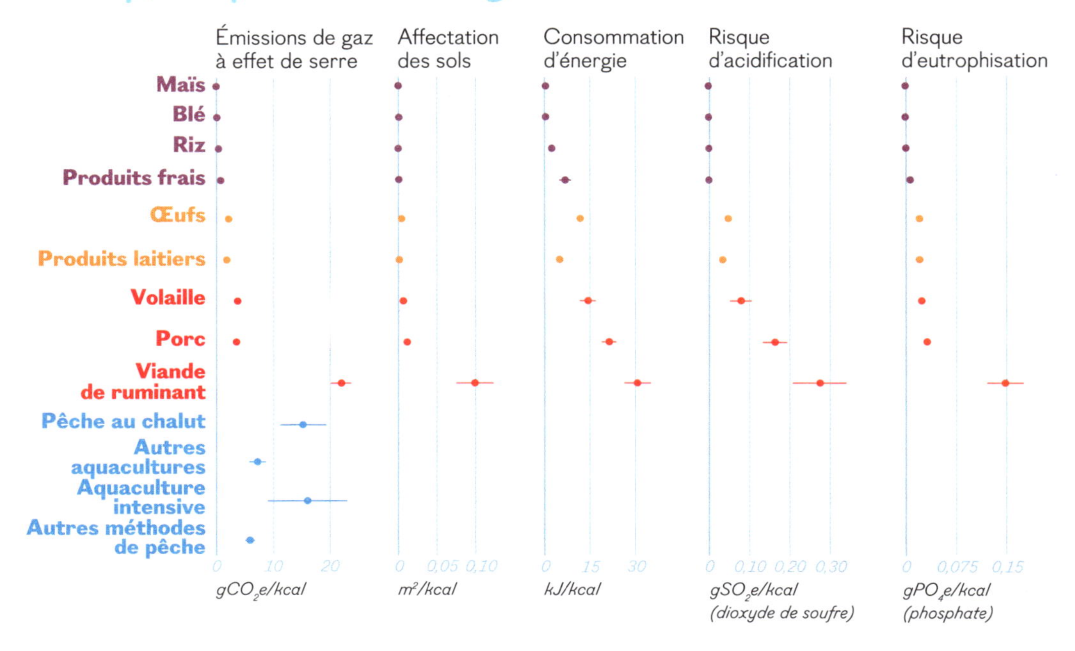

Figure 2 : Un point représente l'impact moyen de l'aliment, la barre horizontale qui le traverse indique l'erreur type à +/- 1. Les cinq facteurs servent à calculer l'impact relatif moyen sur l'environnement. Les produits frais incluent les fruits et légumes ; la viande de ruminant comprend le bœuf, le mouton et la chèvre.

Avec la croissance démographique mondiale et l'évolution rapide des régimes alimentaires dans les pays à revenu faible et moyen, les systèmes alimentaires dépasseront les objectifs de viabilité environnementale au cours des prochaines décennies. Une analyse récente a par exemple montré que même si nous réussissons à éliminer toutes les autres sources d'émissions de gaz à effet de serre nous dépasserons 1,5 °C de réchauffement ces prochaines décennies et 2 °C peu après 2100 si nous ne changeons pas nos modes de production et de consommation alimentaires. L'expansion des superficies agricoles pour augmenter la production de nourriture risque aussi de provoquer la perte de 25 % de l'habitat restant de 1 280 espèces d'oiseaux, de mammifères et d'amphibiens au cours des prochaines décennies.

L'un des moyens les plus efficaces de réduire les répercussions environnementales de l'alimentation est de limiter la consommation de viande, de produits laitiers et d'œufs aux quantités recommandées pour une bonne santé (fig. 1). Dans la plupart des pays, cela sous-entend de réduire rapidement la consommation de ces aliments ; aux États-Unis et au Royaume-Uni par exemple, une baisse d'environ 80 % de la consommation de porc et de bœuf serait à prévoir. Toutefois, dans les pays à revenu plus faible, il en découlerait une hausse de cette consommation pour améliorer la santé et le bien-être. Dans l'ensemble, une transition mondiale vers des régimes privilégiant les produits d'origine végétale a été associée à de multiples reprises à une baisse de 50 à 70 % des émissions de gaz à effet de serre liées à l'alimentation, outre d'autres bienfaits pour l'environnement.

La transition vers un régime végétal est la plus grande transformation que l'on puisse engager pour réduire l'impact de notre nourriture sur l'environnement, mais il existe de nombreux autres moyens de créer des systèmes alimentaires favorables à la viabilité environnementale et au bien-être humain. Ce sont notamment de nouveaux modes de gestion des engrais ou d'assolement, et la baisse de la nourriture perdue ou gaspillée tout au long de la chaîne d'approvisionnement alimentaire, car un tiers de la nourriture produite n'est pas consommé. Toutefois, même si nombre de ces stratégies sont rapidement mises en œuvre à l'échelle mondiale, il est peu probable que nous tenions l'objectif de 1,5 °C si nous ne passons pas simultanément à des régimes alimentaires d'origine végétale.

Heureusement, beaucoup de ces changements favorables à notre environnement sont aussi favorables à la santé humaine. Nombre des aliments respectueux de l'environnement sont aussi les meilleurs pour notre santé et notre nutrition, et nombre des régimes alimentaires les plus écologiques réduiraient la mortalité prématurée de 10 % au niveau mondial. /

Émissions de gaz à effet de serre selon plusieurs scénarios, par rapport au budget carbone restant pour tenir les objectifs de 1,5 °C ou 2 °C

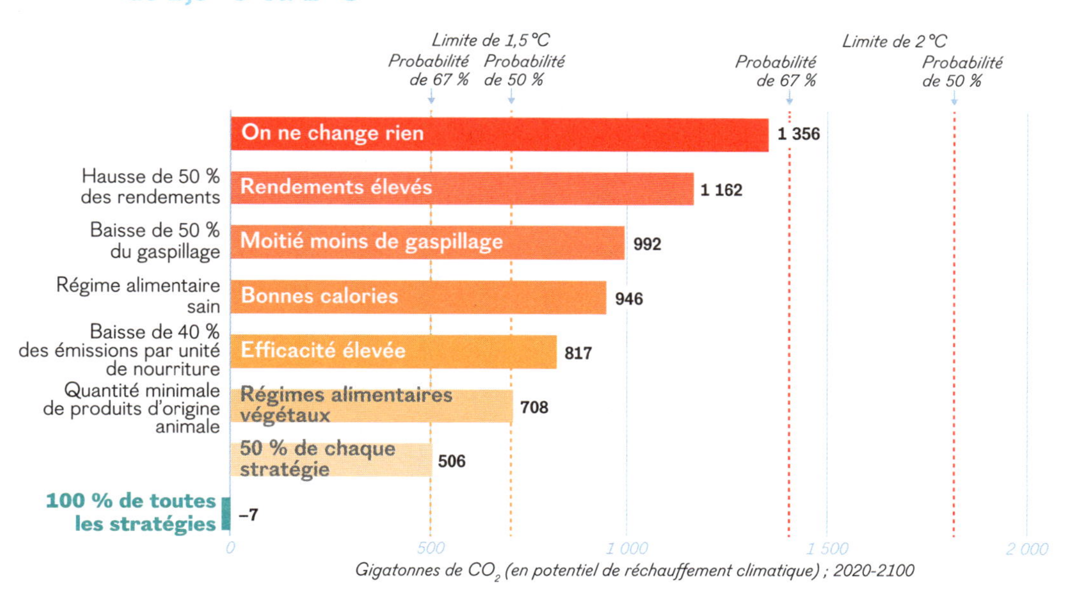

Figure 3 : En supposant que les scénarios alimentaires sont correctement mis en place d'ici à 2050, les cinq stratégies appliquées simultanément à 50 % de leur potentiel nous donneraient une probabilité de 67 % de limiter le réchauffement à 1,5 °C.

4.13

Réinventer les systèmes alimentaires

Sonja Vermeulen

L'alimentation est, après le carburant, le domaine qu'il faut explorer pour trouver des solutions à la crise climatique. Au-delà de la neutralité carbone, les territoires et les systèmes d'approvisionnement de l'agriculture peuvent être transformés, pour n'être plus des sources de carbone mais bien des puits de carbone. Et cela ne relève pas de la simple théorie. Pendant des millénaires, les paysages où nous récoltons des cultures et où nous élevons du bétail ont été des puits nets de carbone. Pendant des millions d'années, c'est par le vivant que le carbone a circulé de l'atmosphère aux terres, pour ainsi former les sols, le pétrole et le charbon. Notre défi actuel consiste à réassocier le cycle du carbone dans la terre, le biote et l'atmosphère afin de rétablir des flux nets dans les sols. Le cycle de l'azote est étroitement lié à celui du carbone, et doit également être rétabli.

Un fort consensus scientifique existe sur les moyens de mettre en œuvre cette inversion – de source à puits de carbone – dans nos systèmes alimentaires. Pour atteindre l'objectif, il faut agir sur trois fronts : les régimes alimentaires, le gaspillage alimentaire et l'agriculture. Les enjeux de la consommation – les régimes et le gaspillage – sont cruciaux car ils poussent à l'expansion des superficies et de l'agriculture. Il faut toutefois tenir compte des modes d'exploitation agricole en amont. Des études empiriques montrent que le bilan environnemental d'un même aliment peut varier d'un facteur de cinquante ou plus, selon les pratiques agricoles.

À nous tous, nous avons aujourd'hui une bonne idée des mesures les plus prometteuses pour transformer l'agriculture mondiale en puits de carbone, tout en respectant les objectifs en matière de sécurité alimentaire, de moyens locaux de subsistance, de biodiversité et d'autres répercussions environnementales. Ces axes paraissent *a priori* indépendants les uns des autres : maîtriser les niveaux d'eau dans les rizières pour réduire les émissions de méthane, changer l'alimentation et le pâturage des animaux d'élevage, pailler les champs, planter des arbres dans les exploitations agricoles. Pour comprendre les liens entre ces différentes mesures, mais aussi leurs principes sous-jacents, nous devons réfléchir au bouleversement que nous avons imposé aux cycles du carbone et de l'azote, et aux moyens de les rétablir.

Par exemple, avant l'invention des engrais artificiels au début du XXe siècle, le bétail était tellement valorisé pour son purin – ainsi que sa force de traction, son lait et son importance culturelle – qu'il était rarement abattu pour sa viande. Il en est toujours ainsi dans de nombreuses économies rurales africaines et asiatiques. Malgré tout, dans les régions plus riches, nous avons dissocié ces cycles de nutriments. Nous prenons de l'azote inerte dans l'atmosphère et nous le transformons en engrais par un procédé très énergivore, pour des cultures destinées aux élevages et, enfin, des protéines animales consommées par les humains. De vastes quantités d'azote réactif contribuent au changement climatique en raison des émissions de protoxyde d'azote dans les exploitations agricoles, puis elles se déplacent d'un continent à l'autre par les réseaux complexes du commerce international et finissent dans les systèmes d'épuration urbains, avant d'atteindre les cours d'eau et les littoraux, nuisant ainsi à la biodiversité et aux fonctions écosystémiques. À n'en pas douter, il faut aborder les choses différemment à l'échelle locale et mondiale.

Admettre que le système actuel est en panne ne signifie pas qu'il faut revenir aux pratiques du passé et que l'agriculture vivrière rudimentaire est forcément préférable. Nous pouvons mettre en place une agriculture moderne reposant sur nos connaissances, afin d'optimiser l'agriculture. Les solutions innovantes ont un rôle à jouer – comprendre et agir sur les mycorhizes, fabriquer les engrais autrement – mais elles doivent être adaptées aux contextes locaux écologiques et sociaux, au lieu d'être appliquées universellement comme des remèdes miracles.

En adoptant une perspective écologique, et en s'attardant sur les chiffres, le meilleur rapport qualité-prix du carbone dans les systèmes alimentaires consiste à préserver le plus grand nombre possible de nos écosystèmes riches en carbone et en biodiversité – les forêts, les tourbières, les mangroves et les autres zones humides – mais aussi à remettre en état ceux que nous avons endommagés ou détruits. L'agriculture demeure la principale cause de destruction de ces écosystèmes, à la fois par le déboisement délibéré et les feux incontrôlés. Par conséquent, le plus grand changement dans l'agriculture consiste à inverser, ou du moins à réduire la pression qui pousse à l'expansion constante. Pour ce faire, nous devons réduire la demande de produits agricoles (nos régimes et gaspillages alimentaires) et faire meilleur usage des parcelles exploitées, ce qui est possible techniquement mais présente un complexe dilemme politique.

Ce défi – inverser l'expansion de l'empreinte écologique agricole – consiste à cultiver plus avec moins, ce qui n'est pas sans difficulté politique. L'idée, appelée intensification durable, revient à augmenter les rendements agricoles sans effet environnemental néfaste et sans affecter de nouvelles superficies à l'agriculture. Les initiatives en ce sens sont souvent une optimisation des rendements de monocultures (par exemple en créant des variétés plus rentables ou en modifiant l'épandage d'engrais), plutôt qu'une optimisation plus créative de la valeur des terres cultivables au fil de l'année – comme l'assolement, l'affectation différente des terres pendant les jachères ou la diversification des produits agricoles et des activités économiques.

D'autres propositions ont des points communs avec l'intensification durable, mais elles ne mettent pas l'accent sur la même chose. Citons l'agriculture biologique, qui évite les intrants artificiels comme les engrais et les pesticides. Il y a aussi l'agroécologie, qui associe une approche holistique et un mouvement social – pour une agriculture guidée par les savoirs locaux et l'harmonie avec les écologies locales – favorables à la justice sociale et à l'intégrité environnementale. Ces approches ont toutefois des inconvénients : elles sont difficiles à déployer à grande échelle ou insuffisantes pour fournir à dix milliards de personnes une nutrition équilibrée et abordable.

L'agriculture est un sujet très polémique et litigieux, notamment parce que les solutions universelles sont rares. Les débats actuels sur l'intensification durable et l'agroécologie démontrent l'impossibilité d'asséner une solution mondiale qui améliorerait l'agriculture partout. Le contexte fait tout et les agriculteurs devront faire des choix stratégiques à partir d'options locales réalistes.

Le changement le plus urgent est celui-ci : les 5 % de calories qui représentent 40 % du bilan environnemental en matière d'alimentation. Il s'agit principalement d'élevages et cultures à forts intrants, qui sont destinés aux marchés urbains. Les principaux fournisseurs sont les grandes exploitations industrielles aux États-Unis, en Chine, en Asie du Sud et en Europe, qui vendent du blé, du riz, du maïs, du soja, du tournesol, des pommes de terre, du colza et d'autres cultures destinées aux animaux, aux humains et à l'industrie. Leur première préoccupation est l'optimisation des intrants, ce qui correspond souvent à une réduction des engrais et des pesticides non biologiques. Au contraire, dans certains systèmes où la productivité est faible et le potentiel élevé, comme les petites exploitations d'huile de palme, l'intensification peut avoir son utilité, d'autant plus si elle est associée à une diversification de l'affectation des sols.

Malgré tout, il existe aussi des systèmes à « faibles intrants, faibles rendements, faibles impacts » pour lesquels l'intensification n'est pas la solution. Une vache dans une exploitation moderne en Europe, par exemple, a une efficacité en carbone par litre de lait ou kilo de viande qui est environ cent fois plus élevée qu'une vache dans un système pastoral traditionnel en Afrique. Et pourtant, cette vache africaine à faibles intrants est bien plus résiliente face au climat et à la maladie, et elle fournit des services inestimables à ses propriétaires : du lait frais et nourrissant chaque jour sans dépendre de la réfrigération ou des chaînes logistiques, une force de traction ou une réserve de capitaux qui peut être vendue ou troquée. L'équivalent des systèmes à « faibles intrants, faibles rendements, faible impact » existe aussi dans des pays à revenu élevé, c'est le cas de la culture du blé en Australie.

Outre l'intensification permettant de libérer des terres, il est possible d'augmenter directement la teneur en carbone à la surface du sol et en sous-sol dans les champs et les pâturages. Nous pouvons augmenter la biomasse grâce aux arbres productifs et aux plantes vivaces (ce qu'on appelle agroforesterie), mais également développer les brise-vent, les ceintures vertes, les arbres servant à stabiliser les pentes et les dunes, etc. Un couvert végétal d'environ 20 %, au moyen de buissons et d'arbres, aurait d'impressionnants bienfaits pour la biodiversité et le carbone, associés généralement à des baisses minimes de productivité. Nous devons aussi œuvrer délibérément à l'augmentation du carbone dans les sols, en réduisant le labourage, en améliorant l'irrigation et les techniques de préservation de l'humidité (par exemple la collecte d'eaux pluviales par pratiques locales et ancestrales, et par le goutte-à-goutte), en maintenant le couvert végétal et le paillage le plus longtemps possible pendant l'année, et en laissant les résidus des récoltes à même le sol sans les brûler. Mettre en place des méthodes durables de pâture et de végétalisation peut rehausser la production de viande et de lait, mais aussi réduire les émissions de méthane et augmenter la concentration de carbone dans les sols.

Nombre des pratiques décrites ici sont compatibles avec les adaptations au changement climatique et l'atténuation de ses effets ; il y a de nombreuses solutions agricoles qui permettent à tout le monde d'y trouver son compte. La majorité des pratiques relèvent aussi de l'évidence pour celles et ceux qui sont les intendants de nos terres et mers – les agriculteurs, les éleveurs et les pêcheurs. Ces personnes sont en revanche confrontées à un ensemble d'incitations stratégiques et économiques qui limitent leurs choix et encouragent les procédés contraires. De nombreux agriculteurs sont piégés par des contrats liés aux fournisseurs, à la gestion, aux assurances et aux emprunts qui laissent très peu de marge pour amorcer des démarches plus progressistes ; si ces contrats étaient réécrits, ils seraient un puissant outil au service du développement durable. De la même manière, beaucoup appellent à la restructuration des subventions agricoles (plus de cinq cents milliards de dollars par an), afin de soutenir des pratiques et transitions plus durables. Progresser sur de grands sujets de société, comme l'égalité femmes-hommes et les régimes fonciers, permettrait aussi d'accélérer les transformations positives dans l'agriculture.

Pour les acteurs du changement qui ne sont pas agriculteurs, voici d'humbles conseils contribuant à l'avenir de l'agriculture : gardez bien en tête qu'il faut agir sur trois fronts indissociables que sont le régime alimentaire, le gaspillage alimentaire et l'agriculture, et ce à plusieurs échelles. Vos choix individuels ne sont pas anodins, c'est pourquoi il faut commencer par savoir d'où viennent vos aliments et faire des choix éclairés. Les politiques et les marchés ont une importance considérable, c'est pourquoi la mobilisation et le plaidoyer stratégiques et collectifs peuvent susciter des transformations de grande ampleur. Enfin, le fonctionnement de notre système alimentaire résulte de grandes problématiques de justice sociale, c'est pourquoi militer pour les droits des femmes, la déontologie et le droit des affaires ou la transparence des pouvoirs publics influencera l'avenir de notre alimentation et de notre climat. /

4.14

Cartographier les émissions du monde industrialisé

John Barrett et Alice Garvey

Le monde dans lequel nous vivons a, littéralement, été construit par l'« industrie » – un terme qui décrit toute activité économique liée à l'extraction ou à la culture de matières premières, à la transformation de ces matériaux pour créer l'infrastructure que nous fréquentons et les produits que nous achetons. Aujourd'hui, cette chaîne logistique complexe compte des millions d'entreprises, elle achète et vend des biens et services au sein d'une économie résolument mondiale, qui fournit des emplois et revenus à un nombre colossal de personnes dans le monde. Toutefois, l'industrie est aussi responsable de plus de 30 % des émissions mondiales de gaz à effet de serre, qui accentuent le changement climatique et provoquent d'autres graves problèmes de santé chez l'humain, en raison de la pollution locale de l'air et des cours d'eau.

L'industrie mondiale est composée d'un vaste ensemble hétérogène d'entreprises, mais quelques activités produisent l'essentiel des émissions. C'est ce qu'on appelle l'« industrie lourde », c'est-à-dire la fabrication de matériaux et produits qui nécessitent de gros équipements et des procédés complexes. L'essentiel des émissions industrielles vient de la production de fer et d'acier, suivie de celle du ciment. Au total, ces trois branches seulement de l'industrie lourde – acier, produits chimiques et ciment – concentrent 70 % des émissions de CO_2 industrielles.

L'acier et le ciment se distinguent par l'importance des « émissions de procédé », autrement dit le résultat des réactions chimiques nécessaires pour produire ces matériaux. Pour le ciment, 50 % du CO_2 émis pendant la fabrication correspond aux émissions de procédé.

Les émissions industrielles mondiales sont généralement mesurées grâce à une comptabilisation des émissions dites territoriales. Les émissions territoriales sont les émissions de gaz à effet de serre dans un pays donné et on considère qu'elles relèvent de la responsabilité de cette nation. En revanche, cette méthode néglige qu'après la fabrication le matériau ou produit est susceptible d'être acheminé partout dans le monde, ce qui déconnecte la production très polluante des biens industriels et leur consommation (moins polluante). Ces dernières décennies, les pays développés

Figure 1 : Un scénario sans mesures d'atténuation est indiqué pour l'année 2050.

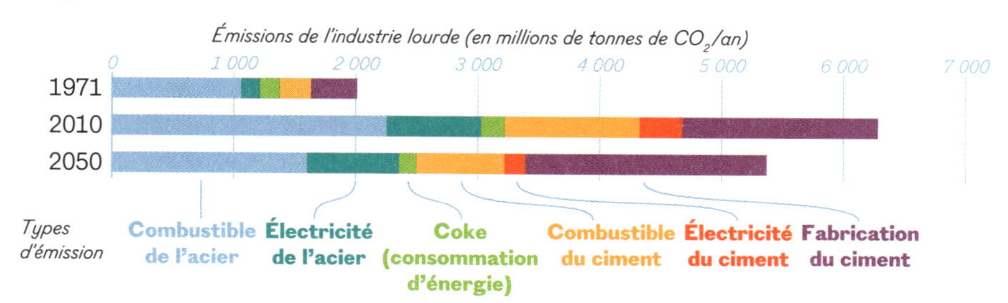

ont surtout réduit leurs émissions industrielles en déplaçant leur production dans les pays émergents. Les pays riches peuvent ainsi tenir leurs objectifs nationaux, mais cette méthode est contraire à l'impératif mondial de réduire les émissions industrielles dans leur globalité.

La comptabilisation des émissions territoriales n'est pas représentative de la demande considérable et croissante de produits industriels dans les pays développés, et cette méthode affecte les émissions correspondant aux États en développement, où l'activité industrielle a lieu. Les pays développés ont ainsi pu transférer la responsabilité de leur consommation en hausse, tout en donnant l'impression d'agir pour le climat.

La comptabilisation des émissions fondée sur la consommation donne une autre perspective : cette méthode affecte les émissions au pays du consommateur. Par exemple, pour calculer le bilan carbone de la fabrication d'une voiture, la perspective fondée sur la consommation allouera l'essentiel des émissions au pays où le véhicule sera utilisé, puisque c'est de là que vient la demande. Au contraire, une perspective territoriale allouera la majorité des émissions aux pays en développement responsables de la fabrication des pièces détachées. Ce chiffre est généralement calculé en déterminant les émissions d'un pays liées à sa production, déduction faite des émissions liées à la production des exportations, et en ajoutant les émissions de la production d'importations vers ce même pays.

La comptabilisation fondée sur la consommation décrit donc le réel impact international de la demande finale de matériaux et produits industriels. C'est une étape cruciale pour parvenir à l'équité mondiale et reconnaître le principe des Nations unies voulant que les États ont la « responsabilité commune mais différenciée » de baisser leurs émissions, au vu des disparités de développement économique et des écarts historiques d'émissions de CO_2 entre les pays riches et les pays émergents.

S'attaquer au calcul des émissions selon la consommation est, par conséquent, bien plus contraignant pour les pays développés, responsables d'un pourcentage plus élevé de la demande finale en termes absolus, d'autant que ce pourcentage est constant, voire en hausse, selon les estimations actuelles.

Figure 2 : La comptabilisation fondée sur la consommation affecte l'essentiel des émissions au pays où le bien est utilisé, d'où vient la demande, au lieu de les affecter au pays où il est produit (chiffres de 2021).

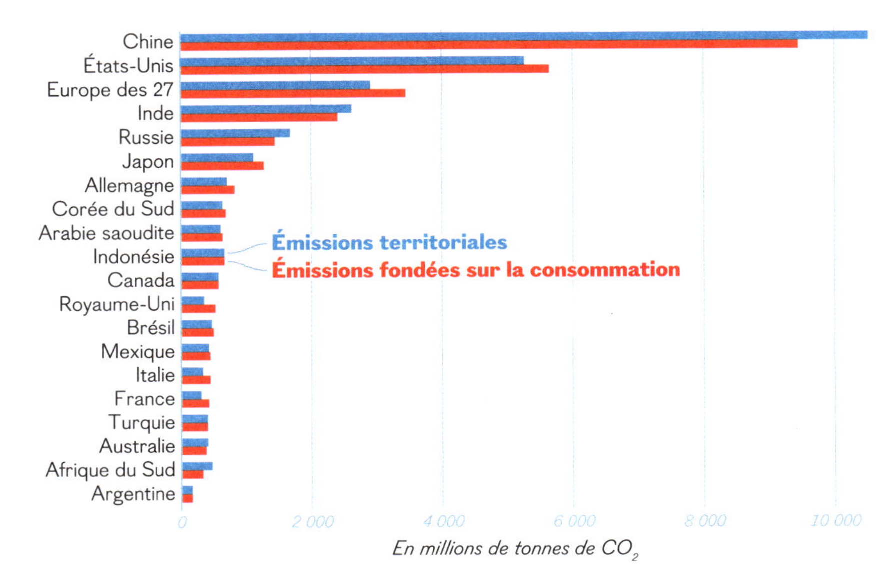

Jusqu'à présent, l'industrie a surtout cherché à atténuer ses émissions par des gains de rendement, c'est-à-dire en rendant ses équipements et procédés moins énergivores. Si le secteur a pris les mesures les plus faciles, c'est-à-dire les moins coûteuses, l'ampleur et le rythme des changements sont à ce jour insuffisants. L'inertie industrielle en matière de dépollution est notamment due aux longs cycles d'investissement nécessaires pour remplacer les principaux équipements et produits (comme un haut-fourneau dans les aciéries), ainsi qu'aux pressions mondiales du marché, autant de contraintes qui freinent tout grand investissement des entreprises et gouvernements dans les technologies émettant moins de CO_2. Quand bien même, le secteur a réussi dans l'ensemble à gagner en rendement énergétique ces dernières années, en réduisant son intensité moyenne en CO_2. Ces gains sont toutefois compensés par la demande en hausse de matériaux et produits industriels, en particulier dans les pays émergents.

Selon les projections, la demande va au moins doubler d'ici à 2050. Les marchés émergents et les pays en développement seront les principaux moteurs de cette croissance, à mesure qu'ils investissent dans leurs infrastructures et leurs stocks de biens de production, et la demande d'acier et de ciment est étroitement liée à ces tendances générales de l'activité économique. Les États développés tirent déjà les bénéfices du développement depuis des décennies de leurs infrastructures énergivores, notamment avec de l'acier et du ciment. C'est ce que font actuellement les États en développement. Par exemple, 61 % de l'augmentation des émissions chinoises de gaz à effet de serre entre 2005 et 2007 était due à des dépenses d'infrastructure comme les routes, les réseaux électriques et les voies ferrées. De la

Part des émissions industrielles dans les États développés et émergents en 2020 et en 2050, par secteur

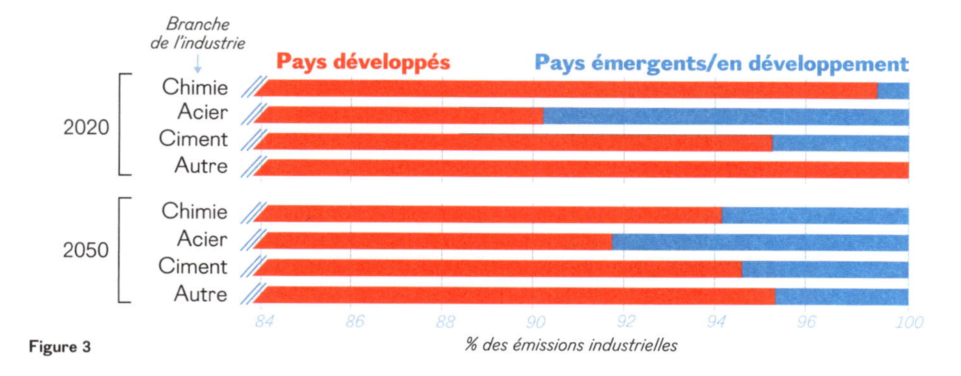

Figure 3

même manière, d'ici à 2050, 20 % de la production mondiale d'acier concernera sans doute l'Inde, contre 5 % actuellement. Il est toutefois inquiétant que selon des estimations, 37 % du budget carbone pour la production d'acier jusqu'en 2050 (conformément aux ambitions climatiques mondiales) ait déjà été utilisé.

S'il faut rendre les industries moins énergivores, nul doute qu'il faut aussi agir du côté de la demande. Certaines réductions de la demande de matériaux et produits industriels peuvent avoir lieu grâce à des stratégies de « rationalisation des matières premières », consistant à utiliser moins de matériaux pour arriver à un produit tout aussi utile. Autrement dit, faire plus avec moins. On peut imaginer une conception plus efficiente des produits, des formats plus petits et légers, et une baisse des chutes ou résidus pendant la fabrication. La demande peut certes baisser pour certains matériaux et dans certaines régions, mais elle ne disparaîtra pas complètement : nous avons aussi besoin d'investir dans des solutions techniques.

On ne peut pas pénaliser les économies en transition, dont la demande de produits et matériaux industriels est en hausse. Ce sont les pays développés, étant donné leur responsabilité historique cumulée et les avantages de s'être industrialisé les premiers, qui doivent surtout ajuster leur demande à la baisse. Nous devons toutefois faire tout notre possible pour rendre l'industrie moins polluante et agir : utiliser des combustibles n'émettant presque aucun CO_2 au lieu des énergies fossiles, et optimiser les procédés de fabrication pour réduire l'impact de tout ce que nous fabriquons. Et surtout nous devons consommer moins, redéfinir la valeur économique et remplacer la production incessante de matériaux et produits par une économie circulaire. /

4.15

Le problème technique

Ketan Joshi

Jetez un coup d'œil aux documents sur la responsabilité environnementale des industries les plus polluantes au monde : vous serez submergé d'informations censées vous imposer l'optimisme. Ce déluge de pdf à la mise en page impeccable, où figurent des ingénieurs souriants et des cadres très sérieux, porte à croire que l'avenir a été pensé et que les industries polluantes sont tout à fait maîtrisées. Dans des vidéos promotionnelles qui en font des tonnes, avec une lumière douce et des images au ralenti, un narrateur explique l'éventail de solutions prêtes à l'emploi qui sont sur le point d'être déployées. Le message est clair : l'industrie lourde s'extirpe en toute sérénité de sa profonde dépendance au CO_2.

Les secteurs comme l'énergie, les transports et l'agriculture sont bien connus pour leur contribution aux émissions mondiales de gaz à effet de serre. L'industrie lourde est toutefois déconnectée de la conscience collective, car elle intervient très en amont des produits quotidiens de consommation. Nous comprenons qu'une centrale au charbon produit de l'électricité et qu'un moteur à combustion fait avancer une voiture. En revanche, l'enchaînement d'étapes qui produit le béton de nos murs, l'acier de notre bus ou l'emballage plastique d'une barre chocolatée est plus opaque.

En 2020, l'industrie a émis 8 736 mégatonnes de CO_2, sur un total mondial de 34 156 mégatonnes, selon le rapport annuel World Energy Outlook, de l'Agence internationale de l'énergie (AIE). Malgré l'optimisme de la documentation commerciale, les émissions de ce secteur sont dites difficiles à faire baisser, et ce à juste titre. La machinerie utilisée est conçue pour durer des décennies et être rarement renouvelée. La chaleur élevée, indispensable aux procédés, n'est actuellement possible que par la combustion d'énergies fossiles. Et le grand public comme les investisseurs font moins pression sur les industries lourdes pour exiger des baisses d'émissions. Leurs procédés très polluants sont mieux dissimulés dans la chaîne logistique que ceux des centrales au charbon et des voitures ; ils sont souvent éloignés géographiquement, dans la mesure où les biens très polluants sont souvent exportés.

Il existe quelques solutions techniques qui réduiraient partiellement les émissions élevées actuellement associées aux industries lourdes. Deux rapports de l'AIE, le Word Energy Outlook de 2021 et l'Energy Technology Perspectives de 2020, détaillent des méthodes comme électrifier des procédés industriels (la fabrication de l'acier ou la combustion à basse température), améliorer l'efficience de la chaîne logistique (notamment pour la production du ciment ou du fer), ou remplacer des combustibles fossiles par l'hydrogène (qui peut lui-même être produit avec de l'électricité sans émission de carbone et qui ne produit pas de CO_2 lors de sa combustion).

Le World Energy Outlook donne un aperçu de l'impact climatique à prévoir dans l'industrie lourde. Il modélise plusieurs scénarios : les émissions par secteur conformément aux directives actuelles, mais aussi celles qui reposent sur les « engagements » (les émissions si les États tiennent leurs promesses) et sur la neutralité carbone pour 2050 ; dans ce dernier scénario, l'industrie atteint la neutralité carbone et le réchauffement est limité à environ 1,5 °C par rapport aux températures préindustrielles. Le rapport compare ensuite ces trois scénarios aux progrès technologiques existants qui visent à sortir l'industrie des énergies fossiles.

Le fossé est béant entre les émissions prévues au titre des directives actuelles et l'objectif à atteindre pour rester en deçà de 1,5 °C, c'est-à-dire le scénario idéal. Même par rapport aux engagements annoncés, à supposer qu'ils soient réellement mis en œuvre grâce à des directives et à des efforts, l'écart reste monumental.

L'AIE précise ensuite les solutions techniques et manufacturières : c'est par exemple renforcer la part du plastique recyclé, mais c'est au captage et stockage de CO_2 (CSC) qu'échoit la plus grande mission. Dans le cadre des politiques annoncées, les technologies de CSC capteront 15 mégatonnes de CO_2 industriel en 2030, mais le scénario de la neutralité carbone avancé par l'AIE nécessite le captage de 220 mégatonnes.

Il n'est pas rare de combler les lacunes des stratégies climatiques en faisant appel au CSC. Cette technologie est pourtant marquée par de nombreux échecs, ce qui porte à croire qu'elle ne devrait en aucun cas être un pilier des stratégies climatiques, notamment pour les secteurs extrêmement difficiles à dépolluer. Pour raconter l'histoire moderne du CSC, l'illustration parfaite est mon pays natal, la Norvège. En 2007, le Premier ministre de l'époque, Jens Stoltenberg, a évoqué en des termes résolument optimistes un projet de CSC à la raffinerie de Mongstad, pensé pour capter les émissions d'une centrale au gaz fossile. « Ce sera un tournant essentiel dans la baisse des émissions en Norvège et, quand nous serons couronnés de succès, je pense que le monde nous imitera, a-t-il déclaré. C'est un grand projet pour le pays. C'est notre mission sur la Lune. »

Six ans plus tard, le projet a été annulé à grand fracas, en raison de dépassements budgétaires qui avaient atteint 1,7 milliard de couronnes norvégiennes (environ 179 millions d'euros), pour un budget public total de 7,2 milliards de couronnes (environ 757 millions d'euros). Après l'annulation, le ministre du Pétrole à l'époque, Ola Borten Moe, a maintenu qu'une centrale serait construite sur le même site pour 2020. À l'heure où j'écris ces lignes, à la fin de 2021, aucune centrale opérationnelle n'existe. La mission lunaire de la Norvège n'a jamais décollé.

Malgré tout, le cycle des promesses trop ambitieuses suivies d'échecs n'a pas changé : le captage et stockage de CO_2 restent un pilier de la stratégie norvégienne pour atténuer les émissions industrielles. L'une des plus éminentes politiques climatiques modernes en Norvège a été baptisée « Langskip » (drakkar) et présentée comme le plus grand projet écologique de toute l'histoire du pays. C'est une séquence qui prévoit le captage du CO_2 issu de l'industrie et des déchets, et l'acheminement vers un stockage définitif en sous-sol ; les pouvoirs publics annoncent alors une inauguration sous une dizaine d'années.

La première étape de Langskip prévoit le captage du CO_2 dû aux activités de la cimenterie Norcem, à Porsgrunn, en Norvège. La production de ciment est à l'origine de 5 à 7 % des émissions mondiales de CO_2 – un chiffre ahurissant.

Début novembre 2021, le projet de CSC de Norcem a annoncé un dépassement de budget, révélant que l'investissement nécessaire avait augmenté de 912 millions de couronnes norvégiennes (environ 96 millions d'euros), soit un total de 4,146 milliards de couronnes (environ 436 millions d'euros). L'avenir du projet demeure incertain. « À moins que les parties s'accordent sur la poursuite du projet, ou que l'une des parties accepte de tout financer, Langskip sera abandonné et chacune des parties assumera sa part des coûts », a écrit le gouvernement norvégien. Dans l'éventualité où l'initiative verrait vraiment le jour (prétendument vers 2024), elle devrait capter environ 0,4 mégatonne de CO_2 par an, soit moins de 0,5 % des émissions de Norcem.

Toujours dans le cadre de Langskip, un autre grand projet est prévu, mais retardé de longue date : c'est la centrale de CSC à l'usine de traitement des déchets de Klemetsrud. L'inauguration était initialement prévue en 2020, mais le captage des émissions considérables de l'incinération des déchets « non recyclables » d'Oslo reste en sommeil. L'objectif d'Oslo, soit une réduction de 95 % de ses émissions d'ici à 2030, ne peut être atteint sans s'attaquer à la pollution de cet incinérateur d'ordures, première source d'émissions de CO_2 de la capitale norvégienne. Malgré plusieurs essais probants à petite échelle, la centrale reste inexistante car elle ne peut pas être financée sans l'aide de l'Union européenne (un dossier en ce sens a été rejeté en novembre 2021).

Pour l'ultime étape de Langskip – injecter le CO_2 en profondeur dans le sous-sol –, un consortium de groupes des énergies fossiles (Shell, Equinor et Total) prendra le relais. Le projet dit « Northern Lights » (aurores boréales) est supposé transporter le CO_2 et l'injecter dans les nombreux gisements épuisés de pétrole et de gaz en Norvège. Les vingt-cinq premières années, le projet sera en mesure de stocker 1,5 mégatonne de CO_2 par an et peut-être 5 mégatonnes après cette échéance. En 2019, Shell, Equinor et Total ont émis un total de 2 350 mégatonnes de CO_2. Même quand le CSC fonctionne, son échelle est à peine perceptible par rapport à l'ampleur du problème qu'il est censé résoudre.

Actuellement, les capacités mondiales de CSC sont d'environ 40 mégatonnes par an. Plus de cent des cent quarante-neuf projets de CSC qui devaient être opérationnels pour 2020 ont été annulés ou suspendus jusqu'à nouvel ordre. Un article de recherche récent a conclu que les projets de CSC échouent fréquemment parce qu'ils coûtent cher à construire, que la technologie n'est pas fiable, et qu'il n'y a pas vraiment d'argent à en tirer, à moins d'utiliser le CO_2 récupéré pour doper l'exploitation des gisements pétroliers et gaziers – un comble.

Même si nous pouvions nous fier à la réalisation de ces projets, le scénario de neutralité carbone présenté par l'AIE d'ici à 2050 suppose une capacité de CSC de 1 578 mégatonnes par an d'ici à 2030.

Dans le monde idéal des stratégies climatiques mises en scène dans de beaux pdf, le captage et stockage de CO_2 est présenté comme le salut. Dans le monde réel et crasseux, le CSC est un échec. Cette déconnexion persiste pourtant, car le CSC a une fonction psychologique et non technologique. Il protège par sa rhétorique magique l'illusion d'un recours constant et inchangé aux énergies fossiles. Le CSC est toujours « sur le point d'arriver » et sert de justification à l'expansion permanente des énergies fossiles et à l'ajournement des vraies mesures.

Captage et stockage de CO_2 : émissions historiques, anticipées, et « neutralité carbone pour 2050 » selon l'AIE.

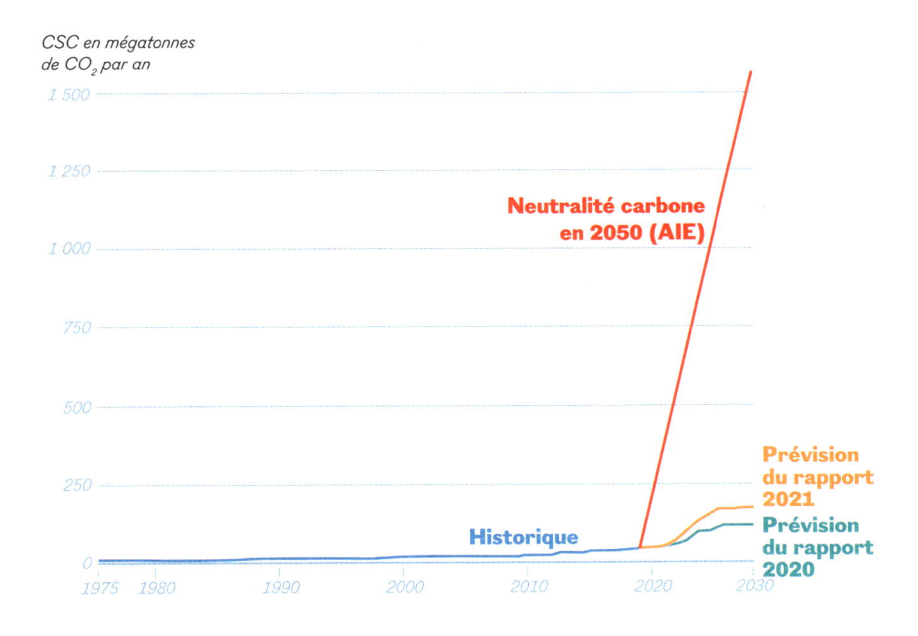

Figure 1 : Les capacités prévues de CSC sont en deçà de l'objectif de 1 578 mégatonnes par an en 2030, pour arriver à la neutralité carbone en 2050 selon l'AIE (rapports 2020 et 2021 du Global CCS Institute).

Débarrassée de ce talisman climatique, la réalité impose un choc violent : le changement doit être rapide, profond, et surtout viser les personnes les plus directement et pleinement investies dans l'économie alimentée par les combustibles fossiles. La baisse de la demande doit aller bien au-delà des gains de rendement et des améliorations matérielles. Il faut arracher par la racine la surconsommation de matériaux dans nos sociétés, en particulier dans les pays riches, matérialistes, où la majorité de la population est blanche. Soudain, il nous faut penser à un modèle de société et non plus à des types de machines.

Rien n'illustre mieux les dangers du « solutionnisme » technique que le captage et stockage de CO_2. Cette technologie incarne à tort l'espoir pour les pays pollueurs, qui ne craignent rien tant que les transformations rapides et profondes. Dans les secteurs où il est réellement difficile de réduire les émissions, comme l'industrie lourde, le fantasme technologique répond à l'objectif le plus immédiat : éviter toute discussion franche sur l'hypothèse de produire et consommer beaucoup moins.

Le design et la technologie ont bien sûr un rôle à jouer dans la transition écologique : comme l'a montré l'AIE, l'« amélioration du rendement des matériaux » peut contribuer à réduire la demande de produits industriels et l'énergie nécessaire pour les fabriquer. Dans le cas du ciment, il vaut mieux rénover afin de prolonger la durée de vie des bâtiments existants ou optimiser la conception afin de réduire la quantité de béton nécessaire. En revanche, il est impossible d'amorcer une vraie sortie des énergies fossiles, assez rapidement, sans avoir un débat sérieux sur la demande.

Nous n'avons pas besoin d'un nouveau smartphone chaque année. Beaucoup d'entre nous n'ont pas besoin d'un véhicule de plusieurs tonnes, qu'il ait un moteur à essence ou électrique. L'épanouissement existe en dehors de la consommation de *choses matérielles* énergivores. La baisse indispensable de la demande de produits industriels, qui nécessite un effort de grande ampleur, reste étouffée par la suprématie de vaines promesses, venues des entreprises qui fournissent les énergies fossiles et dépendent d'elles. Tant que nous n'aurons pas renoncé aux fantasmes technologiques sur papier glacé et que nous ne serons pas revenus à la réalité, nous continuerons d'en payer le prix terrible. /

Le CSC a une fonction psychologique et non technologique. Il protège, par sa rhétorique magique, l'illusion d'un recours constant et inchangé aux énergies fossiles.

4.16

Le défi des transports

Alice Larkin

Le déplacement a toujours été une constante essentielle chez l'humain : pour tisser des relations, organiser des communautés, commercer et développer nos civilisations et sociétés. À pied ou en véhicule motorisé, nous nous déplaçons tous : pour le travail, l'école et les loisirs, pour le transport de personnes et de marchandises, et parfois pour le plaisir – au bénéfice de notre bien-être mental ou physique.

Les modes de transport, des bicyclettes aux avions, sont en constante évolution, au même titre que nos habitudes de déplacement. À mesure que les revenus d'une population augmentent, elle a tendance à aller plus loin, non parce qu'on passe plus de temps à se déplacer – cet indicateur est stable depuis longtemps –, mais parce que la technologie permet d'accélérer ces déplacements et d'en réduire la durée. Pour certains, c'est la possibilité de travailler loin de son domicile ; pour d'autres, c'est l'occasion de faire des études ou de partir en vacances dans un autre pays. Le perfectionnement des véhicules a aussi transformé le commerce : le commerce maritime international a une longue histoire, mais notre consommation d'aujourd'hui est le résultat de complexes chaînes logistiques mondiales. Beaucoup d'entre nous sont habitués à voir arriver des produits de loin, parfois en quelques heures après la commande.

En dépit de tous les atouts des transports, leurs répercussions écologiques sont considérables et variées. L'exploitation de ressources pour construire des routes et des voies ferrées, des vélos et des poids lourds consomme de l'énergie, engendre de la pollution et nuit souvent à la biodiversité. Quand un navire traverse l'océan, ses vibrations perturbent la faune, et les personnes qui vivent près d'un aéroport subissent une pollution acoustique qui peut nuire à leur santé. La combustion de l'essence dans une voiture, du diesel dans un navire ou du kérosène dans un avion émet des gaz toxiques dans l'air que nous respirons et contribue au réchauffement climatique : dans l'ensemble, le secteur représente environ 25 % des émissions mondiales de CO_2 issues de la combustion des énergies fossiles. La croissance économique et le développement des transports augmentent à la fois les émissions dans l'absolu et, généralement, relativement aux autres secteurs (fig. 1).

Conscients des avantages que tirent les populations des transports, les décideurs se contentent souvent de mesures timides pour atténuer leurs dégâts écologiques. Cela ne peut pas continuer. Aujourd'hui, nous sommes témoins de l'urgence climatique qui existe partout dans le monde. Les transports sont un élément crucial de la mobilisation nécessaire pour ralentir le réchauffement et protéger des vies, mais c'est impossible sans admettre qu'il y a un problème et sans s'attaquer à ses impacts environnementaux.

Les transports sont un secteur immense et hétéroclite, et les modes de déplacement les plus communs ne sont pas du tout les mêmes d'une région à l'autre du monde. Une étude internationale a montré que 47 % des kilomètres en véhicule à moteur en Asie du Sud étaient parcourus à mobylette et à moto, contre 15 % seulement en voiture ; au contraire, en Amérique du Nord, moins de 0,5 % des kilomètres étaient parcourus à deux-roues motorisés, contre 57 % en voiture. De la même manière, on estime qu'environ un quart de la population mondiale pourrait, en théorie, avoir pris un vol en 2018 : moins de 2 % dans les pays à faible revenu et 100 % dans les pays à revenu élevé. Toutefois, nous savons grâce à des sondages que même dans les pays à revenu élevé la majorité de la population n'a pris aucun

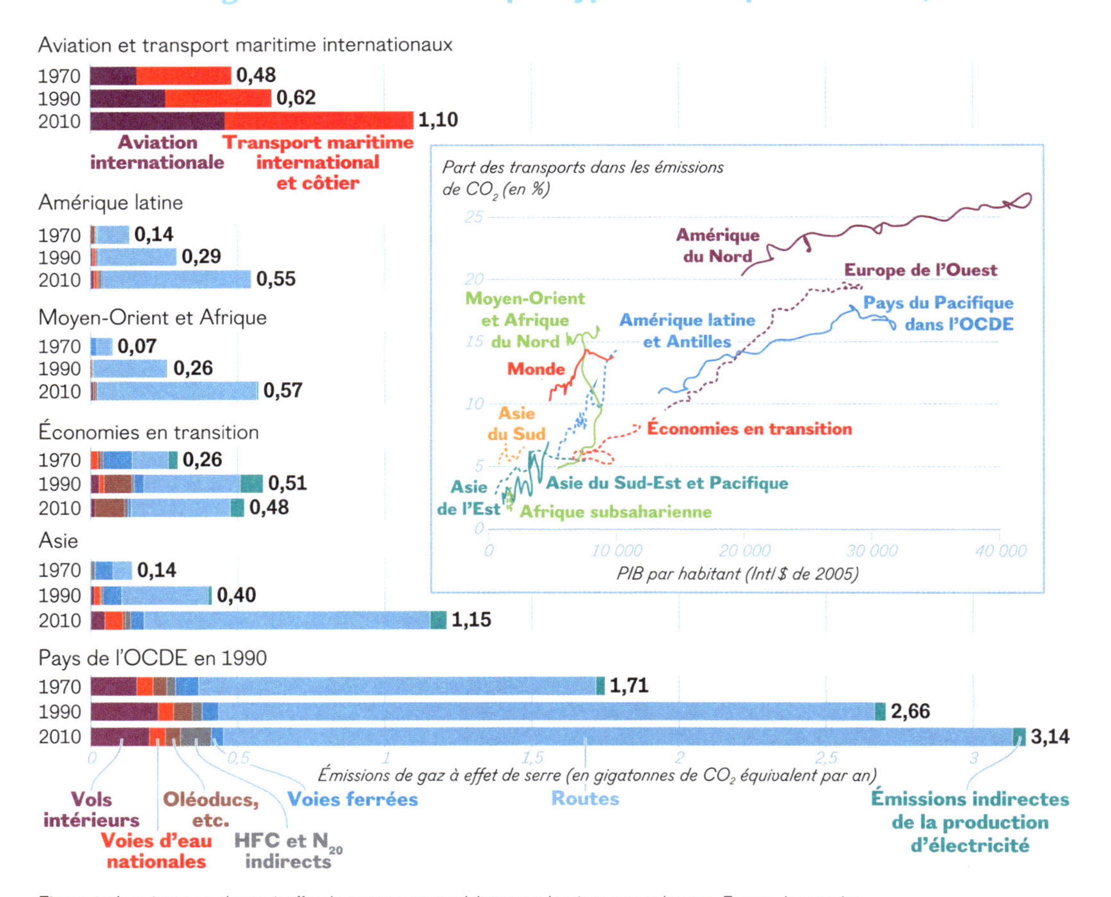

Figure 1 : Les émissions de gaz à effet de serre ne comptabilisent pas les émissions indirectes. Encart : la part des émissions liées aux transports a plutôt augmenté, en raison de changements structurels, à mesure que les pays se sont enrichis. Les émissions de CO_2 sont relatives au PIB sur la période 1970-2010, ce dernier étant mesuré en dollar international de 2005 (ou Intl $, une unité permettant de comparer le pouvoir d'achat de plusieurs devises).

vol au cours d'une année donnée, c'est pourquoi ces déplacements aériens concernent uniquement un petit pourcentage de la population mondiale. Il est essentiel de tenir compte de cette variation dans l'usage des transports (fig. 2) pour déterminer qui est responsable des impacts environnementaux et orienter les stratégies pour atténuer les dégâts.

Chaque type de véhicule émet une quantité différente de gaz à effet de serre pour chaque kilomètre parcouru (fig. 3). Par exemple, l'intensité des émissions pour un vol intérieur au Royaume-Uni est près de 7 fois supérieure à celle d'un même déplacement en train, même si les trains britanniques associent le diesel et l'électrique. Prendre un vol long-courrier en première classe peut être 130 fois pire que faire le trajet par voie ferrée internationale. En outre, dès lors qu'on tient compte du « taux de remplissage » (le nombre de personnes dans un véhicule), les résultats évoluent. Par exemple, si deux passagers occupent une voiture au lieu d'un, les émissions par personne sont divisées par deux. Et si les émissions par kilomètre d'un vol long-courrier sont comparables à celles d'une personne dans une petite voiture à essence, il est probable que le nombre total de kilomètres parcourus par avion soit supérieur, c'est pourquoi les émissions seront *in fine* bien plus élevées.

Le tableau se complexifie encore quand les émissions issues de l'extraction, de la conversion et de la transformation sont prises en compte ; on parle en anglais

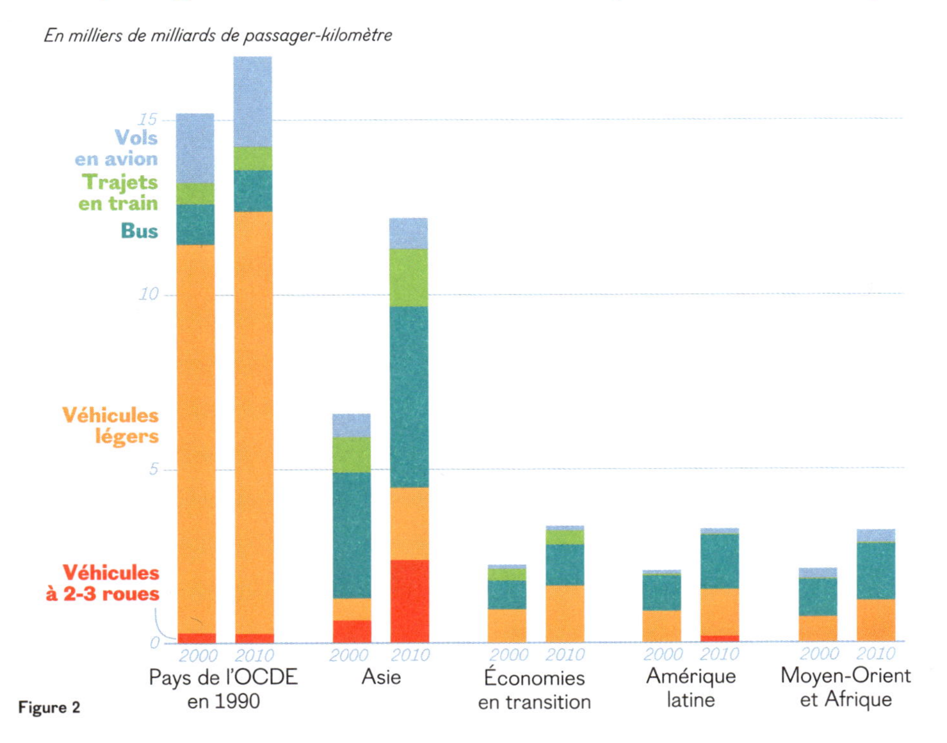

Figure 2

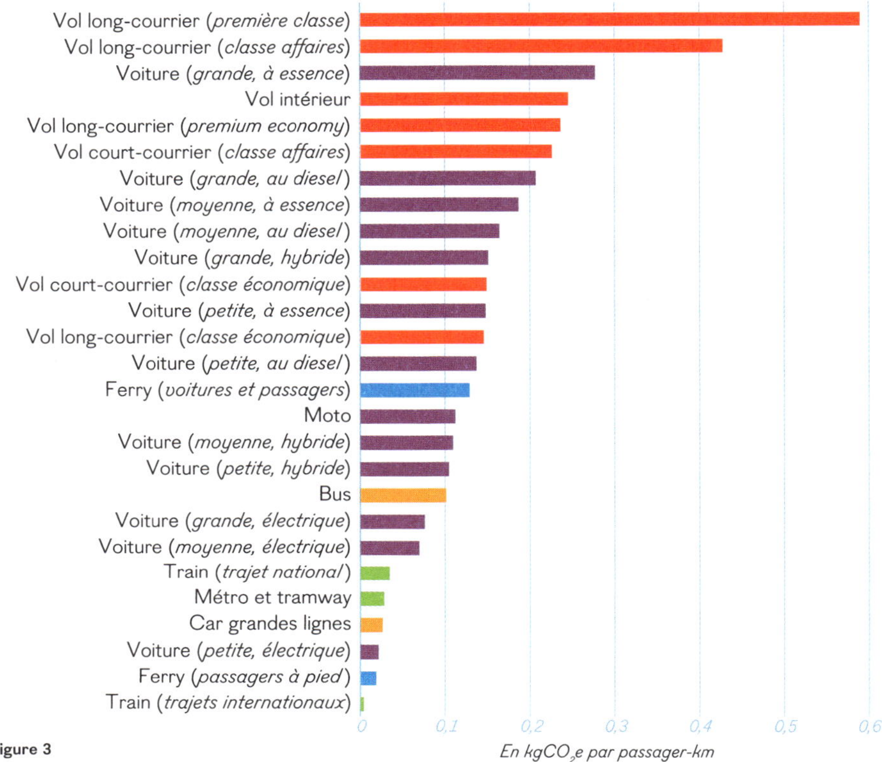

Figure 3

des émissions *« well to wheel »*, de la source à la roue. Par exemple, un véhicule électrique dont la batterie est chargée sur un réseau électrique alimenté principalement au gaz aura des émissions plus élevées que le même véhicule chargé sur un réseau qui associe nucléaire et éolien. Il faut par ailleurs rester prudent lorsqu'on suppose que les carburants innovants tels que les biocarburants ou l'hydrogène sont toujours très peu polluants par rapport aux énergies fossiles, car leur production peut consommer beaucoup d'énergie et provoquer beaucoup d'émissions. Le produit final ne sera réellement « faible en carbone » que si cette énergie vient elle aussi de sources renouvelables, et/ou si elle est associée à l'extraction directe du CO_2 dans l'air ambiant.

La transition écologique dans les transports est souvent considérée comme plus difficile que dans de nombreux autres secteurs. Dans certains pays riches, des avancées ont été réalisées pour réduire les émissions totales, mais les émissions liées aux transports ont continué d'augmenter (fig. 1). Et s'y ajoute une autre complication tout à fait colossale : les transports aériens et maritimes internationaux ne relèvent généralement pas de la comptabilité nationale des émissions, ainsi que des objectifs, politiques et budgets carbone au niveau national (fig. 1). C'est un héritage du protocole de Kyoto, qui a confié à l'Organisation de l'aviation civile internationale et à l'Organisation maritime internationale la tâche de réduire les émissions dans les océans et l'espace aérien internationaux. Malheureusement, en raison de ces dispositions, ces secteurs n'ont pas encore rédigé ou appliqué des directives conformes à l'objectif de ne pas dépasser une hausse de 1,5 °C. C'est extrêmement problématique car l'aviation et le transport maritime internationaux émettent à eux seuls autant de CO_2 que le Japon, cinquième pays le plus pollueur au monde.

Si ces deux catégories semblent comparables, dans la mesure où elles engendrent des émissions qui ne peuvent être attribuées facilement à un pays donné, l'aviation et le transport maritime sont en réalité très différents. Tout d'abord, l'aviation sert principalement aux déplacements de loisirs, tandis que le transport maritime sert à transporter des marchandises, notamment des produits alimentaires et des matériaux. L'aviation est aussi le privilège d'une minorité sur Terre, alors que le transport maritime achemine des biens et matériaux directement ou indirectement à la vaste majorité de la population mondiale, même s'il faut noter des écarts béants et inéquitables de la consommation matérielle au profit des pays riches. Les deux catégories sont étroitement liées à la croissance de l'économie mondiale, mais si on clouait au sol l'essentiel des avions l'impact économique serait modeste par rapport à celui induit par l'arrêt de l'acheminement des navires de marchandises dans le monde.

Pour l'aviation, il est bien connu qu'il faudra de nombreuses années avant que des solutions technologiques nous permettent de faire de nombreux trajets aériens sans propulsion aux énergies fossiles. Parce que les avions, comme les navires, sont en service au moins une vingtaine d'années. Mais aussi parce que produire de grandes quantités de carburant faible en carbone, de la qualité et de la haute densité nécessaire pour faire décoller un avion de ligne, nécessite des avancées technologiques considérables et sans doute un recours à l'extraction du CO_2 dans l'atmosphère. En 2021, cette méthode en reste au stade de l'expérience à petite échelle. Certains ont bon espoir que les innovations indispensables verront le jour, mais il reste d'immenses défis techniques et socio-économiques à surmonter qui, même selon des spécialistes du secteur, prendront du temps (probablement des décennies) avant d'avoir une réelle influence matérielle.

Pendant ce temps, l'aviation cherche à atténuer son impact en se proposant de compenser ses émissions. L'efficacité de ces compensations est très controversée, notamment parce que le calcul ne tient pas compte du réchauffement provoqué par les émissions d'autres gaz que le CO_2 que les avions libèrent dans les couches supérieures de l'atmosphère, où ces émissions créent plus de réchauffement que si elles avaient lieu au sol. Restreindre la demande dès maintenant est donc essentiel pour réduire l'impact climatique de l'aviation, sinon nos budgets carbone seront épuisés trop tôt. Plusieurs mécanismes pourraient être mobilisés, notamment un moratoire sur l'expansion des aéroports dans les régions les plus riches du globe, ainsi qu'une taxe imposée aux personnes qui voyagent fréquemment.

S'ils ont aussi une grande longévité, les navires ont déjà de nombreuses possibilités de réduire leurs émissions à court terme, comme d'installer des systèmes de propulsion éolienne ou de réduire la vitesse des navires. À long terme, divers carburants innovants contribueront aussi à alléger les émissions. Dans la mesure où les combustibles fossiles sont principalement acheminés par voie maritime, l'adoption plus générale des énergies renouvelables entraînerait aussi le recul d'un vaste pan du trafic maritime, ce qui réduirait probablement les émissions du secteur. Bien sûr, la hausse de la consommation augmentera le fret et il est crucial de veiller à ce qu'individuellement et collectivement nous consommions en cherchant à minimiser les dégâts environnementaux, sans négliger la répartition équitable des moyens de développement à l'échelle mondiale.

Nous avons tous besoin de repenser nos déplacements, ceux de nos marchandises, et leur distance. Et nous devons identifier le mode de transport le mieux adapté à chaque trajet. Cet état des lieux pourrait mener à des baisses radicales de la consommation de ressources, et de la pollution locale et mondiale. En matière de changement climatique, il faut toujours garder en tête la difficulté de réduire au maximum l'impact environnemental de nos déplacements, ainsi que le délai nécessaire pour dépolluer les transports. /

L'aviation et le transport maritime internationaux émettent autant de CO_2 que le Japon, cinquième pays le plus pollueur au monde.

4.17

L'avenir sera-t-il électrique ?

Jillian Anable et Christian Brand

La transition écologique des transports, dans les discussions stratégiques locales, nationales et internationales, se concentre souvent voire exclusivement sur les solutions technologiques. Il s'agit généralement de l'électrification des véhicules légers (voitures et utilitaires) et des bus, trams et trains. S'y ajoute l'intervention limitée, à court terme, de la production durable d'hydrogène, des biocarburants et éventuellement des carburants liquides synthétiques également à court terme.

Cette méthode a pourtant un défaut : elle ne suffira pas à compenser l'augmentation de la mobilité, d'après les projections. La croissance démographique et économique fait augmenter la demande de biens, et démultiplie le nombre de personnes qui veulent et peuvent voyager. À l'échelle mondiale, les transports tous secteurs confondus sont appelés à largement doubler d'ampleur d'ici à 2050, par rapport à 2015. Cette hausse colossale des trajets en voiture et des automobilistes, de la circulation des poids lourds, mais aussi du trafic aérien et maritime, anéantira toute baisse des émissions liées à des évolutions techniques, notamment pendant les vingt prochaines années, qui seront cruciales. Aujourd'hui, presque tout le monde s'accorde à dire que nous ne tiendrons pas les objectifs définis dans l'accord de Paris si nous ne nous préoccupons pas de l'ampleur des circulations de personnes et de marchandises.

L'étendue du défi prend corps en analysant notre dépendance (quasi) totale au pétrole, pour le fret et le trafic voyageurs. En 2021, les déplacements reposent encore à 95 % sur le pétrole. Les voitures, les utilitaires et les bus restent généralement en circulation quinze à vingt ans, les poids lourds une vingtaine d'années, les avions vingt-cinq ans et les navires quarante ans. Autrement dit, si dès demain 100 % des nouvelles voitures et autres modes de transport avaient un moteur électrique ou alimenté par une autre source renouvelable, il faudrait des décennies pour que les énergies fossiles disparaissent complètement de ce secteur. Même dans un scénario optimiste, où les ventes mondiales de nouveaux véhicules atteindraient 60 % de moteurs électriques d'ici à 2030, les émissions mondiales de CO_2 issues des voitures ne baisseraient « que » de 14 % à cette échéance par rapport à 2018.

Outre les questions de calendrier, il faut souligner que les véhicules électriques ne sont pas la panacée, car leurs émissions tout au long de leur durée de vie dépendent fortement de la teneur en carbone de l'électricité, des matériaux utilisés et du mode de production de la batterie. Depuis les années 1970, les véhicules sont devenus plus lourds et plus puissants, ce qui annule partiellement la consommation moindre de carburant des voitures et utilitaires. Le modèle de voiture le plus populaire, le gros et lourd SUV (véhicule tout-terrain de loisir), a représenté 45 % des ventes mondiales de véhicules légers en 2021, soit cinq fois plus de ventes que les voitures électriques. Jusqu'à 40 % des économies de carburant sont annihilées par ces ventes. L'Agence internationale de l'énergie a déclaré qu'en raison de la pandémie les émissions de carbone en 2020 avaient baissé sur *tous* les segments sauf un : celui des SUV. Parce qu'ils en tirent des marges plus grandes, les constructeurs automobiles ont tout intérêt, financièrement, à vendre des voitures plus grosses et haut de gamme. Les États-Unis, par exemple, incitent à l'achat de grosses voitures électriques en proposant des crédits d'émissions. Le gouvernement allemand subventionne directement les constructeurs de voitures hybrides électriques à brancher sur le secteur, dont beaucoup sont des SUV. Il est inquiétant que nombre des statistiques qui recensent la croissance des ventes des véhicules électriques englobent ces véhicules hybrides – un tiers environ des ventes mondiales de véhicules électriques – alors qu'ils dépendent encore fortement de la combustion de carburant fossile, et ce pour longtemps. L'une des méthodes les plus rapides, faciles et efficaces pour réduire les émissions consisterait à réorganiser les incitations, de manière à encourager la vente de véhicules électriques plus légers et d'amorcer sans délai la fin des grands SUV dans les villes : interdire la publicité pour ces véhicules, taxer les propriétaires et le fait de rouler avec. Ne serait-ce qu'au Royaume-Uni, éliminer progressivement les gros véhicules les plus polluants pourrait nous épargner jusqu'à cent millions de tonnes de CO_2 d'ici à 2050.

L'importance conférée aux transports électriques pose un autre problème, plus fondamental encore : elle sous-entend un approvisionnement fiable en électricité, ce qui est loin d'être garanti dans de nombreuses régions du monde. Les véhicules électriques ne remédient en rien aux inégalités sociales dans les pays et entre eux, en particulier dans les pays des Suds, où les voitures électriques ne seront accessibles qu'aux puissants et aux gens fortunés. Et même si elles pouvaient être généralisées, les voitures électriques ne sont pas une « solution » aux embouteillages, aux parkings saturés, à la sécurité ou à la précarité en matière de transports. La dépendance à l'automobile est source d'étalement urbain et crée un cercle vicieux : les lieux et les emplois sont de plus en plus inaccessibles sans voiture, ce qui fait chuter la fréquentation des transports en commun, entraînant ainsi une baisse des revenus et de la fréquence des passages, ce qui renforce la dépendance aux voitures, etc. L'envers de la liberté offerte par la toute-puissance de la voiture individuelle, c'est un nombre croissant de personnes forcées d'avoir une voiture qu'elles peinent à financer et qu'elles gardent en dépit des sacrifices imposés dans d'autres aspects de leur vie.

Que faire ? À court terme, si la majorité des véhicules sur les routes demeurent propulsés aux énergies fossiles, il est facile de réduire la vitesse maximale sur les grands axes. Introduire une limite de vitesse à 130 kilomètres à l'heure sur les autoroutes de l'Allemagne, qui voue un culte à la vitesse, réduirait les émissions de CO_2 de 1,9 million de tonnes chaque année. Ce chiffre est supérieur au total annuel de soixante des pays les moins pollueurs. Réduire la vitesse maximale à 100 kilomètre à l'heure éviterait 5,4 millions de tonnes d'émissions par an : c'est un chiffre supérieur aux émissions annuelles de quatre-vingt-six pays, dont le Nicaragua et l'Ouganda. Malgré tout, ce débat dure en Allemagne depuis des décennies et aucun parti politique au pouvoir n'est prêt à mettre en œuvre cette mesure. Chacun pense « tout nous est dû » et déteste toute limite imposée aux « choix individuels », voilà les principaux motifs de cette inaction[1].

On voit ainsi que de grands changements d'habitudes sont nécessaires en sus des évolutions technologiques, car les deux sont indissociables : les responsables politiques, les urbanistes, les industriels et les consommateurs doivent adopter, instaurer et promouvoir de nouvelles habitudes de déplacement, outre l'adoption de nouvelles technologies. Quand ces « nouvelles habitudes » sont abordées dans le secteur des transports, la réponse apportée est généralement un changement de moyen, c'est-à-dire qu'un même trajet n'est plus effectué par un moyen de transport inefficace ou polluant, au profit d'un autre mode plus vertueux : prendre les transports en commun, marcher ou faire du vélo, au lieu d'un court trajet en voiture. Et c'est sans aucun doute une étape essentielle : au Royaume-Uni, par exemple, 59 % des trajets en voiture font moins de 8 kilomètres. Marcher, faire du vélo classique ou à assistance électrique – c'est ce qui est appelé la mobilité active – peut réduire les émissions relativement vite. Citons également les nouvelles formes de micromobilité électrique plus légères, dont le coût est généralement en baisse et qui enregistrent plus de ventes que les voitures électriques dans de nombreuses régions du monde, notamment en Afrique subsaharienne et dans certaines parties d'Asie ; elles permettent notamment d'entreprendre des trajets plus longs, y compris en dehors des zones urbaines. Les réseaux ferrés de surface sont aussi, depuis longtemps, un lien efficace et vital dans les villes, et ils sont généralement électrifiés d'emblée, alors que les bus sont l'un des modes de transport qui amorcent le plus rapidement la transition vers l'électrique.

Se concentrer sur d'excellents transports publics électrifiés, ou encore le vélo et la marche, présente toutefois deux principales limites. Tout d'abord, en l'absence de mesures qui dissuadent l'usage de l'automobile, les trajets en voiture continueront à augmenter parallèlement à la croissance des autres modes de déplacement. C'est ce qui a été observé lors d'expériences dans plusieurs pays européens, où la gratuité

1 Le même principe – une vitesse réduite – est aussi très prometteur dans le transport maritime, secteur où la réduction des émissions est difficile et qui était exclu de l'accord de Paris, alors même que sa part dans les émissions mondiales va augmenter selon les estimations. Environ 80 % du commerce mondial est transporté par voie maritime. Les cargos sont en majorité alimentés par des énergies fossiles et généralement le diesel le plus polluant. L'électrification n'est pas une solution viable pour les navires hauturiers, pas plus que pour les vols long-courriers, mais une forte baisse des émissions pourrait être enregistrée en associant une vitesse réduite à de nouveaux moteurs à combustibles propres, comme l'ammoniac vert. Un ralentissement de 20 % peut économiser jusqu'à 24 % de CO_2.

des bus locaux pour tous les passagers a surtout renforcé la fréquentation chez les usagers existants, les piétons et les cyclistes, l'effet étant modeste sur la baisse globale du recours à la voiture. De la même manière, les mesures restrictives concernant la voiture ont été cruciales aux Pays-Bas pour aboutir à son nombre record de cyclistes : le pays a rendu l'usage du vélo plus pratique que celui de la voiture. Et pourtant, en dépit des scores obtenus au niveau local « en maniant la carotte et le bâton », les émissions moyennes de CO_2 par habitant aux Pays-Bas sont aussi élevées que celles de nombreux pays voisins en Europe, car les contraintes visant l'automobile n'ont pas été appliquées aux déplacements sur de plus longues distances, qui comptabilisent le plus grand nombre de kilomètres et le plus d'émissions de CO_2.

Il est essentiel de changer les modes de transport pour les courts trajets urbains, dans les agglomérations relativement denses, mais ce n'est qu'une petite partie des efforts qui permettront de réduire les kilomètres parcourus en voiture dans les pays développés d'ici à 2030, réduction qui a été identifiée comme étant indispensable pour respecter les budgets carbone. Au Royaume-Uni, par exemple, l'absence de toute réduction du CO_2 dans les transports depuis 1990 signifie que le secteur n'a plus que dix ans pour baisser de deux tiers ses émissions. Plusieurs modélisations ont conclu que le nombre de kilomètres parcourus en voiture devra baisser de 20 % à 50 % par rapport à aujourd'hui, en plus de la hausse actuelle des ventes de véhicules électriques.

L'ampleur des changements nécessaires exige non seulement de nouveaux modes de transport, mais aussi de « nouvelles destinations », afin de limiter les distances parcourues pour répondre aux besoins individuels ou commerciaux. C'est impossible sans une stratégie politique bien plus ambitieuse que la seule question des transports : des politiques régionales d'aménagement du territoire devront être mises en œuvre pour créer des quartiers dits « en quinze... » ou « en vingt minutes », afin de situer les logements, les emplois et les services plus près les uns des autres, notamment en rapatriant les services comme les écoles et les centres de santé dans les zones urbaines et périphériques, dont ils ont souvent disparu, et en rapprochant aussi les biens et les services. Certains types de trajet devront être complètement bannis : la pandémie de Covid-19 a accéléré la tendance aux réunions virtuelles, par exemple, ce qui rend superflus les déplacements professionnels internationaux, tout en renforçant la participation à ces rendez-vous. Parallèlement, d'autres trajets doivent faire l'objet d'une mise en commun : au sein d'un même véhicule, rassembler plusieurs passagers ou des cargaisons différentes. Cette pratique du « covoiturage » pour les biens et les personnes est très courante de manière informelle dans de nombreux pays en développement et elle connaît une recrudescence mondiale en raison de nouveaux outils qui permettent de « regrouper » des trajets à la demande et de partager les paiements. Les initiatives de covoiturage se multiplient dans de nombreux pays où il est difficile de se garer et où il coûte cher d'acheter et d'entretenir une voiture. Favoriser l'*accès* à la voiture et non au fait d'en posséder une, pour développer une mobilité individuelle flexible et équitable, permettrait

Pages suivantes : Conteneurs superposés, dans le premier terminal d'Asie intégralement automatisé, à Qingdao, dans la province de Shandong, en Chine, en janvier 2022.

aux pays en développement d'éviter les erreurs des pays développés qui ont mené à la dépendance à l'automobile.

Il est indéniable que pour décarboner les transports, il faut réduire le recours aux voitures, aux poids lourds et aux avions, tout en sortant progressivement ces véhicules des énergies fossiles. Si l'on veut inverser les tendances actuelles et mettre fin à notre dépendance aux infrastructures polluantes, il faudra revoir radicalement l'usage de nos terres et les transformations urbaines. Dans les sociétés dépendant déjà de la voiture, réduire le nombre de kilomètres parcourus en voiture devra s'accompagner d'une réaffectation plus ambitieuse des espaces routiers libérés, au profit des modes de déplacement les plus durables. Sans cela, il est probable que davantage de déplacements en voiture et poids lourds occuperont ces espaces et annuleront ces avancées. Rien de tout ça n'est sorcier, mais ces mesures nécessitent un leadership politique sérieux, de grands financements et une stratégie claire sur la communication des « atouts » et des « coûts » sociétaux de tels changements.

Le plus grand des « atouts » est la promesse d'une société plus juste. Les systèmes de transport sont foncièrement inégaux, et de moins en moins de personnes sont responsables de la majorité des émissions liées aux transports. Par exemple, 11 % seulement de la population en Angleterre est responsable de près de 44 % des kilomètres parcourus en voiture. À l'échelle mondiale, 50 % des émissions de l'aviation en 2018 étaient dues à 1 % de la population mondiale. Environ 80 % des êtres humains n'ont jamais pris l'avion. Si nous pouvons réorienter le débat afin de souligner ces injustices actuelles, au lieu de nous cantonner aux mesures dites « injustes » car elles appellent à une petite baisse des limites de vitesse sur les grands axes, alors nous pourrons rebattre les cartes : une approche fondée sur la redistribution de l'accessibilité et de la mobilité pourrait atténuer la résistance aux changements de nos habitudes de déplacement. Sans même tenir compte des changements climatiques, on sait depuis des décennies qu'il y a de nombreux avantages à limiter la circulation automobile. C'est bon pour la santé, la sécurité et la qualité de l'air ; les ressources sont utilisées plus efficacement et équitablement ; on crée ainsi une plus grande vitalité socio-économique et des quartiers plus agréables. /

MSC
CMA CGM
EVERGREEN
MSC

CMA CGM

4.18

Ils disent une chose et font le contraire

Greta Thunberg

La première étape pour résoudre une crise n'est pas d'évaluer la situation dans son ensemble ou d'agir sans tarder. Cela intervient ensuite. La première étape pour résoudre une crise consiste à se rendre compte que c'en est une. Et nous n'en sommes pas encore là. Nous ne sommes pas conscients de nous trouver en urgence climatique. Mais ce n'est même pas le principal problème. Le principal problème est que nous ne sommes pas conscients que *nous ne sommes pas conscients.* Admettre cette double absence de conscience est la clé pour comprendre la crise climatique. Et pourtant c'est exactement ce que nous ne parvenons pas à saisir. Pas seulement en tant que société, mais aussi en tant qu'individus. Tout le monde part du principe que les autres sont au courant et ainsi de suite.

Avant la COP 26, à Glasgow, j'ai été invitée à participer à la rédaction d'un sondage d'opinion en Suède. Une étude qui, entre autres choses, était censée enquêter sur le niveau général de conscience de la crise climatique. Le rapport devait être révolutionnaire – le premier en son genre. À la fin du sondage, on m'a informée que ce dernier était inexploitable. Le niveau de connaissance était apparemment si faible que les résultats étaient complètement inutilisables. Les réponses étaient soit inexactes, soit si éloignées de l'objectif que toute la section était bonne pour la poubelle.

Cela correspond à mon expérience personnelle – je la tire non seulement des milliers de conversations que j'ai eues avec des gens partout dans le monde, mais aussi des rencontres avec des journalistes, des hommes d'affaires, des politiciens et même de grandes personnalités politiques.

Voici quelques commentaires que j'ai pu entendre :

> « L'accord de Paris... eh bien, pour être honnête, je crois que nous n'avions pas idée de ce sur quoi nous nous étions engagés. »
>
> « Si seulement les gens au pouvoir avaient ne serait-ce que la moitié des connaissances sur le changement climatique que vous et les autres enfants avez ! »
>
> « Pourquoi ai-je besoin de connaître ces faits ? »
>
> « Peut-on s'il vous plaît ne pas parler de faits, parce que en matière de changement climatique, je ne les connais pas vraiment ? »

Ce sont d'authentiques phrases que l'on m'a dites lors de rencontres privées avec certains des chefs d'État les plus puissants ou des porte-parole des plus grandes institutions. Ces gens ont accès à toutes les ressources imaginables pour corriger leur ignorance, et pourtant il est choquant de constater que beaucoup d'entre eux n'y ont pas recours. Leur niveau de compréhension sur les questions liées au climat est si faible que c'en est embarrassant. En réalité, le nombre de personnes véritablement conscientes de la crise climatique est probablement inférieur à ce que la plupart d'entre nous pourraient imaginer. Pourtant, tout le monde part du principe que nous comprenons tous le problème. Nous écoutons en hochant la tête tandis que nous sommes bombardés de nouvelles informations mystères.

Bien sûr, beaucoup ne seraient pas d'accord avec ce que j'affirme. Alors, explorons brièvement la possibilité qu'ils aient raison et moi tort. Pendant un instant, disons que nos responsables n'ont pas échoué, que les rois ne sont pas nus, qu'ils sont tout à fait habillés. Les hommes politiques et les médias ont réussi à remplir leur devoir démocratique, ils ont correctement informé les citoyens sur la nature de notre situation. Partons du principe qu'ils ont expliqué les pleines conséquences dues au fait de continuer sur notre lancée comme si de rien n'était, et le constat que les injustices historiques sont au cœur du problème. OK. Que cela signifierait-il ?

Cela signifierait que les personnes des pays les plus émetteurs, tels que le mien, provoquent des destructions à dessein. Que les gens, en toute conscience, risquent la survie de notre civilisation et de la vie sur Terre telle que nous la connaissons. Que des gens condamnent leurs frères et leurs sœurs des régions les plus affectées à des souffrances présentes et futures incommensurables. Des souffrances qui pourraient causer le déplacement de 1,2 milliard de personnes d'ici au milieu de ce siècle.

Si ceux à qui l'on a confié le pouvoir se sont vraiment acquittés de leur devoir d'éducation, alors, sûrement, cela veut dire que des gens comme vous et moi provoquent consciemment des dégâts irréparables aux systèmes qui permettent à la vie d'exister. Que nous déclenchons sciemment une extinction de masse qui finira par menacer la survie de notre espèce tout entière. S'ils n'ont pas échoué à nous informer correctement, alors nous, le peuple, nous rendons coupables de destructions inimaginables intentionnellement. Si c'est le cas, nous sommes vraiment à ranger dans la catégorie du mal et peu importe ce que nous faisons, puisque nous sommes tous foutus – mais je refuse de le croire.

Voilà le truc. Quand il est question de crise climatique, nous savons tous que quelque chose ne va pas. Nous ne savons pas exactement quoi. Nous sommes tout à fait conscients que selon de nombreux scientifiques nous sommes confrontés à une crise existentielle qui met en danger, à terme, la survie de notre civilisation. Mais d'autres, qui tiennent des propos similaires, en ajoutant une phrase ou deux, suggèrent que nous pouvons encore « arranger » ça sans avoir à subir des changements systémiques ou de mode de vie personnel. En fait certains disent même qu'avec quelques ajustements techniques nous parviendrons à limiter le réchauffement à 1,5 °C alors que nous nous situons actuellement sur une trajectoire qui mène à 3,2 °C – grand minimum puisque cette estimation repose sur des données défectueuses et gravement sous-déclarées. Ces gens précisent également que de nombreux pays ont d'ores et déjà baissé leurs émissions ces trois dernières décennies, alors qu'il s'agit en fait de production sous-traitée ou que de larges pans de nos émissions réelles ont été exclus, ceux liés à la biomasse par exemple. Le problème est que les gens qui affirment ces choses sont présidents, Premiers ministres, éminents hommes d'affaires à la tête de grands titres de presse internationale.

Oui, on nous a informés que nous sommes confrontés à la pire menace que l'humanité ait jamais connue. On nous a dit que nous étions sur le point de franchir le point de non-retour. Que notre civilisation tout entière est menacée à moins que nous n'engagions des actions immédiates et sans précédent. Et ces personnes, après nous avoir dit tout ça, ont continué comme si tout était normal. Des célébrités propulsées porte-parole pour le climat continuent de prendre leurs jets privés. Les médias qui déploient de grands efforts pour traiter la crise climatique restent financés par des publicités pour des pratiques dépendant des énergies fossiles. Et ainsi de suite. Tant qu'ils continueront de dire une chose et de faire le contraire, les gens ne les croiront pas. Tant qu'ils continueront de vivre comme si demain n'existait pas, la grande majorité d'entre nous aspirera à faire exactement comme eux.

Nous n'avons pas toutes les solutions pour résoudre cette crise dans le système qui est le nôtre. Mais cela ne doit pas nous empêcher d'utiliser celles que nous avons de toutes les manières possibles. Nous devons utiliser, développer et continuer de chercher les miracles déjà existants, par exemple les énergies éolienne et solaire. Mais tout en faisant notre possible, il est essentiel également que nous nous remémorions les uns les autres que cela ne suffira pas, parce que nous avons besoin de changer de système. Notre grande priorité doit être d'éveiller les consciences – sans les rendormir avec des histoires réconfortantes de progrès. Exemple : oui, nous devrions poursuivre en justice les gros pollueurs – qu'il s'agisse de gouvernements ou d'entreprises énergétiques – aussi souvent que nous le pouvons. Mais nous devons aussi garder à l'esprit qu'il n'existe encore aucune loi qui vise à maintenir le pétrole dans le sol et à maintenir notre civilisation en sécurité à long terme. Nous avons besoin de nouvelles lois, de nouvelles structures, de nouveaux cadres. Nous ne devons plus définir le progrès seulement par la croissance économique, par le PIB ou la somme des profits remis aux actionnaires. Nous devons dépasser le consumérisme compulsif et redéfinir la croissance. Il nous faut un tout nouveau mode de pensée. /

4.19

Le coût du consumérisme

Annie Lowrey

Qui est responsable de la crise climatique ? Qui doit changer ses habitudes pour enrayer les effets catastrophiques des changements climatiques ?

Pour répondre à ces questions, nous nous tournons souvent vers les gouvernements, vers les différents secteurs d'activité. Aux États-Unis, l'agriculture, le bâtiment, la production d'électricité, la production industrielle et les transports sont les principaux secteurs polluants, comme c'est le cas dans de nombreux autres pays. Nous devons passer aux énergies renouvelables et à des méthodes industrielles durables le plus rapidement possible. Nous nous tournons aussi vers les entreprises. Vingt d'entre elles seulement sont responsables d'un tiers des émissions de CO_2, les quatre premières du classement étant Saudi Aramco, Chevron, Gazprom et ExxonMobil.

Les pays, les différents secteurs d'activité et les entreprises devront obligatoirement modifier leurs pratiques si nous voulons sauver la planète. Toutefois, ces analyses ne citent pas les ménages et les particuliers qui achètent ce que vendent ces entreprises et qui élisent ces gouvernements. Ces analyses ne mentionnent pas les personnes dont la consommation excessive – et même effrénée – nuit à la planète, et dont les logements, les voitures, les garde-manger et les garde-robes doivent évoluer. Ces analyses négligent la source du problème : le consumérisme.

Il est bien entendu qu'aucune personne ou famille – quelles que soient ses habitudes extravagantes et dispendieuses – n'est responsable de plus d'une minuscule fraction du trop-plein de CO_2 dans l'atmosphère, des ordures dans nos décharges ou du plastique dans nos océans. Les changements d'habitude dans un foyer n'aboutiront pas non plus à la moindre différence mesurable dans la lutte contre le changement climatique. Si une famille citadine et fortunée devient végane et renonce à l'avion et à la voiture, elle réduira peut-être ses émissions de carbone de quelques tonnes par an, alors que le problème mondial se mesure en dizaines de milliards de tonnes. De plus, les budgets carbone et les impacts environnementaux des familles dépendent beaucoup des infrastructures où elles vivent, de l'économie où elles travaillent et des choix stratégiques faits en leur nom par leurs élus. Une action conjointe des pouvoirs publics et du secteur privé sera donc indispensable pour soulager la planète.

Les particuliers sont malgré tout les destinataires de l'essentiel de ce qui est pompé, construit, abattu, extrait, tissé, coupé, transformé et expédié partout dans le monde, année après année. Et ce sont leurs matérialisme et consumérisme – ou plutôt le nôtre – qui mènent à la destruction de la planète. Plus de 60 % des émissions de gaz à effet de serre et jusqu'à 80 % de l'exploitation des terres, des matériaux et de l'eau résultent de la demande des ménages ; et ce sont les plus aisés d'entre eux qui en assument la plus grande responsabilité.

C'est bien l'avènement de la classe moyenne dans le monde qui explique aujourd'hui en grande partie la croissance des émissions de gaz à effet de serre et la demande de ressources matérielles : des pays comme la Chine, le Nigeria et l'Indonésie augmentent leurs émissions en termes absolus et par habitant, à mesure que les familles sortent de la pauvreté et que le niveau de vie s'améliore. Ça ne signifie ni que les pays à revenu plus faible ou leurs citoyens représentent une très grande part du problème, ni que le monde doit accepter l'extrême pauvreté et les inégalités cruelles pour enrayer le changement climatique.

Les riches des pays riches sont les premiers responsables de l'épuisement des ressources terrestres. Un citoyen états-unien dont le revenu le place dans le 1 % supérieur crée 10 fois plus d'émissions de gaz à effet de serre que l'Américain moyen. L'Américain moyen crée le triple d'émissions par rapport au Français moyen. Le Français moyen provoque 10 fois plus d'émissions que le Bangladais moyen. D'autres mesures de la consommation des ressources aboutissent à des tendances comparables, que l'on regarde les kilos de viande industrielle consommée, les kilos de déchets envoyés à la décharge, les grammes de plastique rejetés dans l'océan, les kilomètres en avion, les litres d'essence ou les mètres carrés du logement occupé.

Notre société donne priorité à ce qui est pratique, elle valorise l'excès, encourage la concurrence et nous cache le coût véritable de notre mode de vie, en négligeant le fait que les pires conséquences pèseront sur les animaux et les personnes des générations futures. Trop de personnes consomment trop, gaspillent trop et sont trop insouciantes. Le problème est particulièrement grave aux États-Unis, où les études supérieures, les soins de santé et la garde des enfants coûtent extrêmement cher, mais où la consommation matérielle est bon marché. Le logement moyen y a triplé de surface depuis les années 1970, même si les familles sont moins nombreuses aujourd'hui. Un foyer aux États-Unis contient en moyenne 300 000 objets ; pas étonnant qu'un ménage sur dix loue un box de stockage et qu'une personne sur quatre qui a un garage affirme qu'il est trop plein pour y garer la voiture.

Nul doute qu'une partie de ces affaires est nécessaire et qu'une partie de cette consommation participe au bonheur, à la santé et à l'épanouissement de ces personnes, mais ce n'est pas le cas pour l'essentiel de ces effets matériels. À de nombreuses reprises, des travaux de recherche ont montré que quand une famille atteint un certain palier au sein de la classe moyenne, les dépenses matérielles ne dopent plus son sentiment de bien-être, contrairement aux dépenses pour vivre des expériences. C'est sans doute parce qu'en s'enrichissant cette famille affecte davantage d'argent aux biens qui affichent son statut social, qui ne subviennent à aucun besoin vital mais situent la famille par rapport à ses pairs, et affichent sa fortune et son bon goût. (Thorstein Veblen avait bien sûr identifié cette dynamique il y a plus d'un siècle.)

D'une façon ou d'une autre, le consumérisme est néfaste pour notre planète, qui subit déjà des pressions extraordinaires. Prenons par exemple l'obsession contemporaine du SUV. La part des véhicules très consommateurs de carburant a doublé depuis le début des années 2010, sans autre justification que le choix des consommateurs. (Le nombre de personnes par foyer est stable ou en baisse, et la part des ouvriers dans les secteurs agricoles et industriels est en chute dans les pays concernés.) Cette évolution a contrebalancé l'effet bénéfique des véhicules électriques sur la consommation globale d'énergie. Prenons un autre exemple, la « fast fashion ». Le secteur de la confection fabrique actuellement 100 milliards de nouveaux vêtements par an et le consommateur moyen achète deux fois plus de vêtements qu'il y a vingt ans. L'essentiel de ces vêtements n'est jamais porté, ou porté très peu de fois, et 1 % seulement du tissu est finalement recyclé, selon les conclusions de la Fondation Ellen MacArthur. L'industrie de la mode remplit les décharges et non les armoires.

La réponse, veulent vous faire croire les marques, est une réinvention de la consommation chez les élites mondiales. Une gourde, un sac en tissu, une paille en silicone, une voiture électrique, des appareils électroménagers connectés – ces achats sont de petits pas vers un monde meilleur, nous dit-on. C'est pourtant faux. Pour ce qui est de la consommation de ressources et de la pollution, mieux vaut ne rien acheter qu'acheter quelque chose ; c'est un adage presque toujours valable. Mieux vaut garder sa voiture que casquer pour une nouvelle Tesla, mieux vaut porter jusqu'à la corde les vêtements que vous avez, au lieu d'acheter une nouvelle collection capsule au nom de la mode éthique. Citons une statistique particulièrement révélatrice : il faudrait qu'une personne utilise son sac en coton bio chaque jour pendant cinquante ans pour compenser l'impact de sa production, d'après l'estimation des autorités danoises.

Moins, ça veut dire moins : voilà la vérité élémentaire, qui certes met mal à l'aise. Chacun d'entre nous doit s'affranchir de l'excès et du superflu, que ce soit les sacs, les voyages en avion ou la deuxième voiture. Nous devons habiter dans des logements plus petits et plus écologiques, et adopter les transports en commun. Et surtout nous devons apprendre à douter des idéologies économiques qui ont déclenché l'extinction de masse et le réchauffement catastrophique, nous devons prendre au sérieux ce désastre et agir en conséquence.

Mais ne viens-je pas d'écrire que les changements individuels d'habitudes n'auront pas d'impact mesurable, que les gouvernements et entreprises sont les premiers responsables ? C'est vrai. Les choix de chaque foyer sont cependant un préalable crucial à des mesures plus ambitieuses. Les humains sont des créatures sociales et les gens influencent leurs amis, familles et voisins de façon concrète et mesurable.

Les préférences des consommateurs changent aussi les pratiques des entreprises, car si celles-ci cherchent à créer des envies, elles donnent aussi au consommateur ce qu'il réclame. Par ailleurs, si les particuliers commencent à prendre des initiatives à leur niveau pour lutter contre la crise climatique, il sera plus facile pour les gouvernements d'en faire autant. De lourdes taxes sur l'essence ou sur les gros véhicules seraient plus simples à adopter et à appliquer si moins de personnes comptaient sur ces véhicules très énergivores, par exemple. Ceux qui vont au travail à vélo exigent des pistes cyclables, qui ont tendance à encourager plus de personnes à préférer le vélo à la voiture. Le rejet populaire du consumérisme et un vote pour l'avenir de la planète placeraient aussi plus de responsables politiques écologistes au pouvoir.

Tout a besoin de changer et tout doit impérativement changer. Et ce changement commence à la maison. /

Un foyer aux États-Unis contient en moyenne 300 000 objets ; pas étonnant qu'un ménage sur dix loue un box de stockage et qu'une personne sur quatre qui a un garage affirme qu'il est trop plein pour y garer la voiture.

4.20

Petit guide d'achat (ou comment s'abstenir)

Mike Berners-Lee

Nous voici face à une urgence climatique et écologique. Et une partie cruciale de la solution se trouve dans la réinvention de notre consommation. Chaque goutte de combustible fossile sortie du sous-sol est consumée pour répondre au besoin ou au désir de l'un d'entre nous, consommateurs de ce monde. Parfois, les émissions sont directes et flagrantes, comme les pots d'échappement des voitures, mais tout aussi souvent ce sont les émanations d'usines qui, à l'autre bout du monde, fabriquent des choses servant à produire autre chose. Et ces choses sont des pièces détachées d'un autre objet que quelqu'un achète, sans avoir la moindre idée des émissions que provoque sa fabrication, et qui finissent dans l'atmosphère collective. Prenons comme exemple un nouvel ordinateur portable, qui a le même bilan carbone qu'un trajet en voiture de 1 500 kilomètres, alors qu'un nouveau jean a le même impact climatique que deux semaines d'alimentation durable ou qu'une seule grosse pièce de viande. La plupart d'entre nous, la plupart du temps n'ont quasiment aucune idée des empreintes carbone invisibles de tout ce que nous faisons et achetons.

À mesure que les humains ont mondialisé leurs activités, nos chaînes logistiques se sont complexifiées et opacifiées. En particulier dans les pays des Nords industrialisés, nous sommes habitués à ce que tout apparaisse en rayon comme par magie. On nous exempte de presque toute analyse sur les impacts climatiques ou tout autre impact environnemental et social, lesquels découlent d'un ensemble complexe de procédés qui ont permis la fabrication de nos achats.

Pourquoi achetons-nous autant, en toute insouciance ?

Nous ne nous contentons pas de consommer des produits et services qui ont un bilan carbone. Nous consommons aussi des informations et de la désinformation qui influencent notre représentation de ce que nous pouvons acheter ou rêvons d'acheter. Les secteurs de la publicité et du marketing, qui pèsent des milliards de dollars, sont entièrement consacrés à nous faire acheter des choses, que ce soit ou non dans notre intérêt, que ce soit ou non bon pour la planète. Le célèbre slogan de L'Oréal « Parce que vous le valez bien » sous-entend que si vous n'achetez pas ses produits, vous vaudrez moins.

Les recettes de Facebook proviennent à 97 % des annonceurs qui rémunèrent la plateforme pour influencer la façon de penser des internautes et leur désir d'acheter leurs produits. Des cinéastes sont généreusement rémunérés pour placer dans leurs films des produits qui sous-entendent discrètement, généralement sans qu'on s'en aperçoive, que nous pouvons être aussi stylés que l'agent 007 si nous buvons la même bière et si nous achetons un ordinateur portable de la même marque. Heineken aurait payé 45 millions de dollars pour que James Bond prenne une gorgée de sa bière dans un seul film. Cette persuasion, qui pousse à surconsommer, est omniprésente et elle s'insinue en nous de toute part. Elle nous assaille par tous les moyens, notamment par notre lieu de travail, nos dirigeants politiques, nos médias d'information, voire nos proches et amis, car eux aussi ont été victimes de cette manipulation généralisée.

Ce petit guide de la consommation durable abordera la question concrète de quand et comment acheter, et, ce qui est tout aussi essentiel, comment nous protéger des influences qui sont déterminées à nous faire adopter un mode de vie qui détruit la planète, tout nous en promettant à tort le bonheur.

La consommation d'informations

Apprenez à repérer et analyser tous les messages avec un recul critique. C'est une compétence à mettre en œuvre en continu et que nous devons tous renforcer du mieux possible. Demandez-vous qui nous influence et comment. À chaque publicité, demandez-vous : « Que veulent-ils me faire croire ? Est-il vrai que je serai plus heureuse ou plus belle si j'achète ce produit ? Quelles sont les valeurs sous-entendues ? Est-ce que je me reconnais dans ces valeurs ? » Ces interrogations sont valables pour tous les supports, que ce soit les médias ou la fiction. Les mêmes questionnements s'appliquent aux conversations avec nos amis, nos proches et nos collègues. Demandez-vous : « Est-ce qu'on me pousse à croire que j'ai besoin d'acheter quelque chose de superflu en raison d'un message explicite ou implicite ? »

Si vous êtes en opposition avec les messages qu'on vous adresse, réfléchissez à la façon de vous protéger d'influences comparables. Regardez d'autres chaînes télévisées, abonnez-vous à d'autres médias, installez un bloqueur de publicités sur votre navigateur Internet ou changez de réseau social.

Pour ce qui est des médias d'information, il est crucial de se demander qui possède et finance l'organisation, et quels sont leurs intérêts : que veulent-ils que vous pensiez ? Leurs intérêts financiers et politiques vous poussent-ils à croire que vous pouvez vous fier à leur analyse de l'actualité ? Si vous ne le croyez pas, passez votre chemin.

Comment ne pas faire ses achats

- **Temporisez.** L'essentiel de la consommation insouciante et néfaste pour la planète se résume aux impulsions. Selon la chaîne câblée CNBC, le consommateur moyen aux États-Unis dépense chaque année 5 400 dollars en achats impulsifs. Posez-vous ces quelques questions : « Pourquoi exactement est-ce que je ressens ce besoin ? Cette pulsion d'acheter serait-elle en réalité le signe qu'autre chose ne va pas dans ma vie ? Le cas échéant, comment y remédier autrement ? Ai-je été influencé par des personnes, des publicités ou des médias, qui m'ont fait penser que j'avais besoin de ce produit pour afficher un statut social ou être bien dans ma peau ? Ont-ils raison ou dois-je forger mon propre avis ? »

- **Réparez.** En faisant réparer quelque chose, vous faites preuve de plus de responsabilité individuelle et vous utilisez bien moins de ressources que si vous achetiez un objet de remplacement. De plus, l'argent dépensé pour cette réparation bénéficie sans doute à un artisan de proximité qui gagne sa vie honnêtement. Et parce que vous dépensez moins, vous n'avez plus à gagner plus pour acheter plus. Vous aurez agi en faveur d'un modèle économique durable, et vous continuerez d'utiliser un produit que vous connaissez bien.
- **Partagez.** Si vous avez besoin de quelque chose, vous pouvez alléger la pression exercée sur la planète en empruntant cet objet (vous ferez la connaissance d'un voisin par la même occasion), en le louant (ce qui est favorable à une économie durable), ou encore en participant à une initiative de mise en commun.
- **Passez au système D.** Notre créativité s'épanouit quand on fait avec les moyens du bord.

Si vous devez faire un achat

Si, au bout du compte, vous avez vraiment besoin d'acheter quelque chose, il faut vous poser une nouvelle série de questions. Que cache ce produit ? Comment a-t-il été fabriqué ? Essayez d'imaginer l'ensemble de la chaîne logistique dans toute sa complexité, jusqu'aux matières premières sorties du sol. Imaginez la pollution et les produits chimiques. Pensez aux personnes qui ont travaillé à chaque étape de la production et aux terres qui ont peut-être été exploitées. Vous n'aurez sans doute pas toutes les réponses, mais s'en soucier est déjà un grand pas. Systématisez ce raisonnement à chaque achat.

Si vous ne pouvez pas faire ces recherches pour un produit en particulier, renseignez-vous sur la marque. Comment se présente-t-elle et que disent les autres sur elle ? Quelles sont ses valeurs ? Quels sont ses antécédents ? Peut-on lui faire confiance ? Comprend-elle l'urgence climatique et œuvre-t-elle le plus possible au changement ? Si une compagnie aérienne a voulu faire croire qu'il est possible d'inverser l'impact climatique d'un vol grâce à quelques sous de « compensation », vous savez qu'il est impossible de lui faire confiance pour tout le reste. Au fil du temps, tentez d'engranger des connaissances sur les procédés de fabrication et leurs répercussions. Vous pouvez vous renseigner sur le site ethicalconsumer.org (en anglais), où, moyennant un abonnement peu cher qui en vaut la peine, vous trouverez des enquêtes indépendantes sur un nombre considérable de boutiques, marques et produits. Par exemple, si vous avez besoin de vêtements et ne pouvez pas acheter d'occasion, vous comprendrez vite pourquoi il vaut sans doute mieux éviter Amazon et Primark, au profit d'autres marques.

Envisagez d'acheter d'occasion, ce qui contourne d'emblée l'impact de la production. Quand vous n'utilisez plus quelque chose, essayez de le placer sur le marché de l'occasion, en le vendant vous-même ou en le confiant à quelqu'un qui s'en chargera.

Si vous décidez d'acheter du neuf, faites-en sorte que ce produit ait été pensé pour durer et être facilement réparé. C'est notamment valable pour les vêtements, les meubles et le matériel informatique, comme les téléphones mobiles et les ordinateurs portables, dont l'énergie consommée pendant leur durée de vie est généralement très faible par rapport à l'impact de la fabrication. Pour ce qui est de l'électroménager, c'est souvent l'inverse, c'est pourquoi il est essentiel de veiller à sa faible consommation d'énergie. Pour les véhicules, donnez priorité au vélo, classique ou électrique. Pour éviter l'impact de sa fabrication, et retirer son prestige à la voiture, gardez la vôtre au lieu d'en racheter une neuve, à moins que votre modèle actuel consomme énormément de carburant. Si vous avez besoin de remplacer une voiture, choisissez-en une qui est petite, peu consommatrice d'essence, à moteur électrique ou hydrogène, si possible. Pour votre alimentation, les règles fondamentales consistent à manger moins de viande et de produits laitiers (en particulier moins de bœuf et d'agneau), à éviter tout gaspillage et à s'abstenir de tout ce qui a été acheminé par avion, ce qui a poussé en serre ou ce qui est suremballé.

Si vous travaillez dans le marketing ou la publicité

Dans la situation actuelle, il n'est pas acceptable de gagner sa vie en persuadant les gens de penser comme ci ou comme ça, d'acheter des choses en dépit de leurs intérêts ou des intérêts de la planète. Demandez-vous si c'est ce qu'on vous demande de faire ; le cas échéant, ce travail devra changer. Si c'est ce que votre entreprise attend de vous, instaurez des changements dans l'entreprise de toute urgence ou quittez-la. Toutes les personnes qui travaillent dans la publicité doivent relever le défi et recadrer complètement cette profession.

Si vous être fabricant

Concevez un modèle économique qui permette à chacun d'acheter moins de choses, moins souvent. Veillez à ce que vos produits soient conçus et fabriqués pour durer, et soient réparables. Mesurez votre empreinte carbone dans son ensemble, en tenant compte de toute la chaîne logistique, et fixez des objectifs et des mesures pour réduire rapidement vos émissions, conformément au but de maintenir le réchauffement à 1,5 °C. Expliquez à votre clientèle l'envers du décor et faites passer la transparence avant le greenwashing.

Si vous êtes commerçant

Approvisionnez-vous uniquement auprès des fabricants qui respectent les critères ci-dessus. Aidez votre clientèle à se tenir au courant. Intégrez à votre modèle économique les réparations et les produits d'occasion.

Enfin, n'oubliez pas qu'acheter moins nous épargne la course qui consiste à gagner plus pour dépenser plus : nous en tirons plus de liberté. Un monde où nos affaires sont plus durables nous paraît meilleur et il est en effet meilleur. On ne se mesure pas aux possessions matérielles mais à la façon dont on traite autrui et l'environnement. Retirer leur prestige à nos nouveaux achats flambant neufs et très énergivores peut se révéler libérateur psychologiquement, en plus d'être un pilier de la lutte contre la crise climatique. /

La plupart d'entre nous, la plupart du temps n'ont quasiment aucune idée des empreintes carbone invisibles de tout ce que nous faisons et achetons.

4.21

État des lieux mondial des déchets

Silpa Kaza

Les déchets et les ordures – absolument tout, des sacs en plastique au papier en passant par les restes alimentaires – sont notre problème à tous. Ils sont produits quotidiennement par les familles, les petites entreprises et les institutions, et leur gestion relève généralement des autorités locales. À l'échelle mondiale, la gestion des déchets solides figure généralement parmi les trois principales sources d'émissions de gaz à effet de serre, soit environ 5 % des émissions de CO_2 et jusqu'à 20 % des émissions de méthane. La gestion des déchets sape considérablement l'atténuation du réchauffement et notre capacité à s'y adapter ; cette gestion nuit à la santé, à la productivité et à la résilience des populations locales. Une mauvaise gestion des déchets peut entraîner la transmission de maladies, des problèmes respiratoires, la contamination de l'eau et des sols, la pollution de l'air, la pollution marine, et elle risque même de nuire aux économies locales (en dissuadant les touristes, par exemple). C'est un secteur qui porte surtout préjudice aux populations et pays à faible revenu, où les ordures sont principalement incinérées ou déposées dans l'espace public. Partout dans le monde, le volume de déchets augmente à un rythme inquiétant et leur mauvaise gestion exacerbe la crise climatique.

Pour ce qui est des déchets urbains, nous pouvons agir localement sur un problème mondial – ce qui est plutôt inhabituel – car nos autorités locales peuvent encourager des initiatives nationales afin de tenir les engagements en matière de baisse des émissions mondiales. Au total, 77 % des pays ont prévu dans leurs stratégies de réduire les émissions liées aux ordures, afin de respecter les objectifs fixés par l'accord de Paris. Les déchets sont un secteur auquel il est moins coûteux et moins complexe de s'attaquer, par opposition à l'industrie par exemple, où les décisions sont prises à de nombreux niveaux – du gouvernement fédéral aux entreprises – et où les solutions coûtent parfois très cher. Comme les municipalités sont déjà responsables de la gestion des déchets solides afin de préserver la santé publique et la propreté, une action climatique ambitieuse est susceptible d'aller dans le sens de leurs missions.

Dans ce secteur, les émissions sont en grande partie issues du CO_2 qui émane de la décomposition des déchets, du méthane lié à la mauvaise gestion des matières organiques, et à la suie générée quand les détritus sont mal incinérés et quand ils sont transportés. Une partie de ces problèmes peut être résolue grâce à des interventions comme la collecte universelle des déchets et les décharges contrôlées, où les ordures sont isolées de l'environnement et où le méthane peut être capté. D'autres émissions résultent indirectement de nos économies « linéaires », où des matières premières comme les métaux et les plastiques sont extraites ou fabriquées, transportées, utilisées et jetées au lieu d'être réutilisées ou recyclées.

Au-delà des seules émissions, la mauvaise gestion des déchets contribue aussi directement aux inondations et à la pollution. Si les déchets ne sont pas collectés correctement, ils sont susceptibles de boucher les canalisations et d'aggraver les débordements, ce qui favorise la propagation de maladies à transmission vectorielle, comme le paludisme. Les déchets s'infiltrent dans les cours d'eau et *in fine* dans les océans, où ils mettent en danger les écosystèmes marins. Les déchets des décharges peuvent se transformer en glissements de terrain lors de pluies torrentielles ou de crues. Et l'incinération incontrôlée des déchets est une source de pollution qui nuit à la qualité de l'air, à la santé et à l'environnement en général.

Ces problèmes risquent de s'aggraver considérablement ces prochaines années. La production de déchets augmente rapidement : d'ici à 2050, les déchets urbains dépasseront la croissance démographique de plus de 200 %, selon les projections. En 2020, 2,24 milliards de tonnes de déchets ont été produites d'après les estimations ; les projections pour 2050 sont de 3,88 milliards de tonnes, soit une hausse de 73 %. Les déchets par habitant varient de façon spectaculaire selon les revenus : les habitants des pays à faible revenu créent un quart des déchets produits chaque jour par les personnes à revenu élevé. Ce constat entraîne aussi des variations d'un continent à l'autre, car les populations d'Asie du Sud et d'Afrique subsaharienne créent 0,39 kilos et 0,47 kilos de déchets par habitant et par jour respectivement, contre 2,22 kilos en Amérique du Nord. Pour empêcher l'aggravation de la crise des déchets – et l'augmentation correspondante des émissions –, nous devons agir sans délai et dissocier le niveau de revenu et le volume de déchets produits. La Corée du Sud montre l'exemple : des incitations financières, la mobilisation citoyenne, des lois et des mécanismes d'application ont abouti à une baisse de 50 % des déchets par habitant entre 1990 et 2000, et ce volume est resté stable depuis, alors que le PIB de la Corée du Sud a quasiment triplé depuis 2000.

En revanche, les projections de développement économique, de croissance démographique et d'urbanisation portent à croire que la quantité totale de déchets produite par l'Afrique subsaharienne triplera et celle de l'Asie du Sud doublera à l'échelle mondiale d'ici à 2050, représentant alors plus d'un tiers des ordures produites. Sous l'angle des émissions directes c'est inquiétant, car elles augmentent dans les pays à revenu faible et moyen, où il est plus probable que le retraitement des déchets soit insuffisant ou inexistant. Dans les pays à faible revenu tout particulièrement, la déconnexion est forte entre le budget des autorités locales affecté à la gestion des déchets solides et la qualité et l'ampleur de ces services. L'essentiel du budget est consacré à la collecte des ordures et au nettoyage des rues, et très peu sert à une gestion et à un retraitement de qualité. Même les ordures collectées

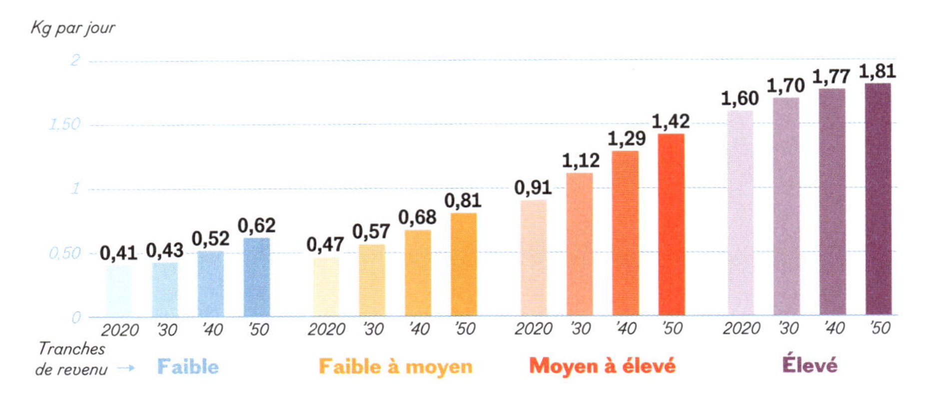

Figure 1

sont souvent rejetées en vrac – généralement près des populations pauvres qui, de toute façon, n'ont pour la plupart aucun service de collecte. Pendant ce temps, des ramasseurs informels de déchets travaillent souvent dans la précarité et dans des conditions dangereuses pour leur santé, sans équipement de protection, quand ils manipulent des ordures en dehors de toute réglementation. Ce sont généralement des groupes vulnérables comme les femmes, les enfants, les personnes âgées, les personnes sans emploi ou les migrants, et ils subissent souvent une stigmatisation sociale alors même qu'ils contribuent de manière essentielle à réduire les émissions, à éviter la pollution plastique et à recycler. Selon les estimations, 1 % de la population urbaine a une activité informelle liée à la gestion des déchets et s'expose à des risques en matière de santé et de sécurité, par exemple une espérance de vie plus faible.

Dans l'ensemble des pays à revenu faible, 39 % des ordures sont collectées, mais 93 % des déchets (collectés ou non) sont incinérés à l'air libre ou jetés dans des décharges à ciel ouvert. À l'opposé, dans les pays à revenu élevé, la collecte des ordures et leur gestion respectueuse de l'environnement sont quasi universelles jusqu'à l'étape du retraitement. L'estimation prudente veut qu'un tiers des déchets mondiaux soient incinérés à l'air libre ou jetés dans des décharges à ciel ouvert, mais le vrai chiffre est sans doute plus élevé, au vu de la mauvaise gestion des sites de retraitement. Incinérer des ordures libère des toxines et des particules en suspension, susceptibles de provoquer des maladies respiratoires et neurologiques, et les décharges à ciel ouvert entraînent souvent la contamination de l'environnement en raison des écoulements toxiques qui en résultent. Dans les régions où la croissance est le plus forte, soit l'Afrique subsaharienne et l'Asie du Sud, plus de deux tiers des ordures est actuellement jeté ou brûlé à l'air libre, ce à quoi il faut remédier sans délai.

Dans les zones urbaines, 19 % seulement des déchets sont recyclés et compostés, et la contamination des océans par le plastique est de plus en plus grave. Chaque

Projection de la production totale de déchets par région, de 2020 à 2050

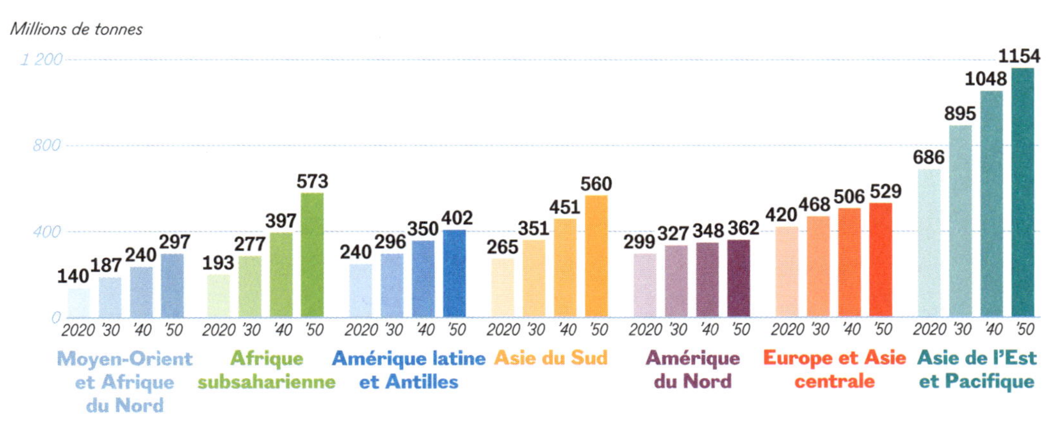

Figure 2

année, 269 millions de tonnes de déchets plastique sont produites dans les zones urbaines. On estime à 11 millions de tonnes la quantité de plastique qui a fini dans les océans en 2016 et, si aucune mesure n'est prise, ce volume devrait quasiment tripler d'ici à 2040, pour atteindre 29 millions de tonnes par an. Pour visualiser ces chiffres, imaginez un camion poubelle qui déverserait son chargement de bouteilles en plastique dans l'Atlantique plus d'une fois toutes les soixante secondes pendant une année entière. La présence de plastique dans les océans serait à 80 % due à l'absence de systèmes officiels de gestion des ordures, c'est-à-dire à des déchets jetés n'importe où. De plus, on estime qu'il y a 150 millions de tonnes de plastique accumulées dans les océans à ce jour, un chiffre qui devrait largement quadrupler d'ici à 2040 – soit 646 millions de tonnes – si rien n'est fait. L'absence de gestion des ordures sur les terres, que ce soit une mauvaise collecte ou un dépôt n'importe où, est la première cause de la présence de détritus dans les mers.

Le plastique est un matériau devenu fondamental dans notre société et réduire son omniprésence – en particulier le plastique à usage unique – sera crucial, à mesure que la consommation augmentera dans les pays à faible revenu et partout dans le monde. C'est un flot d'ordures auquel on ne peut s'attaquer sans se préoccuper de tout le système de gestion des déchets. Nous avons désespérément besoin d'un plaidoyer en faveur de cette cause et de mesures pensées pour réduire la consommation, notamment de plastique à usage unique, et renforcer la réutilisation des plastiques et d'autres matériaux.

Pour mettre en œuvre une stratégie circulaire – où les déchets sont réduits, réutilisés, recouvrés et retransformés en produits, en limitant au maximum l'élimination finale –, le dépôt d'ordures ne doit plus exister et chacun doit bénéficier d'une collecte des déchets permettant la réexploitation productive de matériaux précis comme le plastique, le papier et les déchets organiques. À noter par ailleurs qu'il n'y a pas de solution unique : la prise en compte des contextes locaux est essentielle.

Selon les moyens financiers, la densité démographique, la participation citoyenne, les surfaces disponibles, les mesures et mécanismes d'application, la gestion locale ou plutôt régionale peut être privilégiée, afin de tirer parti des économies d'échelle. Lorsqu'il existe une gestion universelle et sans danger des déchets, les pouvoirs publics doivent s'employer à réduire la consommation, optimiser la réutilisation, veiller à la transformation des matériaux (recyclage et compostage), et faire en sorte que le retraitement soit respectueux de l'environnement (dans des champs d'épandage et par l'incinération associée à une valorisation énergétique).

Le secteur des déchets peut trouver sa place dans un monde résilient et faible en carbone, et ses problèmes peuvent être résolus grâce à des interventions dites « sans regret », c'est-à-dire bénéfiques quoi qu'il arrive. Les améliorations cumulées dans les pays à revenu élevé ne suffisent pas à inverser les tendances actuelles ; l'effort doit être mondial. Des investissements de grande ampleur doivent avoir lieu pour éviter l'augmentation du dépôt d'ordures, parallèlement à la forte hausse des déchets produits ces prochaines années. Œuvrer à la collecte universelle des déchets et mettre en place des systèmes qui récupèrent et réutilisent les matériaux peut atténuer la crise du climat et des déchets. C'est créer un avenir qui ne soit pas submergé de détritus, un avenir avec moins d'émissions, des eaux plus propres, un air plus respirable et un monde plus résilient. /

D'ici à 2040, 29 millions de tonnes de plastique finiront dans les océans chaque année. Imaginez un camion poubelle qui déverserait un chargement de bouteilles plastique dans l'Atlantique plus d'une fois par minute pendant un an.

4.22

Le mythe du recyclage

Nina Schrank

États-Unis, 1970 : le mouvement de lutte contre le plastique jetable prend de l'ampleur et donne lieu à des manifestations dans tout le pays. Les grandes entreprises de l'agroalimentaire sont tenues responsables, à juste titre. À l'époque, le plastique est un produit de consommation courante depuis près de vingt ans et Coca-Cola a renoncé aux bouteilles en verre réutilisables qui étaient autrefois collectées, lavées et remplies. En adoptant le plastique à usage unique, les entreprises n'ont plus à financer les opérations de nettoyage et de remplissage : au lieu de ça, elles répercutent tous les frais liés à la gestion des bouteilles en plastique jetables aux autorités locales et aux contribuables.

Les entreprises réagissent au mouvement populaire en diffusant l'une des publicités jugées les plus marquantes de tous les temps : le spot télévisé de « l'Indien qui pleure ». Un acteur en tenue traditionnelle autochtone fait du canoë sur une rivière où flottent partout des emballages en plastique, puis il verse une larme en voyant des gens en voiture jeter des détritus sans s'arrêter.

« Les gens sont à l'origine de la pollution, les gens peuvent arrêter de polluer », annonce le slogan, pensé pour faire diversion : dédouaner les entreprises et rediriger l'attention vers le grand public, à qui on reproche ce déluge de déchets. Le lobby appelé Keep America Beautiful (« Préservons la beauté de l'Amérique »), à l'origine de ce spot, compte parmi ses membres les principaux groupes américains de la boisson et de l'emballage, notamment Coca-Cola. Parallèlement à la diffusion du message sur tous les écrans des États-Unis, ils s'emploient à bloquer les lois susceptibles de leur imposer un retour aux bouteilles réutilisables.

Aujourd'hui, Coca-Cola Company produit 100 milliards de bouteilles en plastique jetables, soit un quart des 470 milliards fabriquées par les entreprises de boissons sans alcool chaque année. Les autres grands pollueurs du monde – Nestlé, Unilever, Procter & Gamble – crachent à eux tous des milliards de tonnes d'emballages en plastique jetables chaque année, en dépit du fait qu'aucun système de traitement des déchets au monde n'a la moindre chance de gérer le volume de plastique jetable qui est produit.

Le mantra selon lequel la population est responsable de cette crise mondiale de pollution reste omniprésent dans nos sociétés. Les porte-parole des grandes entreprises de boissons et d'emballages disent « haïr les détritus sur la voie publique ». Un député britannique dont on a récemment découvert qu'il présidait secrètement un lobby de l'emballage a voté contre un projet de loi qui visait à limiter certains des plastiques à usage unique les plus néfastes. « Les pollueurs ne sont pas les fabricants d'emballages, mais les gens », a-t-il déclaré.

La solution à cette crise des déchets, selon les grandes entreprises de biens de consommation partout dans tout le monde, est le recyclage. Le mot « recyclable » est imprimé sur l'emballage, affiché en bonne place des initiatives de développement durable, et les gouvernements ont suivi le mouvement. Le message adressé aux pays industrialisés de l'hémisphère Nord est le suivant : si nous faisons notre part et que nous mettons nos déchets en plastique dans la bonne poubelle, ils seront embarqués comme par magie puis recrachés sous forme de nouveaux produits, formant ainsi un procédé circulaire imparable.

Cette démonstration s'apparente à l'ultime exemple de greenwashing sur Terre. Le principe du recyclage est positif, associé à un mode de vie durable, mais il a été détourné pour maintenir le *statu quo*. Nous, habitants des pays riches, avons été convaincus que nos déchets étaient gérés de façon durable alors qu'en coulisses rien n'a changé. Les pouvoirs publics et le secteur privé n'ont rien fait pour trouver une solution systémique au problème du plastique à usage unique. Certaines entreprises se sont engagées à réduire leur production de plastiques non recyclables et certains pays commencent à interdire certains produits jetables, mais selon une étude récente, même si tous les engagements publics et privés de réduire le plastique étaient mis en œuvre d'ici à 2040 il n'y aurait dans le monde qu'une baisse de 7 % de ce qui finit dans les océans.

En vérité, l'essentiel des emballages en plastique n'est jamais recyclé. Une partie est théoriquement recyclable, mais le reste est de si mauvaise qualité qu'il est conçu pour être jeté. Les 9 % du plastique mondial qui seraient arrivés dans une usine de recyclage sont transformés en d'autres produits – des paillassons ou des cônes de signalisation – peut-être une fois ou deux, avant que leur composition chimique ne permette plus de réitérer l'opération et qu'ils finissent aussi à la décharge, à l'incinérateur ou n'importe où dans la nature.

Si certains des pires effets de la pollution plastique frappent les océans, généralement loin de nos regards, c'est un problème qui, au contraire, crève les yeux dans les pays d'Asie et d'Afrique. Là-bas, le plastique encombre les plages et les cours d'eau, jonche les bidonvilles et s'éparpille partout dans les métropoles, les villes et les villages. Les immenses décharges et dépôts d'ordures en Inde, aux Philippines et en Indonésie attestent le déferlement d'emballages jetables dans les pays, en quantités qui submergent les systèmes de retraitement quels qu'ils soient. Le mouvement mondial appelé Break Free From Plastic, ou « Libérons-nous du plastique », organise depuis 2016 le nettoyage de plages avec plus de 11 000 bénévoles dans 45 pays, afin d'identifier les principaux responsables de la pollution plastique. En tête du classement de leur audit en 2021, on trouve Coca-Cola, PepsiCo, Unilever, Nestlé et Procter & Gamble.

Même quand ils ne sont pas jetés n'importe où, les déchets plastiques ont de graves répercussions environnementales. Les décharges renferment environ un quart du plastique mondial, qui produit du méthane et de l'éthylène quand il est exposé aux rayonnements solaires, entraînant une décomposition en microplastiques qui se répandent sous l'effet du vent et de la pluie dans les sols et les étendues d'eau avoisinantes. Pendant ce temps, les émanations des incinérateurs de plastique sont la source d'énergie la plus productrice de carbone au monde derrière le charbon, et il n'y a aucun site pour stocker les cendres toxiques à part les décharges.

Et pourtant, le mythe du recyclage est perpétué, principalement grâce aux exportations de déchets plastiques. Les pays qui en produisent énormément, comme le Royaume-Uni, les États-Unis, le Japon et l'Allemagne, n'ont pas les moyens de gérer leurs propres ordures : au lieu de ça, ils en exportent chacun des milliers de tonnes chaque année, en particulier vers l'Asie du Sud-Est. Ces exportations ont lieu sous couvert de recyclage, même si les pays importateurs ont généralement des systèmes modestes de gestion des déchets, des normes environnementales faibles ou inappliquées, et sont incapables de protéger leurs populations et leur environnement face à ce déferlement. Là-bas, le secteur des déchets fonctionne souvent d'après un modèle économique qui prévoit le tri des plastiques valorisables, souvent par une main-d'œuvre immigrée bon marché, puis le reste est jeté en vrac.

En 2018, des enquêteurs de Greenpeace sont allés en Malaisie et y ont trouvé des déchets de ménages européens dans des décharges accumulées sur six mètres de haut. Des militants locaux ont signalé que les déchets étaient incinérés la nuit, ce qui les réveillait à cause de difficultés respiratoires. L'incinération du plastique a des répercussions très graves sur la santé : en Inde et en Asie du Sud-Est, les habitants signalent des problèmes respiratoires et on craint que l'exposition aux émanations toxiques affecte le cycle menstruel et entraîne des taux plus élevés de cancer.

De nombreux pays cherchent maintenant à se préserver des déchets plastiques importés. C'est notamment ce que la Chine, jusque-là premier importateur mondial en la matière, a fait en 2018. L'Inde, la Malaisie, le Sri Lanka et la Thaïlande prévoient tous de mettre en place des restrictions. En revanche cela n'entrave en rien l'industrie du plastique. Les cargaisons sont redirigées et des adaptations sont organisées, et ce renvoi de balle continue. Des pays de transit servent à dissimuler l'origine des déchets, les cargaisons sont mal étiquetées ; les plastiques propres, triés et pouvant être valorisés, sont placés à l'avant des conteneurs, tandis que les plastiques sales et mélangés remplissent le reste. Les recycleurs importent en présentant de fausses licences et sans avoir aucune installation, ce qui aboutit aux décharges à ciel ouvert que l'on voit en Malaisie et dans d'autres régions du monde.

Les gouvernements qui autorisent l'exportation de déchets n'ont guère de scrupules à maintenir le *statu quo*. Au Royaume-Uni, la situation est particulièrement sinistre : ce pays est le second producteur de déchets plastiques par personne au monde, derrière les États-Unis. En 2020, le ministre chargé de ce sujet a affirmé que le Royaume-Uni recyclait 46 % de ses plastiques. La même année, Greenpeace a découvert que plus de la moitié des déchets plastiques que l'État britannique comptait comme « recyclé » était envoyée à l'étranger, où il devient le problème d'autres pays.

Au printemps 2021, des enquêteurs de Greenpeace se sont rendus en Turquie, première destination des déchets plastiques britanniques en 2020, soit quasi 40 % de l'ensemble de ces exportations. Ils ont conclu que la moitié de ces exportations étaient des plastiques mélangés (extrêmement difficiles à trier et à recycler) ou des plastiques non recyclables, mais le Royaume-Uni comptait tout de même ces cargaisons comme recyclées. Sur dix sites en périphérie d'Adana, dans le sud de la Turquie, les enquêteurs ont recensé des monceaux de déchets plastiques, dont l'essentiel venait de foyers britanniques, rejetés illégalement dans des champs, près de cours d'eau, sur des voies ferrées et au bord de la route. Dans de nombreux cas, ce plastique était en cours d'incinération ou déjà brûlé.

Tout ceci constitue sans aucun doute une immense tragédie humaine et environnementale. L'un des pires impacts du plastique passe pourtant inaperçu alors même qu'il a lieu sous le nez des chefs d'État et de gouvernement : c'est le changement climatique.

Le plastique est issu à 99 % de matières premières pétrochimiques, des produits de l'industrie gazière et pétrolière. Le plastique produit des gaz à effet de serre à chaque étape de son cycle de vie, de l'extraction à son élimination, en passant par son transport.

À l'heure où le monde commence à se sevrer des énergies fossiles, les plus grandes multinationales pétrolières – Saudi Aramco, ExxonMobil, Shell, Total – investissent des milliards dans des usines pétrochimiques car elles parient sur le fait que la demande de plastique continuera à augmenter. L'Agence internationale de l'énergie estime que les substances pétrochimiques seront responsables de plus d'un tiers de la croissance de la demande pétrolière mondiale d'ici à 2030, et de près de la moitié d'ici à 2050.

Malgré tout, le plastique est rarement cité lors des débats sur le changement climatique dans la sphère nationale ou internationale. Si nous voulons contenir les émissions, il nous faut prendre conscience de ce silence, dernière technique en date des multinationales pétrolières pour ne pas se faire détrôner.

La solution est évidemment une réduction drastique de la quantité de plastique fabriquée. La transition du tout-jetable au sans-emballage et à l'emballage réutilisable n'a jamais été aussi urgente. La situation va s'aggraver : d'ici à 2040, la production de plastique aura doublé ses capacités d'après les estimations, ce qui triplera le volume de plastique arrivant chaque année dans les océans.

Les grandes marques et les producteurs d'emballages en plastique ont besoin de transformations systémiques et les gouvernements doivent intervenir pour les imposer. La branche britannique de Greenpeace appelle à une réduction minimum de 50 % des emballages à usage unique d'ici à 2025 ; 25 % devront provenir d'emballages réutilisables d'ici à 2025, puis 50 % en 2030. La réutilisation est le moyen de garantir un procédé réellement circulaire : les emballages sont alors utilisés, lavés, remplis, réutilisés.

Cette pratique était courante pendant des générations dans d'innombrables cultures sur Terre, mais les entreprises nous ont fait oublier ces traditions et la valeur accordée aux objets, dont la fabrication a nécessité des ressources naturelles et de l'énergie. Notre société du tout-jetable n'a aucun sens et une profonde transformation est indispensable. Les modèles économiques doivent être repensés, les traditions remises au goût du jour et des innovations adoptées pour que la réutilisation puisse prospérer dans le monde moderne. /

En 2020, plus de la moitié des déchets plastiques comptés comme « recyclés » par l'État britannique a été envoyée à l'étranger, où elle devient le problème d'autres pays.

Curaçao

Russie

Canada

Japon

Colombie

Brésil

Thaïlande

Maroc

Porto Rico

Panama

Australie

Philippines

Nicaragua

Inde

Pérou

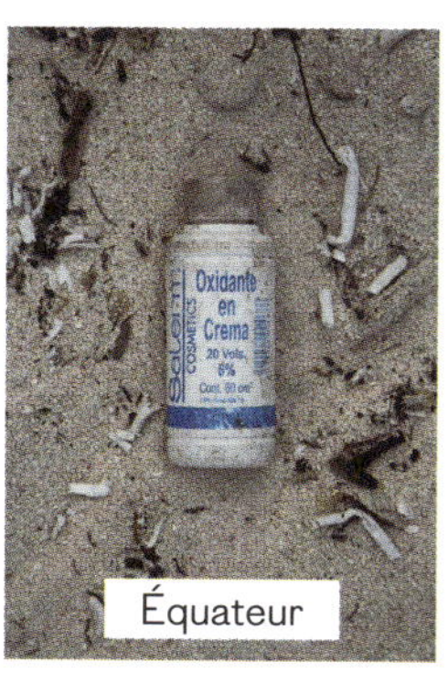

Équateur

4.23

C'est ici que nous plaçons la limite

Greta Thunberg

Page ci-contre : Déchets qui se sont échoués sur le littoral de Sian Ka'an dans la péninsule du Yucatán, une réserve protégée par l'État fédéral du Mexique et classée au patrimoine mondial. Grâce à une série de photos d'objets venus d'une soixantaine de pays, l'artiste Alejandro Durán donne à voir un « néocolonialisme du consumérisme ».

Nous sommes page 301. Notez-la bien. Pliez le coin ou ajoutez un marque-page à votre (audio)livre. Cet ouvrage contient quelques messages difficiles que vous aurez peut-être du mal à intégrer. Dès que vous doutez, que vous remettez en question n'importe lequel de ces faits ou de ces idées, revenez à cette page-ci et relisez-la.

Pour rester sous la barre des objectifs fixés par l'accord de Paris en 2015 – et ainsi minimiser les risques de déclenchement de réactions en chaîne irréversibles –, il faut procéder à des réductions de nos émissions annuelles immédiates et radicales à une échelle inédite dans le monde. Et puisque nous ne possédons pas les solutions technologiques qui seules pourraient avoir un impact significatif dans un futur proche, nous devons opérer des changements fondamentaux dans notre société. C'est indéniable. C'est aussi, pour l'heure, l'information la plus importante à retenir afin de protéger le bien-être de l'humanité et de l'unique civilisation dont nous ayons connaissance dans tout l'Univers. Et pourtant, encore aujourd'hui, en 2022, ce fait est totalement absent des différents aspects de la conversation mondiale.

Ce n'est pas tout. À en croire le rapport de l'ONU sur les besoins et les perspectives en matière de réduction des émissions, la production mondiale de combustibles fossiles prévue d'ici l'année 2030 s'élèvera à plus de deux fois la quantité cohérente avec les objectifs de 1,5 °C. C'est ainsi que la science nous signale que nous ne pouvons plus atteindre nos objectifs sans un changement systémique. Car, pour rester sur la trajectoire qui s'impose, il faudrait déchirer des contrats, des accords valides à une échelle inimaginable. Ce qui serait tout simplement impossible dans le système actuel.

Bien sûr, cela devrait dominer l'actualité quotidienne vingt-quatre heures sur vingt-quatre, occuper chaque discussion politique, chaque réunion, chaque seconde de nos vies quotidiennes. Ce n'est pourtant pas ce qui se passe. Ce n'est pas une opinion ou un rapport quelconque. Ce sont les données les plus fiables que nous propose la science. Et, ainsi que vous l'aurez probablement appris en lisant ce livre, la science par nature est loin d'être alarmiste ou de faire preuve d'exagération. Elle est prudente et modérée.

Les médias et nos responsables politiques ont l'occasion d'agir de façon radicale et immédiate, pourtant ils choisissent de ne pas le faire. Peut-être parce qu'ils sont encore dans le déni. Peut-être parce qu'ils ne s'en soucient guère. Peut-être parce qu'ils ne sont pas conscients du problème. Ou qu'ils craignent de susciter des troubles sociaux. De perdre en popularité. Peut-être n'ont-ils tout simplement pas choisi la politique ou le journalisme pour mettre à bas un système auquel ils croient – qu'ils ont consacré toute leur vie à défendre. Ou bien alors, peut-être, la raison de leur inaction est-elle un mélange de tout cela.

Nous ne pouvons pas vivre durablement au sein du système économique actuel. Pourtant on nous répète constamment que c'est possible. Nous pouvons acheter des voitures durables, voyager sur des autoroutes durables grâce à un carburant durable. Manger de la viande durable, boire des sodas durables dans des bouteilles en plastique durable aussi. Nous avons accès à la fast fashion durable, embarquons à bord d'avions durables qui utilisent du carburant durable. Et bien évidemment nous allons parvenir à nos objectifs climat durables à court et à long terme sans produire le moindre effort.

« Comment ? » vous demandez-vous peut-être ? Comment est-ce même possible quand nous n'avons pas encore de solution technique capable de résoudre cette crise et alors que l'option « arrêter de faire des choses » est inacceptable de notre point de vue économique actuel ? Qu'allons-nous faire ? Eh bien la réponse est toujours la même : nous allons tricher. Nous allons nous engouffrer dans toutes les failles, user de la créativité comptable que nous avons fait apparaître dans les cadres pour le climat depuis la toute première Conférence des parties, la COP 1, en 1995 à Berlin. Nous sous-traiterons nos émissions avec nos usines, nous utiliserons une manipulation de base et commencerons à inventorier nos réductions d'émissions quand cela nous arrangera. Nous brûlerons des arbres, des forêts, de la biomasse puisque tout cela a été exclu des statistiques officielles. Nous enfermerons des décennies d'émissions dans des infrastructures de gaz fossile que nous rebaptiserons « gaz naturel vert ». Et puis nous compenserons le reste avec de vagues projets de boisement – ces arbres qui pourraient disparaître à cause d'incendies ou de maladies – tout en abattant simultanément nos dernières forêts anciennes à un rythme beaucoup plus accéléré. Puisque ces émissions, elles non plus, ne sont pas comptabilisées. Le voilà, le plan. Ce n'était peut-être pas, individuellement, l'intention d'un responsable ou d'une nation. Pourtant, c'est bien le résultat de leurs efforts.

Comprenez-moi bien. Planter les bons arbres dans la bonne terre, c'est formidable. Cela finit par séquestrer le dioxyde de carbone de l'atmosphère et nous devrions le faire à chaque fois que cela convient pour la terre et pour les populations qui vivent là et veillent sur ce territoire. Mais le boisement ne doit pas être confondu avec la *compensation carbone*, car c'est tout à fait différent. Voyez-vous, le principal problème est que nous avons déjà au moins quarante années d'émissions de dioxyde de carbone à « compenser ». Elles sont là, dans l'atmosphère, et elles y resteront, probablement pour de nombreux siècles à venir. Ce CO_2 historique, c'est ce sur quoi nous devrions nous concentrer quand nous utilisons nos moyens actuels – très limités – pour capter le CO_2 dans l'atmosphère, dans les différents projets, dont la plantation d'arbres. Mais la compensation carbone, telle que nous l'avons conçue, n'est pas censée servir à cela. Elle n'a jamais été envisagée comme un moyen de réparer nos dégâts. Trop souvent, elle sert d'excuse pour nous permettre de continuer à émettre du CO_2 comme si de rien n'était tout en signalant, en même temps, que nous avons une solution, donc que nous n'avons pas besoin de changer. « Nous pouvons compenser pour nos actions actuelles et futures, alors nous pouvons continuer comme avant. Qui se soucie du passé quand l'avenir est assuré ? » Et puisque la conscience publique de cette disjonction est là encore quasi inexistante, le risque que quiconque s'exclame « Hé, c'est une crise cumulative ! » est assez maigre.

Les mots comptent et ils sont utilisés contre nous. Tout comme l'idée que nous pouvons faire des choix durables, mener une vie durable dans un monde non durable ou que la compensation suffira pour nous en sortir. Ce sont des mensonges. Des mensonges dangereux qui seront à l'origine de nouveaux et désastreux retards. Des prédictions de l'ONU concluent que nos émissions de CO_2 vont gagner 16 % d'ici 2030. Il ne nous reste vraiment plus beaucoup de temps pour éviter de créer davantage de catastrophes climatiques dans de nombreux endroits du monde.

Notre trajectoire actuelle nous mène droit vers un monde d'au moins 3,2 °C plus chaud d'ici la fin du siècle – si toutefois les pays suivent toutes les politiques qu'ils ont mises en place, des politiques qui reposent sur des chiffres fallacieux et sous-déclarés. Or souvent, ce n'est pas du tout ce qu'ils font. « Nous sommes apparemment à des années-lumière d'atteindre nos objectifs en matière d'action climatique », pour citer le secrétaire général de l'ONU, António Guterres, à l'automne 2021. Sans parler de notre passif d'échec quand il s'est agi d'être fidèles à nos engagements et promesses non contraignants. Disons que cela n'a rien de très impressionnant ni convaincant.

Même si nous mettions en action l'ensemble de nos plans en faveur du climat, nous ne serions pas tirés d'affaire. Même si nos responsables effectuaient des revirements moraux et parvenaient à réorganiser fondamentalement les sociétés dans les années à venir. Même si, d'une façon ou d'une autre, miraculeusement, nous parvenions à réunir toutes nos forces pour construire les quantités astronomiques de technologies à émissions négatives dont nos plans pour le climat sont tout à fait dépendants. Même si la combustion de la biomasse pour le BECSC ne créait pas d'effondrement écologique supplémentaire. Même si aucune réaction en chaîne grave et irréversible ne se déclenchait à la suite du dépassement – ce moment où nous resterons de façon inévitable au-dessus de 1,5 °C avant que nous parvenions à redescendre à des niveaux plus sûrs, grâce à une technologie encore inexistante. Même si le 0,5 °C de réchauffement additionnel déjà acquis et caché dans les aérosols de la pollution atmosphérique, comme le décrit Bjørn Samset dans la deuxième partie de ce livre, était un problème réglé... Même si tout cela était acté, cela ne suffirait toujours pas.

Le budget carbone total *versus* les objectifs zéro émission nette

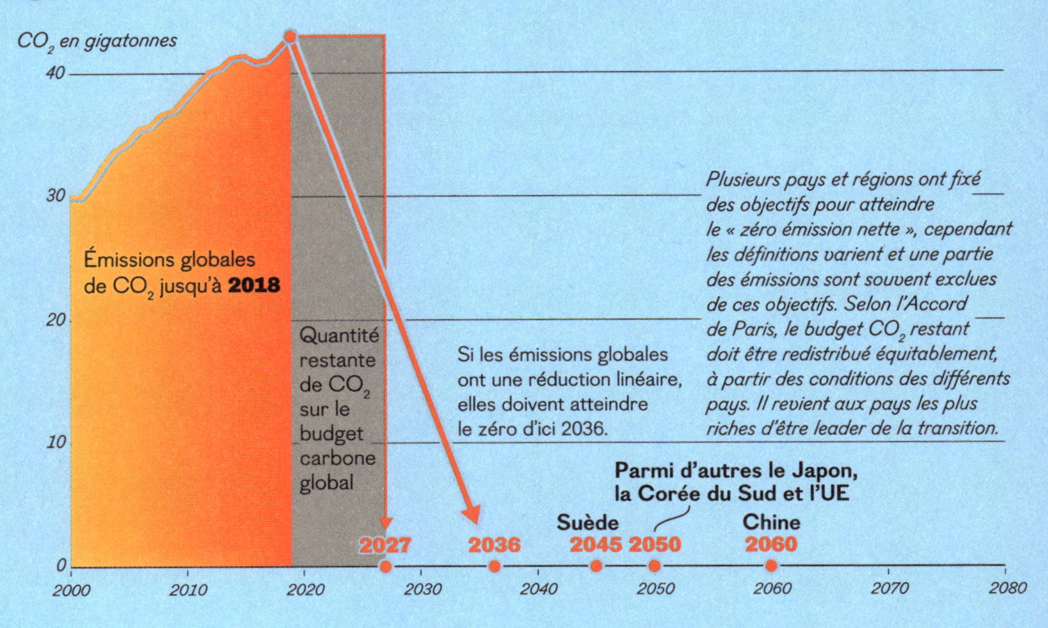

Figure 1 (ci-dessus) : Graphique établi d'après le rapport du GIEC SR1.5 de 2018.

Viser un objectif « zéro émission nette d'ici 2050 », c'est tout simplement trop peu, trop tard. L'enjeu est beaucoup trop grand pour que nous placions notre destin entre les mains de technologies encore inexistantes. Nous avons besoin d'un véritable zéro. Et d'honnêteté. Du moins, nous avons besoin que nos responsables commencent à inclure toutes nos émissions dans nos objectifs, nos statistiques, nos politiques. Tant que cela ne sera pas fait, toute mention de vagues buts futurs n'est qu'une perte de temps, une diversion. Il ne faudrait pas considérer le mieux comme l'ennemi du bien. Mais que faisons-nous, exactement, quand le « bien » non seulement ne parvient pas à nous maintenir en sécurité, mais est aussi très éloigné de nos besoins au point que cela en paraît franchement comique. Un comique très noir, mais voilà. Que faisons-nous ?

À l'instant où nous acceptons l'idée que notre but est « zéro émission nette d'ici 2050 », non seulement nous légitimons les failles qui menacent l'avenir de notre planète et de notre civilisation, mais nous abandonnons aussi nos chances d'accéder à l'équité globale et nous ignorons notre responsabilité pour les pertes et dommages et nos émissions historiques. En d'autres termes, si nous acceptons le « zéro émission nette d'ici 2050 », alors nous devons fermer les yeux à jamais sur la justice climatique, sur la crise cumulative déjà en cours – et ce faisant nous rendons impossible le ralliement de la majorité de la population mondiale à la cause. Et cela finira par tuer dans l'œuf toute idée d'un mouvement pour le climat mondial futur. Je suis d'accord, le mieux ne devrait pas être l'ennemi du bien. Mais quand il s'agit de la crise climatique et écologique, le « bien » encore possible n'est plus si conséquent – ne parlons pas du mieux.

Ils disent que nous devons être capables de compromis. Comme si l'accord de Paris n'était pas déjà le plus gros compromis du monde. Un compromis qui a déjà acté des quantités inimaginables de souffrance pour les personnes et les régions les plus affectées. Je dis : assez. Je dis : campez sur vos positions. Nos soi-disant responsables pensent encore pouvoir conclure des marchés avec les lois de la physique et négocier avec la nature. Ils s'adressent aux fleurs et aux forêts avec le langage du dollar et de l'économie à court terme. Ils brandissent leurs revues trimestrielles de résultats pour impressionner des animaux sauvages. Ils lisent des analyses du marché boursier aux vagues et aux océans, comme des idiots.

Nous sommes au bord du précipice. Et je suggère vivement que celles et ceux d'entre nous qui n'ont pas encore subi de lavage de cerveau au greenwashing campent sur leurs positions. Ne nous laissons pas entraîner plus près du bord. Pas un centimètre de plus. C'est ici, maintenant, que nous plaçons la limite. Nous ne bougerons plus. /

Ils disent que nous devons être capables de compromis. Comme si l'accord de Paris n'était déjà pas le plus gros compromis du monde. Un compromis qui a déjà acté des quantités inimaginables de souffrance pour les personnes et les régions les plus affectées.

4.24

Émissions et croissance

Nicholas Stern

Les scientifiques mettaient en garde contre le risque de changement climatique depuis déjà un bon moment quand en 1988, Syukuro Manabe, Michael Oppenheimer et James Hansen ont été auditionnés par le Congrès des États-Unis, révélant ainsi au monde la menace gravissime de ce phénomène. En 1992, les gouvernements ont réagi en s'accordant sur un traité international, la convention-cadre des Nations unies sur les changements climatiques (CCNUCC), afin de limiter le danger que posait la concentration en hausse de CO_2 et d'autres gaz à effet de serre dans l'atmosphère.

Depuis, les émissions mondiales annuelles ont toutefois continué d'augmenter : elles étaient 54 % plus élevées en 2019 qu'en 1990, selon l'Agence néerlandaise d'évaluation environnementale. L'économie mondiale a enregistré une croissance d'environ 120 % sur cette même période, selon les données de la Banque mondiale, et l'énergie qui a alimenté cette croissance est principalement issue des combustibles fossiles (l'Agence internationale de l'énergie a souligné que 80 % de l'énergie mondiale en 2019 venait des énergies fossiles). Cette croissance reposant sur les combustibles fossiles est le principal facteur d'augmentation des émissions.

Pendant cette période, de nombreux pays ont cherché à renforcer leur productivité économique tout en réduisant leurs émissions annuelles, ce qui a donné quelques résultats. Par exemple, les émissions annuelles produites par le Royaume-Uni ont chuté de 44 % et son économie a enregistré une croissance de 78 % entre 1990 et 2019. Ces chiffres sont le résultat de meilleures économies d'énergie et de l'élimination progressive du charbon comme combustible. Il faut toutefois noter que ce calcul exclut d'importantes sources d'émissions, comme l'aviation internationale ; et, comme l'a souligné la Commission britannique sur le changement climatique, la baisse serait bien plus modeste (environ 15 %) si nous tenions compte des émissions associées non pas à la production, mais à la consommation (dont l'essentiel correspond à des importations).

Les décisions économiques sont guidées par de grands indicateurs, tout particulièrement le PIB, qui vise à mesurer l'économie en intégrant toutes les activités (ou du moins une majorité) des entreprises, des pouvoirs publics et des particuliers. Cet indicateur n'est en revanche pas exhaustif et ne compte pas tout ce qui a de la valeur : la santé des populations et de notre environnement en est notamment exclue. Le PIB ne tient pas compte du recul de la biodiversité, de la dégradation environnementale et des dérèglements climatiques, qui sont des pertes immenses pour notre monde et notre bien-être. À long terme, ces pertes sapent les activités économiques que mesure le PIB, ainsi que la santé et la force de ceux qui le produisent. Les décideurs, mais aussi nous tous, doivent prêter attention aux mesures directes de l'état des territoires, des océans et de l'atmosphère, ainsi que de la flore et la faune.

Le développement économique est possible dans toutes ses dimensions – les revenus, la santé, la scolarisation, l'environnement et la cohésion sociale – tout en luttant contre le changement climatique, ça ne fait aucun doute. Ce type de croissance économique est essentiel pour près de sept milliards de personnes qui vivent dans les pays en développement, dont beaucoup souffrent de la pauvreté. Leur niveau de vie peut ainsi s'améliorer, grâce à des emplois bien rémunérés, un meilleur accès à l'école et à la santé. Notre défi consiste à mettre en œuvre cet objectif sans dégrader notre environnement. Ça ne sera possible que si nous transformons radicalement nos modes de production et de consommation, notamment en ce qui concerne l'énergie. Les années 2020 seront décisives si nous voulons limiter la hausse des températures à 1,5 °C. Nous pouvons et devons prendre des décisions fortes et immédiates afin de créer une nouvelle forme de croissance et de développement qui soit durable, résiliente et inclusive.

Malheureusement, l'analyse économique du changement climatique néglige en grande partie l'urgence et l'ampleur des mesures à prendre, et ce pour trois raisons. Tout d'abord, l'étendue phénoménale des risques identifiés par la science n'est pas prise en compte. De plus, l'analyse sous-estime le potentiel immense des sources d'énergie non-fossile et des technologies qui y sont associées. Enfin, elle dévalorise grossièrement la vie de nos descendants par une méthode d'actualisation trompeuse et sans fondement : nous sommes responsables de discrimination envers les générations futures selon leur date de naissance.

La population mondiale a commencé à identifier et à adopter de nouvelles formes motivantes et intéressantes de développement. Et, enfin, les économistes font une mise à jour ; certains commencent même à participer aux stratégies et mesures susceptibles d'inventer ce nouveau monde. /

4.25

Justice

Sunita Narain

Les changements climatiques menacent notre existence, nous le savons pertinemment. Et nous savons aussi qu'il faut réduire radicalement nos émissions. Nous persistons en revanche à nier que des milliards de personnes conservent le droit de se développer pour avoir une vie meilleure. La vérité qui dérange le plus, ce n'est pas la crise climatique, mais la nécessité de construire un nouveau modèle de croissance économique qui soit accessible et abordable pour tous, tout en étant durable et peu polluant.

Dans mon pays, l'Inde, les pauvres, qui peinent déjà à survivre, subissent les graves répercussions des phénomènes climatiques extrêmes. Ils sont les premières victimes du changement climatique. Et gardez bien en tête qu'ils n'ont pas contribué à l'accumulation de gaz à effet de serre dans l'atmosphère.

À partir de maintenant, il est impératif de reconnaître la notion de justice climatique. Les énergies fossiles restent un facteur déterminant de la croissance, quoi qu'en disent les discours. Et surtout des milliards de personnes attendent encore un accès à des sources d'énergie bon marché, qui pourraient les faire bénéficier du progrès économique, alors qu'aujourd'hui le monde a épuisé son budget carbone au nom du développement. Que fera donc le monde émergent ? Sa croissance, indissociable de la consommation d'énergies fossiles, accentuera les dangers environnementaux qui nous menacent tous. Comment réinventer la croissance pour qu'elle émette peu de CO_2 tout en étant abordable ? Il ne suffit pas de réprimander et de harceler les pays émergents pour les pousser à agir. Des mesures d'accompagnement et de véritables transferts financiers mondiaux sont nécessaires afin de mettre en œuvre la transformation.

Depuis bien trop longtemps, les pays riches travaillent d'arrache-pied à effacer ou noyer la notion d'équité dans les négociations. C'est pour cette raison que l'accord de Paris, en 2015, a été encensé : il a fait fi du concept d'émissions historiques et il a relégué la justice climatique à une note en bas de page. L'accord a même éliminé l'idée que les pertes et les dégâts que subissent les pays en raison du changement climatique doivent être indemnisés. Pis encore, il a créé un cadre fragile et insignifiant pour l'action climatique, qui repose sur la bonne volonté des pays et non sur ce qui relève de leur devoir, sur la base de leur contribution aux émissions historiques ou de leur part équitable. Il n'est donc pas surprenant que la somme des « contributions déterminées au niveau national » – jargon de l'ONU pour désigner les objectifs nationaux de baisse des émissions – mène le monde à une hausse des températures de 3 °C ou plus.

Les puissants ne doivent pas temporiser par de vaines promesses qui annoncent la neutralité carbone d'ici à 2050. Ils doivent tout mettre en œuvre pour concentrer les baisses d'émissions à l'horizon 2030. Force est de constater que les « anciens » pays industrialisés et la Chine ont consommé 74 % du budget carbone dans l'atmosphère jusqu'en 2019 et, même si ces régions atteignent leurs objectifs, elles en utiliseront toujours jusqu'à 70 % en 2030. Il s'agit bien du budget carbone pour la population mondiale tout entière, le budget permettant de ne pas dépasser la limite de 1,5 °C.

Ces transformations créent l'occasion d'investir aujourd'hui dans les économies des pays les plus démunis pour qu'ils puissent se développer sans pollution. Les solutions sont nombreuses. Prenons, par exemple, les besoins énergétiques des habitants les plus pauvres au monde, qui n'ont pas les infrastructures électriques de base pour éclairer leur logement ou cuisiner leurs repas – des millions de femmes cuisinent à la biomasse, ce qui est néfaste pour leur santé, car ces équipements sont extrêmement polluants. À l'avenir, il faut faire appel aux énergies renouvelables non polluantes pour répondre aux besoins de ces foyers qui restent en dehors du système des énergies fossiles. Le coût des énergies renouvelables reste inaccessible aux pauvres ; au lieu de prêcher la transition énergétique, les décideurs doivent la financer.

C'est en ce sens que les discussions sur la mobilisation des marchés, au moyen d'instruments comme les quotas d'émissions, doivent être menées. Elles doivent servir à instaurer des mesures radicales, afin que des projets de réduction spectaculaire du CO_2 soient financés par des réaffectations de fonds et des crédits carbone. Par exemple, fournir de l'énergie propre grâce à des millions de mini-réseaux aux populations les plus démunies. De cette manière, le marché répondra aux politiques publiques, et ne sera pas sujet à de nouvelles arnaques lancées au nom de la compensation des émissions.

De la même manière, il faut saisir l'occasion d'utiliser la richesse écologique des communautés pauvres afin d'atténuer les effets des changements climatiques, car les arbres et les écosystèmes captent le CO_2. Leurs forêts et leurs autres ressources naturelles ne doivent pas être vues comme des puits de carbone mais comme une chance d'améliorer les moyens de subsistance et le bien-être économique des plus démunis. Les règles relatives à la compensation des émissions pour les forêts doivent être rédigées en ce sens, délibérément et avec habileté politique.

Il est indéniable que nous avons perdu un temps précieux à chercher des solutions « intelligentes » permettant d'en faire le moins possible pour réduire les émissions de gaz à effet de serre. Aujourd'hui, il n'y a pas d'autre choix que de prendre des mesures décisives et audacieuses. Nous devons élaborer des stratégies tenant compte du fait que nous vivons dans un monde interconnecté, où il est vital que la coopération soit guidée par l'équité et la justice. /

4.26

Décroissance

Jason Hickel

Nous avons tendance à évoquer la crise écologique sous l'angle de l'anthropocène, c'est-à-dire le fait que l'activité humaine transforme radicalement notre planète et notre climat, pour la première fois de l'histoire géologique. Cette terminologie a son utilité, mais elle est aussi inexacte. Ce ne sont pas les êtres humains qui sont à proprement parler la source du problème : il faut plutôt regarder du côté d'un système économique en particulier – le capitalisme – qui repose sur la croissance perpétuelle du PIB.

Ce ne serait peut-être pas un sujet si la croissance était purement une vue de l'esprit, mais ce n'est pas le cas. Le PIB est étroitement lié à la consommation d'énergie et des ressources, autrement dit les matériaux que l'économie mondiale exploite, crée et consomme chaque année (fig. 2). C'est problématique, car la croissance économique et la consommation d'énergie qui l'accompagne empêchent une sortie des énergies fossiles assez rapide pour limiter le réchauffement à 1,5 °C ou 2 °C. Et notre consommation de ressources, actuellement supérieure à cent milliards de tonnes par an, correspond déjà au double de ce qui est viable.

Il est crucial de souligner que cette consommation est presque exclusivement le fait des pays riches de l'hémisphère Nord, et surtout des classes sociales et entreprises les plus fortunées dans ces sociétés. C'est indéniable dès lors qu'on aborde la crise climatique : les pays des Nords sont responsables de 92 % de toutes les émissions qui surpassent les limites planétaires, que les scientifiques ont définies comme étant une concentration en CO_2 de 350 parties par million dans l'atmosphère – un seuil franchi en 1988. Pendant ce temps, les pays des Suds consomment généralement bien moins que leur part et n'ont donc pas du tout contribué à la crise. Malgré tout, l'hémisphère Sud subit la vaste majorité des dégâts, soit 82 à 92 % des coûts économiques de l'effondrement climatique et 98 à 99 % des décès liés au climat. Difficile de surjouer l'ampleur de cette injustice.

Il en va de même pour l'utilisation des ressources. Les pays riches consomment en moyenne 28 tonnes de ressources par personne et par an, soit quatre fois plus que ce qui est viable et bien plus que la moyenne des Suds. De plus, les pays riches dépendent d'une immense appropriation *nette* des ressources qui se trouvent dans l'hémisphère Sud. Autrement dit, l'impact de la consommation du Nord est délocalisé dans le Sud, où les ravages ont lieu, tandis que les populations démunies des Suds sont privées des ressources nécessaires à leur développement et à leurs besoins vitaux. Ce système perpétue la pauvreté de masse et exacerbe les inégalités mondiales.

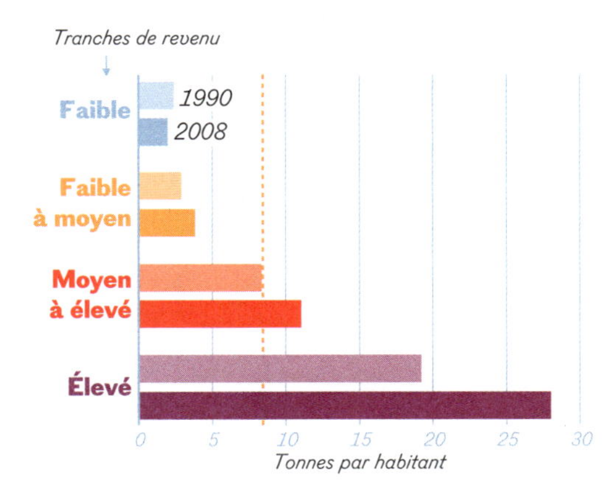

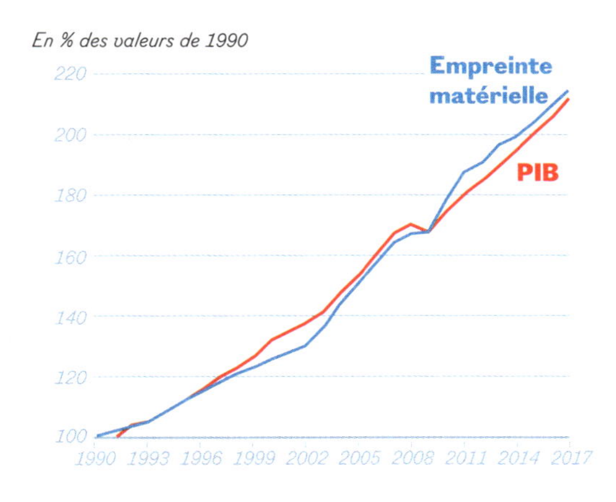

Figure 1 (à gauche) : Empreinte matérielle des pays (la limite durable par habitant en 2008 est représentée par la ligne pointillée).

Figure 2 (à droite) : PIB mondial et empreinte matérielle en tonnes par habitant.

La crise écologique suit tout simplement la logique coloniale. La croissance soutenue des Nords repose sur la colonisation atmosphérique et l'appropriation des écosystèmes des Suds. Si nous ne sommes pas attentifs aux dimensions coloniales de la crise écologique, nous passons à côté de l'essentiel.

Depuis les années 1970, de nombreux économistes et décideurs des pays industrialisés nous appellent à accélérer la croissance, mais à la rendre « verte », l'idée étant de « dissocier » le PIB des répercussions environnementales. Les scientifiques rejettent toutefois cette hypothèse, qu'ils jugent sans fondement empirique.

Tout d'abord, rien ne montre que la croissance peut être complètement dissociée de la consommation d'énergie et de ressources à l'échelle mondiale, et toutes les modélisations mondiales actuelles projettent qu'il est peu probable d'y parvenir, même en s'appuyant sur les hypothèses les plus optimistes en matière d'économie d'énergie et d'évolutions techniques. Ces conclusions ont été confirmées à plusieurs reprises par les scientifiques. Selon une étude récente à ce sujet, « il est trompeur de mettre en œuvre une politique de croissance en supposant que cette dissociation est possible ».

Qu'en est-il des émissions ? Le PIB peut être dissocié des émissions, en remplaçant les combustibles fossiles par des énergies renouvelables, ce qui a déjà été amorcé dans certains pays. Le problème, c'est que la transition énergétique ne sera pas assez rapide pour tenir les objectifs fixés par l'accord de Paris *si les économies à revenu élevé maintiennent une croissance au rythme actuel*. Souvenez-vous, la croissance sous-entend une augmentation de la demande énergétique, laquelle empêche en partie ou totalement de réduire assez vite à zéro les émissions.

Au vu de ces données, les économistes écologiques revendiquent une méthode fondamentalement différente. La première étape consiste à prendre conscience que les pays riches n'ont aucunement besoin de davantage de croissance. D'ailleurs, nous savons qu'il est possible de subvenir à des besoins humains exigeants en consommant beaucoup moins d'énergie et de ressources que ne le font actuellement les pays riches. Ce qui compte, c'est de réduire les formes superflues de production et de fonder l'économie sur le bien-être humain et non l'accumulation de capitaux. C'est ce qu'on appelle la décroissance. Ce concept appelle à une baisse programmée de la consommation excessive de ressources et d'énergie dans les pays à revenu élevé, afin de rétablir un équilibre entre l'économie et le vivant, de manière juste et équitable.

Et concrètement, qu'est-ce que ça donne ? Au lieu de supposer que tous les secteurs d'activité, sans exception, doivent constamment enregistrer une croissance, que l'on en ait besoin ou non, nous devons déterminer quelles branches de l'économie il faut effectivement améliorer (par exemple les énergies renouvelables, les transports en commun et la santé), et quelles activités sont manifestement destructrices et doivent être réduites (la production des SUV, les déplacements en avion, la « fast fashion », l'élevage industriel de bœuf, la publicité, la finance, l'obsolescence programmée, le complexe militaro-industriel, etc.). Des pans entiers de l'économie sont organisés pour servir le pouvoir du secteur privé et la consommation des élites, et nous serions tous gagnants sans eux.

La majorité de la population jugerait ce raisonnement logique, à un détail près : et l'emploi dans tout ça ? Heureusement, la solution est simple : à mesure que l'économie nécessite moins de main-d'œuvre, nous pouvons raccourcir la semaine de travail et répartir plus équitablement la charge de travail. Nous pouvons aussi lancer une initiative publique pour l'emploi, afin que toute personne puisse être formée et participer aux plus grands projets collectifs de notre époque : construire des infrastructures pour les énergies renouvelables, isoler les logements, produire de la nourriture au niveau local et régénérer les écosystèmes. Parallèlement, nous devons développer les services publics universels afin que tout le monde ait accès à l'essentiel pour vivre dignement (non seulement la santé et l'école, mais aussi le logement, les transports en commun, l'énergie non polluante, l'eau potable et Internet), tout en réduisant radicalement les inégalités grâce à une fiscalité progressive des revenus et du patrimoine.

Il serait ainsi possible de garantir de bons moyens de subsistance et un ravitaillement pour tous, parallèlement à une baisse directe de la consommation d'énergie et de ressources, ce qui nous permettrait d'affranchir bien plus rapidement l'économie du CO_2 – en quelques années et non des décennies – et d'enrayer l'effondrement écologique. Ce serait aussi une libération pour les pays des Suds soumis à l'appropriation impérialiste, de façon que leurs ressources subviennent à leurs besoins fondamentaux au lieu d'être au service de la consommation des pays industrialisés.

Cette vision semble sans doute utopique, mais elle est à la fois réaliste et vitale. C'est ainsi que nous éviterons l'effondrement écologique et que nous construirons une civilisation juste et équitable au XXIe siècle. Naturellement, cette vision sous-entend une grande bataille contre ceux qui profitent si prodigieusement de l'organisation actuelle de l'économie mondiale. Cette vision exige mobilisation, solidarité et courage – comme toutes les autres luttes qui cherchent à créer un monde meilleur. /

4.27

Deux visions du monde

Amitav Ghosh

« Les arbres étaient mes professeurs », a écrit le poète allemand Friedrich Hölderlin, et s'il y a bien un lieu sur Terre qui pourrait en dire autant, c'est Ternate, toute petite île d'un archipel connu sous le nom des Moluques. L'île fait aujourd'hui partie de la province des Moluques du Nord, aux confins orientaux de l'Indonésie. Là-bas, les mers sont parsemées d'îles volcaniques et Ternate est l'une d'elles : à partir de la pointe du cône volcanique – mont Gamalama –, l'île descend en pente douce jusqu'au fond de l'océan sur plus de 1 500 mètres.

À première vue, on se dit que Ternate est très à l'écart des chemins de l'Histoire. Pourtant, l'île s'est trouvée au cœur de l'histoire mondiale pendant de nombreux siècles, comme en témoignent les innombrables forts coloniaux sur son littoral. Pourquoi ? Il se trouve qu'un arbre unique et précieux pousse à Ternate et sur les îles voisines : le *Syzygium aromaticum*, qui produit le clou de girofle. Cette épice, autrefois inestimable, a fait la prospérité et la puissance de Ternate pendant des centaines d'années. Au XVIe siècle, à l'aube de la colonisation européenne, cet « arbre de vie » a toutefois fait le malheur des insulaires. Plusieurs groupes de colons européens se sont disputé Ternate et ses voisines en un conflit sanglant, qui visait à asseoir un monopole sur le commerce des clous de girofle. Ce sont finalement les Néerlandais qui ont gagné et au XVIIe siècle, ils ont transformé l'île en colonie et décrété que la précieuse épice ne serait plus cultivée que sur une autre île, dans les Moluques du Sud. La population locale a été forcée, à la suite d'un traité adopté et imposé par les Néerlandais, d'arracher tous les girofliers de leur île. L'arbre qui avait tout appris à Ternate n'a retrouvé les flancs du mont Gamalama qu'au XVIIIe siècle, quand les clous de girofle étaient désormais cultivés dans plusieurs régions, ce qui a entraîné une chute spectaculaire de leur valeur.

Aujourd'hui, Ternate est une île paisible et sans histoire, connue pour les vestiges des premiers forts portugais et néerlandais sur ses côtes. Malgré son éloignement des grands axes commerciaux contemporains, Ternate n'a aucun retard en matière de mondialisation. L'Indonésie est l'un des pays qui enregistrent la croissance économique la plus rapide au monde, ce dont tout témoigne sur l'île : les innombrables véhicules, petits et grands, qui filent dans les rues ; les nombreux chantiers dans les villages. De fait, l'accélération rapide que connaît l'Indonésie n'est jamais aussi flagrante que dans sa capacité de fournir une abondance de biens et services aux extrémités de son territoire.

Le paysage de Ternate est autrement marqué par cette accélération et c'est son arbre emblématique qui le révèle. Sur toute l'île, les girofliers se meurent ; dans tous les vergers, de petits groupes d'arbres sont courbés, effeuillés, leurs troncs blanchâtres. Sur les flancs du volcan, on observe des bosquets d'arbres morts, dont les couleurs grisâtres contrastent avec le reste du paysage luxuriant.

Les agriculteurs qui prennent soin de ces arbres sont unanimes : cette tragédie est due selon eux au dérèglement climatique de ces dernières années. La pluie est plus rare et plus imprévisible, ce qui multiplie les cloques et les maladies. L'absence de précipitation s'accompagne d'un autre phénomène sans précédent : les feux de forêt. En mars 2016, un incendie a ravagé pendant trois jours le mont Gamalama ; les insulaires n'avaient jamais connu de feu de cette intensité.

Les changements progressifs du climat placent à nouveau les habitants de Ternate à l'avant-garde de l'Histoire : les arbres qui ont guidé leurs premiers pas dans le monde dépérissent aujourd'hui sous leurs yeux impuissants.

C'est une tragédie, dans la mesure où l'environnement volcanique de Ternate a créé une relation intime et sacrée entre l'écologie insulaire et sa population, qui se voit depuis longtemps en gardienne de son monde interdépendant. C'est d'autant plus le cas pour les descendants de la dynastie de sultans qui règne sur l'île depuis le XIVe siècle. Certains membres de cette lignée vivent encore sur l'île et lorsque j'y suis allé, en 2016, j'ai pu interviewer l'un d'entre eux, un prince dont le père était au pouvoir et qui occupe aujourd'hui le palais du sultan.

Nous nous sommes installés dans une cour intérieure qui donne sur le mont Gamalama, il était donc inévitable que notre conversation aborde les girofliers mourants que j'avais vus sur les flancs du volcan. Comme tant d'autres sur l'île, le prince a attribué la mort de ces arbres au changement climatique – c'était, selon lui, une question profondément troublante dans la mesure où ils avaient assuré la fortune de sa famille pendant sept cents ans.

Cela m'a poussé à poser au prince la même question qu'à plusieurs cultivateurs de girofliers : « Étant donné la gravité de la situation, pensez-vous que les habitants de Ternate doivent s'employer à réduire leurs émissions de CO_2 ? »

Au vu du lien particulier de sa famille avec le giroflier, je pensais que le prince réagirait différemment des agriculteurs avec qui j'avais discuté. Sa réponse s'est pourtant révélée comparable et pourrait se résumer à : « Pourquoi serait-ce à *nous* de faire des efforts ? Ce serait injuste. L'Occident a eu son tour quand nous étions faibles et impuissants, sous sa domination. Aujourd'hui, c'est notre tour. »

La réponse du prince ne m'a pas surpris, tant je l'avais entendue sous une forme ou une autre, non seulement en Indonésie, mais aussi en Inde, en Chine et dans beaucoup d'autres endroits. Pour les agriculteurs comme pour le prince, le fardeau des injustices historiques pèse bien plus lourd que les réalités matérielles et les menaces imminentes du changement climatique. Tolérer le dérèglement de leur environnement est, pour eux, un sacrifice à endurer au nom d'une aspiration nationale plus grande.

C'est dans ce même état d'esprit que les habitants de villes comme New Delhi et Lahore supportent une pollution toxique, en sachant pertinemment que l'air ambiant raccourcira leur vie de plusieurs années. Les effets néfastes sur leur santé et leur bien-être sont vus comme un sacrifice nécessaire, d'une part pour profiter d'un certain niveau de vie, d'autre part pour œuvrer en faveur d'un projet collectif : grimper les échelons de l'ordre international. C'est selon ce raisonnement qu'encaisser les dangers environnementaux finit par se mêler aux notions de sacrifice et de souffrance qui sous-tendent le nationalisme. De la même manière, les tentatives de limiter les émissions de CO_2 des pays pauvres sont généralement vues comme un moyen détourné de maintenir les disparités économiques et géopolitiques des deux derniers siècles, car, par habitant, les émissions des Suds ne représentent qu'une part minime de celles des pays riches.

Ces perceptions se retrouvent en Occident dans l'idée – aujourd'hui dominante au sein de la droite politique – que les pays en développement cherchent à priver les nations industrialisées des fruits durement gagnés de leur labeur. Aux États-Unis, la proposition de restreindre les émissions de carbone du pays est également perçue par beaucoup comme une atteinte à la souveraineté nationale, laquelle est garantie *in fine* par la suprématie militaire américaine.

En résumé, le nationalisme, la puissance militaire et les disparités géopolitiques sont partie prenante des dynamiques qui ont systématiquement entravé les projets d'accords internationaux sur la sortie rapide des énergies fossiles. En ce sens, on pourrait faire valoir que le conflit et les rivalités nationales sont des moteurs cruciaux du changement climatique. Malgré tout, ces questions sont rarement abordées lors des conférences sur le réchauffement planétaire, qui sont plutôt consacrées aux diverses « solutions » technocratiques et économiques. Ce n'est pas un hasard si le corpus sur le changement climatique, qui émane dans son immense majorité des universités et des think tanks occidentaux, accorde tant de place aux questions techniques et économiques.

Par conséquent, un fossé béant sépare les perceptions du changement climatique dans les pays des Nords (presque tous bénéficiaires de siècles de colonisation) et dans ceux des Suds, dont la majorité a été soumise à une forme ou une autre de domination coloniale. Dans le Nord, le réchauffement climatique est essentiellement présenté en termes techniques, économiques et scientifiques ; dans le Sud, ce même phénomène est conceptualisé en termes de disparités de pouvoir et de richesse, qui peuvent toutes être reliées aux inégalités géopolitiques instaurées à l'époque du colonialisme.

Dans le Sud, les questions telles que la violence, l'appartenance raciale et le pouvoir géopolitique sont implicites dans la vision du monde des habitants, par exemple les cultivateurs de girofliers à Ternate. Dans le Nord, globalement assuré de se maintenir au sommet de la pyramide mondiale, ces questions sont rarement débattues et le changement climatique est généralement assimilé à un problème de gouvernance, dont la résolution passera par des négociations au sein d'institutions multilatérales comme les Nations unies.

Il faut pourtant souligner une incohérence notable. Le fonctionnement des institutions multilatérales repose sur l'hypothèse que toutes les nations et tous les peuples sont égaux, et que la richesse et le bien-être doivent être répartis équitablement. La géopolitique, en revanche, est fondée sur des hypothèses tout autres. Son but n'est pas l'égalité et la justice, mais, au contraire, le maintien d'une structure de domination – autrement dit, d'inégalité.

La dissonance entre ces deux sphères – la gouvernance mondiale multilatérale d'une part, la puissance géopolitique de l'autre – est si phénoménale que celles-ci sont presque inconciliables. Les institutions internationales produisent un déluge sans fin de « solutions » et de traités, mais l'échec répété des négociations multilatérales est symptomatique d'une autre réalité qui nous est presque complètement dissimulée. Cette dynamique que personne n'admet a un jour été résumée par un journaliste singapourien en ces termes : « C'est notre volonté de puissance qui nous aidera à gérer l'une des principales forces motrices du futur : le changement climatique. »

En d'autres termes, les chefs d'État tiennent certains propos pendant les négociations internationales, mais quand nous examinons ce qu'ils font concrètement il semble que leurs actions soient motivées par une volonté de puissance. C'est sans doute pour cette raison que les pays riches n'ont pu abonder que de 10 milliards de dollars le fonds d'aide aux pays les plus vulnérables, tout en renforçant leurs dépenses militaires de 1 000 milliards de dollars. On en déduit, contrairement aux déclarations publiques des chefs d'État, que nombre d'entre eux se préparent bel et bien à un avenir plus conflictuel.

Les disparités géopolitiques mondiales étant ce qu'elles sont, que peut-on faire pour résoudre la crise planétaire ? Comment les aspirations populaires des Suds peuvent-elles voir le jour alors que l'humanité étouffera sans aucun doute si tout le monde adopte le mode de vie occidental ?

Citons un facteur encourageant : les aspirations de la classe moyenne dans les pays émergents sont en grande partie mimétique, c'est-à-dire que quand un Indien ou une Indonésienne dit « Maintenant, c'est notre tour », ils sous-entendent en réalité « Je ne serai pas aisé ou satisfait tant que je n'aurai pas ce que possède autrui. » Selon ce raisonnement, si les prétendus fortunés changent leurs habitudes et adoptent de nouveaux modes de vie, les aspirations partout dans le monde peuvent aussi évoluer considérablement.

À cet égard, le message fondamental de Fridays For Future, selon lequel il faut vivre autrement, revêt une importance vitale. Et l'écho mondial de ce message, y compris dans les pays émergents, est une note encourageante comme on en voit rarement. /

Le nationalisme, la puissance militaire et les disparités géopolitiques font partie des dynamiques qui ont systématiquement entravé les projets d'accords internationaux sur la sortie rapide des énergies fossiles.

Pages suivantes : La mangrove est l'un des écosystèmes les plus menacés au monde. Cet habitat vital pour les poissons et les oiseaux protège les littoraux des inondations, des tsunamis et de l'érosion. Il atténue les changements climatiques en filtrant les agents polluants, en absorbant le CO_2 et en relâchant de l'oxygène.

CINQUIÈME PARTIE /

Ce qu'il faut faire maintenant

« Un autre chemin est possible. »

5.1

Le moyen le plus efficace de nous en sortir : nous éduquer

Greta Thunberg

La réponse à la question « Devons-nous nous concentrer sur les changements individuels ou systémiques ? » est : absolument, l'un ne va pas sans l'autre. Nous avons besoin des deux. La solution à la crise climatique ne peut être l'affaire des seuls individus, comme elle ne peut être laissée au seul marché. Pour rester dans la limite de nos objectifs climatiques – et ainsi éviter les pires risques de catastrophe –, nous devons changer nos sociétés tout entières. Pour citer le GIEC, « limiter le réchauffement climatique à 1,5 °C imposera des changements rapides, de grande envergure et sans précédent dans tous les aspects de la société ». Il est impossible qu'une telle transformation soit le fait de simples changements individuels, par des entreprises qui individuellement trouveraient de nouveaux moyens de fabriquer du ciment vert ou par des gouvernements qui, dans leur coin, augmenteraient ou baisseraient telle ou telle taxe. Parce que cela ne suffira pas. Cela dit, il est aussi impossible de mener à bien une transformation de cette ampleur sans les individus ; c'est à eux qu'il revient, en particulier, d'ouvrir la voie au niveau local. Individuellement, les gens, les mouvements, les organisations, les leaders, les régions, les nations même, doivent agir.

Tout au long de l'histoire, de nombreux changements sociétaux majeurs se sont produits. Certains très radicaux, d'ailleurs – pour le meilleur ou pour le pire. Ainsi quand nous réclamons des transformations sans précédent dans tous les aspects de la société, nous ne parlons pas de devenir végétariens un jour par semaine, de compenser le bilan carbone de nos vacances en Thaïlande ou d'échanger notre SUV diesel contre une voiture électrique. Pourtant, c'est bien ce que semblent croire la majeure partie des gens, dans de vastes portions du monde. Et il y a des raisons, compréhensibles, à cela. Nous, les humains, sommes des animaux sociaux – nous évoluons en troupeau, si vous préférez. Comme Lorraine Whitmarsh et Stuart Capstick le montrent dans le chapitre suivant, nous imitons le comportement des autres et suivons nos chefs. Si autour de nous personne ne se comporte comme si nous étions en crise, alors rares seront ceux qui auront conscience de son existence.

Pages précédentes : Les forêts anciennes comptent parmi les puits de carbone terrestres ayant les plus fortes concentrations. En 1984, les Premières nations Tla-o-qui-aht et Ahousaht et les écologistes locaux se sont réunis pour protester contre la coupe de certaines des plus vieilles forêts du Canada, sur l'île Meares. S'en est suivie la création du premier Parc tribal de Colombie-Britannique, ici en image.

En d'autres termes, il est inutile de dire que nous sommes face à l'urgence si personne n'agit en fonction de celle-ci. Nos dirigeants l'ont très bien compris, ils maîtrisent l'art délicat de dire une chose tout en faisant l'exact contraire. C'est en gros ce qui explique que nous nous trouvions dans une situation où, par exemple, les plus gros producteurs de pétrole, tout en développant rapidement leurs infrastructures en faveur des combustibles fossiles, se font passer pour des champions du climat sans pour autant réduire leurs émissions.

Le suédois a produit très peu de mots qui aient connu un succès international tel qu'ils soient utilisés dans le vocabulaire mondial, « tungstène » ou « ombudsman » en sont de rares exemples.

Récemment est apparu *flygskam*, la honte de prendre l'avion. Le terme est lié au mouvement pour le climat international et aux personnes, de plus en plus nombreuses, qui ont tiré un trait sur les voyages en avion, soit l'activité individuelle la plus destructrice pour le climat, et de loin – ne parlons pas des milliardaires qui s'offrent des voyages dans l'espace ou un grand yacht privé. Si le *flygskam* a si bien fonctionné en Suède, c'est probablement parce qu'un petit nombre de célébrités a suivi le mouvement. Le mot en soi est une création des médias, dans l'espoir, imagine-t-on, d'attirer les clics. D'où l'ajout du mot « honte ».

Je connais beaucoup de gens qui ont décidé de ne plus prendre l'avion, pas seulement une année ou deux durant, mais plus jamais. Ce n'est pas une résolution à prendre à la légère. Ce faisant, ces personnes ont drastiquement réduit leur empreinte carbone. Mais ce n'est généralement pas ce qui explique leur décision. Ils n'ont pas non plus souhaité ainsi infliger une *honte* à qui que ce soit. La plupart l'ont fait pour la même raison que moi – envoyer un message clair à celles et ceux qui les entourent, leur faire comprendre que nous sommes au début d'une crise et que pendant une crise nos comportements doivent changer.

Je n'ai certainement pas traversé l'Atlantique à la voile dans un sens puis dans l'autre pour faire honte aux gens ou faire chuter mon empreinte carbone. Je l'ai fait pour souligner qu'il n'existe aucun autre moyen pour nous, en tant qu'individus, de vivre de manière durable au sein du système qui est le nôtre aujourd'hui. Et que les solutions nécessaires pour y parvenir ne sont absolument pas disponibles dans le laps de temps qui nous est imposé par nos objectifs en matière de climat.

Il existe cependant un autre mot suédois qui mérite bien plus d'attention que *flygskam* : *folkbildning*. On pourrait le traduire par « éducation populaire », un mouvement d'éducation gratuit à destination d'un large public qui trouve ses racines dans la communauté de la classe ouvrière apparue juste après l'introduction de la démocratie dans le pays, au début du XXe siècle – à l'époque où les syndicats sont légalisés, où les ouvriers et ouvrières se voient accorder le droit de vote et où la Suède entreprend de construire son État-providence. Beaucoup pensent probablement que les Fridays For Future, les grèves pour le climat, étaient à l'origine une action de protestation, mais ce n'est pas le cas, du moins ce n'est pas ainsi que cela a commencé. Notre objectif initial était d'informer sur cette crise – sous la forme de *folkbildning*, pour être exacte. Quand je me suis assise devant le Parlement suédois le 20 août 2018, j'avais avec moi non seulement une pancarte sur laquelle on pouvait lire « *Skolstrejk För Klimatet* », mais aussi et surtout, une énorme pile de prospectus remplis de faits et de données sur les urgences climatique et écologique que je tenais à disposition des passants. À ce jour, j'en ai encore quelques-uns, rangés dans un tiroir de bureau chez mes parents. Il faut croire que les brochures ont moins bien fonctionné, pour faire passer le message, que la fille timide avec son grand panneau blanc.

Mais encore maintenant, je crois fermement que le moyen le plus efficace de nous sortir de cette impasse est de nous éduquer, nous-mêmes et les autres (un peu ironique, étant donné que l'idée des grèves consiste à sécher l'école, mais c'est comme ça). Parce que dès lors que l'on comprend la situation dans laquelle on se trouve, une fois qu'on a une vision globale des choses, on sait plus ou moins ce que l'on a à faire. Et – ce qui est peut-être tout aussi important – on sait ce qu'on ne doit *pas* faire. Comme se concentrer sur des détails insignifiants sans prendre en compte le contexte général ou, en d'autres termes, essayer de trouver une solution à la crise, mais sans la traiter comme une crise. Je ne doute pas une seconde que dès l'instant où l'on passera en véritable mode de crise, nous n'oublierons pas de considérer jusqu'au moindre détail individuel. Mais dans l'intervalle, débattre de questions séparées, particulières, risque d'être une perte de temps, car elles sont trop souvent récupérées pour créer des « guerres culturelles ». Elles servent à détourner l'attention et à ralentir tout progrès significatif. Parmi ces interrogations, on trouve la croissance de la population, l'énergie nucléaire ou « Et la Chine alors ? »

En dehors des guerres culturelles, il existe de nombreuses stratégies qui parviennent à ralentir, diviser et distraire. Comme le souligne Naomi Oreskes dans la première partie, l'industrie des énergies fossiles « a fait diversion en martelant que les citoyens devaient "prendre leurs responsabilités" et faire baisser leur "empreinte carbone" ». L'idée était initialement promue par la compagnie pétrolière BP, afin de détourner l'attention des industries les plus destructrices et de la focaliser sur le consommateur. Pour un résultat très efficace. Dans la quatrième partie, Nina Schrank évoque un effort similaire de la part des entreprises de boissons comme Coca-Cola, qui tentent de rejeter sur le consommateur la responsabilité de l'explosion de la pollution du plastique, et on ne compte plus le nombre de campagnes sur la même ligne ayant été injectées dans le débat sur le climat. L'une d'entre elles, qui a connu un immense succès, affirme qu'une centaine d'entreprises sont à l'origine de 70 % des émissions de CO_2 mondiales. En d'autres termes, l'argument tout à fait opposé au discours sur l'empreinte carbone, mais pour un résultat quasi identique – c'est-à-dire l'inaction. Le message central, cette fois, est le suivant : puisqu'une centaine d'entreprises seulement sont responsables de toutes ces émissions, peu importe ce que nous faisons en tant qu'individus, il serait beaucoup plus efficace de nous débarrasser des entreprises en question, d'une manière ou d'une autre. Bien sûr, personne ne sait exactement comment, puisqu'il n'existe aucune règle, loi ou restriction adaptée en dehors du boycott de leurs produits – ce qui, bien entendu, se résume à une action individuelle.

Ne vous méprenez pas – je suis tout à fait favorable à leur disparition et à l'idée de leur faire payer l'indescriptible destruction qu'elles ont provoquée. Oui mais voilà une fois ces cent entreprises hors du paysage, cent autres feront sans aucun doute leur apparition, sauf si nous transformons notre société tout entière – un processus qui nécessiterait qu'action individuelle et changement systémique fonctionnent en bonne intelligence. Donc, une fois de plus, nous avons besoin de l'un comme de l'autre. Toute suggestion selon laquelle nous ne pouvons pas avoir l'un sans l'autre – ou qu'une solution, une idée en particulier serait plus importante que toutes les autres – aurait très certainement pour objectif de nous ralentir.

Il y a une chose que j'aimerais clarifier cependant. Quand je parle d'action individuelle, je ne parle pas seulement de réduire notre consommation de plastique ou de nous nourrir davantage d'aliments d'origine végétale – bien qu'il s'agisse là de bonnes méthodes pour générer un sentiment d'urgence. Quand je parle d'action individuelle, je veux dire que nous, en tant qu'individus, devrions utiliser nos voix et tous les moyens à notre disposition pour devenir militants et faire connaître autour de nous l'urgence de la situation. Nous devrions tous nous transformer en citoyens actifs et demander des comptes à nos dirigeants pour leurs actions et leur inaction.

En vérité, pour éviter les pires conséquences des crises écologiques et climatiques, nous ne pouvons pas choisir nos actions, nous devons faire le maximum. Et pour cela, nous aurons besoin de tout le monde : l'ensemble des individus, des gouvernements, des entreprises ainsi que tous les corps intermédiaires et les institutions imaginables. Mais nous devons garder à l'esprit que le temps n'est plus aux *petits pas dans la bonne direction*, plus du tout. Nous n'avons plus le temps de convaincre les gens par étapes. Et les « progrès » ou une « victoire lente » ne suffisent pas. Parce qu'en matière de crise climatique, pour citer l'auteur américain Alex Steffen, « une victoire lente revient à une défaite ». /

Nous ne pouvons pas choisir nos actions, nous devons faire le maximum.

5.2

Action individuelle, transformation sociale

Stuart Capstick et Lorraine Whitmarsh

La disparité est troublante entre l'énormité du changement climatique et la légèreté de la réponse attendue des individus. Nous sommes confrontés à une crise existentielle sans précédent et l'on nous demande de recycler, d'éteindre les lumières et d'utiliser des pailles en papier, comme si ces choix du quotidien pouvaient de quelque manière empêcher le niveau de la mer de monter ou les canicules mortelles de survenir. Même quand une personne prend toutes les mesures en son pouvoir pour réduire ses émissions – devient végan, arrête la voiture et l'avion, consomme le moins possible –, cette sensation tenace demeure de n'être qu'une goutte d'eau dans l'océan, négligeable au regard de la dépendance de nos sociétés vis-à-vis des énergies fossiles et des changements d'envergure nécessaires pour en sortir.

La perspective est certes décourageante, mais bonne nouvelle, il s'agit d'une fausse dichotomie. En concentrant son attention sur les deux extrêmes – l'individuel et le systémique –, on omet le vaste territoire qui s'étire entre les deux. C'est dans cet espace que nous sommes capables d'interagir avec notre entourage, de l'aider à susciter le changement en redéfinissant les attentes sociales et en créant des réalités partagées. L'exercice de notre influence dans ce domaine ne consiste pas seulement à être un consommateur isolé de biens et de services. Au lieu de cela, l'action climatique advient à travers les nombreux rôles que nous endossons en tant qu'être humain au contact quasi permanent les uns des autres : en tant que personne qui agit au sein de communautés, de familles, de groupes d'amis, d'organisations et de lieux de travail.

Dans ce contexte, ce sont les exemples et les signaux que nous présentons qui donnent notamment de l'importance à nos actions. Nous sommes, chacun d'entre nous, influencés par les opinions et les actes des autres – particulièrement de ceux qui nous sont chers ou que nous admirons – mais l'inverse est vrai, même si nous ne nous en rendons pas forcément compte. De nombreuses études ont montré que la part de choix respectueux de l'environnement des uns dépend de ce qu'ils estiment voir chez les autres. Des recherches ont illustré comment cette influence interpersonnelle peut se développer avec le temps et s'étendre à l'échelle d'un quartier ou d'un réseau de contacts dans un processus qui a été nommé « contagion » sociale ou comportementale. Cela peut se produire quand les gens réagissent aux changements qui surviennent autour d'eux, mais aussi par le bouche-à-oreille. Les études portant sur la diffusion de la technologie ont montré que les foyers installant des panneaux solaires ont un effet mesurable sur la probabilité de l'imitation par leurs voisins ; en moyenne, si dans un rayon de 800 mètres environ, deux maisons installent un nouveau système, cela a pour résultat, par influence des pairs, d'inciter un foyer supplémentaire à se joindre au mouvement. De la même manière, le développement de l'usage des vélos, trottinettes et voitures électriques a été rendu possible grâce aux personnes qui ont parlé de leur utilisation et encouragé d'autres à faire de même.

Les modèles d'influence sociale n'incitent pas seulement des gens à opter pour une conduite spécifique, ils ont le potentiel de donner le *la* concernant les modes de vie jugés plus ou moins acceptables. De nombreuses années durant, les fréquents voyages en avion ont été considérés comme des marqueurs de haut statut social. Plus récemment cependant, la conscience de l'impact néfaste du transport aérien a commencé à influer sur les nouvelles normes sociales, allant à l'encontre de cette tendance et cela s'est ressenti dans la demande pour des billets d'avion : en Suède, où est né le phénomène *flygskam* (la honte de prendre l'avion), le nombre de passagers empruntant les vols intérieurs a ainsi baissé de 9 % entre 2018 et 2019. La campagne Flight Free a été lancée pour jouer sur cette idée intéressante de l'influence qu'ont les personnes les unes sur les autres : en encourageant la population à s'engager à moins voyager par les airs, non seulement pour réduire ses propres émissions (cela compte, c'est vrai), mais aussi afin d'avoir un plus gros impact sur la famille et les amis et en définitive, changer les attentes culturelles autour de l'aviation. L'action personnelle vis-à-vis du changement climatique a la capacité de déclencher des transformations plus vastes dans les contextes qui sous-tendent nos choix quotidiens, notamment en influençant l'activité commerciale et en modifiant l'impression de ce qui représenterait une vie normale ou désirable. L'enthousiasme grandissant en faveur des régimes d'origine végétale – qui a déjà généré une réduction substantielle des émissions de gaz à effet de serre dans certaines parties du monde – a poussé les producteurs à miser sur de nouveaux produits végans ou végétariens, ce qui a pour conséquence d'inciter davantage de gens encore à modifier leurs choix alimentaires, au vu des nouvelles options plus largement disponibles.

Dès lors que des personnalités publiques influentes ou très en vue engagent leur action personnelle afin de réduire leurs voyages en avion, l'effet sur les autres peut être particulièrement prononcé. Des scientifiques et des militants qui travaillent sur le changement climatique peuvent ainsi souligner leur crédibilité – ou au contraire l'entamer – via des choix personnels qui transmettent un message sur la gravité de la crise et l'importance de l'action individuelle. La capacité à réduire ses émissions et à exercer une influence sur les autres varie énormément selon le statut socio-économique et les circonstances matérielles. Les 10 % les plus riches de la planète produisent à eux seuls à peu près la moitié de la totalité des gaz à effet de serre : non seulement leur effort pour parvenir à un mode de vie durable doit être plus grand, mais par leurs ressources personnelles, ils sont mieux placés que la majeure partie de la population pour investir de façon éthique et influencer les pratiques professionnelles.

L'action personnelle peut également être synonyme de militantisme, d'une participation aux efforts collectifs poussant vers le changement. L'implication dans les mouvements sociaux liés à la crise du climat fait une différence, tant par l'influence que cela peut avoir sur l'opinion publique en général en faveur de l'action climatique que pour exercer une pression sur les décideurs afin de mettre en place des réponses politiques plus ambitieuses. Dans de nombreuses parties du monde, les politiques ne peuvent plus prétendre ne pas avoir le mandat social pour prendre au sérieux la crise climatique : les citoyens sont clairement en demande de réaction gouvernementale forte, le niveau d'inquiétude du grand public est haut concernant le climat tout comme le soutien en faveur d'une réduction des émissions. Certains politiques de premier plan ont activement encouragé l'engagement citoyen qui les pousse à faire plus, par exemple Angela Merkel, du temps où elle était chancelière, demandant aux jeunes Allemands « d'accentuer la pression » ou la Première ministre écossaise Nicola Sturgeon, remarquant que « nos pieds ont besoin d'être maintenus au-dessus des braises ».

De toutes ces manières, nos sphères d'influence partent de nos choix personnels, passent par la persuasion et l'encouragement des autres et vont jusqu'à l'organisation, l'agitation en faveur du changement, afin d'aboutir à la reconfiguration même des systèmes et cultures qui composent la société. À cause des interactions complexes entre les actions de la population et le changement social, l'effet domino est possible : de nombreuses actions séparées peuvent mener au renversement des conventions sociales au moyen de bascules perturbatrices et à contamination rapide – l'histoire montre que ce type de transitions peut être brutal et spectaculaire et que les changements d'attitudes et de comportements sont en l'espèce essentiels.

Pour autant, rien de tout cela ne signifie qu'il revient aux seuls citoyens de résoudre la crise du climat, car leurs pouvoirs sont limités et leurs choix souvent lourdement contraints. L'accent sur la responsabilité personnelle a été utilisé à mauvais escient par les sociétés pétrolières et autres, afin de détourner l'attention de leurs propres insuffisances – une tactique délibérée qui mérite d'être discréditée. Il est aussi essentiel que les gouvernements fassent preuve d'autorité en fixant les conditions d'un mode de vie et d'économies décarboné sans qu'il soit besoin d'exercer sur eux une forte pression dans ce sens. Mais lorsque nous réfléchissons à notre rôle dans le combat pour le climat, nous devons garder à l'esprit qu'il n'y a rien d'« individuel » dans l'action individuelle : c'est la pierre angulaire vitale à partir de laquelle la transformation sociale devient possible. /

5.3

Vers un mode de vie à +1,5 °C

Kate Raworth

« J'achète donc je suis », déclarait l'artiste Barbara Kruger en 1987.

Cette formule emblématique résume les modes de vie intensément consuméristes qui, au cours du XXe siècle, en sont venus à dominer la vie de nombreuses villes et nations à hauts revenus – tout en dégradant simultanément la santé de la planète.

Cette décennie critique d'action climatique impose un rééquilibrage radical de la consommation entre les Nords et les Suds, afin qu'il devienne possible de subvenir aux besoins de la totalité de la population en accord avec les moyens de la planète. Cet incontournable rééquilibrage doit se produire à une échelle et à une vitesse sans précédent. Selon Oxfam, si l'humanité devait vivre bien et de façon équitable, tout en ne dépassant pas un réchauffement total de 1,5 °C, alors d'ici à 2030, les 10 % les plus fortunés devraient réduire leurs émissions de consommation à un dixième seulement de leur niveau de 2015 dans les dix prochaines années – permettant ainsi aux 50 % les plus pauvres d'accéder à leurs besoins de consommation essentiels.

Comment, alors, les communautés et les pays les plus riches peuvent-ils échapper aux modes de vie consuméristes qui les ont engloutis depuis plus d'un siècle ? Commençons par comprendre comment le consumérisme a été inscrit dans les théories fondatrices, les modèles de fonctionnement essentiels à l'origine de la croissance économique du XXe siècle.

Les pères fondateurs de l'économie ont placé au cœur de leurs théories une caricature de l'humanité : un individu solitaire et autocentré doté d'un désir insatiable pour toutes les choses que l'argent peut acheter. Comme Alfred Marshall, un des économistes les plus importants de l'époque, le disait en 1890 : « Les besoins et les désirs de l'homme sont innombrables et de sortes très diverses. [...] L'homme non civilisé n'en a, il est vrai, guère plus que l'animal privé de raison ; mais chacun de ses pas dans la voie du progrès augmente leur variété [...] Il désire une plus grande variété et des choses satisfaisant de nouveaux besoins qui se développent en lui. » Avec une description aussi étroite de l'humanité pour point de départ, pas étonnant que le PIB – qui mesure le coût total des produits et des services vendus dans une économie au cours d'une année – soit si facilement devenu la mesure raisonnable de la réussite d'une nation.

Bien que la théorie économique ait imaginé les gens en consommateurs insatiables, encore fallait-il que les gens eux-mêmes en soient persuadés à leur tour ;

en effet, la rentabilité future des entreprises les plus puissantes du XXe siècle en dépendait. « La production de masse n'est rentable que pour autant qu'elle soutienne son rythme », écrit Edward Bernays dans son essai de 1928, *Propagande*, un classique, ajoutant que « un industriel ne peut pas se permettre d'attendre le client ; au moyen de la publicité et de la propagande, il s'efforce de rester en contact permanent de façon à créer une demande continue sans laquelle son usine coûteuse ne dégagerait pas de profits ».

Détail fascinant, Edward Bernays – l'inventeur de l'industrie des « relations publiques » – était le neveu de Sigmund Freud ; il a compris que les idées sous-jacentes à la psychothérapie pouvaient être transformées en une très lucrative thérapie commerciale, il suffisait de relier les désirs les plus profonds des gens aux tout nouveaux produits sur le marché. Dans les années 1920, il convainc les femmes (pour le compte de l'American Tobacco Corporation) que les cigarettes sont leurs « flambeaux de la liberté », tout en persuadant la nation (pour le compte du département « viande de porc » de la Beech-Nut Packing Company) que le bacon et les œufs constituent le « solide » petit déjeuner typiquement américain. Il connaissait bien le pouvoir de sa publicité. « Nous sommes en grande partie gouvernés par des hommes dont nous ignorons tout, qui modèlent nos esprits, forgent nos goûts, nous soufflent nos idées, écrit-il. Ce sont eux qui tirent les ficelles : ils contrôlent l'opinion publique. »

L'industrie de la publicité a connu un essor rapide et a eu tôt fait d'incorporer le consumérisme dans un mode de vie rêvé. Comme le théoricien des médias John Berger le dit dans son livre de 1972 *Ways of Seeing* (non traduit), « La publicité n'est pas simplement un assemblage de messages contradictoires : c'est un langage en soi qui est toujours utilisé pour faire la même proposition générale [...] il propose à chacun d'entre nous de nous transformer, nous et nos vies, en achetant quelque chose de plus. »

Si une seule industrie devait résumer cette tentative frénétique pour nous transformer en achetant plus, c'est bien l'industrie de la mode. Ces dernières décennies ont vu de grandes marques augmenter le nombre de leurs collections annuelles, passant de quatre à douze voire cinquante-deux « microsaisons », qui offrent la promesse d'une « nouvelle identité » pour chaque semaine de l'année. Ce cycle de la mode de plus en plus rapide de vêtements à bas coût trouve son écho dans les habitudes des consommateurs : entre 2000 et 2014, le consommateur moyen a acheté 60 % de vêtements en plus, pour les garder moitié moins de temps.

Le modèle sur lequel repose la fast fashion est l'exploitation des gens, comme de la planète. Pressées de livrer de grosses commandes de vêtements au rabais dans des délais extrêmement serrés, les usines du monde entier contraignent les ouvriers textiles à un rythme intense, de longues heures de travail payées à un salaire minimal, des contrats précaires et une interdiction de l'organisation de la force de travail. Sur l'ensemble des fibres textiles produites aujourd'hui, 12 % sont jetées ou perdues dans le processus de production, 73 % terminent dans des décharges ou des incinérateurs après usage et moins de 1 % est réutilisé ou recyclé pour fabriquer de nouveaux vêtements. En outre, l'industrie mondiale de la mode produit environ 2 % de l'ensemble des gaz à effet de serre – qui doivent être réduits de moitié d'ici 2030, mais continuent d'augmenter. La mode est clairement en train d'épuiser la planète.

Tourner la page du consumérisme

Comment les sociétés peuvent-elles échapper à la dynamique d'exploitation du consumérisme – dans la mode et de façon bien plus générale ? Pouvons-nous remplacer la caricature de Marshall par un principe selon lequel nous sommes motivés par bien plus qu'un désir d'accumulation ? Pouvons-nous tourner la page d'un siècle de propagande consumériste prônée par Bernays et trouver une nouvelle base pour nos relations avec les autres, avec les objets dont nous avons besoin et que nous utilisons ainsi qu'avec le reste du monde ?

Si nous voulons tourner la page du consumérisme – et à la vitesse qui s'impose –, observons ce que nous avons appris jusqu'ici à propos des moyens les plus efficaces pour réduire rapidement les modes de vie à consommation intensive des nations à hauts revenus. Une nouvelle analyse majeure des moyens à mettre en œuvre pour atteindre des « modes de vie à +1,5 °C » explore des secteurs clés comme l'alimentation, le logement, les moyens de transport personnels, les biens de consommation, les loisirs et les services. Pour réduire l'impact écologique à l'échelle requise, le rapport préconise une action gouvernementale ambitieuse qui piloterait le changement systémique, y compris l'« orientation des choix » et l'apport des services de base universels.

En s'appuyant sur les régulations, les taxes et les primes incitatives, les responsables politiques peuvent faire beaucoup pour « supprimer » les options de consommation nocives, incompatibles avec un mode de vie à 1,5 °C. Dans le domaine des transports, par exemple, il pourrait s'agir de progressivement bannir les jets privés, les méga-yachts, les voitures à combustible fossile, les court-courriers et les récompenses pour le nombre de miles parcourus en avion. En parallèle, les responsables en question devraient également « ajouter » de meilleures solutions – un réseau ferré performant, des programmes de partage de voitures électriques, des voies de bus et de vélos dédiées – afin que les choix durables deviennent l'option simple au quotidien, accessible à tous et toutes aussi bien sur le plan pratique qu'économique. Cette « orientation des choix » se pratique depuis longtemps déjà pour le bien de la santé et la sécurité des travailleurs et des clients – elle doit désormais concerner la bonne santé de la planète.

Du point de vue des transports, cela a déjà commencé dans certaines villes et pays à forte intensité de consommation. En 2019, Amsterdam s'est engagée à bannir les véhicules à énergie fossile : les bateaux d'ici 2025 et les motos et voitures d'ici 2030. En 2021, le gouvernement gallois a annoncé le gel de tous les nouveaux projets routiers, réorientant les fonds vers les transports en commun, tandis qu'en

France, le gouvernement a interdit les vols intérieurs pouvant être réalisés en moins de 2 h 30 en train.

Amsterdam, également pionnière pour mettre un terme à l'économie du jetable, s'engage en tant que ville, à une utilisation circulaire des matériaux à 50 % d'ici 2030 et totale d'ici 2050 – débutant dès à présent par la construction, l'alimentation et les textiles. De telles politiques envoient aux entreprises un message fort, légal et qui porte loin : si vous voulez continuer à faire des affaires ici, passez au circulaire. Cette décision a d'ores et déjà stimulé l'innovation locale : on trouve notamment des entreprises de confection qui désormais réparent, réutilisent et recyclent les tissus. Pendant ce temps les autorités municipales de villes telles que Grenoble, Genève, São Paolo et Chennai, interdisent la « pollution visuelle » des panneaux publicitaires, reléguant hors de la vue de tous les séduisants messages promotionnels.

La suppression de la consommation excessive est essentielle, tout comme l'assurance d'un niveau de consommation fondamental pour tous. Cette reconnaissance a mené à un soutien grandissant en faveur des « services de base universels » afin que toutes et tous puissent bénéficier de ce qui est essentiel à la vie – la santé, l'éducation, le logement, l'alimentation, l'accès au numérique et le transport. À Vienne par exemple, plus de 60 % de la population vit dans des logements sociaux appartenant à la ville ou à des coopératives à but non lucratif parce que le gouvernement local a décidé, il y a plusieurs dizaines d'années, que le logement était un droit humain et devait donc être abordable pour tous – les loyers correspondent ainsi à une fraction de ce qu'ils représentent dans les villes européennes comparables. L'offre publique de services essentiels peut être réalisée à un coût bien inférieur à celui des alternatives privées, mais aussi avec une empreinte écologique bien moindre. Les dépenses de santé aux États-Unis, par exemple, s'élèvent à près du double de celles de nombreux pays européens comparables, avec une empreinte carbone, côté américain, plus de trois fois supérieure.

Ces exemples de politiques de changement systémique – le développement des options durables pour tous associé à la suppression des options excessives de quelques-uns – orientent vers un mode de vie sociétal que le journaliste George Monbiot décrit adroitement en ces termes : « le luxe public et la sobriété privée ». À l'aide de politiques ambitieuses concentrées sur les régulations, les infrastructures et les financements publics, les modes de vie à +1,5 °C deviennent possibles.

Découvrir le mode de vie à +1,5 °C

Si nous voulons échapper dès à présent à l'héritage du consumérisme, sans attendre un changement systémique, peut-être faut-il commencer par passer en revue où commencent nos propres excès. « Partout où nous sommes excessifs dans notre vie, c'est le signe d'une privation encore inconnue, affirme le psychanalyste Adam Phillips. Nos excès sont le meilleur indice de notre pauvreté, et notre meilleur moyen de la dissimuler à nos propres yeux. » En matière de consumérisme, la pauvreté que nous cherchons à nous cacher réside peut-être dans nos relations avec les autres et avec le monde vivant. La psychothérapeute Sue Gerhardt serait sans doute de cet avis. « Même si nous jouissons d'une relative abondance matérielle, nous n'avons pas accès à l'abondance émotionnelle, écrit-elle dans son livre *The Selfish Society* (non traduit). Beaucoup de gens sont privés de ce qui compte vraiment. »

Quant à ce qui compte vraiment dans notre vie, les avis sont partagés : aider les autres, exprimer nos talents, défendre nos convictions… S'appuyant sur un large éventail de recherches en psychologie, la New Economics Foundation en a résumé le résultat en cinq actions simples dont il est prouvé qu'elles favorisent le bien-être : nous connecter à ceux qui nous entourent, être actif dans notre corps, prêter attention au monde, apprendre de nouvelles compétences et donner aux autres. Prenez-en bonne note, Alfred Marshall : les désirs des gens dépassent largement la simple envie de posséder de nouveaux objets – et il s'avère que notre bien-être personnel et collectif en dépend.

Si le fait de tisser des liens avec ceux qui nous entourent est une source de bien-être, alors l'élan créé par l'action communautaire tombe sous le sens. Depuis 2005, le Transition Network met en lien et mobilise des collectifs qui développent l'alimentation en circuit court, l'installation de panneaux solaires sur des immeubles ou des maisons individuelles, isolent leur logement, voyagent moins et s'inspirent mutuellement afin d'imaginer de nouvelles manières possibles d'accélérer la nécessaire transformation. Ce qui a commencé à Totnes, au Royaume-Uni est désormais un réseau en plein essor qui rassemble plus d'un millier de groupes de par le monde, preuve du pouvoir de l'action menée localement.

Pour tous ceux qui, par curiosité, veulent tenter de se rapprocher d'un mode de vie à +1,5 °C, le mouvement citoyen Take The JUMP propose six principes :

- **Arrêtez d'accumuler** : gardez votre électronique sept années minimum.
- **Pour les vacances, pensez local** : ne prenez pas l'avion sur de courts trajets plus d'une fois tous les trois ans.
- **Mangez vert** : adoptez un régime d'origine végétale et zéro déchet.
- **Habillez-vous rétro** : n'achetez pas plus de trois nouveaux vêtements par an.
- **Voyagez propre** : n'utilisez pas de voiture individuelle si possible.
- **Changez le système** : agissez afin de le faire bouger à plus grande échelle.

Procéder à de tels changements peut paraître, de prime abord, intimidant, hors de portée ou socialement impossible – c'est peu étonnant, puisque la propagande consumériste a œuvré durant plus d'un siècle à convaincre des sociétés entières de ne pas se satisfaire d'un mode de vie axé sur la sobriété. C'est pourquoi TakeTheJump.org invite simplement les gens à se joindre à leur communauté de plus en plus nombreuse pour s'essayer à ces principes pendant un mois ou plus, leur offrant tout du long soutien et motivation.

Mon expérience personnelle s'est révélée étonnamment positive. Dans ma famille, le plus grand saut dans l'inconnu a consisté à abandonner la voiture. Mais nous avons très vite compris que de meilleurs choix avaient déjà été « ajoutés » à notre quartier sous la forme d'un club d'autopartage incluant les rues alentour. Nous avons donc fait le grand saut et nous ne l'avons pas regretté. Posséder moins et partager plus peut se révéler libérateur. Cela fait du bien tout simplement. Ce que j'ai appris, de façon très personnelle, est que le plus dur, dans le changement, c'est le moment qui le précède. Nous nous concentrons trop facilement sur ce que nous considérons comme une perte et avons beaucoup plus de mal à imaginer ce que nous avons à y gagner.

Ce pourrait être vrai au niveau de la société également. Le moment le plus difficile, quand on veut changer le système qui formate nos modes de vie, est peut-être celui qui précède le grand saut. Mais d'ici une dizaine d'années, nous y repenserons en nous demandant pourquoi nous avons résisté avec tant de force, douté si longtemps, et mis autant de temps à adopter les modes de vie qui nous permettront à tous de prospérer, au sens propre. /

Le plus dur, dans le changement, c'est le moment qui le précède. Nous nous concentrons trop facilement sur ce que nous considérons comme une perte et avons beaucoup plus de mal à imaginer ce que nous avons à y gagner.

5.4

Vaincre l'apathie climatique

Per Espen Stoknes

À la lecture des derniers rapports du GIEC, il est difficile de ne pas penser : « C'est catastrophique. Il est temps que les gens se réveillent. Nous devons lancer l'alerte. » Les scientifiques du climat ne sont pourtant pas alarmistes. Ils sont, en général, plutôt du genre prudent. C'est la science du climat elle-même qui est alarmante – non seulement pour les humains, mais pour l'ensemble des êtres vivants – il est donc naturel, en réaction, de déclarer l'état d'urgence.

C'est ce que j'ai fait après le premier rapport du GIEC, sorti au début des années 1990, mais j'ai remarqué que mon anxiété était loin d'être partagée par mes amis et mes collègues – pour le dire gentiment. Au moment des années 2000, je me suis interrogé. Pourquoi les gens n'ouvraient-ils toujours pas les yeux alors même que la science devenait de plus en plus claire, plus confiante, plus alarmante ? En décembre 2009, je me suis rendu au sommet pour le climat de Copenhague, où j'ai participé à ce qui était alors la plus grande manifestation pour le climat au monde. Nous étions près de 100 000 personnes à arpenter les rues dans le froid en direction du centre de conférence. « L'heure d'agir est venue ! » avons-nous crié à tue-tête. En vain. Les négociations ont échoué. Elles n'ont abouti à aucun accord – une fois encore. Ma question s'est alors portée sur la psychologie de l'action efficace en faveur du climat : ceux qui comme moi alertaient sur la crise parvenaient-ils à atteindre leur objectif ? De toute évidence, les actions mises en place restaient insuffisantes, peut-être ne fallait-il pas se contenter de crier. Mais que faire ?

J'ai consacré sept années à chercher la réponse à cette question, passant en revue les expériences, les livres, les articles universitaires évalués et publiés, les idées des philosophes et des groupes de réflexion. J'ai découvert que dans le cas du changement climatique, nous, les humains avons tendance à ériger des barrières mentales qui nous empêchent de nous engager. J'ai résumé cela sous une formule, les cinq D de la défense psychologique : Distanciation, Désastre, Dissonance, Déni et iDentité.

La distanciation psychologique, c'est notre tendance à voir le changement climatique comme une chose abstraite, invisible, lente et lointaine tant dans le temps que dans l'espace. Cela minimise le sentiment de risque auquel nous sommes confrontés. Le désastre fait référence à la façon dont nous décrivons le changement climatique telle une catastrophe qui nous menacerait au loin, impliquant des pertes et des sacrifices colossaux. Cette description suscite tant de crainte et de culpabilité qu'après un temps cela se transforme en accoutumance et en évitement du sujet.

D'un autre côté, la *dissonance* cognitive entre nos actes (conduire des voitures, manger de la viande, prendre l'avion) et nos connaissances (les émissions de CO_2 ravagent le climat de la planète) nous incite à nous justifier plutôt qu'à changer réellement nos comportements. Ensuite, le *déni* qui ne se limite pas au rejet de la science du climat, mais qui efface également au quotidien tout ce qu'on en sait, afin de pouvoir continuer à vivre comme si nous n'avions jamais entendu les données qui dérangent.

Enfin, la barrière de l'*iDentité* fait référence à la façon dont les politiques du climat, qui exigent un changement de mode de vie, une plus grande implication gouvernementale et une hausse des impôts, sont susceptibles de menacer l'identité, la liberté, les valeurs de chacun. Si je me sens attaqué par les activistes du climat, j'aurai tendance à les repousser. Réunis, ces cinq D expliquent pourquoi les gens n'agissent pas, bien qu'ils aient à de multiples reprises été exposés aux faits. Ces cinq lacunes du cerveau humain montrent pourquoi il est compliqué pour nous de passer de l'alerte climatique à l'action en faveur du climat.

Heureusement, les cinq clés pour des communications plus adaptées à notre cerveau sont tout aussi claires : il nous faut rendre les actions en faveur du climat plus sociales, simples, solidaires à l'aide d'hiStoires et de signaux. Nous pouvons personnaliser ces actions, insister sur leur urgence en les adressant à nos amis, notre communauté – notre réseau *social*. Nous pouvons rendre les choix respectueux de l'environnement plus *simples* à faire dans notre vie quotidienne à l'aide de techniques « coup de pouce » – par exemple choisir pour plat du jour dans les cantines scolaires un plat d'origine végétale. Nous pouvons envisager l'action climatique sous un angle *solidaire*, la voir comme une chance d'améliorer notre santé et notre prospérité. Et plutôt qu'imaginer un désastre sans fin, nous pouvons développer de meilleurs récits, des *histoires* plus vivantes sur la destination que nous souhaitons emprunter. Enfin, pour garder notre motivation intacte, nous avons besoin de retours, c'est-à-dire de *signaux* fréquents et sur-mesure qui nous indiquent si oui ou non nous progressons, en tant que société, sur les énergies renouvelables, les régimes et les métiers verts, pas seulement des données planétaires sur les températures ou les gigatonnes.

On a un jour soumis à l'écophilosophe norvégien Arne Næss cette question : « Quel est le meilleur militantisme environnemental ? Vaut-il mieux s'opposer à l'industrie ou collaborer avec elle afin de parvenir au changement systémique ? » Il a répondu : « Nous avons besoin de gens sur un large front », et « Chacun doit percevoir sa propre tâche comme cruciale. » Il entendait ainsi signifier qu'une variété d'approches est nécessaire afin de parvenir au progrès.

Nous avons besoin des Fridays For Future et de ses grèves étudiantes. Nous avons besoin d'Extinction Rebellion, du lobby des Citoyens du climat, de l'Union of Concerned Scientists (« le syndicat des scientifiques inquiets »), de 350.org et des Conservateurs pour le Climat. Nous avons besoin des scientifiques, des économistes, des sociologues et des ingénieurs. Nous avons besoin de gens dans la finance et l'administration, particulièrement ceux qui ont un réseau international, pour nous aider à tous investir dans l'économie de demain. Nous avons également besoin de designers, d'électriciens, d'architectes et d'équipes de maintenance des éoliennes. Nous avons besoin d'écologistes, de paysans adeptes de l'agriculture régénératrice et de grands chefs végans ; nous avons besoin de musiciens, de sculpteurs, d'influenceurs, d'artistes et de fashionistas. Quand une majorité aura rejoint le mouvement, les politiciens suivront (parce que cela signifiera qu'en agissant de façon ambitieuse en faveur du climat, ils peuvent gagner des voix, et pas en perdre.)

Se plaindre que « personne ne prend la crise au sérieux » ou qu'« il ne se passe rien » n'est pas très utile pour accélérer le changement systémique. De plus, ainsi que l'a montré une étude mondiale du G20, trois quarts de la population sont bel et bien profondément inquiets. Et en réalité, des gens partout dans le monde relèvent déjà le défi. Tout autour de nous, des hommes et des femmes accélèrent le mouvement. La plupart du temps, ils sont ignorés des médias – tout comme la crise climatique elle-même. Mais nous devrions tous parler plus souvent de ces héros et héroïnes, petits et grands, qui ont un temps d'avance. Où les trouver ? Essayez drawdown.org, goexplorer.org, wedonthavetime.org ou iclimatechange.org, pour n'en mentionner que quatre.

Bien sûr, il y a des tas de bonnes raisons de ressentir de la peur, du chagrin, de la colère. Lorsque les perturbations climatiques font apparaître ces sentiments dans notre cœur, nous devons les accueillir. Nous devrions les partager, écouter sans juger, sans perdre patience. Une fois cette étape franchie, parfois survient un changement de l'âme. Arne Næss une fois de plus : « En interagissant avec la misère extrême, on gagne en joie. » En acceptant les émotions à l'intérieur de nous, nous retrouvons finalement l'énergie d'agir à nouveau. Et il existe de bonnes raisons, aussi, de ressentir une joie profonde, de l'enthousiasme, de la gratitude. Nous sommes toujours là – et avec nous les arbres, les abeilles et autres merveilles du monde. Toutes les deux secondes, nous inspirons l'air vibrant, vivant. Remarquez le vent. Remarquez la vie dans votre respiration. La subsistance. /

Se plaindre que « personne ne prend la crise au sérieux » ou qu'« il ne se passe rien » n'est pas très utile pour accélérer le changement systémique.

5.5

Changer notre alimentation

Gidon Eshel

J'écris ces mots par une douce journée de novembre, en Nouvelle-Angleterre. Autour de moi, la forêt, perturbée, voit ses arbres perdre leurs feuilles colorées par un temps lourd et chaud. En dépit de la COP26 de Glasgow, la concentration en CO_2 de l'atmosphère de la planète Terre sera à l'automne prochain 2 à 3 parties par million plus élevée, avec pour conséquence un réchauffement de 0,01° à 0,04 °C en moyenne de la surface de la Terre. À ce moment-là, un peu moins d'un milliard de kilos d'azote se sera déversé du Mississipi jusque dans le Golfe du Mexique, ce qui aura très certainement pour effet de stimuler une prolifération algale à l'été le long de la côte, l'eau de la mer ayant été privée d'oxygène dissous, décimant au passage les populations de crevettes, d'huîtres et de poissons. Puisque la majeure partie des excédents d'azote trouve son origine dans les infiltrations des cultures agricoles, auxquelles s'ajoute le déversement de surplus d'engrais, ce processus est à l'origine d'un conflit entre les producteurs de matières premières du Midwest et les pêcheurs de Louisiane, ces derniers étant les perdants de l'affaire.

L'agriculture moderne impose de régulièrement perturber la couche arable, par des moyens mécaniques comme chimiques, ce qui fait disparaître la terre deux à cinq fois plus rapidement que de façon naturelle. D'ici l'automne prochain, sur le 1,9 milliard d'hectares de terres agricoles de la planète, entre 10 000 et 20 000 milliards de kilos de couche arable auront disparu, exacerbant la menace déjà grave pour la sécurité alimentaire.

D'ici l'automne prochain, plusieurs espèces animales au minimum, potentiellement quelques dizaines ou plus, auront tiré leur révérence et quitté la scène mondiale à jamais. Certaines de ces disparitions seront naturelles, d'autres seront la conséquence du changement climatique, mais nombre d'autres de la pollution ou de la pénurie d'eau, pour ne citer que quelques-uns des facteurs de stress environnemental, fruits de nos choix concernant l'usage de nos ressources.

Il n'est pas facile, lorsqu'on fait partie des plus conscients et informés sur l'environnement, de rester optimiste face à ces tendances décourageantes. Pourtant tout n'est pas négatif. Hormis l'évidence – le changement climatique anthropique –, les changements susmentionnés sont d'abord dus à l'agriculture, notre manière de cultiver est donc responsable de l'ampleur de leur impact. Le changement climatique est donc différent, qualitativement, des autres défis environnementaux parce que la totalité des aspects de la vie moderne ou presque donne lieu à des émissions de gaz à effet de serre, mais aucun n'est exclusivement responsable des émissions, ce qui signifie que pour régler ce problème, il faut une réorganisation complète de la société. Inversement, concernant les extinctions, la perte des terres arables qui met en danger les réserves alimentaires, la pollution de l'eau par eutrophisation (croissance excessive des algues due à la disponibilité élevée de nutriments dans l'eau, conséquence du déversement d'engrais inutilisé) ainsi que la surconsommation des rares ressources d'eau potable, la responsabilité exclusive revient à la production agroalimentaire.

Cela offre une possibilité terriblement motivante. Pour la large majorité de la population d'aujourd'hui, principalement urbaine, l'agriculture n'a qu'un seul but : se nourrir. Afin d'améliorer de façon significative la série de défis environnementaux majeurs, tous liés, que nous avons énumérés ci-dessus, il suffit donc d'intervenir sur une chose, une seule : le régime alimentaire. Certes, les modifications délibérées de l'alimentation sont connues pour être difficiles pour les individus, comme pourront en témoigner les rangs toujours plus larges des éternels adeptes de régime. Mais parce que les régimes alimentaires individuels reflètent en partie les politiques gouvernementales qui favorisent la production de certains aliments plutôt que d'autres, ainsi que le prix, la mise sur le marché et la taxation des produits en question, il est bien plus facile de s'attaquer aux régimes sur une échelle globale que de contrôler sa ligne, sans parler de résoudre efficacement le changement climatique. Alors de quelle manière devrions-nous modifier notre comportement alimentaire et quelles issues positives pouvons-nous raisonnablement espérer à la suite de ces modifications ? Le changement le plus impactant est sans aucun doute permis, et sans équivalent, l'élimination ou la réduction drastique de notre consommation de l'aliment le plus gourmand en ressources : le bœuf.

Afin d'illustrer cet impact, imaginons que l'on utilise comme mesure un hamburger, puis considérons les alternatives. La production des 10 grammes, environ, de protéines contenues dans un burger a pour résultat l'émission de 2 à 10 kilos de CO_2eq (équivalent CO_2) et exige l'utilisation de 5 à 35 mètres carrés de terre. La fourchette basse de ces chiffres est associée à la production de viande de vaches laitières ou d'élevage hautement intensif dans lequel les animaux paissent un minimum et atteignent le marché bien plus rapidement, tandis que la fourchette haute représente la viande issue des troupeaux élevés en prairie. Ces immenses fermes d'élevage sont également les plus néfastes à la biodiversité, parce qu'elles occupent de vastes étendues de terre de façon disproportionnée dans des régions relativement plus sauvages, où la biodiversité encore existante est la plus susceptible de se trouver. La production de ces 10 grammes de protéines de bœuf nécessite également de 100 à 600 litres d'eau, pour l'irrigation et de 40 à 80 grammes d'engrais azoté.

Maintenant, imaginons que notre mangeur de burger souhaite changer d'option culinaire ; si ces ressources étaient réaffectées autrement, que produiraient-elles à la place ?

La figure 1A montre que les terres agricoles aujourd'hui utilisées pour subvenir aux besoins en protéines de bœuf d'une personne peuvent fournir des substituts de protéines pour quatre à vingt-huit personnes (selon la plante cultivée). Ciblant les conséquences environnementales des réaffectations des terres agricoles, la figure 1B montre que les émissions de gaz à effet de serre et les besoins en engrais azoté pour la production de ces alternatives végétales n'atteignent que 2 à 12 % de ce qui est nécessaire à la production de bœuf.

Ces graphiques se chargent d'un message supplémentaire, plus subtil. L'eau est clairement la ressource limitante, certaines alternatives végétales nécessitant même plus d'eau par gramme de protéine que le bœuf. Mais les besoins en eau sont assez faciles à modifier en exploitant les variations géographiques des conditions climatiques. L'avoine, par exemple – qui n'est pas si différent du blé – est souvent irrigué aux États-Unis parce qu'il est cultivé principalement dans le nord des Grandes Plaines, plutôt sec. À l'inverse, une grande partie du blé d'hiver est alimentée par les précipitations. En relocalisant ces cultures dans des zones mieux arrosées par la pluie, par exemple à l'ouest de New York ou en Pennsylvanie, les besoins en irrigation pourraient être significativement réduits. De nouveaux progrès environnementaux peuvent ainsi survenir en repensant le système alimentaire, en plus de remplacer le bœuf par des alternatives végétales plus économes en ressources, mais cette substitution initiale est la clé, parce qu'elle met en valeur de façon spectaculaire les sources de protéines à un coût environnemental bien inférieur.

Remplacer le bœuf par des aliments d'origine végétale peut significativement limiter nos besoins en terre et réduire significativement notre usage d'autres ressources. Si l'on ajoute la réduction attendue de 35 % de la pollution de l'eau douce et de l'océan côtier, cette substitution révolutionnerait le paysage rural des nations développées, riches, soutenant leur biodiversité et leur intégrité environnementale. Cette transition alimentaire offre également des bienfaits nutritionnels significatifs et réduirait substantiellement le risque de plusieurs maladies dégénératives omniprésentes, notamment les problèmes cardiovasculaires et les AVC, mais aussi quelques cancers. D'un point de vue logistique, il serait très simple de remplacer le bœuf par une alternative végétale au niveau national en un très court laps de temps. Pour certains individus, cela pourrait entrer en conflit avec des préférences culturelles ou culinaires. Mais en dehors des options radicales comme le rejet pur et simple des voyages en avion ou de la voiture, voire de tout appareil électronique, il existe très peu d'actions que chacun pourrait adopter de son côté, qui rivaliseraient, par l'impact attendu, à l'abandon de la viande de bœuf. Remplacer le bœuf américain par un régime diversifié d'origine végétale extrêmement nutritif offrant exactement la même masse protéique permet une réduction des émissions d'environ 350 millions de tonnes de CO2eq par année à l'échelle du pays. Pour vous donner un point de comparaison, ces économies représentent plus de 90 % de la totalité des émissions du secteur résidentiel américain dans son ensemble. Vous vous rendez compte : remplacer le bœuf par des alternatives végétales serait non seulement bénéfique à notre santé, mais contribuerait aussi à une réduction des gaz à effet de serre à peu près équivalente aux émissions de l'ensemble de nos logements énergivores. /

Conséquences nutritionnelles et environnementales de la réaffectation de terres arables de haute qualité utilisées pour l'élevage bovin

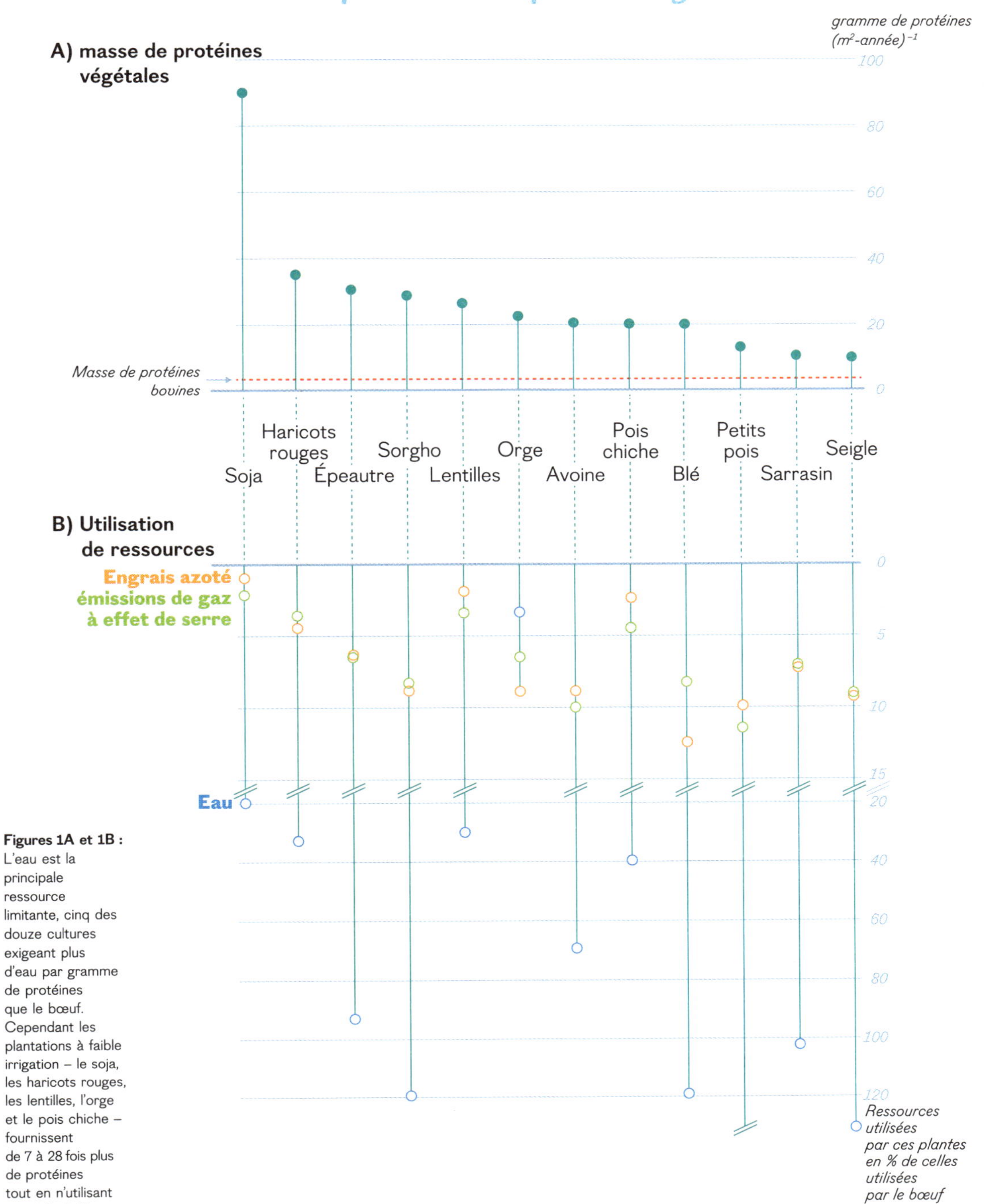

Figures 1A et 1B : L'eau est la principale ressource limitante, cinq des douze cultures exigeant plus d'eau par gramme de protéines que le bœuf. Cependant les plantations à faible irrigation – le soja, les haricots rouges, les lentilles, l'orge et le pois chiche – fournissent de 7 à 28 fois plus de protéines tout en n'utilisant que 1 à 40 % des ressources.

5.6

Se souvenir de l'océan

Ayana Elizabeth Johnson

J'adore l'océan. Vous aussi peut-être. Comment ne pas l'aimer ? Les pieuvres, les forêts de varech, les nudibranches, les vagues et les poissons-globes, tout ça existe ! Et on le prend trop souvent pour acquis. L'océan, d'ailleurs, joue un rôle majeur et sous-estimé dans la régulation du climat de notre planète.

À savoir : l'océan a absorbé environ 30 % du dioxyde de carbone émis par la combustion des énergies fossiles. Cela a eu pour effet de changer le pH de l'eau de mer, qui est devenu 30 % plus acide depuis la révolution industrielle. 93 % de l'excédent de chaleur emprisonné par les gaz à effet de serre ont été absorbés par l'océan, sans cela, notre planète serait plus chaude de 36 °C. (Sans compter qu'il y a désormais des vagues de chaleur *dans l'océan.*) Résultat, la surface de l'océan s'est réchauffée de 0,88 °C depuis 1900. Cette chaleur additionnelle signifie plus d'évaporation, ce qui contribue à la formation de tempêtes plus fortes, plus humides. Cet océan plus chaud (sans compter la fonte des glaces) change la densité et la salinité de l'eau de mer, ce qui modifie les courants océaniques. Par exemple, la circulation méridienne de retournement atlantique (AMOC) – les courants qui nourrissent le Gulf Stream et empêchent l'Europe de geler – a ralenti d'environ 15 % depuis 1950.

Et pourtant, sans qu'on sache trop pourquoi, l'océan est souvent oublié les conversations sur le climat. Il m'arrive souvent de lever la main, lors de discussions sur la crise climatique, pour dire « Hé, n'oubliez pas l'océan ! »

Donc, rendons à César ce qui lui appartient, l'océan nous rend un incroyable service en amortissant les impacts de la pollution des gaz à effets de serre. (Merci, océan.) Et voici la bonne nouvelle : il peut nous rendre de plus grands services encore, car il existe des tas de solutions climatiques à base de sel.

Pour commencer, cependant, petit rappel à la réalité : les écosystèmes océaniques et la biodiversité subissent des attaques intenses, du fait, notamment, du changement climatique. Entre un tiers et la moitié des écosystèmes côtiers ont été perdus. Jamais la biodiversité n'a décliné aussi rapidement, à aucun autre moment de l'histoire de l'humanité – environ 33 % des coraux sur les récifs, des requins et des mammifères marins sont menacés d'extinction. Or cette biodiversité est essentielle au bien-être des humains. Environ 3 milliards de personnes dépendent des écosystèmes océaniques pour leur sécurité alimentaire, leur économie et leur culture. Les changements de l'océan nous affectent tous, mais pas de façon égale ; les personnes de couleur et celles à faible revenu sont les plus impactées.

Un océan plus chaud provoque la fuite des poissons vers les pôles et la dégradation des coraux, bouleversant les réseaux alimentaires et les zones de pêche. Le blanchissement du corail – qui survient quand l'eau de la mer est trop chaude trop longtemps et que les coraux expulsent les algues photosynthétiques colorées (normalement symbiotiques) qui vivent dans leurs tissus – est devenu cinq fois plus fréquent ces quarante dernières années. Avec un réchauffement climatique de 2 °C (si nous continuons sur notre lancée, nous devrions dépasser cette augmentation avant 2100), 99 % des récifs coralliens pourraient disparaître. Avec le réchauffement de l'eau, métaboliquement, les poissons ont besoin de davantage d'oxygène – mais voilà, les eaux plus chaudes en contiennent *moins*. D'autre part, le phytoplancton produit plus de la moitié de l'oxygène que nous respirons, mais cette production décline d'environ 1 % par an à cause du changement climatique.

Au-delà du réchauffement, nous avons changé la composition chimique même de la totalité de l'énorme océan à cause de la combustion des énergies fossiles. Plus l'océan devient acide, plus des animaux comme les huîtres (fruit de mer durable) ont du mal à fabriquer leur coquille et à se reproduire. Plus étonnant peut-être, à cause du changement de pH, les poissons dont l'odorat dépend de l'eau de la mer peuvent perdre leur aptitude à trouver des proies, à échapper aux prédateurs ou même à retrouver leur chemin.

Étant donné toutes ces considérations, et avec près de 94 % des stocks mondiaux de poissons exploités à leur maximum ou victimes de surpêche, nous ne pouvons plus compter sur les poissons sauvages pour nourrir le monde. En parallèle, l'aquaculture industrielle a toujours été largement non durable, souvent concentrée sur des poissons carnivores qui nécessitent beaucoup de nourriture, nourriture à ce jour souvent constituée de petits poissons sauvages. À l'échelle mondiale, les produits de la mer industriels sont en général une catastrophe autant pour l'écosystème (la pêche au chalut détruit les habitats des fonds marins et l'aquaculture les mangroves, provoquant dans un cas comme dans l'autre des émissions de carbone) que pour les droits humains (conditions de travail dangereuses, salaires de misère et même esclavage), et sont extrêmement gourmands en énergies fossiles. La pêche émet plus de 200 millions de tonnes de CO_2 annuellement, car de plus en plus de bateaux poursuivent des poissons de plus en plus rares. La majeure partie de cette surpêche est alimentée par 20 milliards de dollars de subventions annuelles, qui selon les Nations unies devraient être supprimées. Je suis d'accord.

Et pourtant ! Malgré ces menaces – plus toute la pollution que nous y injectons –, l'océan n'est pas seulement une victime, il est aussi un héros. Nous devons recadrer le discours, nous intéresser aux manières dont l'océan amortit le changement climatique mondial et apprendre à nous tourner vers lui comme une source clé de *solutions* pour le climat.

Énergie renouvelable

Imaginez que les résidences et les entreprises situées le long des côtes soient alimentées en énergie par l'océan. La perspective n'est pas forcément utopique. Au large, le vent souffle plus fort et plus uniformément que dans les terres – une source d'énergie fiable à proximité des centres de population. D'ici 2030, l'industrie éolienne offshore pourrait générer plus de 200 gigawatts d'électricité à l'échelle mondiale. Il existe aussi une technologie en développement visant à exploiter l'énergie des vagues et des courants, ainsi qu'à créer des panneaux solaires flottants.

Agriculture océanique régénératrice

Nous inspirant de l'agriculture régénératrice sur terre, qui a pour objectif la reconstruction de la matière organique du sol, l'absorption du carbone et la promotion de la biodiversité, nous pouvons agir afin de régénérer l'océan. Plus spécifiquement, l'algoculture et la conchyliculture (huîtres, moules, palourdes, coquilles Saint-Jacques) sont hautement durables puisque ces organismes se nourrissent simplement de la lumière du soleil et des nutriments déjà présents dans l'eau de mer – ni engrais, ni eau douce, ni aliments spécifiques ne sont nécessaires. Il s'agit là des sources de nourriture les moins carbonées au monde. La culture des algues offre de nombreux avantages, elle contribue à réduire localement l'acidification de l'océan, permet d'accueillir la biodiversité, amortit l'impact des tempêtes sur les zones côtières et a le potentiel pour devenir une industrie dont dépendraient des dizaines de millions d'emplois.

Le carbone bleu

Nous entendons beaucoup parler des arbres qu'il faut planter – des milliards – et rares sont ceux qui mentionnent qu'environ 50 % de la photosynthèse globale se produit dans l'océan. Cette myopie terro-centrique manque le potentiel d'absorption de carbone des zones humides, des herbiers marins des récifs de corail, des forêts de varech et des mangroves. Par hectare, les écosystèmes marins peuvent retenir jusqu'à cinq fois plus de carbone qu'une forêt terrestre. L'algoculture est particulièrement prometteuse – les algues qui sombrent naturellement dans les profondeurs océaniques séquestrent environ 200 millions de tonnes de carbone par an à l'échelle de la planète, le fait de cultiver puis de délibérément faire couler le varech est une piste prometteuse en matière d'absorption du dioxyde de carbone. Au lieu de quoi nous avons en ce moment jusqu'à 1 milliard de tonnes (une gigatonne) de dioxyde de carbone relâché annuellement par des écosystèmes côtiers dégradés et détruits – sans parler des émissions de méthane.

Protection du littoral

Il est essentiel de protéger et de restaurer les écosystèmes côtiers, non seulement pour la séquestration de carbone, mais aussi pour protéger les communautés côtières. La disparition d'écosystèmes côtiers expose jusqu'à 300 millions de personnes à un risque accru d'inondations et de tempêtes. Les écosystèmes côtiers servent de première ligne de défense contre les ondes de tempête et la hausse du niveau de la mer. Dans de nombreux cas, ils constituent une protection du littoral moins coûteuse et plus efficace que les digues.

Zones marines protégées

Les scientifiques recommandent que nous protégions *au moins* 30 % de la nature, et vite – d'ici 2030. Les zones protégées sont triplement bénéfiques parce qu'elles peuvent sauvegarder la biodiversité et les écosystèmes, contribuer à repeupler les zones de pêche et séquestrer le carbone bleu. Les impacts climatiques frappent de plein fouet les écosystèmes marins et, à mesure qu'ils se dégradent, émettent davantage de gaz à effet de serre, contribuant à un cercle vicieux. L'importance de leur protection est évidente, mais pour l'heure, seuls 2,8 % de l'océan est hautement protégé. Et si on laissait un peu de place à la nature pour qu'elle se régénère, non ?

Pour résumer, les espèces marines et les écosystèmes marins tout entiers sont en danger. Mais leur destruction peut être limitée, sinon interrompue. Les solutions climatiques reposant sur l'océan ont le potentiel pour fournir, selon certaines estimations, 21 % des réductions en émission de gaz à effet de serre, nécessaires pour limiter la hausse de température à 1,5 °C à l'échelle mondiale – or, rester sous ce seuil est la chose la plus importante que nous puissions faire pour l'océan, la vie marine, les communautés côtières et toutes les créatures respirant de l'oxygène. Chaque portion d'habitat que nous préservons, chaque dixième de degré de réchauffement que nous empêchons comptent vraiment. /

Nous devons recadrer le discours et nous tourner vers l'océan comme une source clé de *solutions* pour le climat.

5.7

Réensauvager

George Monbiot et Rebecca Wrigley

Comment subvenir à nos besoins dans un monde brisé ? Comment ne pas succomber au désespoir alors même que tant de choses que nous aimons disparaissent sous nos yeux, quand la perspective de l'effondrement environnemental systémique menace tout espoir et toute ambition que nous avons pu caresser ? Comment regarder nos enfants dans les yeux alors que nous savons que de leur vivant ils seront peut-être témoins de la fin des systèmes qui nous permettent de vivre ?

Telles sont les questions auxquelles toutes celles et tous ceux qui cherchent à protéger la vie sur Terre sont désormais confrontés. Non seulement nous devons nous atteler aux énormes défis techniques, économiques, politiques visant à éviter cette catastrophe existentielle, mais nous devons en même temps subir les impacts psychologiques liés à notre compréhension de la situation. D'une manière ou d'une autre, nous devons continuer à trouver l'énergie, la détermination, la joie nécessaires pour poursuivre nos efforts. Mais comment ?

Nous avons besoin, même lorsque nous sommes confrontés aux aspects les plus terrifiants de cette crise aux multiples facettes, de nourrir dans notre esprit la perspective non seulement d'empêcher la catastrophe, mais aussi de créer un monde meilleur. Notre plus grand espoir de survie psychique et de survie planétaire se trouve peut-être au même endroit : œuvrer à la restauration massive des écosystèmes abîmés et de notre relation avec eux.

Toute personne ayant accompagné un groupe d'enfants à la campagne ou à la mer pour la première fois de leur vie peut témoigner de ce moment merveilleux : la découverte, exaltante et spontanée de ces endroits inconnus. Les enfants qui n'ont jamais pénétré dans une forêt ou mis les pieds sur les rochers en bord de mer immédiatement, instinctivement commencent à les explorer : la curiosité et l'émerveillement les emportent. Ils semblent posséder un désir inné d'interagir avec le monde vivant.

Nous avons, tous ou presque, une grande capacité de ravissement, d'enchantement. Mais la plupart d'entre nous vit, trop souvent, dans des circonstances qui nous donnent rarement l'occasion de l'exercer. Plus nous nous désengageons du monde naturel, plus nous avons tendance à oublier la joie que la nature a à nous offrir : pleine de spontanéité et d'heureux hasards, elle est capable de nous faire oublier nos frustrations et nos humiliations. Malheureusement, même lorsque nous nous aventurons dans ce que nous appelons « nature », nous sommes en réalité souvent dans des endroits aussi disciplinés, organisés, tristes que le train-train quotidien que nous essayons de fuir. Il est difficile de vivre des expériences magnifiques dans la nature, de nous y abandonner, de laisser derrière nous nos ennuis, si elle est réduite comme peau de chagrin.

Mais il existe un moyen de commencer à réparer la planète vivante et notre relation avec elle. Il s'agit d'un écologisme positif, offrant l'espoir de la guérison, du réenchantement avec un monde qui semble souvent terriblement sombre. Il s'agit du « réensauvagement » : la restauration massive des écosystèmes de la planète. En soi, le réensauvagement signifie permettre un retour des processus naturels. Cela implique, aux endroits où les populations sont d'accord, de réintroduire les espèces disparues, de faire disparaître les clôtures, de bloquer les fossés de drainage et de contrôler particulièrement les espèces exotiques invasives virulentes, mais pour le reste, le plus largement possible, de permettre à la nature de retrouver sa voie. C'est laisser les forêts et les écosystèmes épuisés se régénérer. En mer, cela implique de créer des réserves significatives d'où les industries extractives, surtout le chalutage et le dragage, soient exclues. Parce que les animaux marins ont tendance à être hautement mobiles durant au moins une période de leur vie, les écosystèmes océaniques, pour peu qu'on les laisse tranquilles, sont capables de se régénérer rapidement par eux-mêmes.

Pour comprendre ce que nous pourrions ainsi restaurer, il nous faut d'abord voir ce qui nous manque. Certains pays, comme le nôtre (le Royaume-Uni), ont perdu toutes les grandes espèces « clés de voûte » – les ingénieurs écologiques – qui créent des habitats et poussent les processus dynamiques dont d'autres formes de vie ont besoin pour s'épanouir. Autrefois, comme presque partout sur la Terre, les écosystèmes étaient dominés par des bêtes énormes : les éléphants, les rhinocéros, les hippopotames, les lions et les hyènes. Mais nous avons perdu non seulement notre mégafaune, mais aussi la quasi-totalité des créatures de moyen gabarit qui vivaient ici en abondance autrefois, tels les loups, les lynx, les élans, les sangliers, les castors, les orfraies, les pélicans, les grues et les cigognes. Certaines de ces espèces sont aujourd'hui réintroduites tout doucement et, si leur réapparition suscite parfois la controverse, nombreux sont ceux qui les accueillent avec joie et enthousiasme. Nous avons commencé à voir comment des écosystèmes épuisés, simplifiés peuvent revenir d'un coup à la vie dès la réapparition des ingénieurs écologiques.

On a eu tôt fait d'oublier que les mers les plus vides grouillaient autrefois de créatures vivantes. Les eaux qui entourent le Royaume-Uni étaient parmi les plus poissonneuses de la planète. Des hordes de thons rouges s'abattaient sur nos côtes, harcelant des bancs de maquereaux et de harengs longs de plusieurs kilomètres. Des flétans colossaux et des turbots énormes venaient se nourrir en eaux peu profondes. Les cabillauds pouvaient mesurer pas loin de deux mètres ; les haddocks, un mètre. Des groupes de rorquals communs et de cachalots pouvaient être aperçus depuis la rive, tandis que des baleines grises de l'Atlantique, aujourd'hui éteintes, tamisaient la boue de nos estuaires. Des esturgeons gigantesques remontaient les rivières pour frayer, se faufilant au travers de bancs de saumons, de truites de mer, de lamproies et d'aloses. Dans certains endroits du fond marin les œufs des harengs formaient une couche de un mètre et demi d'épaisseur.

Sur toute la planète ou presque, les systèmes vivants étaient si riches et abondants que si nous les découvrions aujourd'hui nous en croirions à peine nos yeux. Une étude scientifique récente estime que seule 3 % de la surface terrestre de notre planète doit aujourd'hui être considérée écologiquement intacte. La disparition de tant de merveilles de la nature réduit non seulement les écosystèmes, mais aussi nos vies. Nous évoluons au sein d'une relique qui n'est plus que l'ombre faible et plate de ce qui existait autrefois, de ce qui pourrait à nouveau revenir.

À mesure de leur guérison, certains de ces écosystèmes, en particulier les forêts, les tourbières, les marais salants, les mangroves et le fond de la mer, pourraient absorber de grandes quantités de carbone de l'atmosphère. Si ces solutions climatiques naturelles ne doivent jamais être utilisées en remplacement de la décarbonation de nos économies, nous savons désormais qu'une transition industrielle et économique ne suffit pas : même si nous réduisons très rapidement nos émissions à zéro ou presque, il est fort probable que nous dépassions les limites validées par l'accord de Paris. Nous avons donc besoin de réabsorber le carbone déjà émis. La restauration des systèmes vivants est un moyen plus sûr, moins coûteux et moins préjudiciable que l'ensemble des alternatives technologiques. Il nous permet de nous attaquer à deux de nos crises existentielles à la fois : l'effondrement climatique et l'effondrement écologique.

Le redressement de certaines populations animales pourrait radicalement modifier l'équilibre carbone. Par exemple, les éléphants et les rhinocéros de la forêt en Afrique et Asie et les tapirs au Brésil sont des gardes forestiers naturels, ils entretiennent et développent leur habitat en avalant les graines d'arbres qu'ils diffusent ensuite parfois des kilomètres plus loin dans leurs déjections. Si les loups étaient autorisés à retrouver leur population naturelle en Amérique du Nord, selon une étude, leur régulation des populations herbivores permettrait de conserver chaque année une quantité de carbone équivalant à la production de 30 à 70 millions de voitures. Les populations saines de crabes prédateurs et de poissons protègent le carbone dans les marais salants, empêchant les crabes herbivores et les escargots de détruire les plantes qui maintiennent les marais en place. Protéger et réensauvager les systèmes vivants du monde n'est pas seulement une merveilleuse perspective. C'est une stratégie de survie essentielle.

Il est important de se souvenir que le réensauvagement ne se substitue pas à la conservation des riches habitats existants, mais qu'il vient en plus. Les forêts anciennes, les récifs de corail, d'huîtres, ou d'hermelles sont irremplaçables ; tout comme les rivières sinueuses remplies d'obstacles cachés et d'îles ; ou les terres intactes trouées de racines et de cavités. « Remplacer » un vieil arbre n'a pas plus de sens que remplacer un tableau de maître. Quand un chalut ravage les structures biologiques du fond de la mer, celles-ci peuvent mettre des siècles à se reconstituer complètement. Quand le lit d'une rivière est drainé et rectifié, il devient, par comparaison avec ce qu'il était, une coquille vide. La disparition de ces habitats

Page suivante : L'un des plus anciens organismes vivants sur Terre : une prairie d'herbe marine *Posidonia oceanica* en Méditerranée, au large d'Ibiza.

anciens est une des forces qui poussent au changement global, lors duquel s'effacent les créatures à croissance lente au profit des plus petites à vie courte, capables de survivre à nos massacres.

Le réensauvagement vise à permettre aux architectures naturelles complexes de se remettre. Il tente de bâtir un respect nouveau et profond pour les liens compliqués de la nature. À recréer des écosystèmes anciens que seuls nos petits-enfants pourront voir. Il n'essaie pas de restaurer le monde vivant tel qu'il était autrefois, mais simplement de lui permettre de devenir le plus riche, divers, dynamique et fonctionnel possible.

Mais il s'agit aussi de nous et de l'amélioration de notre vie. Il s'agit de personnes qui se réunissent et trouvent un moyen de vivre et de travailler au sein d'écosystèmes sains et florissants. Les communautés locales doivent être au cœur de toutes les décisions concernant les changements d'usage sur la terre et la mer. Rien ne devrait être fait sans le consentement et l'implication des populations indigènes et locales. En ayant recours à une approche localisée et d'origine populaire, nous pouvons contribuer à créer des économies intentionnellement régénératrices et reconstituantes, qui soutiennent la prospérité humaine au sein du réseau vital, prospère de la nature.

Pour ce faire, il nous faut commencer à travailler avec la nature et non contre elle. Nous souhaiterions voir des gouvernements, des organismes publics, des entreprises, des agriculteurs, des gardes forestiers, des pêcheurs et des communautés locales se réunir afin de développer des visions collaboratives locales pour la restauration écologique de notre terre et de nos mers, qui catalyseraient la restauration économique des communautés. Nous croyons qu'un nouvel écosystème, riche d'emplois, peut être bâti autour de la guérison et du réensauvagement de la nature. Par exemple, une analyse récente de Rewilding Britain révèle que, un peu partout en Angleterre, des projets de réensauvagement ont eu pour résultat une hausse de 54 % des emplois équivalents temps plein. Non seulement le nombre de postes a augmenté, mais aussi leur diversité. Le réensauvagement peut enrichir des vies et nous aider à nous reconnecter avec la nature sauvage tout en offrant un avenir durable aux communautés locales.

Le réensauvagement nous permet de commencer à réparer les grands dommages que nous avons infligés au monde vivant et, ce faisant, les blessures que nous nous sommes infligées à nous-mêmes. Il pourrait s'agir de notre meilleure défense contre le désespoir. Nous pouvons remplacer notre printemps silencieux par un été tapageur. /

Nous pouvons remplacer notre printemps silencieux par un été tapageur.

5.8

Désormais, nous sommes tenus à ce qui semble impossible

Greta Thunberg

Le fait que nos sociétés soient largement gouvernées par les normes sociales est une grande source d'espoir parce que celles-ci peuvent être modifiées. Le véritable changement crée un véritable espoir et le véritable espoir peut créer le véritable changement. C'est une boucle de rétroaction positive. Mais cela ne surgit pas de nulle part. Les changements sociétaux sont le résultat de nos efforts et de nos actions collectives. Alors au lieu de demander aux autres s'il reste de l'espoir, demandez-vous : êtes-vous prêts à changer ? Êtes-vous prêts à sortir de votre zone de confort et à faire partie d'un mouvement qui fera naître les transformations systémiques nécessaires ? Bien sûr, il se peut qu'au départ ce soit un peu inconfortable. Mais une fois encore l'avenir de notre civilisation tout entière est en jeu alors cela pourrait valoir le coup. Au lieu de chercher l'espoir, il nous faut bouger et le créer nous-mêmes.

Quand je me suis assise devant le Parlement suédois en août 2018, je souffrais de mutisme sélectif et j'étais incapable de manger en compagnie d'inconnus. Il m'a été difficile, au début, de répondre à une dizaine d'interviews par jour, cinq jours par semaine. Parfois quand des jeunes venaient me voir, j'étais obligée de me cacher pour pleurer tant je craignais les autres enfants. J'avais été si maltraitée que j'en concluais, naturellement, que tous les enfants étaient méchants. Mais mes efforts ont été plus que récompensés. J'ai vu que les gens écoutaient, je n'avais pourtant rien à leur offrir que des faits et des impératifs moraux – ou de la culpabilisation, si vous préférez. Je n'avais aucune connaissance en tactiques de communication. A posteriori, le psychologue norvégien Per Espen Stoknes m'a appris que, selon la recherche en psychologie et les études comportementales, j'avais tout fait de travers – et le mouvement Fridays For Future aussi. Mais un an plus tard, durant la semaine du sommet pour le climat à l'ONU, à New York, plus de 7,5 millions de personnes dans plus de 180 pays ont envahi les rues pour exiger la justice climatique. « Ce n'était pas censé marcher, m'a dit Stoknes en souriant, pourtant ça a marché. »

Le mouvement des grèves scolaires repose sur la justice climatique. Nous cherchons à braquer les projecteurs sur les impacts intergénérationnels du changement climatique et le besoin d'équité pour les personnes les plus affectées dans les zones les plus affectées. Il n'y a là rien de neuf. C'est l'un des principaux piliers de l'accord de Paris. Tout ce que nous disons a déjà été dit par d'autres. L'ensemble de nos discours, nos livres, nos articles s'inscrivent dans les pas des pionniers du mouvement environnemental et climatique. Il serait trop facile de partir du principe que tous les autres avant nous ont échoué et que nous échouons à notre tour. Après tout, nos émissions sont encore en hausse et l'action et l'engagement nécessaires ne sont absolument pas au rendez-vous. Mais ce n'est pas vrai. Nous créons le changement. Un changement massif. Nous sommes en train de gagner. Simplement, nous ne gagnons pas assez vite. Nous ne sommes pas une organisation politique, nous sommes un mouvement citoyen visant à sensibiliser et à informer le maximum possible de gens. Nous ne sommes pas intéressés par les compromis ou les accords. Nous n'avons rien à offrir. Nous disons les choses comme elles sont.

Et pour cela nous recevons une quantité inimaginable de haine et de menaces. On nous moque, on nous harcèle, on nous ridiculise. Parce que nous avons exposé nos leaders politiques qui depuis trente ans débattent pendant que le niveau de nos émissions ne cesse de grimper, certains officiels élus ont parlé de nous comme d'une *menace pour la démocratie*. Ce niveau de désespoir politique ne devrait peut-être pas vous surprendre puisqu'un tiers de nos émissions anthropiques de CO_2 s'est produit depuis 2005. Certains responsables ont été à la tête des nations les plus émettrices durant de longues périodes. Imaginez quel regard l'avenir portera sur leurs responsabilités historiques.

Beaucoup disent que les actions nécessaires pour que le réchauffement ne dépasse pas 1,5 °C ou même 2 °C sont impossibles politiquement aujourd'hui et je suis d'accord. Mais, comme l'écrit Erica Chenoweth, nous pouvons tout à fait changer ce qui est considéré possible politiquement. D'ailleurs cela se produit régulièrement. Au début de la pandémie de Covid-19, nous l'avons vu partout et tous les jours, souvent. Qui a créé ce changement de pensée ? Les médias. Tout simplement en racontant de façon objective la réalité telle qu'elle était. Il se trouve qu'ils n'ont pas eu besoin d'*inspirer* les gens pour que ceux-ci changent de comportement – contrairement à ce que tous les experts en communication disent depuis des années et des années. Ce ne sont pas des histoires édifiantes de personnes de quatre-vingt-quinze ans ayant miraculeusement survécu à la maladie qui nous ont fait réagir. Les médias nous ont énoncé les faits et nous avons réagi. Nous n'avons pas été paralysés. Nous n'avons pas cédé à l'apathie. Nous avons réagi à l'information et changé nos normes et nos comportements – comme on le fait pendant une crise. Et nous ne l'avons pas fait parce que nous y voyions une opportunité financière. Nous ne l'avons pas fait pour créer de nouveaux emplois dans le secteur de la santé ou pour bénéficier à l'industrie de fabrication des masques. Nous avons changé parce que d'autres ont changé aussi. Nous avons changé parce que nous avons eu peur, de perdre nos proches, nos amis et nos moyens d'existence.

Alors que j'apporte les dernières corrections à ce livre, la Russie vient d'envahir l'Ukraine sans provocation. Cette effroyable violation de toutes les lois internationales a fait apparaître un appel de plus en plus pressant pour que l'Union européenne cesse toute importation de pétrole et de gaz émanant de Russie, en dépit de la crise énergétique sans précédent qui en découlerait très probablement en Europe. Cette décision, qui mettrait un coup d'arrêt radical à la machine de guerre fasciste de Poutine, était pourtant absolument impensable quelques jours plus tôt.

Nous savons ce qu'implique de traiter quelque chose comme une crise et nous savons – sans qu'aucun doute soit possible – que la crise climatique n'a jamais ne serait-ce qu'une seule fois été traitée comme telle. C'est là le cœur du problème et ce n'est pas la faute des sociétés pétrolières. Ce n'est pas la faute des entreprises d'exploitation forestière, des compagnies aériennes, des fabricants de voitures, des industriels de la fast fashion ou des producteurs de viande et de produits laitiers. Ils sont coupables, certes, mais leur but est malheureusement de gagner de l'argent, non d'informer les citoyens sur l'état de la biosphère ou la sauvegarde de la démocratie.

Notre incapacité à empêcher la crise écologique et climatique résulte d'un échec des médias, ainsi que le souligne George Monbiot. Une crise de l'information – parce qu'elle n'a pas été dite, préparée ou transmise comme elle aurait dû l'être. Et plus important, surtout, elle a été engloutie sous d'autres nouvelles. Pendant la semaine de la COP 26 à Glasgow, la couverture médiatique environnementale a atteint un pic. Pourtant, elle a tout de même eu du mal à obtenir du temps d'antenne face à Britney Spears, qui venait de reprendre le contrôle de sa vie. C'est là une des innombrables manières de nous dire indirectement « tout va bien », auxquelles nous sommes soumis en permanence. Après tout, si un journal réserve la majeure partie de ses pages au sport, aux célébrités, aux régimes et aux faits divers, c'est sûrement que toutes ces histoires de crise existentielle sont exagérées ? Et la crédibilité de tous ces scientifiques ne doit pas être si formidable puisque malgré leurs discours sur l'*extinction*, malgré leur *alerte rouge pour l'humanité*, ils se retrouvent écartés de la première page au profit de Kim Kardashian ou de Manchester United.

La fonte des glaciers, les feux de forêt, les sécheresses, les canicules meurtrières, les inondations, les ouragans, la disparition de la biodiversité, tout cela commence à se retrouver en une, à faire les gros titres et l'ouverture du journal du soir. Mais voilà, il ne s'agit toujours pas d'une couverture de la crise climatique. Il s'agit d'une couverture des symptômes d'un problème bien plus vaste. Ces histoires à elles seules ne vont pas expliquer les défis auxquels nous sommes confrontés. Pour faire prendre conscience de l'urgence de la crise, il faut d'abord faire comprendre que l'heure tourne. La crise climatique est une question de temps. Si vous ne prenez pas en compte cet aspect, alors cela devient simplement un sujet parmi d'autres. Si vous omettez le compte à rebours, alors un glacier qui s'effondre, un feu de forêt ou une vague de chaleur record ne sont rien d'autre que trois événements indépendants les uns des autres – une série de catastrophes naturelles isolées. Si vous n'incluez pas l'aspect temporel, la crise climatique n'est pas une crise. Cela devient une histoire parmi d'autres, que l'on pourra gérer plus tard – en 2030 ou 2050 ; qui s'en soucie à vrai dire ? Si l'on ne mentionne pas le compte à rebours, on perd de vue tous les détails les plus essentiels, par exemple : quelle importance de développer des solutions technologiques dans les décennies à venir si nous échouons à prendre les mesures nécessaires ici et maintenant. Ou encore : nous n'avons pas besoin en priorité de cibles climatiques pour 2030 ou 2050. C'est maintenant qu'elles s'imposent, pour 2022, pour chaque mois, chaque année à venir.

Si les médias veulent dire la vérité sur la situation qui est la nôtre, ils doivent aussi commencer à se concentrer sur la justice climatique. Les personnes en première ligne de l'urgence climatique doivent faire la une, comme le dit la militante ougandaise pour le climat Vanessa Nakate. Mais ce n'est pas encore arrivé. Les personnes les plus affectées dans les régions les plus affectées ont été effacées des grands médias occidentaux. Ce sont pourtant elles qui souffrent des conséquences de notre richesse – un mode de vie bâti à partir de ressources naturelles volées et du travail forcé des nations à bas revenus, comme l'écrit Olúfẹmi Táíwò.

Qui dit justice dit morale – et la morale inclut la culpabilité et la honte. Mais ces deux notions ont officiellement été bannies du discours climatique de l'Occident par les médias, par les experts en communication et la totalité de la communauté du greenwashing – refermant la porte de façon bien commode sur nos responsabilités historiques, les pertes et les dégâts provoqués. C'est l'équivalent social et culturel de ce que décrit Saleemul Huq dans la troisième partie lorsqu'il explique que les nations à bas revenu ne sont pas autorisées à évoquer les pertes et les dégâts et que des mots tels que « responsabilité » et « compensation » sont devenus tabous dans les discussions sur le climat au plus haut niveau.

Comment nous attaquer à une crise fondamentalement créée par l'injustice et les inégalités si nous ne sommes pas autorisés à parler de morale, de justice, de responsabilité, de honte et de culpabilité ? C'est impossible. 90 % de cette crise résulte d'effets cumulés déjà créés ; tout est déjà là-haut dans l'atmosphère et il faut bien en tenir compte. Nous devons donc modifier fondamentalement nos normes sociales. Nous devons faire en sorte qu'il soit non seulement politiquement possible, mais aussi socialement acceptable d'affronter ces questions sans que la majorité se braque et s'abrite derrière une position défensive. Et bien sûr, nous pouvons y arriver. La culpabilité, la honte, la morale et la justice reposent sur des normes sociales et il est facile de les changer.

La philosophe finlandaise Elisa Aaltola, de l'université de Turku, affirme que la honte peut être une méthode de persuasion morale et psychologique très efficace. La culpabilité n'est pas, en réalité, une mauvaise chose en soi. Au contraire, elle est une part nécessaire d'une société qui fonctionne. Nous payons nos factures et nous obéissons aux lois pour éviter de nous rendre coupables de crimes. D'une certaine manière notre société tout entière tient par ce désir d'éviter la culpabilité. Le sentiment de culpabilité n'est peut-être pas agréable, mais une fois que nous reconnaissons notre erreur, nous pouvons présenter nos excuses et passer à autre chose, souvent avec une sensation de grand soulagement.

En ce qui concerne la culpabilité climatique, rares sont ceux parmi nous qui risquent quoi que ce soit – à moins d'être une entreprise exploitant des combustibles fossiles, une société énergétique ou d'être à la tête d'une nation grande productrice de pétrole. L'injustice climatique n'est en rien la faute des gens ordinaires. La vaste majorité d'entre nous n'est même pas consciente des émissions historiques ou des méfaits du passé. Ni même des bases du réchauffement climatique, en l'occurrence... Après tout, comment pourrait-il en être autrement ? Personne ne nous a jamais raconté cela, du moins pas officiellement. Et il n'est vraiment pas de la responsabilité des citoyens lambda de faire le travail des gouvernements, des journaux internationaux et des principales chaînes de télévision.

Mais quand quelque chose qui autrefois était considéré comme bon et désirable – par exemple un mode de vie à très forte émission – apparaît soudain comme ayant des conséquences désastreuses pour notre société commune, alors il devient de notre responsabilité à tous de trouver des moyens rapides de rendre ce style de vie socialement inacceptable, tout comme les normes sociales et les lois interdisent le vol et la violence. Et ne vous méprenez pas, ce n'est pas le sentiment de culpabilité qui va nous sauver – c'est la justice. Mais l'un ne va pas sans l'autre.

Afin de créer tous les changements nécessaires, les concepts de justice climatique, d'émissions historiques et les mentalités de domination et d'inégalités qui ont posé les fondements des urgences climatique et écologique doivent être expliqués et réexpliqués dans les médias, sans relâche. Ce sont des siècles de méfaits qu'il nous faut reconnaître et compenser. L'obstacle peut paraître énorme, mais il n'y a pas moyen de le contourner. Nous ne pouvons pas continuer à créer des « solutions » globales réservées aux seuls 10 % les plus fortunés ou aux nations les plus riches. Cela ne fonctionnera tout simplement pas. Pour résoudre les problèmes globaux, il nous faut une perspective globale. Et lorsqu'il s'agit de justice climatique, la démocratie ne connaît pas de frontière.

Rien de tout cela ne pourra advenir à moins que les personnes au pouvoir ne soient tenues responsables. Aujourd'hui on laisse nos leaders politiques dire une chose et faire l'exact contraire. Ils peuvent se targuer d'être des leaders climatiques tout en développant à grande vitesse les infrastructures en énergies fossiles de leur nation. Ils peuvent affirmer que nous sommes en situation d'urgence climatique et en même temps ouvrir de nouvelles mines de charbon, de nouveaux gisements de pétrole et de nouveaux pipelines. Non seulement il est devenu socialement acceptable pour nos leaders de mentir, mais c'est plus ou moins ce qui est attendu d'eux. Il est difficile d'imaginer cette exemption accordée à n'importe quel autre groupe dans nos sociétés. Mais nous devons mettre fin à ce privilège.

Vous pouvez penser que, soyons réalistes, rien de tout cela ne se produira et vous aurez probablement raison. Mais je peux vous assurer qu'il est facile de changer les normes sociales. Nous nous y prenons si tard qu'il n'est pas acceptable de « bien faire ». En réalité, même « faire de notre mieux » ne suffit déjà plus. Nous devons maintenant nous atteler à ce qui semble impossible. Les changements nécessaires sont colossaux et nous avons besoin de plus de temps pour inciter davantage de gens à s'adapter et à se développer. Mais le temps manque, justement, alors toutes nos solutions à partir de maintenant doivent être totales, durables et prendre pleinement en compte le compte à rebours. La principale raison qui explique selon moi que nous ayons atteint ce point – la raison pour laquelle nous sommes confrontés à cette catastrophe – c'est que les médias ont laissé les puissants créer une gigantesque machine à greenwashing conçue pour maintenir les choses en l'état, *business as usual*, au bénéfice des politiques économiques à court terme. Ils ont échoué à demander des comptes à ceux qui sont responsables de la destruction de notre biosphère, faisant en réalité office de gardiens du *statu quo*.

Mais – et c'est la très bonne nouvelle – cet énorme échec peut être renversé. Il reste encore un moyen de s'en sortir. La science a fourni les données. Les mouvements citoyens et les organisations non gouvernementales ont porté ces faits dans la société. Cependant, afin que tout cela se transforme en action politique, nous devons intensifier drastiquement le processus. Étant donné l'ampleur de notre mission et le peu de temps qu'il nous reste pour agir, seuls les médias seraient susceptibles de créer la transformation nécessaire de notre société dans son ensemble. Afin que cela se produise, ils doivent commencer à traiter la crise du climat, de l'écologie, de la durabilité comme la crise existentielle qu'elle est. Elle doit dominer l'actualité.

Notre survie en tant qu'espèce est sur une trajectoire de collision avec notre système actuel. Plus vous prétendrez que ce n'est pas vrai, plus vous prétendrez résoudre la catastrophe au sein d'une structure sociétale globale sans aucune loi ni restriction nous protégeant à long terme contre la cupidité autodestructrice encore en cours qui nous a amenés au bord du précipice, plus nous perdrons de temps. Du temps qui nous manque déjà.

Alors, chers médias, vous faites partie de ceux qui sont assis au volant. Vous avez le pouvoir de nous écarter du danger. Il n'appartient qu'à vous de savoir si vous voulez transformer ce pouvoir, cette responsabilité en mission – à vous et à vous seuls. /

Il est facile de changer les normes sociales.

5.9

Practical Utopias ou les utopies pragmatiques

Margaret Atwood

Il y a longtemps, en 2001 pour être précise, j'ai entamé la rédaction d'un roman intitulé *Oryx and Crake*, *Le Dernier Homme*[1]. J'avais passé du temps avec des biologistes aviaires, qui avaient discuté d'extinction – l'extinction probable de plusieurs espèces d'oiseaux que nous venions d'observer, dont le râle tricolore, dit *red-necked crake* –, mais aussi de celle des espèces en général. La nôtre était du nombre. Combien de temps nous restait-il ? Si nous devions nous éteindre, serait-ce de notre fait ? À quel point étions-nous condamnés ?

Les biologistes ont ce genre de discussions depuis les années 1950 au moins. Mon père, entomologiste forestier, était très concerné par notre stupidité collective et notre futur collectif. À table, dans mon adolescence, une sorte d'allègre désespérance prévalait. Oui, la situation empirerait. Oui, la pollution allait probablement nous tuer, ou bien une bombe atomique. Oui, les gens ne veulent pas regarder les choses en face. Ils s'y refusent jusqu'au jour où ils ne peuvent plus faire autrement. Le *Titanic* était insubmersible, jusqu'au jour où il ne l'a plus été. Passe-moi la purée.

Et, ça, c'était avant que les populations de cabillauds ne s'effondrent, avant la hausse mesurable du niveau des mers, avant l'extinction massive des insectes, avant même qu'on ait commencé à suivre le réchauffement climatique de façon un tant soit peu sérieuse. À l'époque, nous avions encore de grandes chances de parer les pires impacts des émissions de CO_2. Aujourd'hui, il ne nous reste plus qu'une petite chance, puisqu'on a laissé passer les autres. Allons-nous la laisser passer aussi ?

Le Dernier Homme part du postulat que nous pouvons créer un virus susceptible d'anéantir l'humanité, et que quelqu'un pourrait bien céder à la tentation de recourir à cette option afin de sauver la biosphère et toute la vie qu'elle abrite de la destruction à laquelle notre espèce l'expose. Considérez les agissements du savant Crake dans le roman comme une forme de triage : si l'humanité disparaît, la vie restante perdure ; sinon, non.

Il est fort probable que, si rien n'est fait pour stopper la crise climatique et l'extinction déjà bien avancée des espèces, il apparaîtra parmi nous un Crake qui se fixera pour mission de mettre un terme à nos malheurs. Dans *Le Dernier Homme*, nous devons être remplacés par une version améliorée dénuée des défauts et des désirs

1 Traduit par Michèle Albaret-Maatsch, première partie de la trilogie MaddAddam, avec *Le Temps du déluge*, traduit par Jean-Daniel Brèque, et *MaddAddam*, traduit par Patrick Dusoulier, 10/18, Robert Laffont. *(N.d.T.)*.

funestes qui nous ont amenés à la situation catastrophique d'aujourd'hui. Ces humains nouveaux n'ont pas besoin de vêtements, donc pas d'industrie textile polluante – et ce sont des végans herbivores, donc pas besoin d'agriculture. Ils sont non violents, s'autoguérissent et ne connaissent pas la jalousie. Mais *Le Dernier Homme* est une fiction. Dans la réalité, la production d'une telle espèce n'est pas crédible, du moins pas à brève échéance. Oui, nous pratiquons déjà la manipulation génétique, mais pas à l'échelle du programme de conception d'espèce envisagé dans le roman. Si la crise climatique n'est pas maîtrisée, nous disparaîtrons avant d'avoir pu mettre en place un stratagème pour les générations futures, parce que les océans mourront et, avec eux, la plus grande part de notre approvisionnement en oxygène.

Crake est persuadé que nous n'aurons ni la volonté ni le désir de faire marche arrière et de changer radicalement notre mode de vie létal ; qu'il faudra donc éliminer les humains actuels dans le seul but de préserver la vie de la planète bleue. S'il m'était donné de résumer la tâche cruciale de l'humanité à l'heure actuelle, je le ferais en cinq mots : *Prouvons que Crake a tort.*

Mais comment ? Question complexe. Je ne sais trop comment répondre. Si nous arrêtions les émissions de CO_2 dans le monde et que nous freinions le réchauffement climatique – c'est un grand si –, au moins aurions-nous commencé à agir. Reste maintenant les autres éléments de cette situation catastrophique : la contamination chimique toxique universelle ou presque, la destruction en cours des écosystèmes, le chaos social qui va de pair avec les famines, les incendies, les inondations, les sécheresses et l'incapacité des gouvernements à faire face... Ces problèmes peuvent paraître écrasants. Une chose est sûre : si les gens perdent espoir, il n'y a en effet plus d'espoir.

Partant donc de l'espoir, j'ai participé à une expérience intitulée Practical Utopias, qui s'est déroulée sur Disco, une plateforme d'apprentissage interactif. Pour quelle raison ? Je crois que ce projet répondait à une question qu'on m'a fréquemment posée : pourquoi n'écrivez-vous que des dystopies et pas d'utopies ?

Ma réponse, c'était souvent qu'il y avait eu des utopies à revendre au cours de la seconde moitié du XIXe siècle. Pour certaines littéraires, telles que *Nouvelles de nulle part*, de William Morris, où de belles personnes se livraient à des tas d'activités artisanales dans des cadres naturels ravissants ; *Un Âge de cristal* de W.H. Hudson, qui réglait pauvreté et surpopulation (c'était la perception de l'époque) en supprimant le sexe ; et *Cent Ans après ou l'An 2000*, d'Edward Bellamy, qui a anticipé les cartes de crédit et a été un best-seller. Tandis que d'autres donnaient lieu à des expériences grandeur nature, telle la communauté d'Oneida avec partage de sexe et d'argenterie ; les Shakers, pas de sexe, mais un mobilier d'une simplicité merveilleuse ; et la Ferme Brook et Fruitland, très forts pour ce qui était de l'idéalisme, mais moins pour les questions pratiques dont les fermes et les fruits.

Il y eut ensuite des visions d'avenirs fourmillant de nouveautés et de technologies futuristes – voyages aériens, sous-marins, véhicules de transport rapide. Il y avait déjà eu tant d'inventions révolutionnaires – trains à vapeur, machines à coudre, photographie ;

pourquoi n'y en aurait-il pas eu d'autres, et d'autres encore ? Les critiques du capitalisme étaient courantes dans ces utopies, littéraires comme grandeur nature : ne fallait-il pas remplacer ce système insatiable, avec ses cycles économiques et son extrême exploitation des ouvriers, par quelque chose de plus égalitaire avec redistribution des richesses et partage du travail ? Les utopies traitaient généralement des problèmes qui minaient la société et, aux yeux du XIXe siècle, pauvreté, surpopulation, maladies largement répandues, pollution urbaine et industrielle, condition ouvrière et « querelle des femmes » représentaient des problèmes contemporains. Toutes les utopies littéraires sur lesquelles je suis tombée avançaient une solution pour chaque cas.

Puis est arrivé le XXe siècle. Les utopies littéraires ont disparu. Pourquoi ? Peut-être parce que le XXe siècle a vécu plusieurs cauchemars nés de visions sociales utopiques. Ce sont les rêves des vieux bolcheviques qui ont donné naissance à l'URSS, mais celle-ci s'est ensuite transformée en dictature sous Staline, lequel a liquidé les vieux bolcheviques, ainsi que des millions d'autres individus. Le IIIe Reich d'Hitler a obtenu le pouvoir absolu grâce à des promesses de travail pour tous – pour tous les « vrais » Allemands, s'entend –, avec les résultats que nous connaissons. Il y a d'autres exemples, trop nombreux pour les citer, mais il en résulte peut-être que les utopies littéraires sont devenues invraisemblables, alors que les dystopies littéraires telles que *1984*, de George Orwell – largement inspiré de la réalité – proliféraient. Est-ce à dire que nous devrions arrêter d'essayer d'améliorer les choses ? Pas du tout – le résultat sera pire et nous aboutirons de toute façon à une dystopie. Ce que cela veut dire en revanche, c'est qu'il faut que nous soyons conscients des écueils.

Ce qui me ramène à la sempiternelle question : pourquoi ne pas écrire une utopie ? Donnez-nous un peu d'espoir !

Les utopies littéraires relèvent de la gageure en tant que fictions – elles ont tendance à se lire comme des fiches pédagogiques ou des rapports gouvernementaux. Tout est parfait, alors où est le conflit ? Ça ne me disait pas trop de me lancer dans cette voie.

Mais pourquoi ne pas tenter d'élaborer une sorte de fiche pédagogique véritable ? Avec des idées pratiques susceptibles de s'attaquer réellement aux problèmes urgents de notre époque, comme les utopies littéraires avaient cherché à le faire par le passé.

Là-dessus est apparue une nouvelle plateforme d'apprentissage interactif appelée Disco. Est-ce que j'accepterais de faire quelque chose avec eux ? m'ont-ils demandé. J'ai répondu oui : Practical Utopias. En résumé, pouvons-nous créer une société qui piégerait plus de carbone qu'elle n'en émettrait, tout en étant plus juste, plus égale ? Il faudrait prendre en compte les éléments fondamentaux suivants : Que mangerions-nous ? Qui ou quoi produirait notre nourriture ? Où habiterions-nous ? Dans des logements bâtis en quoi ? Il faudrait des matériaux nouveaux. Que porterions-nous comme vêtements ? Faits en quoi, puisque l'industrie textile est un gros pollueur en carbone ? Qu'en serait-il des sources d'énergie ? Et des voyages et des transports, le cas échéant ?

Il nous faudrait réfléchir à la manière dont les gens se gouverneraient et dont ils se partageraient les richesses. Y aurait-il une fiscalité ? Des organisations caritatives ? Quelles structures politiques ? Quid de notre système de santé ? De l'égalité des genres ?

De la diversité et de l'inclusion ? De la redistribution des richesses et des ressources ? De quelles formes d'arts et de distractions disposerions-nous, si arts et distractions il y avait ? Continuerions-nous à fabriquer des livres en papier, et avec quel type de papier ? L'industrie des cosmétiques gaspille trop de ressources : concocterions-nous notre propre lotion pour les mains ? Est-ce que nous accepterions un Internet et, si oui, combien d'énergie utiliserait-il ? Y aurait-il une police ? Un système judiciaire ? Une armée ? Et qu'en serait-il de la gestion des déchets et – puisque nous y sommes – des funérailles ? Les crémations produisent énormément de CO_2. Quelles alternatives nous éviteraient d'orchestrer notre sortie dans un nuage de fumée ?

Le simple fait d'assembler les matériaux pour ce cours nous a conduits, les documentalistes et moi, à une multitude de sources dont nous ne soupçonnions pas l'existence. Et accueillir des invités spéciaux nous a montré que nombre d'entre eux ne savaient rien des travaux des autres. Par suite, notre projet s'est octroyé un objectif supplémentaire visant à sensibiliser les uns et les autres, à partager nos découvertes et à imaginer divers moyens d'unir nos forces. La crise climatique est pluridimensionnelle ; toute solution devra l'être aussi. Et ces solutions, pour être efficaces, devront être adoptées par une large part de la société. Perspective écrasante.

Les Stroud, créateur de la série télévisée *Le Survivant*, cite quatre éléments dont doit pouvoir disposer toute personne cherchant à échapper à une situation potentiellement mortelle – un accident d'avion dans les Andes, une embarcation à la dérive sur l'océan. Ce sont le savoir, l'équipement approprié, la volonté et la chance. Ils ne se présenteront peut-être pas dans les mêmes proportions – même sans équipement, vous réussirez peut-être à vous en tirer si vous avez suffisamment de chance –, mais si vous n'avez aucun de ces éléments à disposition, vous ne survivrez pas.

Nous, en tant qu'espèce, approchons d'une situation potentiellement mortelle. Où en sommes-nous par rapport à chacun de ces quatre éléments magiques ? Nous savons beaucoup de choses : nous savons quels sont les problèmes qui nous menacent et nous savons – plus ou moins – ce qu'il faut faire pour les régler. Pour ce qui est de l'équipement, nous en avons déjà beaucoup, et nous ne cessons d'innover : nouveaux matériaux, nouvelles techniques, nouvelles machines et méthodes. Au niveau des foyers individuels, et même des villes, nous avons le savoir-faire nous permettant de réinventer notre façon de vivre.

Mais ce qui nous fait défaut à l'heure actuelle, c'est la volonté. Sommes-nous prêts à affronter les défis qui nous menacent ? La tâche qui nous attend ? Ou préférons-nous laisser courir et attendre une solution qui nous tomberait du ciel ? La volonté et l'espoir sont liés : l'un sans l'autre, ils ne servent pas à grand-chose : pour que l'espoir ait une quelconque efficacité, il faut agir, mais sans espoir du tout, on perd la volonté de lutter.

Cependant, quand bien même on a le savoir, l'équipement et la volonté, on a besoin de chance. Mais, le beau temps mis à part, c'est quoi la chance ? Un vieux dicton proclame que « la chance, on se la fait ».

C'est donc le moment ou jamais. /

5.10

Le pouvoir du peuple

Erica Chenoweth

Aujourd'hui, plus de personnes que jamais sont conscientes de ce simple fait : des changements fondamentaux dans le système global sont requis d'urgence pour que notre planète reste habitable. Nous possédons des technologies prometteuses et des traditions qui peuvent contribuer à restaurer une relation saine entre l'humanité et les ressources terrestres, nous avons également la capacité d'investir davantage dans ces technologies et d'amplifier ces traditions. Nous bénéficions d'une législation sophistiquée et d'autres feuilles de route pour comprendre comment transformer notre économie en une autre, plus durable. D'une certaine façon, nous avons les solutions à nos problèmes climatiques. Ce qu'il manque, c'est une volonté politique.

Si l'on doit se référer à l'histoire, seule une action collective massive – par des gens issus d'un peu partout dans le monde et de tous les horizons – est susceptible d'insuffler aux décideurs assez de courage pour agir en faveur de la justice climatique. Cependant, nous avons aussi appris comme des militants, des organisateurs, des responsables d'association aguerris sont capables de mobiliser le public et de forcer les politiciens à agir et à prendre des mesures pour relever notre défi partagé. C'est un terreau fertile qui peut servir de point de départ pour affronter l'urgence climatique.

Ainsi, comment les sociétés peuvent-elles créer une pression politique suffisante pour pousser les décideurs politiques, les grandes entreprises et autres parties prenantes à changer de cap ?

Le pouvoir du peuple – aussi appelé résistance civile ou non violente – est un des moyens les plus efficaces par lesquels diverses populations ont exigé le changement. Au cours du siècle qui vient de s'écouler, des étudiants, des ouvriers, des enfants, des personnes âgées ou souffrant d'un handicap, des personnes marginalisées par la société ont usé de la résistance civile pour faire tomber des dictateurs, mettre un terme à l'occupation coloniale, faire cesser l'oppression et la discrimination légalisées, obtenir des pratiques de travail équitables ou le droit de vote, protéger les droits humains, mettre fin à des guerres civiles, et même créer de nouveaux pays. La résistance civile est un outil formidable pour faire advenir des changements significatifs et son fonctionnement dépend de gens ordinaires qui exercent des pressions politiques et économiques sur les personnes au pouvoir. Nous avons en tête, pour la plupart d'entre nous, un ou deux exemples de ces actions populaires dans nos pays respectifs. À l'échelle de la planète, des changements systémiques se sont même produits au travers d'immenses campagnes populaires non violentes.

La mobilisation de masse a joué un rôle clé dans le mouvement mondial visant à abolir l'esclavage légalisé, se confrontant aux intérêts économiques, politiques, sociaux enracinés afin de mettre un terme au commerce des esclaves et à l'économie qui y était associée, tout au long du XIXe siècle. Les campagnes anticoloniales qui ont suivi, surtout au XXe siècle, ont représenté un affrontement coordonné à l'échelle mondiale pour l'émancipation politique, menant à une incroyable expansion du nombre de nations indépendantes dans le système politique mondial.

En général, les mouvements sociaux ont gagné en suivant quatre stratégies clés.

D'abord, ils n'ont cessé de se développer en taille et en diversité. Parvenir à une authentique participation à grande échelle est une manière de signaler la popularité d'un mouvement et sa capacité à déranger l'ordre normal des choses, rendant le succès plus probable. La participation de masse relie des réseaux plus larges de la société au travers desquels un mouvement peut avoir accès aux décideurs et aux parties prenantes dont le soutien est crucial pour rendre les changements effectifs.

Ensuite pour l'emporter, les mouvements doivent généralement obtenir des défections essentielles parmi ces personnages influents, s'assurer de façon concrète leur soutien. Dans le mouvement pour le climat, cela inclut des institutions qui bénéficient du statu quo, tout particulièrement de grandes entreprises et des actionnaires dont la poursuite du profit occasionne une activité destructrice de l'environnement – depuis l'extraction et la déforestation jusqu'à la surconsommation. Les mouvements aboutissent lorsqu'ils incitent aussi bien les personnes que les institutions ayant accès au pouvoir et aux ressources à se joindre à la lutte et à utiliser leur accès pour user de leur influence.

Troisième stratégie, les campagnes de résistance civile réussies tendent à déployer une variété de méthodes afin d'accroître leur influence et leurs moyens de pression sur leurs adversaires. Cela implique souvent d'aller au-delà des manifestations, des happenings protestataires ou d'autres actions symboliques pour poursuivre une action coordonnée soutenue. Des méthodes ayant des impacts économiques comme les grèves ciblées, les boycotts ou d'autres formes de non-coopération économique peuvent se révéler particulièrement efficaces pour accentuer la pression sur les personnes détentrices du pouvoir, qu'il soit politique ou financier.

Quatrième et dernière stratégie, la mobilisation réussie prend souvent des années – ni des semaines ni des mois – pour construire la pression nécessaire au changement. Les mouvements efficaces gardent le cap et maintiennent la discipline et l'unité stratégique, malgré l'expansion de leur base de soutien. Résultat, ils évitent le piège des revers internes ou des réactions de rejet du public en externe qui peuvent survenir suite à des incidents violents. La discipline non violente a aidé les campagnes à développer leur base de participation, donc leurs coalitions, puis à modifier les loyautés des personnes au pouvoir pour finalement remporter leur combat.

Où se place le mouvement pour le climat dans tout ça ? Il a d'ores et déjà mobilisé des gens de tous horizons, eu pour leaders des enfants et des jeunes issus du monde entier, des groupes indigènes ou de petites nations et des communautés minoritaires – ceux qui sont les plus affectés par la crise et qui ont été historiquement marginalisés, exclus des cadres formels des puissances élitistes. Les tactiques qui perturbent le statu quo – notamment la non-coopération économique, comme les grèves, les débrayages, les boycotts et les stratégies de désinvestissement empêchant la profitabilité de l'économie de l'énergie fossile – continueront probablement de jouer un rôle important, surtout si leur envergure et leur fréquence s'intensifient. Mais à la fin, chaque impact dépend d'une hausse soutenue et spectaculaire du nombre et de la diversité de personnes participant à la campagne en faveur de la justice climatique. Le mouvement doit massivement développer son nombre d'adhérents.

De combien de personnes parlons-nous ? Eh bien, nous ne connaissons pas le seuil précis pour la situation qui est la nôtre aujourd'hui. Mais la science sociale nous en donne quelques estimations.

L'une d'entre elles, de plus en plus importante, repose sur la « règle des 3,5 % ». Ce chiffre est tiré de l'observation historique selon laquelle parmi les mouvements pacifiques de masse tentant de renverser leur propre gouvernement, aucun n'a échoué dès lors qu'il avait mobilisé 3,5 % de la population dans des manifestations de masse. Bien qu'il s'agisse là d'une petite *proportion* de la population générale, cela consiste en un nombre énorme de personnes. Par exemple, aux États-Unis aujourd'hui, cela représenterait plus de 11 millions de personnes ; au Nigeria, plus de 7 millions ; en Chine, plus de 49 millions. À l'échelle mondiale, 3,5 % de la population, c'est plus de 271 millions de personnes.

Certains activistes citent la règle des 3,5 % comme le seuil critique permettant de créer le changement en matière de mouvement populaire de façon plus générale. Ce seuil pourrait servir de repère quand il s'agit d'influer sur le changement à un niveau national, bien que cela n'ait jamais été testé dans la pratique. Mais il y a plusieurs limites à appliquer à la règle des 3,5 % dans le cadre spécifique du mouvement pour le climat.

D'abord, cette règle a été créée en observant les situations historiques dans lesquelles les populations tentaient de renverser leur propre gouvernement. Ces gens ne souhaitaient pas forcément une réforme politique, ils ne tentaient certainement pas de coordonner un changement international durable. Ce seuil de 3,5 % n'a jamais été testé dans un contexte global où un changement systémique s'impose. C'est une distinction importante, parce qu'il est plus facile de chasser un seul dictateur haï que de se mettre d'accord pour installer simultanément de toutes nouvelles institutions politiques, pratiques sociales et marchés économiques. Le véritable changement résulte d'un projet de transformation au long cours, pas d'une victoire ponctuelle.

Ensuite, lorsqu'un grand nombre de personnes acceptent de se mobiliser pour créer le changement, on peut conclure sans trop se tromper qu'une proportion bien plus vaste de la population sympathise avec leur cause. Cela signifie que la règle des 3,5 % sous-estime probablement le nombre nécessaire de personnes *soutenant* la victoire du mouvement, même si celles-ci ne se mobilisent pas activement dans la campagne.

Troisième point, la mobilisation de masse d'une minorité ayant le courage d'agir peut susciter une contre-mobilisation du camp opposé, ce qui peut concrètement ralentir, voire bloquer tout progrès. Si le public n'est pas invité à participer à une conversation plus large – qui viserait à inclure le plus de participants possible ainsi qu'à changer les normes, les comportements, les attentes – toute victoire décrochée par un mouvement réduit mais puissant risque d'être de courte durée.

Quatrième point, lorsque les gens pensent à la règle des 3,5 %, ils imaginent souvent une mobilisation massive de personnes prenant la rue. Cependant, si les manifestations ont un énorme pouvoir symbolique, elles ne suffisent pas à elles seules à accroître la pression sur les décideurs et les entreprises ou à créer un changement comportemental à grande échelle ; elles doivent également déranger l'état normal des choses, le *business as usual.* Cela nécessite une préparation soigneuse en amont ainsi qu'une communication protéiforme et une stratégie politique pour aider la résistance populaire à bouger les piliers qui soutiennent les intérêts directs.

Heureusement, d'autres travaux de recherche offrent une indication du nombre nécessaire de personnes activement impliquées dans l'action climatique pouvant mener à un très large changement social. Dans son étude sur les impacts des réseaux sociaux (c'est-à-dire des véritables relations entre les gens, et pas seulement en ligne), le sociologue Damon Centola conclut que le point de bascule pour modifier le comportement de tous se situe à une minorité engagée de 25 %. Partons du principe que ce chiffre s'applique au-delà de son étude : alors si 25 % de la population change visiblement ses pratiques, ses normes, son comportement, les victoires du mouvement pour le climat devraient être plus largement acceptées, plus durables, plus efficaces.

Bien sûr, la tâche paraît bien plus difficile que l'organisation de manifestations massives regroupant 3,5 % de la population. Mais la recherche montre que le seuil des 25 % peut être atteint avec une étonnante rapidité. En temps de crise, de pandémie mondiale par exemple, nos sociétés sont parvenues très vite à changer leurs comportements et leurs pratiques, lorsqu'il s'est agi par exemple de porter un masque, de se laver les mains et de respecter la distanciation sociale. Comme pour la santé publique, quand il est question de justice climatique nous avons une compréhension ferme des comportements qui nécessitent d'être modifiés directement à l'échelle mondiale – quelles industries il nous faut soutenir, quel type d'énergie nous devons acheter, comment chauffer et rafraîchir nos maisons, que manger, où et comment voyager, comment gérer nos déchets, quel investissement dans les technologies et programmes innovants et durables nous pouvons faire et à quelle fréquence nous devons envisager la durabilité dans nos choix au quotidien.

Ces cinquante dernières années, le mouvement pour le climat a exercé, indéniablement, une influence sur le monde entier, et il continue de prendre de l'ampleur. En dépit des revers, les efforts finissent par payer. Il ne faut pas croire que nos actions ne servent à rien et que nous n'avons aucun pouvoir. Dans de nombreux pays, partout dans le monde, un point de bascule à 3,5 % a mené à des avancées majeures pour les mouvements protestataires. Et certaines études montrent qu'il existe un point de bascule à 25 % pour un authentique changement et des transformations à une plus grande échelle. Ces deux seuils de rupture sont à notre portée. Des dizaines de millions de personnes ont agi pour transformer notre relation à la planète. D'énormes obstacles persistent, mais si nous nous appuyons sur l'histoire, ils peuvent être surmontés par une bonne stratégie, une organisation efficace et le pouvoir du peuple. /

Le point de bascule pour modifier le comportement de tous se situe à une minorité engagée de 25 %.

5.11

Changer le récit médiatique

George Monbiot

Si vous deviez me demander quelle industrie est la principale responsable de la destruction de la vie sur la Terre, je vous répondrais les médias. Ma réponse vous étonnera peut-être. Quand on voit ce qu'ont fait les industries du pétrole, du gaz et du charbon, les impacts dévastateurs de l'élevage extensif, les coupes de bois, la pêche industrielle, les mines, les routes, l'industrie chimique et les entreprises fabriquant d'inutiles cochonneries consuméristes, vous vous demandez peut-être comment je justifie de placer un secteur à l'impact environnemental aussi bas tout en haut de ma liste.

Si je fais ce choix, c'est parce qu'aucune de ces industries ne pourrait continuer à opérer comme elles le font sans le soutien des journaux, des magazines, de la radio et de la télévision. La majorité des médias, la majeure partie du temps, leur offre le permis social dont elles ont besoin pour persister sous leur forme actuelle. La majorité des médias, la majeure partie du temps, a résisté à l'action requise pour empêcher l'effondrement des systèmes indispensables à notre vie. Ils ont attaqué, diffamé les personnes qui interrogent le système économique nous menant droit à la catastrophe et usé de leur grand pouvoir polémique pour permettre un maintien du *statu quo*. Dans de nombreux cas, ils ont tout simplement nié les réalités de l'effondrement climatique et écologique.

En d'autres termes, les médias sont le moteur de la persuasion qui permet à notre système, celui qui détruit la planète, de persister. Ils n'ont cessé de nous tromper sur les choix qui s'offrent à nous. Ils nous ont distraits avec des futilités, ont inventé des croque-mitaines et des boucs émissaires pour nous empêcher de voir où sont nos véritables problèmes. Au bénéfice de leurs riches propriétaires, ils ont cherché à justifier une économie politique qui permet à quelques-uns, extrêmement riches, de s'emparer de la richesse naturelle dont nous dépendons tous et de la détruire.

Les raisons s'opposant à la presse des milliardaires sont faciles à trouver. Mais le problème est presque universel. D'ailleurs, dans mon pays, le Royaume-Uni, les diffuseurs du service public ont presque causé plus de mal que l'empire médiatique de Rupert Murdoch (qui, de Fox News à *The Times*, domine largement l'industrie aux États-Unis, au Royaume-Uni et en Australie).

Pour vous donner un exemple britannique, qui sans aucun doute paraîtra familier aux réalisateurs du monde entier, entre 1995 et 2018 les responsables de la BBC ont furieusement rejeté la quasi-totalité des projets en lien avec l'écologie qui leur ont été présentés, un refus parfois accompagné d'un chapelet d'insultes. En ces très rares occasions où ils ont accepté de diffuser un documentaire sur l'environnement, leur terreur de fâcher de puissants intérêts les a poussés à commettre de catastrophiques erreurs. Selon moi, le travail qui a fait le plus de mal à la cause écologique jamais diffusé sur quelque média que ce soit, dans ce pays, fut un documentaire en deux parties diffusé en 2006 intitulé, sans ironie, *The Truth about Climate Change* (« La vérité sur le changement climatique »).

Il était présenté par « l'homme en qui les Britanniques ont le plus confiance », Sir David Attenborough, dont le discours est traité comme parole d'Évangile. Sans qu'on sache trop comment, il est parvenu à ne jamais mentionner l'industrie des combustibles fossiles, sauf comme un élément de la solution : « Les responsables de l'extraction des énergies fossiles comme le pétrole et le gaz ont découvert le moyen de renvoyer sous terre le gaz carbonique. » La séquestration géologique est un des arguments classiques de l'industrie pétrolière, toujours promise, jamais concrétisée, qui a pour but de justifier la poursuite de l'extraction. Dans ce documentaire qui épargne les intérêts des énergies fossiles, la faute de l'accélération des émissions des gaz à effet de serre était entièrement rejetée sur une autre force : les « 1,3 milliard de Chinois ». Aucune autre cause n'est mentionnée. Aussitôt est apparue une nouvelle forme de déni climatique, particulièrement virulente, qui s'est répandue très vite sur toute la planète et persiste à ce jour : quel intérêt d'agir ici ou ailleurs, puisque les Chinois sont en train de tuer la planète.

Sur Channel 4, les décideurs sont allés plus loin encore : tout en bloquant à peu près tous les documentaires sur l'environnement, ils ont diffusé des films tels qu'*Against Nature* (1997, « Contre la nature ») et *The Great Global Warming Swindle* (2007, « La grande escroquerie du réchauffement climatique »), niant l'existence du réchauffement et d'autres crises environnementales, répétant les mensonges concoctés par les sociétés de combustibles fossiles. Ceux-ci ont également eu un impact majeur. Nous n'attendons pas, de la part des diffuseurs du service public qu'ils nous induisent en erreur. C'est pourtant ce que Channel 4 a fait, de façon éhontée et désastreuse.

Dans le monde entier, les climatosceptiques ont des années durant bénéficié d'une réputation égale, ou même supérieure aux scientifiques du climat. Des « think tanks » refusant de révéler leurs sources de financement, et qui ressemblent davantage à des lobbys des entreprises le plus souvent, sont encore invités pour attaquer des écologistes sans qu'il leur soit demandé de dévoiler leurs intérêts. La publicité, dont la plupart des médias tirent leurs revenus, contribue à soutenir des niveaux de consommation que les systèmes terrestres ne peuvent plus subir.

Sans les médias, les gouvernements auraient été forcés d'agir. Sans les médias, les industries les plus destructrices du monde n'auraient pas pu repousser les exigences de changement.

Il y a eu quelques améliorations ces dernières années, mais l'histoire la plus importante reste repoussée à la marge. Même pendant des catastrophes climatiques majeures – les dômes de chaleur et les sécheresses, les incendies et les inondations –, les grands médias d'information se sont pour la plupart contentés de lever la tête un moment avant de replonger dans les futilités et les commérages de cour qui dominent leurs éditions. En une journée, NBC, ABC et CBS ont consacré presque autant de temps d'antenne à couvrir le vol de onze minutes de Jeff Bezos dans son phallus métallique géant qu'à la totalité des questions climatiques l'année précédente.

Alors que faire ? Quelques organes d'information bien établis attirent régulièrement notre attention sur notre crise environnementale, par exemple le *Guardian*, pour lequel j'écris, *Al Jazeera*, *El País*, *Der Spiegel*, *Deutsche Welle*, *The Nation*, le *Canada's National Observer*, the *Daily Star News*, au Bangladesh, *The Continent*, en Afrique, et le *Southeast Asia Globe*, au Cambodge. Nous avons urgemment besoin que d'autres journaux et chaînes de télévision se joignent à eux, qu'ils donnent la priorité à la couverture de l'effroyable situation existentielle qui est la nôtre, qu'ils cessent de nous induire en erreur en faveur d'une industrie nuisible. Mais il est aussi crucial que nous continuions de créer des alternatives efficaces, comme Mongabay, Democracy Now !, CTXT, The Tyee, The Narwhal et Double Down News. J'ai participé à certains d'entre eux depuis 1993, à l'époque où je contribuais à la création de programmes pour Undercurrents, des vidéos d'actualités produites par des militants et alors distribuées à la main et par courrier.

Les nouvelles technologies ont énormément renforcé la sphère d'influence des médias alternatifs, et dans beaucoup de pays elles ont permis aux activistes et aux communicants d'atteindre des millions de spectateurs et de lecteurs. La promesse numérique est enfin tenue, les jeunes se détournent des chaînes de télévision traditionnelles au profit de celles et ceux qui sont prêts à dire la vérité sur la plus grande crise à laquelle l'humanité ait jamais été confrontée. Voilà où est l'espoir, pour moi.

Chaque mouvement efficace est un écosystème dans lequel les gens mettent en commun leurs différents talents pour faire pression en faveur du changement. La communication fait partie des compétences les plus importantes. En modifiant les centres d'attention du monde et en changeant le récit médiatique, de bons médias, au côté des militants qui œuvrent avec efficacité dans d'autres domaines, peuvent forcer des gouvernements à agir. Ils peuvent demander des comptes aux industries destructrices, s'assurer qu'elles ne balayent plus les critiques d'un revers de main. Ils peuvent contribuer à provoquer le changement social systémique dont nous avons besoin pour empêcher l'effondrement environnemental systémique. /

5.12

Résister au nouveau déni

Michael E. Mann

Dans les années 1990, mes coauteurs et moi-même avons publié le fameux « graphique en crosse de hockey » documentant le réchauffement sans précédent ayant eu lieu au siècle précédent. Notre graphique d'origine montrait la température moyenne dans l'hémisphère Nord sur les six cents dernières années. Très vite, il a été étendu à mille ans. Le « manche » de la crosse de hockey traduit des variations de température relativement mineures jusqu'au siècle dernier où survient une hausse spectaculaire des températures, formant la « lame » de la crosse. Le récent pic de température était considéré comme accompagnant la Révolution industrielle, signalant ainsi le profond impact de l'activité humaine – la combustion fossile en particulier – sur la planète. La crosse de hockey a été décisive pour démontrer visuellement le lien intime entre les émissions de gaz à effet de serre et le réchauffement rapide de notre planète. Cela n'arrangeait pas les intérêts liés aux combustibles fossiles et cette étude est devenue la cible d'une machine de guerre financée par l'industrie des combustibles fossiles – et moi avec.

Deux décennies plus tard, la mise à jour de notre graphique par le GIEC dans un de ses derniers résumés pour les décideurs ne ressemble plus à une crosse de hockey. Au lieu de ça, le réchauffement de ces dernières années a donné au graphique un air de grande faucheuse (fig. 1).

Mère Nature nous envoie un message. Le dernier rapport du GIEC a coïncidé avec un fléau d'événements climatiques extrêmes dévastateurs qui s'est abattu sur toute la moitié nord de notre planète à l'été 2021. Incendies, inondations et canicules records ont constitué autant de signaux d'une nouvelle ère dans laquelle le changement climatique n'est plus un horizon auquel se préparer à l'avenir, il est déjà là. Conséquence de cette nouvelle réalité, les *inactivistes* du climat (c'est-à-dire les compagnies de combustibles fossiles et les hommes de paille et politiques conservateurs qui sont à leurs ordres) ne peuvent plus prétendre que le changement climatique est un mythe, une mystification ou un fait que l'on peut ignorer.

Ils se sont donc lancés dans une toute nouvelle batterie de tactiques, frisant le déni complet, pour se lancer dans ce que j'ai appelé « la Nouvelle guerre du climat ». Parmi les tactiques de cette nouvelle guerre à l'encontre de l'action climatique on trouve la *division* (diviser les défenseurs du climat afin de les empêcher de s'exprimer d'une seule et unique voix puissante), l'incitation au *désespoir* (s'ils peuvent nous

Le graphique en « crosse de hockey » tel qu'il apparaissait dans le rapport du GIEC en 2001 montrait déjà un réchauffement significatif…

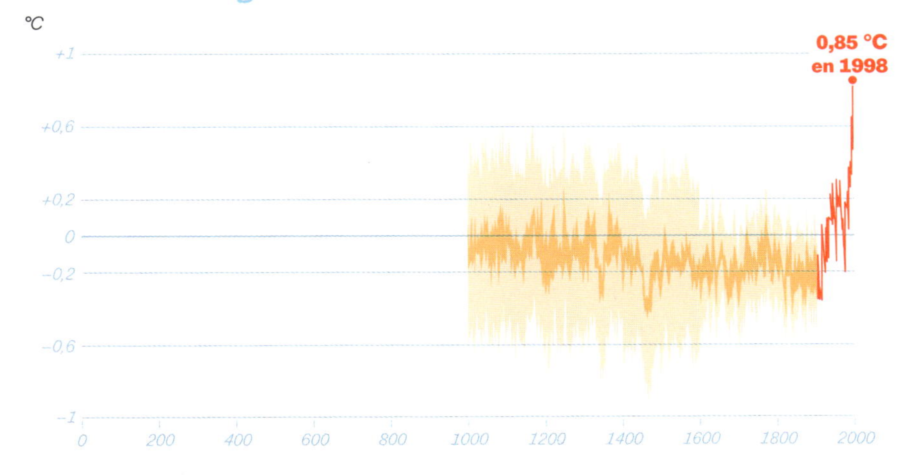

Figure 1 : Changement de la température globale en surface par rapport à la moyenne 1961-1990 de 1000 à 1998. Les températures entre 1902 et 1998 sont observées ; pour les années précédentes, elles sont reconstruites à partir des données indirectes des anneaux de croissance des arbres, des coraux, des carottes de glace ou des sédiments lacustres.

La dernière version en date ressemble désormais à la faux de la Faucheuse.

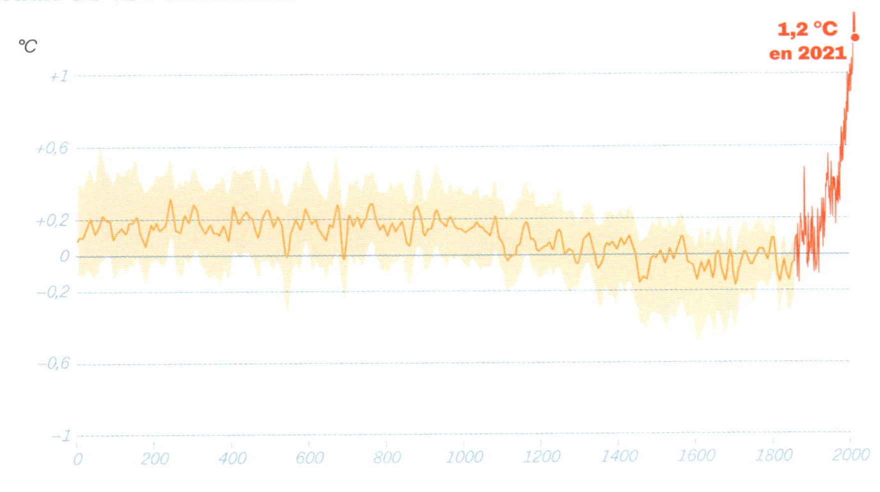

Figure 2 : Changement dans la température globale en surface par rapport à la moyenne 1850-1900, de 0 à 2021.

convaincre qu'il est trop tard pour agir, cela nous mène potentiellement sur la même voie de désengagement que le déni total) et la *déviation* (la surconcentration sur le rôle des individus à l'exclusion des politiques gouvernementales).

Concernant cette dernière tactique, par exemple, je note dans *The New Climate War* (non traduit) comment le fait de se focaliser sur le rôle de l'individu pour résoudre le changement climatique a soigneusement été nourri par l'industrie, j'explique comment l'« empreinte carbone personnelle » est un concept que l'entreprise pétrolière BP a promu dès le milieu des années 2000. D'ailleurs BP a même lancé l'un des premiers calculateurs d'empreinte carbone personnelle. BP, et les autres entreprises de combustibles fossiles nous préféraient concentrés sur notre propre empreinte carbone, afin que nous ne remarquions pas la leur, bien plus impressionnante : 70 % du total des émissions, après tout, est le fait d'une centaine de pollueurs seulement. Si chaque individu doit faire le maximum pour minimiser son impact environnemental, nous avons besoin de politiques gouvernementales qui empêchent ces entreprises d'utiliser notre atmosphère comme une décharge.

Comment lutter ? Nous pouvons, tout d'abord, interpeller les mauvais joueurs et nous ne devons pas craindre de dire la vérité au pouvoir. Les défenseurs du climat ne doivent pas céder aux combats diviseurs qui agitent les réseaux sociaux à propos de sujets tels que les choix de mode de vie personnels, et au contraire à montrer des exemples positifs, travailler ensemble vers l'objectif commun d'une responsabilisation des pollueurs et de ceux qui leur laissent le champ libre. Nous devons utiliser nos voix et nos votes, élire et soutenir des personnages politiques qui auront la volonté de donner la priorité à l'action climatique et éliminer dans les urnes ceux qui ne l'auront pas. Et nous devons être guidés par une obligation éthique primordiale : ne pas hypothéquer la vie des générations futures en n'agissant pas à ce moment clé. /

Mère Nature nous envoie un message. Le changement climatique n'est plus un horizon auquel se préparer à l'avenir, il est déjà là.

5.13

Une véritable mesure d'urgence

Seth Klein

Nous savons que le réchauffement climatique existe depuis près d'un demi-siècle. En réponse, nous avons épuisé notre temps dans des débats/diversions sur les changements progressifs à notre portée. Après tant d'années de bla-bla, comment savoir si un gouvernement comprend vraiment la crise climatique et est passé en mode urgence ?

Ces dernières années, j'ai beaucoup écrit sur la façon dont mon pays, le Canada, réagissait aux différentes urgences de notre passé et de notre présent. Je vois dans notre expérience de la Seconde Guerre mondiale un rappel utile – et même plein d'espoir : nous l'avons déjà fait. Face à l'urgence, nous avons déjà réussi à changer le cours des choses à une vitesse remarquable. Nous nous sommes mobilisés pour une cause commune quelle que soit notre classe sociale, notre couleur de peau, notre genre pour affronter une menace existentielle. Et ce faisant nous avons réussi à renouveler totalement notre économie – à deux reprises, en réalité : une première fois pour accroître notre production militaire, puis une seconde pour nous reconvertir au temps de paix, le tout en l'espace de six années.

Au travers de mon étude sur les mobilisations historiques du Canada, j'ai identifié quatre marqueurs clairs qui montrent qu'un gouvernement est réellement passé en mode urgence. En ce qui concerne l'urgence climatique – jusqu'à présent en tout cas –, il est clair que nos gouvernements échouent sur les quatre points soulevés.

1. Le quoi qu'il en coûte jusqu'à la victoire

Une urgence, une fois identifiée comme telle, force les gouvernements à sortir de leur dogme d'austérité. Les dépenses du gouvernement canadien pendant la Seconde Guerre mondiale étaient à l'époque sans précédent et le sont toujours. Le ratio de la dette au PIB à la fin de la guerre demeure un record historique. Lorsque C.D. Howe, qui est alors ministre des Munitions et des Approvisionnements, est interrogé à propos de cette explosion extraordinaire des dépenses publiques, il répond par cette phrase fameuse : « Si nous perdons la guerre, plus rien ne comptera [...]. Si nous gagnons la guerre, le coût aura quand même été sans importance, et il sera oublié. »

De la même manière, pendant la pandémie de Covid-19, les dépenses du gouvernement fédéral ont spectaculairement augmenté, le ratio de la dette au PIB a bondi d'environ 30 à 50 % en une seule année. Remarquablement, la quasi-totalité de cette nouvelle dette a été prise en charge par notre banque centrale, qui durant la majeure partie de la première année de la pandémie a acheté pour 5 milliards de dollars de valeurs mobilières fédérales *par semaine* afin de financer les mesures d'urgence.

Les dépenses du gouvernement en faveur de l'action climatique et des infrastructures vertes font pâle figure en comparaison. Elles se montent actuellement à environ 7 milliards de dollars *par an*. L'ancien chef économiste de la Banque mondiale Nicholas Stern a déclaré que les gouvernements devraient dépenser 2 % de leur PIB en efforts pour atténuer le changement climatique soit, pour le Canada, environ 40 milliards de dollars par an. Notre gouvernement ne dépense même pas *un peu* moins qu'il ne le devrait face à l'urgence climatique ; ses dépenses sont de très, très loin inférieures.

2. Créer de nouvelles institutions économiques chargées de mener à bien la mission

Durant la Seconde Guerre mondiale, à partir de rien ou presque, l'économie canadienne est parvenue à fabriquer des avions, des véhicules militaires, des navires et de l'armement à une vitesse et à une échelle absolument invraisemblable. Fait notable, le gouvernement canadien a mis en place vingt-huit entreprises publiques pour satisfaire aux exigences de l'effort de guerre.

Pendant la pandémie de Covid, nous avons vu des gouvernements, partout dans le monde, endosser un rôle similaire, créant d'audacieux et nouveaux plans de soutien de l'économie, à une vitesse que peu auraient pu prédire. Ces programmes ont permis que la population soit testée, vaccinée et reçoive des soins à une échelle sans précédent.

Si les gouvernements considéraient vraiment l'urgence climatique comme une urgence, ils procéderaient sans tarder à l'inventaire de nos besoins en conversion afin de déterminer combien il nous faut de pompes à chaleur, de panneaux solaires, de parc d'éoliennes, de bus électriques, et caetera ; nous devrions passer à peu près tout à l'électrique et mettre un terme à notre dépendance aux énergies fossiles. Ensuite il faudrait créer une nouvelle génération d'entreprises publiques qui assureraient que ces biens soient manufacturés et déployés à l'échelle requise. Les gouvernements créeraient également un audacieux nouveau programme économique mettant l'accent sur les dépenses en faveur de l'infrastructure climatique et de la reconversion des travailleurs.

3. Passer des politiques volontaires et incitatives aux mesures obligatoires

La Seconde Guerre mondiale avait imposé le rationnement des produits de base et toutes sortes de sacrifices individuels. La pandémie de Covid a vu nos gouvernements prendre des dispositions sanitaires et mettre à l'arrêt les parts non essentielles de l'économie lorsque cela a été nécessaire. Mais rien d'équivalent n'a été mis en place pour l'urgence climatique.

Les politiques climatiques relèvent à ce jour quasi toutes du volontariat. Au Canada, nous encourageons le changement. Nous incitons au changement. Nous offrons des réductions. Nous envoyons des signaux par les prix. Mais nous n'avons absolument jamais *imposé* le changement. Et nos émissions de gaz à effet de serre ne baissent pas, elles se sont simplement stabilisées.

Pour parvenir à atteindre de façon urgente nos objectifs en matière de gaz à effet de serre, nous devons fixer des délais clairs, à court terme, dans lesquels certaines choses seront requises. Nous devrions déclarer illégale toute vente de nouveau véhicule à essence dès 2025. Nous devrions imposer que la totalité des nouvelles constructions n'utilise plus de gaz naturel ou d'autres énergies fossiles dès l'année prochaine. Nous devrions interdire les publicités des fabricants de véhicules à combustible fossile et des stations-service. Voilà comment nous parviendrons à faire comprendre clairement que l'heure est grave.

4. Dire la vérité à propos de la gravité de la crise

Par la fréquence et le ton, par les mots et les actes, les urgences doivent avoir l'apparence d'une urgence. Les dirigeants de la Seconde Guerre mondiale dont nous nous souvenons le mieux étaient d'extraordinaires communicants qui se sont montrés francs avec le public sur la gravité de la crise tout en parvenant à donner de l'espoir. Leurs messages étaient amplifiés par des médias d'information qui savaient de quel côté de l'Histoire ils voulaient être et par un secteur de l'art et du divertissement qui tenait à rallier le public à la cause.

Rien de cette logique et de cette cohérence n'existe concernant l'urgence climatique. Nos gouvernements n'agissant pas comme si la situation était urgente – pire, envoyant des messages contradictoires en validant de nouvelles infrastructures pour les énergies fossiles –, le signal envoyé au public est qu'il n'y a pas d'urgence. Où sont les conférences de presse régulières sur l'avancée des mesures concernant l'urgence climatique ? Où sont les campagnes gouvernementales pour accroître le niveau de « connaissances climatiques » du public ? Où sont les rapports quotidiens des médias sur l'urgence climatique qui feraient un point sur l'avancée de notre lutte pour la vie aux plans national et international ? Si nos responsables politiques croient être confrontés à une urgence climatique, alors ils doivent agir et parler comme si c'était bien une urgence, enfin !

Une leçon de temps de guerre : toute grande mobilisation se double de l'engagement de ne laisser personne sur le carreau – de s'engager pour une vie, après le combat, meilleure et plus juste. La mobilisation en faveur du climat doit inclure une garantie de l'emploi pour tous ceux qui en veulent un et une transition juste pour toutes celles et ceux dont les moyens d'existence dépendent des énergies fossiles ou qui vivent en première ligne de la crise climatique, conditions de l'engagement global de prendre en compte l'inégalité. /

5.14

Les leçons de la pandémie

David Wallace-Wells

Début décembre 2019, quelques semaines après que 2 millions de grévistes pour le climat se sont unis partout dans le monde contre la relative indifférence autour du début de la conférence de la COP 25, à Madrid, le premier cas humain de SARS-CoV-2 faisait son apparition à Wuhan. En janvier, alors que le Forum économique mondial de Davos tentait de se donner des airs de « conférence climatique », les premiers décès étaient enregistrés. En février, tandis que la communauté internationale en dehors de la Chine commençait à paniquer à cause du « nouveau coronavirus » et des menaces qu'il faisait peser sur les vies de millions de personnes, 2 718 décès causés par cette maladie étaient comptabilisés dans le monde. Ce même mois, c'était environ 800 000 personnes qui mouraient, à l'échelle de la planète, des effets de la pollution de l'air produite par la combustion des énergies fossiles.

Au fil de l'année, le bilan humain de la pandémie a pris des proportions de plus en plus effroyables, pourtant chaque jalon franchi en matière de mortalité semblait produire moins d'horreur et d'indignation que le précédent, suivant ce rythme désolant, mais familier, de la rapide normalisation du désastre. Début 2022, après deux ans de pandémie, *The Economist* a estimé que plus de 20 millions de personnes étaient décédées mondialement, ce qui place le Covid-19 parmi les sept pires épidémies de l'histoire humaine. Pourtant, à aucun moment de ces deux années le bilan de la pandémie n'a excédé la mortalité annuelle provoquée par la pollution de l'air.

Tout au long de la pandémie, la crise climatique s'est poursuivie inexorablement, produisant de semaine en semaine – dans certains cas de jour en jour – ce qui autrefois aurait été indubitablement identifié comme des présages des impacts punitifs à venir. 200 milliards de sauterelles se sont abattues sur la Corne de l'Afrique ; ces nuages vrombissants aussi vastes que des villes entières ont englouti une quantité de nourriture équivalente à ce que mangent des dizaines de millions de personnes en une journée. Les insectes une fois morts forment des tas si imposants qu'ils sont capables, pour peu qu'ils soient localisés sur des rails, d'immobiliser des trains. À cause du changement climatique il y a eu en tout huit mille fois plus de sauterelles que prévu.

En Californie, en 2020, la surface ravagée par les flammes a été deux fois plus importante que dans toute l'histoire moderne de l'État, cinq des six plus gros incendies jamais répertoriés dans la région se sont produits en une seule année. Un quart des séquoias du monde ont peut-être été incinérés et plus de la moitié de la pollution atmosphérique totale de l'ouest des États-Unis a été causée par les feux de forêt. En d'autres termes, plus de particules fines ont été produites par la destruction de forêts par les flammes que par toute autre activité humaine et industrielle combinée. La Sibérie a connu des « feux zombies » ainsi baptisés parce qu'ils brûlent, comme une anomalie, tout au long de l'hiver arctique, mais aussi la fonte du pergélisol, qui a provoqué une fuite d'hydrocarbure dans une centrale thermique isolée, déversant plus de 17 000 tonnes de pétrole dans une rivière locale. En 2021, les feux de forêt ont, à l'échelle de la planète, émis presque autant de carbone que la totalité des États-Unis, qui est le deuxième plus gros émetteur mondial. Un ouragan de catégorie 4 a frappé l'Amérique centrale quelques semaines après le passage d'un autre de catégorie 5, à une poignée de kilomètres seulement de la première zone affectée. Soixante millions de Chinois ont été relogés à cause d'une simple « crue », causée par des pluies qui menaçaient en réalité le plus impressionnant barrage au monde et qui étaient, tant pour les précipitations que pour l'évacuation, à peine au-dessus des moyennes récentes. Tandis que s'achevait la première année de la pandémie, un million de personnes au Soudan du Sud étaient évacuées, soit un dixième de la population du pays, pour cause d'inondations. Lors de la deuxième année de la pandémie, des inondations faisaient des centaines de morts en Europe de l'Ouest, l'ouragan Ida en provoquait des dizaines d'autres dans la région de New York, où les appartements en sous-sol se remplissaient d'eau. Le dôme de chaleur du Pacifique excédait tellement ses précédents records que les scientifiques du climat se sont demandé s'ils n'avaient pas un problème de calibrage avec leurs modèles et leurs projections. Il en est résulté des centaines de morts, la destruction de plusieurs milliards d'animaux marins et, indirectement, les conditions des incendies et des glissements de terrain, des crues à venir qui se sont révélées si intenses que Vancouver s'est effectivement retrouvée bloquée par une catastrophe climatique au passage de l'automne à l'hiver. Juste avant la Saint-Sylvestre, des vents à 145 kilomètres à l'heure ont attisé un brasier urbain dans la banlieue de Denver, où l'automne le plus chaud et le deuxième plus sec depuis un siècle et demi venait de précéder l'incendie le plus destructeur de l'histoire de l'État. Les flammes bondissaient d'une maison à l'autre à travers des rues et des culs-de-sac qui la veille encore auraient semblé l'image même de la modernité ininflammable.

Le monde, dans son ensemble, a détourné le regard – distrait par la pandémie en cours et habitué, par le bilan cumulé des désastres récents, à considérer ce qui aurait autrefois paru des ruptures brutales dans la réalité comme le développement logique d'un processus bien connu. Mais si nous pouvions discerner les leçons de la pandémie pour l'avenir de l'action climatique, que verrions-nous ? Par-dessus tout, que la pandémie a offert une improbable invitation à des actions d'une ambition impensable, que le monde dans son ensemble a ensuite lamentablement échoué à mener. Une même réaction sans précédent aurait pu être mise en place face au défi lui aussi sans précédent du réchauffement, animée par un esprit véritablement mondial et dont le but aurait été d'alléger les fardeaux inéquitables de ceux qui déjà en souffrent le plus. Au lieu de quoi, cette réaction sans précédent a été écartée au bénéfice du statu quo, les dirigeants des pays des Nords accumulant les vaccins autant que les émissions de gaz à effet de serre.

Le Covid-19 n'est pas une histoire de changement climatique aussi évidente que bien des catastrophes sur lesquelles nous avons fermé les yeux pour nous concentrer sur la menace pandémique apparemment plus immédiate. Mais parmi les nombreuses leçons troublantes que partagent les deux crises il y a celle-ci : la nature est puissante, elle peut être effrayante et bien que nous ayons baptisé notre ère l'anthropocène, nous n'avons pas vaincu la nature, nous ne lui avons pas échappé, nous vivons en son sein, nous restons soumis à son imprévisible puissance, où que nous vivions, quel que soit le niveau de protection dont nous estimons bénéficier en temps normal. Nous ne pouvons plus prétendre tracer les règles de la réalité nous-mêmes, dans des conférences, dans des séminaires sans consulter l'environnement au préalable.

Et pourtant, pour celles et ceux habitués à être déçus par les responsables mondiaux de l'urgence climatique, même la réaction initiale, imparfaite, est apparue révélatrice – et pour tout dire, franchement exaltante. Dans la deuxième année de la pandémie, alors que nous nous retrouvons en proie au nationalisme « Covid » le plus laid et à la « diplomatie des vaccins », il est facile d'oublier l'ampleur incroyable et l'immédiateté de la réaction initiale, même parmi ces pays qui ont bâclé leur confinement – inadéquat et contreproductif dans certains cas, mais à une échelle et avec une urgence dont beaucoup de défenseurs du climat n'auraient même jamais osé rêver. En l'espace de quelques mois, la vie quotidienne a été chamboulée, plus d'un milliard d'enfants hors des écoles, les voyages internationaux plus ou moins suspendus et des centaines de millions de personnes dans des dizaines de pays se protégeant chez elles par souci pour elles-mêmes ou celles et ceux autour d'elles. Des vies professionnelles se sont trouvées en suspens, des vies sociales, romantiques et familiales ont été bouleversées, le *business as usual* complètement réécrit. Lorsque les scientifiques du climat parlent du besoin d'une mobilisation à l'échelle de celle qui a accompagné la Seconde Guerre mondiale afin d'éviter le réchauffement climatique, c'est ce type d'action qu'ils ont à l'esprit – une transformation moins punitive, bien sûr, mais tout aussi spectaculaire. La classe dirigeante mondiale s'était empressée d'écarter cette recommandation lorsqu'elle a été formulée pour la première fois à l'automne 2018, quand le GIEC a appelé à une réduction de moitié des émissions carbone d'ici 2030. Début 2020, les mêmes dirigeants entreprenaient pourtant en quelques mois à peine une transformation économique et sociale d'une échelle comparable. La pandémie est une illustration que le changement soudain n'est plus irréaliste, puisqu'il s'est réellement produit.

L'esprit n'a pas duré, de plus il était loin d'être parfait tant qu'il durait. Mais, avant tout, la réaction du gouvernement – d'innombrables gouvernements, aux niveaux de prospérité aussi divers que variés et issus de voies idéologiques très différentes – a été immense, démontrant au moins qu'un effort conjoint de l'ensemble de la société était possible, en réaction à une menace imminente, les États oubliant totalement ce qui semblait quelques mois auparavant les limites absolues de la plausibilité politique. L'effet a surtout été perceptible dans ces nations en Asie de l'Est et en Océanie qui sont parvenues à contenir le virus au travers d'une intervention gouvernementale à grande échelle doublée d'une confiance sociale très répandue et d'un réflexe de solidarité (un alignement dont on pourrait espérer s'inspirer pour le climat). Mais comme le montre Adam Tooze dans *Shutdown*, son histoire de la pandémie, même les réponses bâclées des nations européennes et américaines, lentes à se mettre en marche, ont montré qu'en matière de dépense publique, chaque nation au monde s'est soudain mise à opérer dans une réalité entièrement nouvelle, sans aucune des contraintes politiques et sociales qui avaient jusque-là fixé la limite à la rapidité d'action sur la crise climatique. Dans les années à venir, une des leçons tirées de la réponse à la pandémie sera inévitablement : il n'existe aucune limite à la rapidité d'action sinon celle que nous fixons nous-mêmes. Il ne doit pas y en avoir.

Malheureusement, alors même que les dirigeants politiques des pays des Nords ont appris les nouvelles règles sur le tas, ils se montrent réticents à les appliquer au projet de décarbonation. Au beau milieu de la réponse à la pandémie, on aurait aussi pu aisément imaginer des possibilités illimitées à l'action climatique et certains les voyaient déjà dans un alignement parfait. « Nous ignorons ce que seront les plans de redressement Covid, m'a dit à l'été 2020 Christiana Figueres, une des principales architectes de l'accord de Paris. Et honnêtement, l'ampleur de la décarbonation dépendra largement des caractéristiques de ces plans de redressement, plus que de toute autre chose, tant ils seront importants. Nous en sommes déjà à 12 000 milliards de dollars ; cela pourrait atteindre les 20 000 dans les dix-huit mois à venir. Nous n'avons jamais connu – le monde n'a jamais connu – une injection de 20 000 milliards de dollars dans l'économie en une si courte période de temps. Cela va déterminer la logique, les structures et certainement l'intensité carbone de l'économie mondiale pour au moins une décennie, sinon plus. » En d'autres termes, puisque nous allons dépenser 20 000 milliards de dollars, pourquoi ne pas les investir dans le climat ?

Au lieu de ça, la première série de dépenses n'a pas été très encourageante pour celles et ceux qui rêvaient d'un redressement vert. L'Union européenne était l'étalon-or ; elle s'est pourtant contentée de promettre que 30 % seulement de son plan de relance serait affecté au climat. Les États-Unis et la Chine ont chacun engagé une fraction de ce montant (et dans un cas comme dans l'autre il y avait de la relance en faveur des énergies fossiles par ailleurs). Quand avril 2021 est arrivé, moins d'un quart des dépenses Covid des pays de l'OCDE était considéré comme « respectueux de l'environnement » et 41 % de la relance énergétique étaient affectés aux énergies fossiles. À la faveur d'une tragédie mondiale, la possibilité de créer un monde nouveau – plus stable, plus sûr, plus prospère, plus juste – nous est apparue à tous. Mais plutôt que de prendre le projet à bras-le-corps, la communauté internationale s'est empressée de revenir à l'ordre ancien aussi rapidement que possible.

Cette occasion manquée était-elle si cruciale ? À en croire une équipe de chercheurs dont fait partie Joeri Rogelj de l'Imperial College, à Londres, un dixième seulement des dépenses de relance liées au Covid-19, affecté à la décarbonation pendant les cinq prochaines années, aurait suffi à atteindre les objectifs de l'accord de Paris et à limiter le réchauffement climatique à un niveau bien inférieur à 2 °C. À l'échelle de la planète, le coût total d'une transition verte équivaudrait à la moitié de l'argent alloué à la relance en 2020 et pourtant, malgré toutes ces dépenses auxquelles il consentait, le monde n'a pas réussi à sauter sur l'occasion. Rien qu'aux États-Unis, a noté le *Wall Street Journal*, une décarbonation complète du secteur de l'énergie nécessiterait des dépenses initiales situées entre 1 et 1,8 billion de dollars – moins d'un cinquième du plan d'aide pandémie du pays. Mais aucune des branches des aides n'a ciblé en priorité les dépenses en faveur du climat. Lorsque le président Biden a fini par dévoiler son plan, l'investissement total se montait seulement à quelques centaines de milliards de dollars – loin des 5 % de PIB suggérés par Michael Bloomberg et Hank Paulson (qui ne sont pourtant pas des écologistes radicaux) et plus éloignés encore des propositions soutenues par les sénateurs Ed Markey et Bernie Sanders.

Le plus frappant concernant cet échec était que pour la première fois il a été le fait de personnalités politiques qui, au moins, parlaient le langage de l'urgence climatique et demandaient à être jugées – forum après forum, conférence après conférence – selon ses critères existentiels. Auquel cas, bien sûr, ils ont échoué, laissant s'éloigner l'objectif de 1,5 °C, de plus en plus hors de portée, regardant les émissions s'accumuler dans l'atmosphère année après année tout en déclamant des discours plus enflammés que jamais sur les enjeux de l'inaction. Mais cette rhétorique, toujours creuse, suggère aussi la possibilité d'une action collective sans précédent et l'intervention publique qu'a imposée la pandémie ne restera pas un changement ponctuel. D'ailleurs cette toute nouvelle volonté pourrait bientôt concerner le climat. « Ce que nous sommes à même de créer, nous en avons les moyens », déclare John Maynard Keynes en pleine Seconde Guerre mondiale. La pandémie nous a rappelé ce principe ; avec le changement climatique, le monde pourrait espérer le mettre véritablement en pratique.

La pandémie a aussi incité à la modestie, enseignant à celles et ceux qui ne le savaient pas encore que les crises ne suffisent pas à résoudre de façon fiable ou simple les rivalités et les préjugés ou les crimes ordinaires de l'indifférence humaine. Et si le Covid-19 nous a enseigné, de façon positive, que les gens sont capables de réagir lorsqu'ils sont confrontés à une menace imminente et immanente, il a aussi produit quelques leçons négatives.

La première est que plus nous attendons, plus les pertes sont élevées. En période de croissance exponentielle, avons-nous appris aux premiers mois de la pandémie, un retard de quelques jours peut s'avérer catastrophique et les actions qui auraient été suffisantes en semaine 1 se révèlent désespérément inadéquates en semaine 3. En matière de climat, nous savons déjà que le problème est le même. Un projet de décarbonation globale lancé en 1988 à la suite du témoignage de James Hansen, Michael Oppenheimer, Syukuro Manabe et leurs collègues scientifiques devant le Congrès des États-Unis avait pour objectif de limiter la hausse des températures à 1,5 °C. Il n'aurait pour cela imposé que des changements annuels modestes et

Page suivante : De jeunes militants défilent lors d'une manifestation Fridays For Future à Djakarta, en Indonésie, en septembre 2019.

relativement indolores, aurait été achevé en plus d'une centaine d'années. Mais puisque nous avons choisi d'ignorer ces avertissements et de laisser les émissions s'accroître, amassant chaque année dans l'atmosphère un fardeau générationnel, l'humanité est désormais confrontée à une tâche bien plus harassante : réduire à zéro ses émissions en quelques décennies, peut-être même plus tôt en l'absence d'émissions négatives et d'élimination du carbone à une « échelle planétaire ». Ce qui semblait conseillé en 1988 paraît désormais relever quasiment du climatoscepticisme ; ce qui était considéré comme ambitieux en 2008 est déjà désespérément inadéquat. Et si les courbes ne s'infléchissent pas immédiatement, d'ici 2025, les mathématiques décourageantes auxquelles nous sommes confrontés aujourd'hui ne seront plus viables.

La seconde leçon à tirer de cette pandémie est qu'un pays ne suffit pas et que personne ne devrait se satisfaire des réponses nationalistes aux menaces mondiales. Aujourd'hui déjà les disparités climatiques – dans la responsabilité concernant le réchauffement présent et dans le fardeau imposé par les impacts futurs – représentent une horreur immorale, bien que les pays des Nords préfèrent les ignorer. Les États-Unis sont responsables d'un cinquième de la totalité des émissions historiques mondiales, quand l'ensemble des pays d'Afrique subsaharienne n'en ont produit qu'environ 1 % ; les fardeaux du réchauffement sont aussi inégalement distribués, la majeure partie du monde en voie de développement étant déjà accablée par les impacts climatiques du genre de ceux que l'Europe et l'Amérique du Nord considèrent comme une crainte encore lointaine ; des promesses de soutien symbolique n'ont même pas encore été tenues et les estimations des besoins véritables sont bien plus grandes encore. (Les pays riches demandant à être applaudis pour des promesses de 100 milliards de dollars annuels afin d'aider les pays pauvres à répondre au changement climatique devraient savoir que la facture pour décarboner les pays des Suds pourrait dépasser les 5 000 milliards de dollars.)

La tragédie de la distribution des vaccins raconte la même histoire. Non seulement les ressources seront accaparées par ceux qui peuvent se permettre de mettre la main dessus, mais ces mêmes groupes imposeront aussi la rareté alors même qu'elle n'a pas lieu d'être, qu'elle n'est pas nécessaire. Peut-être parce qu'ils jugent les inégalités rassurantes ? En juillet 2021, le Fonds monétaire international estimait que le programme de vaccination mondial ne coûterait que 50 milliards de dollars et générerait 9 000 milliards de revenus additionnels d'ici 2025 à peine – un retour sur investissement public multiplié par 200 en un seul mandat présidentiel. Le coût initial est assez faible, au point qu'il aurait pu être pris en charge non seulement par les plus grandes économies mondiales, où il n'aurait même pas laissé de trace dans les finances de l'État, mais aussi par une seule des plus grandes fortunes mondiales. Bien sûr, aucun de ces acteurs n'a choisi de conclure ce marché, préférant laisser les pays des Suds se débrouiller seuls avec un virus contre lequel le Nord avait décidé, au moins temporairement, de se mobiliser totalement. Résultat, la maladie a couvé, muté et continué d'infecter et tuer, tout comme le fera le réchauffement planétaire si l'on n'y fait rien. Nous ne pouvons pas laisser ces erreurs se reproduire. /

AIR, YOU
SHOULD
JANGAN DIAM!
PERLU
SEPANAS
KAMU
NO
PLAN ET B
WE
HAVE
PEMERINTAH TUTUP MATA !!!
WAKIL RAKYAT TUTUP TELINGA
I
STRIKE
FOR
I SPEAK
FOR THE
#jedauntukiklim
GETTING

HUTAN
ADALAH
NH3
JEDA
UNTUK
IKLIM
20 SEPT
PM 2.5
JEDA
IKLIM
Jangan
wariskan kami
TO THE
LAND
SWIM
Bumi
KRISIS
IKLIM
STAY AWAY
FROM
CAGAR
ALAM
JEDA UNTUK IKLIM
CLIMATE:
CHANGING
GOVT DO
NOTHING

5.15

Honnêteté, solidarité, intégrité et justice climatique

Greta Thunberg

Ce n'étaient pas les classiques Andersson, Petersson ou Johansson avec des doubles S. Il s'agissait de véritables noms suédois : Karlberg, Rönnkvist, Nordgren. Ce cimetière pourtant n'était pas celui d'une église suédoise, simplement un cimetière quelconque à Lindstrom, Minnesota, aux États-Unis. La taille et la robustesse de ces pierres tombales anciennes évoquaient une époque depuis longtemps révolue. Les racines des arbres alentour les avaient légèrement déplacées, indiquant qu'assez de temps s'était écoulé pour que les personnes reposant en ce lieu commencent à disparaître des mémoires.

Nous – mon père et moi – nous trouvions à 6 780 kilomètres de la Suède, pourtant, d'un point de vue littéraire, nous étions au cœur de notre nation. C'est à Chisago County que se passe une grande partie de *La Saga des émigrants*, de Vilhelm Moberg, une série de romans qui occupe une place toute particulière dans les arts et la culture suédoise. Bien des années auparavant, lorsque j'étais trop malade pour aller à l'école, nous avions lu tous ces livres et ils m'avaient fait forte impression. Nous nous sommes arrêtés à côté de la statue de Kristina et Karl-Oskar et nous avons pris en photo un message tracé sur un cheval rouge, figurine traditionnelle suédoise de la province de Dalécarlie. Le message disait *Tout est fantastique sur l'autoroute 8*. Puis nous sommes montés à bord de notre voiture électrique et nous sommes partis vers l'ouest, tard dans la nuit, pour récupérer le temps perdu dans l'histoire littéraire suédoise. Nous avons dormi dans un motel à Sioux Falls et avant l'aube nous étions de retour sur l'Interstate 90, qui nous a permis de franchir le fleuve Missouri et d'entrer dans les Badlands majestueuses du Dakota du Sud avant de bifurquer vers la réserve Pine Ridge, au sud, où j'avais rendez-vous avec mon amie Tokata Iron Eyes.

Pine Ridge, une des zones les plus pauvres des États-Unis, cumule d'énormes problèmes liés à la pauvreté comme l'alcoolisme, un fort taux de mortalité infantile et de suicide, ainsi qu'une espérance de vie parmi les plus faibles du monde occidental dans son ensemble. Tokata et son père, Chase, nous ont fait faire le tour de la ville, nous montrant les églises abandonnées, les maisons aux fenêtres condamnées. Nous avions presque du mal à imaginer que nous nous trouvions dans le pays le plus riche du monde. Nous avons fait étape à Wounded Knee et avons marché jusqu'au minuscule mémorial. Le soleil était chaud cet après-midi-là et il n'y avait pas un nuage en vue. Une douce brise d'octobre soufflait sur les hautes herbes de la prairie. Chase nous a expliqué qu'il avait été prévu d'ouvrir un petit musée dans une maison voisine, mais que le projet était tombé à l'eau, faute d'argent.

Le monument s'élève au-dessus des tombes de ceux qui ont été massacrés ici le 29 décembre 1890. Ou plutôt de la tombe – au singulier. Il n'y a à Wounded Knee quasiment aucune pierre tombale individuelle, mais une fosse commune marquée par une simple pierre commémorative entourée d'une clôture et de deux piliers en béton peints en blanc pour en marquer l'entrée. Environ trois cents personnes sont enterrées ici, toutes membres du peuple lakota, une communauté autochtone des États-Unis. Beaucoup étaient des femmes et des enfants. Ils ont été assassinés – après des années de migration forcée, de traités violés, de violence – par le 7e Régiment de cavalerie américain. Parmi les soldats responsables du massacre, une vingtaine a reçu une médaille d'honneur.

D'innombrables incidents similaires ont eu lieu pendant la colonisation européenne des Amériques, qui a commencé par l'arrivée de Christophe Colomb en 1492. Le début de cette période est parfois appelé « La Grande Mort ». On estime que pas moins de 90 % de la population autochtone des Amériques – soit 10 % de la population mondiale – a été massacrée ou décimée par des maladies infectieuses. Pour décrire ces atrocités, il est difficile d'employer d'autres mots que « génocide » ou « épuration ethnique », pourtant presque aucun monument commémoratif n'existe. Les nations responsables n'ont toujours pas réparé leur histoire. On a du mal à imaginer comment une nation, quelle qu'elle soit, peut aller de l'avant sans s'attaquer aux causes et aux conséquences d'une telle injustice sociale et raciale.

Les personnes enterrées à Lindstrom et à Wounded Knee vivaient à la même époque et dans des régions voisines, pourtant leurs cimetières semblent à des années-lumière l'un de l'autre. Et il est évident que les Suédois du Minnesota se trouvaient dans une position supérieure à celle des ancêtres de mon amie du Dakota du Sud. Les précédentes vingt-quatre heures, ce voyage entre Lindstrom et Wounded Knee m'avaient donné un nouveau point de vue sur le monde. Un point de vue difficile à accepter.

Entre 1850 et 1920, près d'un quart de la population suédoise a émigré aux États-Unis – environ 1,2 million de personnes. Elles étaient poussées par la pauvreté et le rêve d'une vie meilleure. Mais leur histoire est aussi profondément liée au destin des populations indigènes qui vivaient déjà sur ces terres et que ces nouveaux venus se sont appropriées dans des endroits comme le Minnesota, le Wisconsin et d'autres États et territoires américains récemment établis. Et cette acquisition des terres a ouvert la voie au reste du monde, qui a emboîté le pas. Non seulement obtenir cette terre était légal pour eux, mais c'était encouragé. Tout comme lors de la colonisation de l'Afrique et des autres zones « vides » sur les cartes du monde européennes, on attendait de la part des émigrants, des sociétés d'import-export et des nations coloniales qu'ils prennent possession des terres à disposition et traitent les précédents habitants comme des matières premières, des biens, des sauvages ou des brutes, ainsi que l'écrit Sven Lindqvist dans *Exterminez toutes ces brutes !*[1].

À l'époque où les Espagnols, les Français, les Portugais, les Néerlandais et les Anglais agrandissaient leurs empires respectifs sur les Amériques, les frontières suédoises connaissaient un développement similaire. Mais – en dehors des tentatives pour coloniser le Delaware, Saint-Barthélemy et la Guadeloupe – nous avons pris la direction du nord, vers la région de Sápmi. Sur ce territoire qui s'étire en Norvège, en Suède, en Finlande et en Russie, vit le peuple sami depuis des milliers d'années. Mais l'État suédois a commencé à le revendiquer comme territoire national et a entrepris un lent processus d'expansion et d'appropriation territoriales. Un processus de colonisation qui s'est accéléré au cours du XIXe siècle, à mesure que la poursuite des ressources naturelles devenait plus importante. Sápmi possédait en effet de grandes quantités de minerai de fer, d'argent et de bois. Les Samis ont donc été repoussés de plus en plus loin. Puis est arrivé le déplacement forcé de communautés entières. Des familles ont été séparées. Des enfants, enlevés à leurs parents. Nous avons tenté de les priver de leur langue, de leur religion, de leur tradition, de leur culture – de la totalité de leur mode de vie. La Suède a créé une Institut d'État pour la biologie raciale qui mesurait leurs crânes. Au XXe siècle sont apparues les industries hydroélectriques, dont les barrages ont privé les troupeaux de rennes samis de leurs pâturages. Puis les sociétés forestières se sont mises à réaliser des coupes claires dans les forêts qui fournissaient la majorité de la nourriture des rennes. Se sont ajoutées les compagnies minières. Enfin, en ce siècle, les éoliennes ont fait leur apparition, grignotant un peu plus les terres des Samis – cette fois dans le but de fournir de l'électricité « verte » au rabais pour des serveurs Facebook et les futures extractions de bitcoins.

Et rien de tout ça ne nous a été reproché ou presque. La Suède a volé leurs terres, leurs lieux sacrés et leurs artefacts, leur religion, leurs forêts et autres ressources naturelles. Et ce vol se poursuit aujourd'hui. Comme nous l'avons appris avec Elin Anna Labba dans la troisième partie, le changement climatique rendant les conditions de l'élevage de rennes de plus en plus difficiles, il devient très compliqué pour le peuple sami de maintenir son style de vie traditionnel. Beaucoup abandonnent. On prospecte pour de nouvelles mines. Des forêts anciennes sont abattues – des forêts qui ne peuvent pas être replantées. La priorité n° 1 reste toujours les possibilités de développement économique.

Et pourtant, la Suède ne se considère absolument pas comme une nation coloniale. Si vous décriviez la Suède en utilisant cette expression aujourd'hui, vous seriez considéré comme complètement dément par la plupart des gens. Nous racontons l'histoire telle que nous voulons la raconter. Nous voyons ce que nous choisissons de voir. En tant qu'individus, nous sommes responsables de nous-mêmes et de personne d'autre. Mais pour ce qui est des nations et des entreprises, les choses sont bien différentes. Grâce à leurs actions passées, elles ont accumulé de la richesse, des biens et des infrastructures. Et si cette richesse est née de méfaits tels que le vol,

---

1. Traduit par Alain Gnaedig, Les Arènes, 2014.

la destruction et le génocide, alors nous devons trouver des moyens d'aller vers la réconciliation et la compensation.

Au fil de l'histoire, nous avons préféré tenir ces atrocités aussi loin de nous que possible. Le problème a toujours été quelqu'un d'autre, ailleurs, loin. Mais c'est bien nous, les pays des Nords, qui avons créé la crise climatique. C'est une crise d'inégalité qui remonte au colonialisme et au-delà. Ceux qui en sont le moins responsables sont ceux qui en souffriront le plus. Et ceux qui en sont le plus responsables en souffriront probablement le moins. Tout ceci est, en fin de compte, un symptôme d'une crise bien plus vaste. Une crise née de l'idée que certains sont dotés d'une plus grande valeur et donc peuvent s'arroger le droit d'exploiter et de voler la terre et les ressources naturelles d'autres peuples – ainsi que le droit d'épuiser les ressources finies de notre planète à un rythme infiniment plus élevé que les autres. Une crise issue d'une mentalité qui infecte toujours nos sociétés aujourd'hui. Une crise que tout le monde aurait intérêt à voir réglée. Mais il est naïf de penser que nous pouvons y parvenir sans nous confronter aux racines du problème.

La crise du climat et de la durabilité est, à bien des égards, une saga parfaite. Ou disons, si vous préférez, la mise à l'épreuve morale ultime. Nos émissions de dioxyde de carbone peuvent rester dans l'atmosphère pendant un millénaire. Et aujourd'hui la science permet de braquer les projecteurs sur toutes ces traces invisibles que l'on a laissées derrière nous à la poursuite du pouvoir, de la domination et de la richesse. Des traces à propos desquelles les personnes en première ligne essaient de nous avertir depuis des siècles. C'est un peu comme une gigantesque facture non payée que nous, la partie du monde historiquement responsable, ne pouvons plus ignorer. Parce que si nous échouons à ce test moral, alors nous échouerons au reste aussi. Et nos incroyables réussites, toutes autant qu'elles sont, n'auront servi à rien.

Pour résoudre la crise climatique et écologique et pour tout changer, nous avons besoin de tout le monde. Et cela n'arrivera jamais, à moins que les responsables ne se chargent de nettoyer derrière eux de façon équitable. Les nations riches ont déjà signé un accord ouvrant la voie et il est temps pour nous de le faire. Cela implique de payer pour les pertes, les préjudices subis et les réparations. Cela implique d'endosser la responsabilité complète des émissions historiques. Cela implique que les pollueurs paient. Que l'ensemble de nos émissions véritables soient incluses dans nos statistiques, y compris celles de la consommation, l'importation, l'exportation, le transport, l'aviation, le militaire et la biogénie. Cela implique l'honnêteté, la solidarité, l'intégrité et la justice climatique. /

5.16

Une transition juste

Naomi Klein

Nous avons, pour la plupart d'entre nous, appris à penser au changement politique selon des catégories bien définies : l'environnement d'un côté, les inégalités de l'autre, la justice de race et de genre dans d'autres encore. L'éducation par ici. La santé par là.

Et au sein de chaque catégorie, il existe des milliers et des milliers de groupes et d'organisations différents, souvent en concurrence pour s'attribuer le crédit, la reconnaissance du nom, et bien sûr les ressources. Ce n'est pas si différent de la lutte que se livrent les grandes marques pour remporter des parts de marché. Et cela ne devrait pas nous étonner : nous travaillons tous au sein de la logique du système capitaliste existant.

On parle souvent de ce type de compartimentation comme du « problème des silos ». Les silos sont un concept compréhensible – ils morcellent notre monde complexe en portions gérables. Ils nous aident à nous sentir moins submergés. Problème, ils entraînent aussi nos cerveaux à décrocher quand une véritable crise requiert notre aide et notre attention, car chacun estime que « c'est le problème d'un autre ». Le problème le plus profond, avec les silos, est qu'ils nous empêchent de voir les liens évidents entre les différentes crises qui détruisent notre monde, mais aussi de bâtir les mouvements les plus vastes et les plus puissants qui soient.

En pratique, cela veut dire que les personnes focalisées sur l'urgence climatique évoquent rarement la guerre ou l'occupation militaire – nous n'ignorons pas, pourtant, que l'appétit pour les combustibles fossiles nourrit depuis longtemps le conflit armé. Le mouvement environnemental dominant a un peu progressé pour souligner que les nations les plus durement frappées par le changement climatique sont peuplées de populations racisées. Mais lorsqu'on n'accorde pas d'importance à la vie des personnes noires en prison, à l'école ou dans la rue, les connexions se font trop rarement.

Parce que nous manquons de pratique pour travailler entre silos, les solutions issues des divers mouvements semblent souvent déconnectées les unes des autres. Les progressistes ont de longues listes d'exigences – de choses que nous voulons tous changer. Mais ce qui nous manque encore trop souvent, c'est une vision globale du monde pour lequel nous nous battons. À quoi il ressemble. Comment on s'y sent. Et quelles sont ses valeurs essentielles.

Heureusement, il existe toutes sortes de conversations et d'expériences en cours pour tenter de surmonter ces obstacles et développer des plateformes populaires susceptibles d'articuler une vision commune. Ces plateformes portent des noms divers : theleap.org, le Green New Deal, le Red, Black and Green New Deal, et plus encore.

Elles ont pour point commun de montrer que la crise climatique n'est pas la seule à laquelle nous sommes confrontés. Tant d'urgences se superposent et se croisent – depuis le regain de la suprématie blanche jusqu'à la violence fondée sur le genre en passant par les inégalités économiques béantes – que nous ne pouvons nous permettre de les régler les unes après les autres. Nous avons donc besoin d'une approche intégrée : des politiques conçues pour réduire les émissions à zéro qui à la fois créent une masse énorme de bons emplois syndiqués et offrent une justice significative à celles et ceux qui ont été le plus abusés et exclus de l'économie extractive actuelle. Nous avons besoin d'une transition juste.

Une transition juste, c'est reconnaître que le travail consistant à affronter l'urgence climatique à grande échelle et rapidement ouvre une fenêtre qui permet d'accéder à une société plus équitable sur tous les fronts et où chacun est valorisé.

J'ai été impliquée dans diverses coalitions de justice climatique ces quinze dernières années et il n'existe pas de définition unique pour la « transition juste ». Il y a cependant des principes clés que les mouvements ont développés et sur lesquels le travail futur devrait s'appuyer.

Une transition juste commence par la reconnaissance de ce fait : la quête sans fin des profits qui force tant de gens à travailler jusqu'à cinquante heures par semaine sans sécurité, nourrissant une épidémie d'isolement et de désespoir, est la même quête sans fin du profit qui a mis notre planète en danger. Une fois que nous admettons ce fait, les impératifs deviennent évidents : alors même que nous réagissons à la crise climatique, nous devons insister pour faire advenir une culture du soin plus large dans laquelle aucun lieu, aucune personne ne sera laissé pour compte – où la valeur inhérente de chacun, de chaque écosystème est fondamentale.

L'action climatique fondée sur la science implique de détacher les combustibles fossiles de notre énergie, notre agriculture, nos moyens de transport aussi rapidement qu'il est humainement possible. L'action climatique fondée sur la justice exige davantage. Elle nécessite que nous menions à bien ces énormes transformations tout en bâtissant une économie plus démocratique et plus équitable.

L'indépendance énergétique est un bon point de départ. Pour l'heure, une poignée d'entreprises d'énergies fossiles contrôlent l'offre mondiale et dominent la plupart des marchés locaux. L'un des grands bienfaits de l'énergie renouvelable est que, contrairement aux énergies fossiles, elle est disponible partout où brille le soleil, où souffle le vent et où coule l'eau. Cela signifie que nous avons une chance d'avoir des structures de propriété plus décentralisées et diverses : des coopératives d'énergie verte, de l'énergie municipale, de micro-réseaux électriques locaux, et plus encore. Dans ces structures, les profits et les bénéfices des nouvelles industries vertes reviennent aux communautés mêmes afin de contribuer à payer les services, ils ne sont pas siphonnés pour rémunérer les actionnaires.

Ce principe de transition juste est souvent appelé la « démocratie énergétique ».

Mais la véritable justice climatique exige davantage que la démocratie énergétique – elle exige la justice énergétique, et même les réparations énergétiques. Parce que la manière dont la génération énergétique et les industries sales se sont développées depuis la révolution industrielle a systématiquement forcé les communautés les plus pauvres à supporter une part disproportionnée du fardeau environnemental tout en ne récoltant qu'une infime partie des bénéfices économiques.

En Amérique du Nord, où je vis, ces personnes contraintes de porter cet injuste fardeau sont très largement noires, indigènes ou immigrées ; on les appelle souvent les « communautés de première ligne ». C'est la raison pour laquelle beaucoup de plateformes engagées en faveur d'une transition juste en appellent aux communautés de première ligne, afin qu'elles jouent un rôle moteur dans le développement des nouvelles infrastructures vertes, dans le contrôle des programmes de réhabilitation des terres et dans le bénéfice des subventions pour la création d'emplois verts. Les peuples indigènes, qui ont vu leurs droits fonciers systématiquement violés et dont les systèmes de connaissance écologique traditionnels offrent une alternative aux pratiques écocidaires, demandent aussi un plus grand contrôle de leurs territoires ancestraux, dans le cadre de la réaction à la crise climatique.

Ce principe de transition juste est parfois appelé « priorité à la première ligne » ; c'est une forme de réparation pour le préjudice causé dans le passé et le présent.

L'un des grands bénéfices de l'action climatique est qu'elle créera des millions d'emplois verts partout dans le monde – dans les énergies renouvelables, les transports publics, le rendement, la remise à niveau, la dépollution des terres et de l'eau. Une transition véritablement juste implique de s'assurer que ces emplois soient suffisamment rémunérés pour faire vivre une famille et qu'ils soient protégés, partout où c'est possible, par des syndicats. Mais s'ajoute un autre aspect à cela.

Une transition juste invite à réimaginer ce qu'est un « emploi vert ». Les écologistes n'en parlent pas, mais l'enseignement et le soin apportés aux enfants ne brûlent pas beaucoup de carbone. Ni le soin aux malades. Produire de l'art consomme assez peu de carbone également. Dans une transition juste, nous reconnaîtrions ces emplois comme « verts » et nous leur donnerions la priorité parce qu'ils améliorent nos vies et donnent de la force à nos communautés. À mesure que nous réduisons notre dépendance à des emplois fondés sur l'incitation à la consommation inutile et à l'extraction dangereuse, nous pouvons investir davantage dans des emplois plus axés sur le soin et nous assurer qu'ils soient rémunérés par un salaire décent.

Ce principe de la transition juste est parfois résumé sous l'expression « le travail de soin est un travail bénéfique au climat », ce qui contribuera à reconnaître et à apprécier pleinement le travail des femmes dans la prochaine économie.

À mesure que nous opérons ces changements, nous devons aussi admettre que certaines personnes sont coincées – sans que ce soit leur faute – dans des régions où les industries polluantes sont peu ou prou les seuls pourvoyeurs d'emploi de la ville. Nombre de ces ouvriers ont sacrifié leur santé dans des mines de charbon ou des raffineries pétrolières pour nous permettre à tous de garder la lumière allumée.

Ces ouvriers, confrontés à la perspective de licenciements de grande ampleur si les infrastructures liées au pétrole et au charbon sont démantelées, ne peuvent à eux seuls supporter la charge de l'action climatique. C'est pourquoi une transition juste impose des investissements massifs pour la reconversion des ouvriers dans l'économie post-carbone, les ouvriers endossant le rôle complet et démocratique de participants à la conception de ces programmes. Une des mesures clés est la garantie de revenu des travailleurs durant ces périodes – trop souvent, quand des industries traversaient des changements massifs, les moyens d'existence de la classe ouvrière, et ses communautés ont été sacrifiés sur l'autel du « changement » et du « progrès ». Une transition juste ferait les choses différemment. Elle générerait également quantité d'emplois de réhabilitation et de restauration des terres endommagées par l'extraction, par exemple pour combler les innombrables puits de pétrole et de gaz d'où s'écoulent des produits toxiques pour l'environnement un peu partout dans le monde. Beaucoup d'ouvriers qui travaillent dans des secteurs hautement carbonés sont déjà formés à ces tâches. C'est en ayant recours à ce type de programmes et de politiques que l'on s'assure que tout le monde bénéficie des transitions qui s'imposent afin de réduire de façon radicale et rapide les émissions de gaz à effet de serre.

On appelle ce principe de transition « Aucun travailleur n'est abandonné en chemin ».

Bien sûr, la création d'une nouvelle économie à faible émission de carbone va coûter de l'argent. Beaucoup d'argent. Les gouvernements peuvent en créer, comme ils l'ont fait pendant la pandémie de Covid-19 ou à la suite de la crise financière de 2008 ou comme ils le font pendant les guerres. Mais nous vivons à une époque où la richesse privée atteint des niveaux inégalés, et la transition devrait aussi être financée par les pollueurs et les surconsommateurs. L'idée que nous sommes trop pauvres pour nous permettre de sauver notre seule et unique planète est tout simplement fausse. L'argent dont nous avons besoin pour la transition existe bien quelque part, il faut que les gouvernements aient le courage d'aller le chercher – de couper et réorienter les subventions jusque-là destinées aux combustibles fossiles, d'augmenter les taxes sur les riches, de réduire les dépenses en faveur de la police, des prisons, des guerres et de fermer les paradis fiscaux.

Ce principe de transition juste est appelé « pollueur payeur », il repose sur une idée simple : les gens et les institutions qui ont le plus profité de la pollution devraient payer davantage afin de réparer les dégâts commis.

Ce principe inclut non seulement les entreprises et les individus fortunés, mais aussi les nations des Nords : nous rejetons du dioxyde de carbone dans l'atmosphère depuis deux siècles environ et nous sommes ceux qui ont le plus contribué à créer cette crise, alors que de nombreuses nations parmi les plus vulnérables à ses conséquences en sont les moins responsables. Ainsi quand les financements seront levés pour contribuer à la transition juste, un transfert de richesses devra s'opérer du nord au sud, afin d'aider les nations les plus pauvres à franchir l'étape des combustibles fossiles pour accéder directement aux énergies renouvelables. La justice climatique exige également un soutien bien plus important en faveur des migrants déplacés de leurs terres à cause des guerres du pétrole, de mauvais traités commerciaux, de la sécheresse et autres impacts aggravants du changement climatique, sans parler de l'empoisonnement de leurs terres par les sociétés minières, dont les sièges sociaux se trouvent pour la plupart dans les pays riches.

La ligne est la suivante : à mesure que nous devenons propres, nous devons devenir justes. Mieux, à mesure que nous devenons propres, nous devons commencer à réparer les crimes fondateurs de nos nations. Le vol des terres. Les génocides. L'esclavage. L'impérialisme. Oui, il nous faut entrer dans le dur. Parce que, toutes ces années, nous ne nous sommes pas contentés de procrastiner sur l'action climatique. Nous avons procrastiné et retardé les exigences les plus élémentaires en matière de justice et de réparation. Et l'addition concerne tous les fronts.

Certains trouvent ce type de rapprochements décourageants. Il est déjà assez compliqué de baisser nos émissions, d'après ce qu'on nous dit – alors pourquoi aggraver encore la situation en essayant de régler autant de choses à la fois ? C'est une question étrange. Si nous voulons réparer notre relation à la terre en nous dégageant des extractions de ressources sans fin, pourquoi ne nous attellerions-nous pas à réparer nos relations les uns avec les autres dans le même temps ? Depuis trop longtemps on nous propose des politiques isolant les crises écologiques des systèmes économiques et sociaux qui pourtant les exacerbent, dans une quête effrénée de solutions purement technocratiques. C'est précisément ce modèle qui a échoué à porter ses fruits.

Les transformations globales, en revanche, n'ont jamais été testées face à la crise climatique. Et il existe de bonnes raisons de penser qu'elles pourraient permettre des avancées décisives là où les politiques du climat technocratiques ont échoué. La vérité, si difficile à entendre soit-elle, est que les écologistes ne parviendront pas à remporter seuls le combat pour la réduction des émissions. Ce n'est pas un affront à quiconque que de dire cela – la charge est tout simplement trop lourde. La transformation dont nous avons besoin, selon les scientifiques, représente une révolution dans notre manière de vivre, de travailler, de consommer.

Pour parvenir à un tel changement, il faut de puissantes alliances avec chaque branche de la coalition progressiste : syndicats, droits des migrants, droits des indigènes, droit au logement, professeurs, infirmières, médecins, artistes. Et pour bâtir ces alliances, notre mouvement a besoin de promettre de rendre la vie quotidienne meilleure en subvenant aux besoins pressants trop souvent laissés de côté – un logement abordable, de l'eau potable, de la nourriture saine, des soins de santé, des transports publics corrects, du temps avec sa famille et ses proches. La justice. Non pas comme des questions accessoires, mais comme un principe directeur.

J'ai énoncé cinq points pour une transition juste. La démocratie énergétique ; la priorité aux premières lignes ; le travail de soin, bon pour le climat ; aucun travailleur abandonné en chemin ; et le pollueur payeur. Tout cela reste superficiel. La justice climatique impose de nouveaux genres de traités commerciaux qui nous éloignent de la hausse perpétuelle des niveaux de consommation ; il faut aussi un débat solide sur un revenu annuel garanti ; des droits complets pour les travailleurs immigrés ; nous devons exclure l'argent des entreprises de la politique et interdire les compagnies des combustibles fossiles dans les négociations climat ; avoir la possibilité de réparer nos produits en panne au lieu de les remplacer – et plus encore.

Bien que les réponses à la crise climatique puissent être différentes selon les lieux, il existe une éthique commune qui sous-tend tout ce travail. À mesure que nous changerons nos économies et nos sociétés pour nous débarrasser des énergies fossiles, nous aurons une responsabilité et une occasion historiques de réparer certaines des nombreuses injustices et inégalités qui défigurent notre monde aujourd'hui. La grande force de ce cadre pour une transition juste est qu'il ne monte pas les mouvements sociaux les uns contre les autres, qu'il ne demande à personne souffrant d'injustice ici et maintenant d'attendre son tour. Au contraire, il propose des solutions intégrées et croisées ancrées dans une vision claire et convaincante de notre avenir – une vision écologiquement sûre, économiquement équitable et socialement juste. /

La quête sans fin des profits qui force tant de gens à travailler jusqu'à cinquante heures par semaine sans sécurité, nourrissant une épidémie d'isolement et de désespoir, est la même quête sans fin du profit qui a mis notre planète en danger.

5.17

Qu'est-ce que l'équité pour vous ?

Nicki Becker

La première manifestation à laquelle j'ai participé, c'était à l'occasion de la Journée internationale des droits des femmes. J'avais quatorze ans et je venais tout juste de découvrir que les femmes n'avaient pas les mêmes droits que les hommes. J'ai demandé à ma mère de m'accompagner, j'étais si jeune. Et depuis, je n'en ai pas raté une seule.

Le 8 mars 2019, à ma cinquième participation, au milieu de la foule, j'ai vu une pancarte qui disait *Ni la terre ni les femmes ne sont des territoires à conquérir.* Je l'ai prise en photo et j'ai continué à marcher. Une semaine plus tard, avec un groupe d'autres jeunes gens, nous avons organisé la première marche pour le climat en Argentine. Plus de cinq mille personnes étaient présentes et parmi les pancartes j'ai retrouvé celle que j'avais vue une semaine plus tôt.

Voilà à quoi ressemble, à mes yeux, la lutte pour l'égalité. Nous ne nous battons pas pour des causes différentes. Que nous défendions la justice climatique, la justice sociale ou l'égalité des genres, nous luttons ensemble, pour la justice.

Je suis une activiste pour la justice climatique parce que je crois que le mouvement environnemental a l'occasion d'ouvrir des voies nouvelles. Dans un monde d'incertitude croissante, l'écologisme est un des moteurs susceptibles de remettre en question le statu quo et de bâtir un monde meilleur. La justice climatique ne consiste pas seulement à empêcher une catastrophe climatique, mais à construire un monde juste et équitable. Nous ne voulons pas « conserver » le monde tel qu'il est aujourd'hui, nous souhaitons en créer un plus juste.

Nous refusons de vivre dans une Argentine qui a vu disparaître en fumée un million d'hectares de terre en 2020 et où 10 % de la province de Corrientes ont également été détruits par les flammes en 2022 à cause de la crise climatique, ce pays où une femme est assassinée toutes les trente-deux heures, où six enfants sur dix vivent dans la pauvreté.

C'est pourquoi, dans un monde où beaucoup de choses paraissent insensées, nous avons l'obligation de redéfinir et de repenser absolument tout. L'équité, c'est croire qu'un autre monde est possible, mais aussi le construire en comprenant que la seule manière d'y arriver passe par l'action collective.

Disha A. Ravi

À chaque nouvelle calamité climatique, un cyclone par exemple, est publiée sans délai une évaluation économique des pertes : « Le cyclone Yaas a provoqué des dégâts estimés à 610 milliards de roupies (83,63 millions de dollars) dans l'État d'Odisha, en Inde. » Ce chiffre a pour objectif d'aider les gens à mesurer la gravité des dégâts provoqués par la calamité. Pourtant, même lorsqu'on leur assigne une valeur monétaire, les tempêtes qui privent certains de la totalité de leurs biens sont ignorées. Ces gens peuvent avoir survécu à la catastrophe, mais la rupture qu'elle a provoquée dans leur vie est irréparable.

Quand l'humanité a commencé à s'interroger sur la propriété, ces questions étaient censées nous aider à prendre soin de nos terres, au lieu de quoi elles n'ont fait que susciter davantage de questions. « À qui appartient ce terrain ? Cet arbre ? Ce rocher ? Et à qui appartiennent les minéraux sous le rocher ? Et l'océan ? Et les poissons et le pétrole dans les océans ? » Nous avons pris possession de la terre et de tout ce qu'elle a à offrir, nous avons creusé jusqu'à ce qu'il ne reste rien et lorsque nous en avons eu terminé avec la terre, nous sommes passés à l'océan. Le pillage de notre planète par quelques-uns nous a tous menés au bord de l'extinction. La seule manière de revenir en arrière est d'arrêter de ruiner la Terre et de nous débarrasser de notre tendance à l'extraction.

Il nous faut apprendre les bases du respect pour la planète. Il ne faut plus se concentrer sur la propriété, mais sur la responsabilité. Nos questions devraient être : « Qui est responsable de cette terre ? De cet arbre ? De ce rocher ? Qui est responsable des minéraux sous ce rocher ? De l'océan ? Et des poissons et du pétrole dans l'océan ? » Dès lors que les gens seront responsables du soin apporté à notre planète, ils commenceront à la considérer comme une extension d'eux-mêmes, à comprendre qu'ils font partie de l'écosystème. Réapprendre les comportements autour de la Terre et du climat, c'est d'abord accepter notre très grande proximité avec la crise climatique, changer notre langage pour montrer qu'il ne s'agit pas de notre avenir mais bien de notre présent et qu'il faut agir dans l'urgence ; c'est accepter que nous soyons la Terre elle-même et que nous luttions pour nous-mêmes et pour chacun d'entre nous. Résoudre la crise climatique nous impose de changer notre relation avec la planète et les uns avec les autres. Nous avons besoin d'une politique de l'amour ; nous avons besoin que les gens se choisissent les uns les autres en priorité. Nous avons besoin d'un monde où nous ne pouvons pas mettre un prix sur le riz dont nous nous nourrissons, les arbres qui nous donnent de l'oxygène, les océans dans lesquels nous nageons et la terre qui nous offre nos ressources limitées et fugaces.

Hilda Flavia Nakabuye

L'Ouganda, comme beaucoup de pays africains, a été confronté à un certain nombre de défis, particulièrement d'injustices et d'inégalités sociales, qui découlent de l'esclavage et du colonialisme. Le système colonial a créé des groupes marginalisés dans toutes les sociétés et les femmes comptent parmi les plus marginalisés d'entre tous.

Le système à l'origine des inégalités sociales a donné naissance à l'impérialisme et continue de dresser les pays pauvres contre les pays riches. Il est choquant qu'au XXIe siècle, les personnes noires doivent encore prouver qu'elles sont des êtres humains ! Comment est-il possible que le racisme existe encore aujourd'hui ?

La crise climatique est un problème mondial qui nous affecte tous. Notre capacité à réagir, cependant, est différente. La meilleure façon de résoudre un problème est d'abord d'en comprendre l'origine, ce qui le nourrit, et de nous poser des questions qui font mal, notamment : pourquoi les pays développés, qui ont historiquement pollué notre planète, n'endossent-ils pas la responsabilité et ne payent-ils pas pour les dégâts qu'ils ont provoqués ?

Pour obtenir l'équité, en Ouganda, il faudrait construire des fondations solides, fermes pour la justice sociale, au sein desquelles les politiques seraient contraignantes. Le système actuel consistant à abandonner les mesures, à parler des problèmes sans jamais agir ne fait au lieu de ça qu'étendre les inégalités à tous les niveaux.

Si l'Ouganda et les autres pays africains souhaitent parvenir à l'équité à l'avenir, nous devons commencer à demander des comptes aux gros pollueurs. Ceux-ci doivent payer pour les dégâts causés et soutenir les pays vulnérables dans leur adaptation au changement climatique. Ils doivent cesser de financer des projets liés aux combustibles fossiles en Afrique.

Un avenir équitable doit être libre de toute exploitation. Les pays en voie de développement ne doivent pas servir de décharges pour les produits en surplus ou les déchets ; les ressources naturelles doivent être protégées. Les enfants ne doivent pas être condamnés à mort par les effets de la pollution ou être contraints de s'inquiéter pour la crise climatique.

L'équité et la durabilité fonctionnent de concert. Il ne peut y avoir de durabilité sans équité, il ne peut y avoir d'équité sans durabilité. La justice climatique doit se manifester partout pour tout le monde.

Laura Verónica Muñoz

Je suis la rencontre entre résistance et oppression, pauvreté et privilège. Mes racines sont indigènes, mais aussi espagnoles. Je suis le fruit de mes grands-mères paysannes et la graine que mes parents ont plantée et nourrie après avoir quitté la campagne pour la ville en quête d'un avenir meilleur. Je suis l'amour et la contradiction et quand je regarde mon reflet dans le miroir, je me souviens qui je suis et d'où je viens.

Je suis privilégiée. Je parle anglais et j'ai accès à l'éducation. Cependant, le privilège que je chéris le plus est mon identité. Grâce à mon héritage paysan, je suis encore capable de sentir et de reconnaître la nature au milieu de la superficialité et de la toxicité du monde occidental.

Je suis une activiste écoféministe du climat parce que je comprends le pouvoir de la Terre et des femmes. Seuls ces pouvoirs nous permettront de nous battre contre les systèmes d'exploitation racistes, patriarcaux, capitalistes et médiatiques au sein desquels nous évoluons et qui ont produit les crises sociale et écologique que nous connaissons aujourd'hui.

Je sais qu'un militantisme citoyen colombien, latino-américain, tissé des voix de celles et ceux qui ont leurs mains dans la terre nourricière est bien plus puissant et transformateur qu'un activisme basé sur l'individualisme et les algorithmes en ligne. Je suis certaine que pour obtenir la justice climatique nous devons travailler ensemble, créer des espaces sûrs où la diversité est la base et le décolonialisme le chemin que nous traçons.

Je suis le produit de la colonisation et de l'exploitation, mais je suis aussi une terre fertile débordant de résistance. Je suis la récolte décoloniale que mes ancêtres ont semée.

Ina Maria Shikongo

La Namibie a été confrontée, ces dix dernières années, à des sécheresses continuelles. La région du Kunene a été la plus durement touchée, les communautés autochtones Himba ont été forcées à migrer vers la ville, dans l'espoir d'une vie meilleure. Le bassin du Kavango, la terre de mes ancêtres, a non seulement été frappé par la sécheresse, mais il est également menacé. ReconAfrica, une compagnie d'exploitation pétrolière et gazière canadienne espère extraire 120 milliards de barils de pétrole de la zone, dont une publication spécialisée dans le domaine s'est même demandé s'il ne s'agissait pas de « la plus grande zone pétrolifère de la décennie ».

En ce qui me concerne, je ressens une impression de déjà-vu. Je suis née dans un camp de réfugiés en Angola et j'ai perdu mon père et quatre frères et sœurs dans la guerre. Je souffre de savoir que la mort de mon père n'aura servi à rien. Le colonialisme et l'apartheid ont contraint au déplacement tant de populations par le passé, c'est la raison qui a poussé mon père à prendre les armes, au départ. Il a été tué parce qu'il luttait contre un système oppressif qui n'accordait pas de valeur à nos vies de Noirs de Namibie ou de peuples indigènes et c'est cette même absence de reconnaissance de la vie des autres que représente ReconAfrica.

Aujourd'hui je vois que l'investissement et le développement ne diffèrent pas du concept du colonialisme. Au fil des cinq cents dernières années, les peuples africains ont été opprimés, ils ont perdu leurs terres, confisquées par des étrangers.

ReconAfrica s'implante en Namibie non seulement pour polluer notre eau et détruire notre environnement, notre écosystème, mais elle menace également de déséquilibrer les modes de vie des peuples Kavango et San, qui vivent de la terre, pratiquant l'agriculture de subsistance, la chasse et la cueillette. Le bassin du Kavango abrite également le delta de l'Okavango, habitat de la plus importante population d'éléphants d'Afrique et de bien d'autres espèces menacées.

Malgré l'intimidation et les menaces de mort que je continue de subir, mon appel à protéger cette zone et à lutter contre cette entreprise est devenu vital, non seulement comme une tentative pour sauver mon peuple et ma terre, mais aussi parce qu'il n'existe qu'un Kavango, qu'un delta de l'Okavango. Ce qui se passe là-bas doit être su !

Ayisha Siddiqa

Je suis née dans le nord du Pakistan et j'ai été élevée dans la croyance que, tout comme votre phénotype est créé à partir de l'ADN de vos parents, votre esprit se compose des esprits qui ont existé avant vous. Mes grands-parents ne veillent pas ils vivent en moi. C'est pourquoi le combat pour la justice climatique est pour moi, un combat pour l'amour. Le monde existe grâce aux souvenirs de celles et ceux que nous aimons et j'essaie de les préserver tant que j'ai encore le temps.

Mon travail est motivé à parts égales par la douleur et par l'amour. La région d'où je viens, l'Asie de l'Ouest/Afrique du Nord, a payé le pétrole au prix du sang ces trente dernières années. Ce qui est pour le Nord une conversation autour des émissions de carbone se transcrit pour nous dans une réalité de faim, de mal-logement, d'impuissance, de souffrances indescriptibles. Avec tant d'acteurs géopolitiques à la manœuvre – militaires, groupes terroristes, présidents et dictateurs –, ce n'est pas une coïncidence si les personnes ayant expérimenté la menace de l'extinction par la guerre, l'impérialisme et la suprématie blanche comprennent aussi la douleur de la terre et le danger des énergies fossiles. Il n'existe pas de manière douce d'énoncer ceci : la modération, l'abandon progressif et la fausse élimination de l'empreinte carbone finiront par nous tuer.

Nous devons changer notre manière de penser. Nous ne pouvons pas laisser les mêmes systèmes socio-économiques, ceux qui nous mènent à notre propre destruction, être les fondations d'un monde nouveau. Nous devons apprendre des personnes qui restent encore en vie malgré les multiples tentatives du pouvoir et de la cupidité pour les éliminer. Nous devons apprendre que la douceur et l'harmonie ne sont pas des faiblesses ; ce sont les caractéristiques de nos mères. C'est ce qui nous a maintenus en vie.

Mitzi Jonelle Tan

Par un nuageux après-midi d'août 2017, un des leaders du Lumad, peuple indigène des Philippines, m'a dit quelque chose qui allait changer ma vie. Il me racontait comment les Lumad sont harcelés, déplacés, tués parce qu'ils protègent leur terre et il a ajouté avec un petit haussement d'épaules : « Nous n'avons pas le choix, nous devons nous battre. »

C'était aussi simple que ça. J'ai fait le choix de devenir activiste, c'est un privilège mais certaines personnes en première ligne, comme les Lumad, sont contraintes de résister juste parce qu'elles existent. Au point où l'on en est, il a raison : tous autant que nous sommes, nous n'avons plus le choix, nous devons nous battre.

Les Philippines sont un des endroits de la planète les plus vulnérables au changement climatique, malgré leur faible contribution à cette crise mondiale. Mon pays est aussi l'un des pays où il est le plus dangereux de défendre l'environnement. Il est injuste de devoir grandir ainsi dans la peur. Peur du prochain coup de tonnerre de la tempête qui risque de détruire nos maisons. Peur du prochain coup à la porte de la police, venue emmener nos proches.

Les typhons détruisent nos maisons, les eaux montent, les gens se soulèvent contre l'oppression systémique. Un mouvement prend de l'ampleur dans mon pays, emmené par les petits paysans, les travailleurs de la mer, les indigènes et les ouvriers qui se battent pour la libération. Ensemble, nous luttons pour la terre pour les laboureurs, pour des réparations pour les injustices perpétrées par l'impérialisme, pour une transition juste vers une société plus verte et pour un monde avec une communauté unie pleine d'amour et de coopération.

Voilà ce que nous entendons lorsque nous parlons d'équité. L'équité, c'est la justice. L'équité, c'est la libération. L'équité, c'est ce dont nous avons besoin, alors nous n'avons pas d'autre choix que de nous battre. /

L'équité et la durabilité fonctionnent de concert. Il ne peut y avoir de durabilité sans équité, il ne peut y avoir d'équité sans durabilité. La justice climatique doit se manifester partout pour tout le monde.

5.18

Les femmes et la crise climatique

Wanjira Mathai

Au Kenya, d'où je viens, et un peu partout en Afrique, les femmes sont la colonne vertébrale des communautés locales, de la famille, des petites entreprises et des fermes. Dans les centres urbains africains, les villes et les villages, on les voit avancer d'un pas vif et assuré dès 5 heures du matin, tous les jours, au bord des routes non bitumées, des chemins de terre. Qui sont-elles ? Beaucoup sont le cœur d'une économie informelle – le noyau invisible d'un continent mis à rude épreuve, sous l'impact d'une force invisible.

L'Afrique est l'un des continents les plus vulnérables au changement climatique parce qu'elle est très dépendante de l'agriculture et que l'agriculture, à son tour, est extrêmement dépendante du climat. Seules 5 % des terres cultivées sont irriguées, la majeure partie de l'agriculture du continent est arrosée par la pluie. La production africaine est déjà réduite comparée à d'autres régions et le GIEC prévoit encore pour ce siècle des réductions liées au climat, particulièrement pour des récoltes céréalières comme celle du maïs, soit la denrée de base la plus répandue et la plus importante du continent. Nous estimons que les femmes comptent, en moyenne, pour 43 % de la force de travail agricole dans les pays en voie de développement, mais nous ne pouvons en être certains. Il est compliqué de rassembler des données sur ces femmes, car elles font pour beaucoup partie d'une force de travail informelle. Elles ne possèdent en général pas la terre qu'elles travaillent. Elles ne payent pour la plupart pas d'impôts. Elles ne bénéficient d'aucun droit des travailleurs. Elles n'ont pas d'assurance-maladie. Elles n'utilisent pas les services de garde d'enfants identifiés. Elles n'ont pas de « points de données » qui les rendent visibles, malgré leur énorme contribution aux économies des pays africains. Mais nous savons qu'elles sont surreprésentées dans le travail non payé et sous-payé, saisonnier et partiel.

En tant que gardiennes essentielles des fermes, du foyer, de la nourriture et de l'eau, les femmes rurales sont disproportionnellement vulnérables aux effets du changement climatique. Elles sont les plus durement impactées par la disparition des offres d'emploi rural, à cause du manque d'éducation, des perceptions traditionnelles des rôles genrés, du manque de mobilité sociale et d'un ensemble d'autres facteurs socioculturels. Mais elles constituent aussi un élément majeur de la solution climatique pour l'Afrique. Elles possèdent une connaissance et des savoir-faire uniques susceptibles d'accroître l'efficacité et la durabilité de la réponse au changement climatique. Dans la majeure partie de l'Afrique subsaharienne, puisque les femmes sont rarement propriétaires des terres, les paysannes ont en général accès à la terre par le biais d'un proche de sexe masculin, ce qui les place en position d'extrême vulnérabilité en cas de changement de situation dans la vie ou l'esprit de l'homme en question. Mais lorsque les femmes sont propriétaires de la terre, ainsi que des graines et des outils qui leur permettent de la travailler, alors elles ont la main pour s'adapter au changement climatique.

Les femmes du Mouvement de la ceinture verte en sont un bon exemple. Cette organisation non gouvernementale a été fondée en 1977 par Wangari Maathai[1] pour donner du pouvoir aux communautés kenyanes, plus particulièrement de femmes et de filles de milieu rural, afin de conserver leur environnement et de protéger leurs moyens de subsistance. Le Mouvement de la ceinture verte, loin de se limiter à planter des arbres dans nos paysages, investit pour s'assurer que les femmes comprennent leur lien avec la terre et la dégradation à laquelle est confrontée. Les femmes travaillent en groupe pour mettre en place des pépinières, se relaient pour veiller sur les plants et les préparer pour la saison des plantations. Une des responsables, Nyina wa Ciiru, réunit les femmes de son groupe au moins une fois par semaine sous son manguier pour discuter de l'état de leur pépinière et de l'évolution des plants, afin de déterminer s'ils sont prêts à être mis en terre.

Ensemble, elles se chargent tour à tour de l'arrosage des semis, souvent en chantant en chœur. Lorsqu'ils atteignent 60 centimètres de haut, elles décident où ils seront plantés – sur leur ferme, dans les cours d'école de leurs enfants, sur des marchés, le long d'une rivière ou n'importe quel endroit dont elles estiment qu'il a besoin d'arbres. Aujourd'hui, grâce au partenariat que le Mouvement de la ceinture verte a développé avec les services forestiers kényans, les plants trouvent également des places au sein de proches forêts sous gestion gouvernementale.

Au moment de la fondation du Mouvement de la ceinture verte, il y a plus de quarante ans, les femmes qui en faisaient partie plantaient toujours les semis en priorité sur leurs terres familiales : des arbres fruitiers ou fourragers, des arbres pour l'ombre ou pour le bois qui permet de nourrir le foyer et de cuisiner. Elles ont remarqué qu'en plantant les arbres autour de leurs fermes, en formant des ceintures vertes, les oiseaux revenaient, les familles avaient de délicieux fruits à manger et leurs propriétés étaient plus fraîches aux plus chaudes heures de la journée. Les arbres, croyaient-elles, étaient la source de toutes les bonnes choses.

Après en avoir planté assez sur chacun de leurs terrains, elles ont commencé à les planter dans les lieux publics. Elles se sont enseigné mutuellement comment procéder et le plus beau est la joie que cela leur procure. Ces femmes sont devenues les principales fournisseuses de plants dans leurs communautés respectives, s'assurant que tout le monde participe à la plantation d'arbres et que leurs fermes soient couvertes de végétation. Ce sont des femmes comme elles, des femmes qui

1 Également lauréate du prix Nobel de la Paix en 2004.

protègent la terre et produisent la nourriture pour la communauté qui sont les gardiennes du paysage et les activistes climatiques de notre temps.

Ces communautés ont recruté des dizaines de femmes pour les mobiliser afin d'entreprendre ce travail essentiel qu'est la plantation d'arbres. Et maintenant elles sont partout. Elles sont dans les foyers, dans les rues, dans les champs et nous devons leur donner l'occasion de préparer le continent tout entier à ce qui l'attend. Comme l'a si justement dit Wangari Maathai : « Au cours de l'histoire, il arrive un moment où l'humanité est appelée à passer à un nouveau niveau de conscience, à atteindre une considération morale supérieure [...] Un moment où nous devons nous débarrasser de notre peur et nous donner de l'espoir mutuellement. Ce moment est venu. » En tant que soutiens de famille, entrepreneuses et pourvoyeuses de nourriture, d'abri et d'éducation pour leurs enfants, les femmes n'abandonneront pas leur gagne-pain face au changement climatique. Elles se prépareront. Elles s'ajusteront et elles s'adapteront. Elles ont simplement besoin qu'on leur donne les moyens de le faire. Il revient aux gouvernements de s'assurer que les politiques, les lois, les institutions financières soutiennent le mieux possible la colonne vertébrale de nos sociétés parce que, si elle cède, nous nous effondrerons tous. /

Lorsque les femmes sont propriétaires de la terre, ainsi que des graines et des outils qui leur permettent de la travailler, alors elles ont la main pour s'adapter au changement climatique.

5.19

Pas de transition sans redistribution

Lucas Chancel et Thomas Piketty

Disons-le d'emblée : la probabilité de maintenir la hausse mondiale des températures en deçà de 2 °C est assez faible. Si nous continuons sur notre lancée, le réchauffement mondial atteindra au moins 3 °C d'ici à la fin du XXIe siècle. Au rythme actuel des émissions mondiales, le budget carbone à respecter pour tenir l'objectif de 1,5 °C sera épuisé vers 2028. Paradoxalement, le soutien populaire en faveur d'une action climatique n'a jamais été aussi fort. Selon une vaste enquête menée par les Nations unies, 64 % des citoyens de la planète voient le changement climatique comme une urgence mondiale. Où faisons-nous fausse route ?

Les débats actuels sur le climat présentent un problème fondamental : ils reconnaissent rarement l'existence d'inégalités. Les ménages modestes, qui émettent peu de CO_2, anticipent à juste titre que les politiques climatiques réduiront leur pouvoir d'achat. Quant aux décideurs, ils craignent la sanction électorale s'ils exigent d'accélérer l'action climatique. Ce cercle vicieux nous a fait perdre beaucoup de temps. La bonne nouvelle, c'est que nous pouvons y remédier.

Jetons d'abord un coup d'œil aux données. En 2021, l'habitant moyen a émis environ 6,5 tonnes de gaz à effet de serre, mais cette moyenne dissimule des inégalités colossales. Le décile supérieur de la population qui pollue le plus émet en moyenne trente tonnes de gaz à effet de serre par an et par personne, contre environ 1,5 tonne pour la moitié la plus pauvre de la population mondiale. Autrement dit, 10 % de la population mondiale est responsable d'environ 50 % de toutes les émissions de gaz à effet de serre, tandis que la moitié la plus démunie ne contribue qu'à 12 % des émissions (fig. 1 et fig. 2).

Ces trois dernières décennies, la part des émissions du 1 % de la population le plus pollueur (environ cinquante fois moins de personnes que la moitié la plus pauvre de la population) est passée d'environ 9,5 % à 12 %. En d'autres termes, les inégalités mondiales en matière de CO_2 sont béantes, mais le fossé entre les richissimes et le reste de la population s'approfondit au fil du temps. Et tout ne se résume pas à un clivage entre riches et pauvres : il y a de grands pollueurs dans les pays pauvres et vice versa.

Émissions moyennes par groupe de revenu en 2019

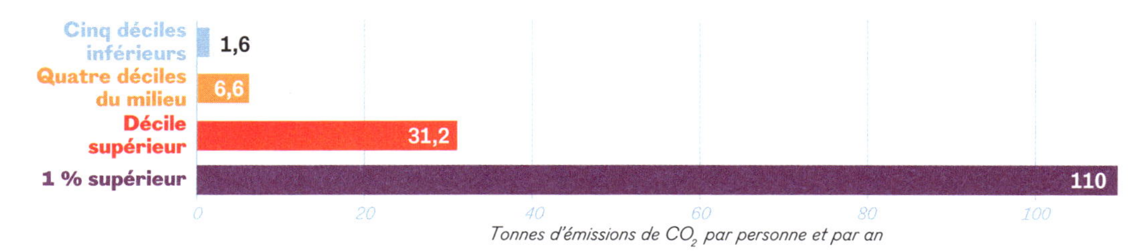

Contribution par groupe aux émissions mondiales en 2019

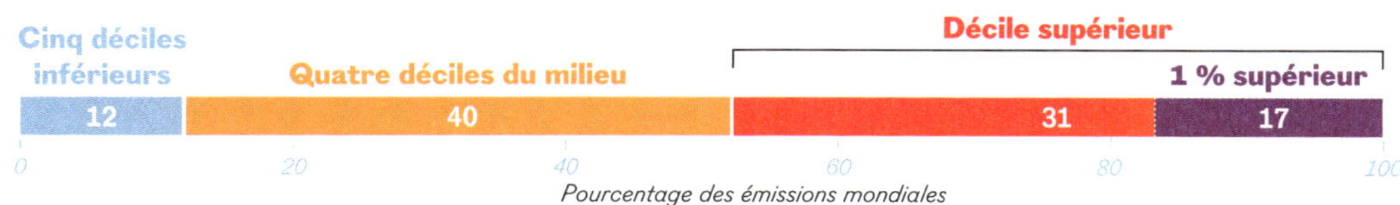

Figures 1, 2 (ci-dessus) et 3 (page suivante) : Tous les chiffres sont exprimés en équivalent CO_2 : ils englobent le CO_2 et d'autres gaz à effet de serre. L'empreinte carbone individuelle comprend les émissions de la consommation dans le pays, les investissements publics et privés, ainsi que les importations et exportations de CO_2 inhérentes aux biens et services échangés avec le reste du monde. Les estimations reposent sur la combinaison systématique des données fiscales, des enquêtes auprès des ménages et des tableaux entrées-sorties. Les émissions sont divisées à parts égales au sein des ménages.

Prenons l'exemple des États-Unis. Chaque année, la moitié la plus pauvre de la population émet environ 10 tonnes de CO_2 par personne, contre environ 75 tonnes par personne pour les 10 % les plus riches – soit un ratio dépassant sept fois plus. De la même manière, en Europe, la moitié la plus pauvre de la population émet environ 5 tonnes de CO_2 par personne (un chiffre inférieur à la moyenne mondiale), mais les 10 % les plus riches émettent environ 30 tonnes – soit un ratio de six fois plus. En Asie de l'Est, notamment en Chine, les 10 % les plus riches ont un bilan carbone plus lourd que celui des Européens les plus riches. Les régions en développement affichent aussi des inégalités saisissantes, quoi qu'il faille zoomer sur chaque groupe extrêmement fortuné (c'est-à-dire le 0,1 % le plus riche ou plus) afin d'observer des émissions globalement comparables à celles des groupes les plus fortunés dans les pays riches.

À noter que beaucoup reste à faire pour mesurer précisément les inégalités en matière de CO_2. Les pouvoirs publics devraient publier des données à jour chaque année, au moins aussi souvent qu'ils publient des statistiques sur le PIB et la croissance économique. Nous présentons des chiffres actualisés sur les inégalités en matière de carbone sur la World Inequality Database (voir wid.world/fr). Ces informations sont indispensables pour concevoir et évaluer la stratégie de transition climatique et faire en sorte qu'elle soit un succès.

D'où viennent précisément les inégalités considérables que nous avons recensées ? Les riches émettent plus de CO_2 en raison de leurs émissions directes (autrement dit le carburant de leurs voitures) mais aussi des biens et services qu'ils achètent, et de leurs investissements. Les groupes à revenu faible suscitent des émissions quand ils font des trajets en voiture et qu'ils chauffent leur logement, mais leurs émissions indirectes – c'est-à-dire liées à leurs achats et investissements – sont considérablement plus faibles que celles des populations aisées. Comme en témoigne l'édition 2022 de notre rapport sur les inégalités mondiales, la moitié la plus démunie de la population dans chaque pays n'a quasiment aucun patrimoine, c'est-à-dire qu'elle a très peu, voire aucune responsabilité en ce qui concerne les émissions issues des investissements.

Pourquoi faut-il prêter davantage attention à ces inégalités ? Après tout, ne devrions-nous pas tous réduire nos émissions ? C'est vrai, mais certains groupes devront logiquement faire plus d'efforts que d'autres. On pense a priori aux plus gros pollueurs – les riches – n'est-ce pas ? Certes, mais il faut aussi souligner qu'il est plus difficile pour les pauvres de décarboner leur consommation. Par conséquent, les riches doivent faire le maximum pour réduire les émissions et les pauvres doivent être aidés à s'adapter à un réchauffement compris entre 1,5 °C et 2 °C. Malheureusement, ce n'est pas ce qui se passe actuellement, tant s'en faut.

En 2018, le gouvernement français a voulu augmenter la taxe carbone, ce qui a frappé particulièrement durement les ménages à revenu faible des zones rurales, sans réellement affecter les habitudes de consommation et le portefeuille d'investissement des plus aisés. De nombreuses familles n'ont eu d'autre choix que de réduire leur consommation d'énergie. Elles étaient bien obligées de prendre la voiture pour aller travailler et de régler cette taxe carbone. Pendant ce temps, le kérosène des avions empruntés par les riches pour aller de Paris à la Côte-d'Azur restait détaxé. Les réactions à cette inégalité de traitement ont abouti à l'abandon de la réforme. Ce type de mesure, qui ne requiert aucun effort de la part des riches mais nuit aux pauvres, n'est pas l'apanage d'un pays en particulier. La crainte des suppressions d'emplois dans les secteurs de l'automobile, des énergies fossiles ou des métaux lourds est régulièrement brandie par les associations patronales pour faire ralentir les politiques climatiques.

Certains pays ont annoncé leur intention de réduire considérablement leurs émissions d'ici à 2030 et la plupart ont prévu la neutralité carbone vers 2050. Attardons-nous d'abord sur le premier jalon, l'objectif de réduction pour 2030 : selon une étude récente, lorsque les chiffres sont exprimés en tonnes d'émissions par habitant, la moitié la plus pauvre de la population des États-Unis et de la plupart des pays d'Europe a déjà atteint l'objectif ou presque. Ce n'est pas le cas du tout pour les classes moyennes et aisées, dont les émissions sont supérieures et qui sont donc en retard sur les objectifs.

L'un des moyens d'atténuer les inégalités en matière de CO_2 est de mettre en place des budgets individuels, une initiative comparable à ce que font certains pays pour gérer des ressources environnementales qui se raréfient. En France par exemple, pendant les périodes de sécheresse, il est possible d'interdire toute consommation d'eau n'étant pas strictement essentielle (pour boire et cuisiner, pour l'assainissement et les situations d'urgence). Cette méthode revient à niveler la consommation d'eau au sein de toute la population. Des quotas individuels et uniformes de carbone fixés par les pouvoirs publics poseraient forcément des problèmes techniques, mais sous l'angle de la justice sociale c'est une stratégie qui mérite que l'on s'y intéresse sérieusement. Il y a de nombreuses façons de réduire les émissions globales d'un pays mais, *in fine*, toute stratégie qui n'est pas strictement égalitaire exigera davantage d'efforts de la part de ceux qui ont déjà atteint les objectifs et moins d'efforts de ceux qui en sont très loin. Ce n'est ni plus ni moins que de l'arithmétique.

Il est probable que tout ce qui s'écarte d'une stratégie égalitaire, par exemple des quotas, justifie d'importantes redistributions des plus aisés au bénéfice des plus modestes, pour dédommager ces derniers. De nombreux pays continueront ces prochaines années à appliquer des taxes sur le carbone et l'énergie associés à la consommation. Dans ce contexte, il est essentiel de tirer les leçons du passé. L'exemple français révèle ce qu'il ne faut pas faire. Au contraire, la mise en place d'une taxe carbone en 2008 en Colombie-Britannique s'est révélée un succès, alors même que cette province canadienne est extrêmement dépendante du pétrole et du gaz : c'est qu'un pourcentage considérable des recettes de cette taxe est affecté aux ménages à revenu faible et moyen grâce à des versements directs. En Indonésie, la fin des subventions aux carburants il y a quelques années a dégagé des fonds

Émissions par habitant dans le monde en 2019

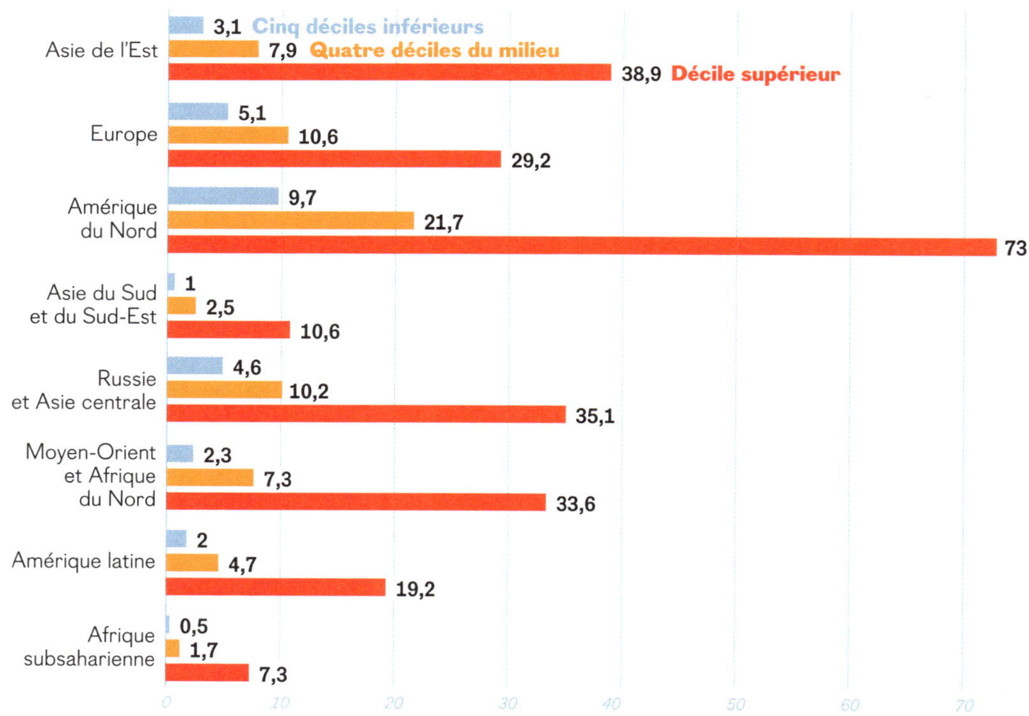

Figure 3

pour l'État, mais a aussi grevé le budget énergétique des familles pauvres. Cette réforme, qui a suscité une virulente opposition dans un premier temps, a été acceptée quand le gouvernement a décidé d'utiliser cette enveloppe pour financer l'assurance-maladie universelle et des mesures de soutien aux plus démunis.

Pour accélérer la transition énergétique, nous devons aussi faire preuve de créativité. Prenons l'exemple d'un impôt progressif sur la fortune, associé à un supplément pollution. Un tel dispositif accélérerait la sortie des énergies fossiles en rendant l'accès au capital plus coûteux pour les industries polluantes. Il pourrait aussi en résulter une manne financière pour les gouvernements, des sommes à investir dans les secteurs et innovations écologiques. Ces taxes seraient plus équitables, car elles cibleraient une fraction de la population et non la majorité. Au niveau mondial, un impôt modeste sur la fortune des multimillionnaires avec un supplément pollution est susceptible de créer 1,7 % du revenu mondial, comme en témoignent des travaux de recherche récents. De quoi financer les investissements nécessaires chaque année pour tenir les objectifs d'atténuation du changement climatique.

Quelle que soit la voie choisie par les sociétés pour accélérer la transition – et les pistes sont nombreuses –, il est temps pour nous d'admettre qu'il n'y a pas de réelle sortie des énergies fossiles sans une réelle redistribution de revenu et de patrimoine. /

Les riches doivent faire le maximum pour réduire les émissions et les pauvres doivent être aidés à s'adapter à un réchauffement compris entre 1,5 °C et 2 °C.

5.20

Des réparations climatiques

Olúfẹ́mi O. Táíwò

La crise climatique est l'aboutissement de siècles d'injustice raciale, une injustice qui s'est immiscée jusque dans la structure de notre système énergétique, de nos réseaux économiques et de nos institutions politiques. Pour que la justice raciale et la justice climatique triomphent, nous devons prendre toute la mesure du défi qui se présente à nous : reconstruire le monde.

Et ça n'a rien d'une métaphore. Comme l'avaient compris les militants qui ont contesté le régime politique colonial dans les années 1960 et 1970, la justice exige que nous rebâtissions nos systèmes politiques et économiques à l'échelle planétaire. La politologue Adom Getachew qualifie cette philosophie et cette ambition de « reconstruction du monde ».

La mission paraît intimidante, car le monde est fait de nombreuses pièces détachées, mais c'est bel et bien un système que nous pouvons et devons comprendre. On lit souvent le terme « schéma directeur » pour désigner le plan des hiérarchies institutionnelles, mais c'est une métaphore figée qui ne satisfait pas, car en réalité nos contextes politiques et économiques sont en constante évolution. Nous devrions plutôt imaginer nos systèmes politiques et commerciaux comme un réseau d'aqueducs qui s'étendent d'un bout à l'autre du globe.

Ce n'est pourtant pas de l'eau qui circule dans ces canaux, car ce réseau crée et distribue des avantages et des désavantages sociaux : richesse et pauvreté, produits finis et pollution, connaissance et ignorance sur la médecine. La répartition des avantages et des désavantages qui en découle n'est pas le reflet passif du mérite et du génie civilisationnels inhérents à certaines régions du monde où affluent les avantages, pas plus qu'elle ne reflète le démérite inhérent aux régions du monde submergées par les désavantages. Cette répartition correspond plutôt à des siècles de décisions et d'actions humaines. La volonté délibérée de créer une structure sociale injuste, l'incapacité à créer une société juste, et les tentatives de gérer les conséquences des deux : le tout s'est amalgamé au fil du temps pour former notre conjoncture actuelle, la structure qui entrave notre avenir. Ces aqueducs historiques permettent de prédire dans quelle direction circuleront naturellement les futurs avantages et désavantages, et vice versa. Du moins si on ne touche à rien.

Le monde tel qu'il est construit est issu de l'empire racial mondial : la conquête coloniale et l'esclavage racial sans précédent qui ont commencé au XVIe siècle.

À l'aube de cette période, les empires européens n'étaient pas au sommet de la hiérarchie politique mondiale, bien au contraire, ils étaient des intermédiaires au sein d'un vaste réseau commercial et politique dont le centre se trouvait en Asie. À la fin de cette période, en revanche, ils avaient créé un système planétaire de domination économique. Ils ont construit ce système au moyen de colonies, sur des terres qu'ils ont accaparées par la domination et l'extermination des peuples autochtones ; ces terres sont devenues productives par la traite et l'asservissement d'Africains – forcés d'exploiter les terres –, le tout à une échelle sans égal dans l'Histoire.

Aux XVIIIe et XIXe siècles, l'empire britannique a associé son réseau de colonies et d'esclavage aux nouvelles technologies motorisées par le charbon et la vapeur, afin de démultiplier la production et de mécaniser le travail. C'est la révolution industrielle. C'est cette même révolution industrielle et les transformations de la consommation mondiale d'énergie – puis les émissions de CO_2 qui en découlent – que les scientifiques voient comme l'avènement des changements climatiques anthropiques.

C'est ce même empire racial mondial, celui qui a produit la révolution industrielle et la crise climatique, qui nous a donné les réseaux et canaux orientant les avantages et les désavantages vers telle ou telle population et région dans le monde d'aujourd'hui. L'hémisphère Nord, c'est-à-dire les pays au sommet des hiérarchies bâties ces derniers siècles, a la part du lion pour ce qui est des richesses, du pouvoir politique, des moyens de recherche et d'autres avantages sociaux. L'hémisphère Sud, qui abrite l'essentiel des peuples colonisés et plus généralement exploités à la même période, concentre la majeure partie de la pauvreté et de la pollution. Les populations autochtones et racisées, dans le Sud comme dans le Nord, ont tendance à cumuler le minimum d'avantages et le maximum de désavantages par rapport à leurs voisins.

Il faut remédier aux injustices qui ont mené à l'ordre actuel. Ce ne sont pas des événements ponctuels qui doivent faire l'objet d'excuses ou d'une reconnaissance. Elles se sont sédimentées dans les structures qui régissent notre coexistence sur Terre. Nous devrons transformer cette structure pour réellement réparer les torts du passé.

Ce constat sous-tend l'approche « constructive » des réparations dues au titre de l'esclavage et du colonialisme : nous devons créer des canaux qui amèneront des avantages à ceux qui ont autrefois été privés de tout droit, qui obligeront ceux qui ont profité des injustices passées à assumer leur juste part de la lutte mondiale contre la crise climatique et de la protection du vivant.

Et plus précisément ? Nous devons commencer par un objectif qui, à juste titre, a toujours été considéré comme crucial dans les mouvements radicaux des Noirs exigeant des réparations : verser des espèces sonnantes et trébuchantes aux personnes les plus défavorisées par les aqueducs de l'Histoire. Oui, le verser sans aucune condition. Aux États-Unis, plusieurs stratégies ont été proposées : William

Darity et A. Kirsten Mullen se sont prononcés en faveur de versements directs aux Afro-Américains descendants de personnes réduites en esclavages aux États-Unis, un dispositif qui serait régi par une Commission nationale des réparations, afin que les bénéficiaires puissent effectuer des recherches et déterminer la répartition des fonds. Dorian Warren, intellectuel et militant qui travaille pour l'Economic Security Project, a proposé un revenu universel de base, qui comprendrait pour les Afro-Américains un supplément au titre des réparations qui leur sont dues. Ailleurs qu'aux États-Unis, d'autres ont aussi suggéré un revenu universel de base mondial, qui pourrait être pondéré selon les critères proposés par Dorian Warren.

Les versements inconditionnels ne s'adressent pas qu'aux particuliers ou aux ménages. Réorienter les flux historiques de capitaux peut et doit aussi se faire au niveau des pays et des institutions multilatérales. C'est exactement ce qu'ont promis de faire les pays riches dans le cadre du Fonds vert pour le climat, qui émane des Nations unies, mais leurs engagements étaient modestes et ils ne les ont pas respectés : la cible de 100 milliards de dollars est très inférieure au montant nécessaire pour que les nations en développement remédient à la crise climatique, et les pays riches n'ont même pas versé une fraction de cette piètre promesse. Les investisseurs privés et les entreprises ont proposé de combler l'écart, mais notre dépendance aux marchés nous a précisément menés dans ce pétrin.

Dans la mesure où reconstruire le monde nécessite des moyens financiers, mieux vaut faire pression directement sur les institutions privées que de leur donner la main. Ce type de « désinvestissement-investissement » ferait appel au militantisme pour mettre fin au financement des énergies fossiles et d'autres industries polluantes, au profit de réinvestissements dans des projets pour le bien commun : des liquidités pour les familles et quartiers noirs et autochtones, les initiatives publiques de production et de stockage d'énergies renouvelables, les connexions Internet à haut débit dans les zones rurales, les projets urbains de vergers collectifs. Ayons cette ambition pour la planète entière, tout en faisant pression pour dénoncer les milliers de milliards de dollars planqués dans les paradis fiscaux.

En revanche, nous ne devons pas tomber dans le piège d'une redistribution d'argent sans remise en cause du système politique et économique. Une véritable reconstruction du monde exige une refonte du système lui-même, par opposition à la tentative de compenser les inégalités. Autrement dit il faut redistribuer le pouvoir directement, en changeant à la source la prise de décisions politiques.

Dans le système actuel, les entreprises privées ont une mainmise unilatérale et autoritaire sur de vastes pans de la vie publique : les conditions de travail, la fourniture de services comme l'énergie et l'eau, les chaînes d'approvisionnement pour les énergies propres et sales. Les entreprises des énergies fossiles et d'autres intérêts privés se sont aussi insinués dans les procédures démocratiques au moyen de pots-de-vin légaux et illégaux, faisant des législateurs et des régulateurs leurs complices. S'y oppose un concept essentiel, celui du « pouvoir populaire », issu d'une philosophie ancienne. Elle était notamment défendue par des groupes radicaux comme les Black Panthers dans les années 1960 et 1970, quand ils ont organisé des mobilisations locales pour une prise de décisions démocratique au sujet du foncier, du logement, de l'école et même du maintien de l'ordre.

Il existe déjà des exemples durables à l'œuvre dans des systèmes politiques concrets. Le Parti des travailleurs au Brésil a lancé le « budget participatif » à Porto Alegre dans les années 1980, donnant ainsi aux habitants de la ville un contrôle démocratique direct sur l'affectation des fonds publics. Cette méthode s'est beaucoup développée depuis : elle est intégrée à tous les échelons de l'administration dans l'État indien du Kerala et elle permet une gestion concrète des dépenses publiques dans des villes comme Maputo et Dondo, au Mozambique. Au Kenya, le mouvement Harambee a donné lieu au fléchage de fonds publics officiels vers des dizaines de milliers de programmes de « développement local », qui forcent les législateurs à se mettre réellement au service de leurs administrés. Même dans les pays riches de l'hémisphère Nord, les militants défendent la « démocratie énergétique » : l'énergie appartenant à l'État et sous le contrôle démocratique, par opposition à la mainmise des investisseurs sur des aspects essentiels de la vie des gens.

Nous pouvons même aller plus loin. Nous devons œuvrer à la construction et à la juste répartition de réelles « potentialités » (*affordances*, en anglais) qui favorisent la liberté : autrement dit des régions du monde où vivre sans danger une existence qui a du sens, conformément aux principes de l'autodétermination. Redistribuer l'argent et le pouvoir politique abstrait sont des caractéristiques cruciales de ce projet, mais nous devons aussi voir les choses tout à fait littéralement et bâtir des structures et systèmes de gestion tangibles qui nous aideront à créer un monde juste et adapté au climat. Nous devons fabriquer et répartir équitablement des systèmes d'évacuation des eaux pour se prémunir contre les crues ; construire de nouveaux logements sociaux économes en énergie ; moderniser les logements existants ; et mettre au point des infrastructures sécurisées et résistantes pour l'acheminement et le stockage de l'énergie.

Si la justice climatique et la justice raciale visent à reconstruire le monde, alors la justice est un projet qu'il faut dessiner : nous cherchons à restructurer un monde injuste.

Les seuls dollars ne corrigeront pas les dégâts provoqués par l'exploitation de l'uranium dans la nation Navajo ou au Niger, pas plus qu'ils ne remédieront à la pollution durable causée par les zones d'extraction des énergies fossiles dans le delta du Niger. Nous devons remédier aux problèmes environnementaux précisément et directement, et contester dans le même temps les rapports de force qui sont à leur origine.

Comme dans le domaine politique, les exemples à suivre sont nombreux. Le Bangladesh est l'un des pays les vulnérables sur le plan climatique, mais c'est aussi un chef de file en matière d'adaptation, comme l'explique Saleemul Huq dans un autre chapitre de ce livre. Le dispositif ambitieux du Bangladesh pour la préparation aux catastrophes prévoit des constructions tangibles, comme des digues, mais aussi des mesures sociales. Les autorités ont mis en place des programmes de distribution alimentaire d'urgence et intégré des notions d'intervention d'urgence à des formations qui détaillent des protocoles d'évacuation pour veiller à ce que les personnes âgées ne soient pas abandonnées en cas de crise. À Hanoï, au Vietnam, et à Calcutta, en Inde, des agriculteurs ont conçu des systèmes naturels de gestion des rejets qui réintègrent les substances nutritives à l'agriculture et à l'aquaculture sans recourir aux engrais industriels. Et dans des villes des États-Unis et du Canada la plantation d'arbres, notamment fruitiers, qui sont gérés par la population locale, permet de nourrir le collectif au lieu de dépendre des profiteurs privés. La souveraineté alimentaire s'en trouve renforcée et ces arbres créent de futures oasis qui atténueront la canicule urbaine.

Quelles que soient les idées mises en œuvre, nous devons littéralement reconstruire le monde, cette fois-ci pour le plus grand nombre et non pour quelques privilégiés. C'est une mission qui sera accomplie en se retroussant les manches et avec de l'huile de coude, et non par des ruses comptables et de vaines promesses. Nous n'avons rien à perdre et tout un monde à gagner. /

Si la justice climatique et la justice raciale visent à reconstruire le monde, alors la justice est un projet qu'il faut dessiner : nous cherchons à restructurer un monde injuste.

5.21

Réparer nos liens avec la Terre

Robin Wall Kimmerer

Où est la neige ? Nous sommes en décembre et il fait vingt degrés de plus que les normales saisonnières. Les glaciers fondent, les incendies calcinent tout sur leur passage, les villes sont rasées par des tornades spectaculaires – partout, le chagrin. À cet instant, je tiens dans le creux de la main, le mieux que je puisse faire, un nid déchu de loriot, qu'une bourrasque a fait tomber des branches dénudées pendant un orage hors saison. Ce petit entrelacs de racines et d'écorces pensé pour contenir un chant d'oiseau naissant contient maintenant mon chagrin.

Mon cœur se brise à la vue des réfugiés climatiques qui fuient la sécheresse et les crues, les tempêtes et la famine. Ces migrants climatiques sont partout dans le monde : 30 millions de personnes en 2020 auraient été déplacées par les inondations, les sécheresses, les incendies et les canicules, dont la fréquence et l'intensité augmentent à cause du dérèglement climatique. Qu'en est-il des créatures ornithologiques et des êtres de la forêt ? Que dire de leur expulsion, de leurs innombrables souffrances ?

Mes loriots vont et viennent entre le nord de l'État de New York et l'Amérique centrale. Ils sont en sécurité avec moi, aux États-Unis, mais ils doivent traverser un paysage en ruines pour arriver jusqu'à leur lieu d'hivernage. À l'échelle de ma vie, 60 % des oiseaux chanteurs ont disparu. Tout porte à croire qu'ils ne reviendront pas au printemps prochain.

Ce nid déchu – comme tous les nids d'oiseau, les huttes de castor, les tanières d'ours et les utérus – a la forme d'un bol. C'est une forme sacrée, la forme qui nourrit le vivant. Mon peuple, les Anishinabés, ainsi que les Haudenosaunee, qui sont mes voisins, ont adopté le bol comme symbole nourricier et pourvoyeur de la terre. Nous avons des accords réciproques, connus sous le nom des traités « Un bol, une cuillère ». La terre est le Bol, rempli par Mère Nature de tout ce dont nous avons besoin. Il nous incombe de le partager et de veiller à ce qu'il soit toujours plein. La cuillère symbolise ce que nous prélevons du bol. Il n'y a qu'une seule cuillère, elle a la même taille pour tous, les êtres humains et plus qu'humains. Ce n'est pas une minuscule cuillère pour certains et une énorme pelle pour d'autres. L'une des plus anciennes « politiques de protection » sur la planète est un engagement en faveur du partage, de la justice et de la réciprocité vis-à-vis des dons de la terre.

Après un long hiver, j'accueille avec joie chacun des oiseaux de retour, des premiers carouges à épaulettes, tapageurs, au crescendo des fauvettes, mais aucun ne me réjouit autant que mes loriots. Nos salutations paraissent mutuelles lorsqu'ils annoncent leur arrivée : ils chantent leur musique claire et rayonnante, je virevolte les bras grands ouverts pour exprimer mon affection et mon soulagement de les voir revenir sans encombre. Ils sont fidèles à un vénérable érable, où ils ont élevé leurs petits qui reviennent ici sans faute depuis des décennies. Ils se joignent à moi à l'aube pour la prière matinale et au crépuscule quand je range les outils. Que je bine le maïs ou que je lise à l'ombre, mon été se déroule au rythme des chants de loriots et de leurs passages fugitifs en orange et noir, comme un envol de lys de Colombie.

Saviez-vous que d'après une étude récente sur la santé mentale des humains, le bien-être psychologique est étroitement corrélé à la présence de chants d'oiseaux ? Oui, naturellement vous le saviez.

Ma petite parcelle d'à peine trois hectares est un paradis pour ces oiseaux. En associant intentions et négligence bienveillantes, la terre et moi avons conjointement pris soin de buissons, de bosquets, de prés fleuris et de zones humides qui appellent les oiseaux. Mes voisins, ici dans ces campagnes, font souvent le choix de l'uniformité pour leurs pelouses, prairies, ballots de paille et champs de maïs. C'est un paysage vert et bucolique, mais conçu pour l'économie humaine. Mon voisin de champ est convaincu que j'ai détruit mon pré en y laissant pousser des buissons et des ronces, mais c'est un son et lumière d'oiseaux, de grenouilles, d'insectes, et de lucioles scintillantes en juillet. Mon voisin et moi avons une conception différente de la richesse.

La terre reflète parfaitement la vision du monde choisie par ceux qui s'en occupent... ou pas. Mes loriots survolent des centaines de kilomètres de terres abîmées par les conséquences de la perspective occidentale – des kilomètres de bitume, de mines, de plateformes pétrolières, de puits de fracturation hydraulique qui crachent du méthane, de zones de sacrifice industriel, d'étalement urbain. Parmi les espaces végétalisés, nombre sont des monocultures – des champs ou plantations d'arbres, qui sont toxiques tant ils regorgent d'herbicides et ne trouvent aucun nutriment dans le sol. Cette vision du monde qui repose sur l'exceptionnalisme humain considère la terre avant tout comme une ressource, une propriété, un capital et des services écosystémiques ; cette perspective n'est pas celle d'Un bol, une cuillère, mais celle de la terre comme un entrepôt de matières premières, où la cuillère appartient à quelques membres seulement d'une seule et unique espèce. Mes bien-aimés chanteurs naviguent au-dessus de ces friches stériles, à la recherche d'un endroit où se reposer. Ils doivent être aussi reconnaissants que moi à la vue du réseau décousu de parcelles protégées (publiques et privées), de refuges, de parcs et forêts. Ces lieux intacts sont plus que jamais vitaux, non seulement pour abriter d'autres espèces, mais aussi pour purifier l'air, capturer le CO_2 et faire venir la pluie.

Ce sont des endroits – des îlots dans une mer de chagrin – où les oiseaux chanteurs s'épanouissent et où les insectes tissent ensemble la fibre terrestre, où les empreintes des animaux suivent des chemins ancestraux, les poissons gardent les cours d'eau conformément à leur mission et les êtres humains n'ont pas oublié leurs dons et leurs responsabilités.

Les oiseaux, de leur vue plongeante, identifient ces bols pleins de vie, des îlots de verdure qui leur font signe de se mettre à l'abri. Quand on observe la cartographie des « zones de haute diversité biologique », ces lieux, où l'intégrité écologique demeure intacte et où la richesse des espèces est le plus dense, correspondent quasiment toujours à des zones de haute diversité culturelle, aux terres ancestrales des peuples autochtones.

Selon des estimations, 80 % de la biodiversité mondiale restante est à l'abri sur des terres dont prennent soin les peuples autochtones. Un rapport des Nations unies paru en 2019 a conclu que la biodiversité reculait dangereusement sur toute la planète, mais que le rythme de la destruction était nettement plus lent dans les zones qui sont sous la responsabilité de populations autochtones. Après des siècles de colonisation, qui s'est rendue responsable de dépossession foncière, de génocide, d'assimilation forcée et de tentative d'anéantissement de la vision autochtone du monde, la société dominante se rend brutalement compte que ce qu'elle cherchait autrefois à exterminer est essentiel à la survie aujourd'hui. Mes ancêtres savaient que ce jour viendrait. Envers et contre tout, ils ont protégé nos savoirs, notre philosophie, notre vision sacrée – Un bol, une cuillère – face à l'offensive coloniale. Ils affirmaient, avec une clairvoyance prophétique, qu'un jour le monde tout entier en aurait besoin. Les êtres humains, les eaux, les loriots aussi.

De nombreux loriots passent l'hiver sous les tropiques, au Mexique. La péninsule du Yucatán, qui abrite la grande forêt maya, est une immense zone de haute diversité biologique, où la gestion autochtone de la terre veille au bien-être des humains et de leurs cousins plus qu'humains. On m'a dit que les loriots étaient chéris là-bas également, et les gens coupent en deux des oranges de leurs jardins – de délicats bols orange en offrande, pour leur souhaiter la bienvenue. Je rêve de la migration de mes loriots, qui partent de ma petite parcelle protégée en terre Potawatomi et rejoignent une autre terre verdoyante sur laquelle veille une famille maya dans la péninsule du Yucatán. Les communautés mayas traditionnelles pratiquent une sylviculture complexe et coopèrent avec les phases successorales de la terre – ses évolutions cycliques – pour renouveler continuellement la forêt. Nous faisons pousser du maïs, des haricots et des courges pour nos familles et nos forêts, fourrés et haies débordant de baies pour les autres espèces, car nous reconnaissons que le monde ne nous appartient pas, que nous nous alimentons tous grâce à Un bol, une cuillère – les créatures du genre humain, salamandre, arbre, loriot... Nous sommes tous liés, tissés les uns aux autres par des maillages réciproques, dans un cadre où ce que vit l'un est vécu par tous les autres. Je me plais à penser que mes loriots participent aux prières matinales de leur famille maya tout comme ils rejoignent les miennes. Tout autour d'eux, les forces de la pensée de l'entrepôt, la perspective de l'exceptionnalisme humain menacent pourtant leurs terres ancestrales.

Pourquoi les terres ancestrales autochtones renferment-elles une biodiversité si riche ? Sur le simple plan de la géographie, il est indéniable que les dernières terres tribales sont souvent reculées, jugées inhospitalières par les forces coloniales du développement. Ces terres et ces peuples survivent grâce à la défense farouche des protecteurs autochtones, dans l'Arctique comme dans la forêt tropicale. Les causes de cette biodiversité foisonnante dépassent toutefois largement la géographie et la gouvernance. La diversité biologique prospère sur les territoires autochtones parce que ces terres réagissent aux attentions traditionnelles à leur égard, qui sont ancrées dans la science autochtone ou les savoirs écologiques traditionnels. C'est ainsi que nous veillons à ce qu'Un bol, une cuillère reste plein. Ces pratiques, appelées « aménagement du territoire » dans la terminologie occidentale, sont innombrables. Elles sont des stratégies d'adaptation qui ont évolué à l'échelle locale et qui renforcent la biodiversité. Certaines de ces pratiques sont aujourd'hui bien connues des services de préservation, comme les feux contrôlés, les méthodes de séquestration du carbone, la création délibérée d'habitats, l'agroforesterie. Pendant des siècles, ces applications de la science autochtone ont été reléguées et jugées anti-scientifiques et destructrices. Mes ancêtres pouvaient être emprisonnés s'ils utilisaient leur connaissance du feu pour le bien de la terre. Aujourd'hui, la science occidentale commence à enlever ses œillères coloniales et entraperçoit le génie de la science autochtone. Ces paysages culturels entretenus avec soin révèlent à la science occidentale l'épanouissement qui découle de l'entraide entre peuples et territoires. Ce sont des bibliothèques de savoir ancestral et chacune d'entre elles est menacée.

Notre mission est claire. Il ne suffit pas de révérer la sagesse autochtone. Nous devons défendre farouchement les droits fonciers des premières nations. Il ne suffit pas de respecter les enseignements tels que la récolte honorable, érigée en modèle de vertu et de viabilité. Chacun d'entre nous doit devenir un humble élève et apprendre à vivre comme s'il ou elle venait de cette terre, comme si la Terre était Un bol, une cuillère ; apprendre à vivre comme si l'avenir était entre nos mains – car c'est bel et bien le cas.

Les territoires autochtones sont le doigt qui colmate la brèche dans la digue, retenant ainsi le flot de l'extinction. Et pourtant, 10 % seulement de ces territoires disposent d'une protection légale et d'un titre autochtone. Tous, partout dans le monde, sont envahis par les intérêts des entreprises, des particuliers et des États. Cette crise exige qu'à l'international les organes de gouvernance, les nations et les États interdisent toute destruction supplémentaire de territoires autochtones et renforcent les protections. Ces autorités doivent faire respecter les dispositions négociées de haute lutte qui figurent dans la Déclaration des Nations unies sur les droits des peuples autochtones et veiller à ce que les mesures d'atténuation climatique n'exproprient pas ces communautés au nom d'un nouveau colonialisme vert. Les peuples autochtones sont à l'avant-garde des avertissements climatiques, ils souffrent de façon disproportionnée des répercussions climatiques et ils ont une perspective visionnaire de la justice, de l'atténuation et de l'adaptation climatiques.

Collectivement, la société dominante a la responsabilité d'amplifier les voix autochtones et de les placer en tête de la justice climatique.

Agir pour le climat doit avant tout passer par des solutions fondées sur la nature pour atténuer les effets néfastes et aider les plantes à remplir leur mission : absorber le carbone, le stocker, réguler les microclimats, rafraîchir la planète, produire de l'oxygène, régénérer les sols et faire venir la pluie. Les mouvements qui appellent à protéger de tout développement la moitié des surfaces émergées sont essentiels à la réduction des impacts climatiques. Néanmoins, les territoires autochtones ancestraux nous montrent sans équivoque que les populations et la nature peuvent coexister et même encourager leur prospérité mutuelle. La question n'est pas d'enfermer la « nature » quelque part et d'avoir la permission de la détruire ailleurs. L'appel à la protection foncière ne peut pas se manifester par l'expulsion des populations locales et autochtones, mais doit au contraire concilier les humains et les terres, conformer l'économie aux lois de la nature. N'oublions pas que l'écologie et l'économie ont la même racine, *oikos*, mot qui signifie foyer.

Notre travail ne se limite pas à protéger ce qu'il reste de la biodiversité, mais vise à la rétablir en associant la science environnementale à la philosophie et aux compétences issues du savoir autochtone. La restauration porte aussi sur le rétablissement d'une relation honorable à la terre, sur une « ré-historisation », c'est-à-dire une redéfinition de la narration entre peuple et territoire. On ne se dit plus alors « Qu'est-ce que je peux prendre de plus à la Terre ? » mais : « Qu'est-ce que la Terre attend de nous ? »

Une véritable mobilisation en faveur du climat dépend de nombreuses évolutions. Il faut changer les structures fiscales, les lois, les politiques, les industries, la gouvernance, les technologies, la déontologie, mais l'essentiel est de nous changer nous-même.

Changer de vision du monde – de l'Entrepôt au Bol – est un changement spirituel. David Suzuki a écrit que « la spiritualité est sans doute notre plus grande adaptation, c'est ce qui nous permet de toucher le sacré, de tenir bon face à la désintégration. Les formes et variétés de convictions et rituels spirituels au sein des cultures sur Terre sont sans doute un exemple supplémentaire de l'évolution, qui met en œuvre d'incroyables et extravagantes inventions pour perpétuer la vie. »

Quand j'écoute la mélodie des loriots et de tous leurs congénères à plumes, je perçois un appel à la mobilisation. Je suis encouragée par le nombre de personnes qui, sensibilisées, consacrent toute leur énergie aux transformations dont nous avons besoin. Il existe des exemples époustouflants de leadership entre les autochtones et leurs alliés pour protéger la terre et les eaux, restaurer et soigner ; ensemencer le droit en idées anciennes ou nouvelles grâce à l'application des principes autochtone, que ce soit la Déclaration des Nations unies sur les droits des peuples autochtones ou les droits de la nature. Célébrons cela, même s'il faut concéder que ce n'est pas encore suffisant pour enrayer le tsunami de dérèglements climatiques.

Pourquoi est-ce insuffisant ? Parce que malgré la multiplication des alertes partout, d'innombrables personnes ne se sont pas encore réveillées. Je me dis que ces assoupis sont sous l'emprise d'un narcotique puissant et addictif : la richesse matérielle et la pauvreté spirituelle. Je peine d'ailleurs à le leur reprocher. En naissant dans un monde qui n'attend rien d'autre de nous qu'être un bon consommateur et un observateur passif, ne mettriez-vous pas, vous aussi, la tête sous la couverture ? C'est la peur et l'impuissance qui empêchent les populations de se réveiller, un état délibérément issu d'une perspective assimilant Mère Nature à des choses consommables. Au lieu de vivre dans un monde béni d'une immense biodiversité, d'eau sacrée et de montagnes vivantes, ils vivent dans un monde de ressources qui s'approchent rapidement de l'épuisement. Qu'est-ce qui pousse quelqu'un à se réveiller, à se lever et à se mettre au travail ? Depuis trop longtemps, c'est la peur, et nous continuons de patauger à mesure que l'horloge climatique égrène les secondes. Ce n'est pas de la peur que nous avons besoin.

On me demande souvent où je trouve l'espoir en ces temps sinistres. Je ne suis pas sûre de bien saisir ce qu'on entend ici par espoir. Une source d'optimisme ? Des vœux pieux ? Des signes que l'on privilégie la vie et que l'on se détourne des destructions ? L'espoir, je ne sais pas, mais je connais l'amour.

Je pense que nous traversons cette épreuve parce que nous n'avons pas assez aimé la Terre et que l'amour nous mènera à l'abri. Je rêve d'un jour où nous serons motivés non par la peur de ce qui fonce vers nous, même si c'est effrayant, mais par l'amour d'une sublime vision d'un monde intègre et apaisé. La philosophie environnementale autochtone nous fait un immense cadeau, elle nous offre une définition complète de ce qu'est l'être humain : c'est une invitation à faire partie de la toile sacrée de la vie, à lui appartenir. En nous joignant au chant du loriot pour remercier la Terre, nous choisissons un mode de vie qui rendra la Terre reconnaissante de notre présence.

J'ai voyagé, j'ai écouté et j'ai été profondément émue par les infinies manifestations d'amour que les gens portent à la terre, par leur détermination à trouver une autre existence qui célèbre la joie de la réciprocité, à faire des dons à la Terre en échange de tout ce qu'elle nous a donné.

Dans ma culture, un guerrier n'est pas une personne motivée par la peur ou la puissance, mais une personne qui répond à l'appel de l'amour. Non pas l'amour à l'eau de rose, mais celui qui se sacrifie pour le bien-être de l'autre, qui fait passer avant tout ses bien-aimés. Posons-nous la question : qu'aime-t-on trop pour le perdre ?

De mon point de vue, les actes d'amour pour la terre sont l'enseignement, l'écriture, la science, le vote ; élever des enfants intègres, cultiver un jardin et s'époumoner quand il le faut. C'est ce que cet amour m'inspire : j'accomplirai de grandes et petites choses, sans même savoir les différencier. Je m'efforcerai de créer des changements systémiques. J'écrirai pour appeler aux changements culturels. Je prendrai soin de ma parcelle débordante de baies en sollicitant la science et l'amour, pour qu'Un bol soit abondant, à la fois pour mes petits-enfants et les petits-enfants des loriots.

Tendez l'oreille. Qu'est-ce que l'amour vous inspire ? /

5.22

L'espoir doit se gagner

Greta Thunberg

Pour l'heure, nous avons profondément besoin d'espoir. Mais l'espoir, ce n'est pas croire que tout ira bien. Ce n'est pas s'enfoncer la tête dans le sable ou écouter les contes de fées autour des solutions technologiques inexistantes. Il ne s'agit pas d'échappatoires ou de ruses financières.

Pour moi, l'espoir ne nous est pas donné, c'est une chose que l'on doit gagner, créer. Il ne peut être acquis passivement, en restant là à attendre que quelqu'un d'autre agisse. L'espoir, c'est agir. C'est sortir de sa zone de confort. Et si une bande de lycéens bizarres a été capable de pousser des millions de personnes à changer de vie, imaginez ce dont nous serions capables, tous ensemble, si nous essayions vraiment.

La transformation dont nous avons besoin afin de rester sous 1,5 ou même 2 °C de réchauffement n'est peut-être pas politiquement possible aujourd'hui. Mais c'est à nous de déterminer ce qui sera politiquement possible demain. Nous vivons maintenant sur une planète où la technologie nous permet à tous ou presque d'être connectés les uns aux autres. Dans certaines nations, le régime politique ne le permet pas. Cependant, s'il se produit quelque chose d'important quelque part sur la planète, la quasi-totalité de la population l'apprend instantanément. Cela ouvre tout un champ de possibilités. Personne ne sait encore ce dont nous serons capables une fois que nous déciderons de réagir collectivement – de changer. Je suis persuadée qu'il existe des points de bascule sociaux qui vont commencer à travailler en notre faveur à l'instant où nous serons suffisamment nombreux à choisir d'agir. Les possibilités qui s'ensuivent sont infinies.

La destruction de la biosphère, la déstabilisation du climat et l'anéantissement de nos conditions de vie communes futures ne sont en aucun cas prédestinés ou inévitables. Il n'est pas là question de nature humaine – nous ne sommes pas le problème. Tout ceci se produit parce que nous, les humains, n'avons pas encore été tout à fait informés de notre situation ou des conséquences de ce qui est sur le point de se produire. On nous a menti. On nous a privés de nos droits de citoyens en démocratie, on nous a laissés dans le noir. C'est un de nos principaux problèmes, mais c'est aussi une immense source d'espoir – parce que les humains ne sont pas maléfiques, une fois que nous aurons compris la nature de la crise, nous agirons c'est certain. Étant donné les circonstances, il n'existe pas de limites à ce que nous pouvons faire. Nous sommes capables de choses absolument incroyables – changer de mentalité, inventer, pardonner. Une fois qu'on nous aura présenté la situation telle qu'elle est – et pas une version encore une fois inventée afin de bénéficier à certains intérêts économiques à court terme – nous saurons quoi faire. Il nous reste du temps pour réparer nos erreurs, pour reculer du bord de l'abîme et choisir une nouvelle voie, une voie durable, une voie juste. Une voie qui mène à un futur pour tous. Pas seulement pour ceux qui pensent que leur argent peut leur acheter un moyen de s'adapter aux écosystèmes à l'agonie et aux extinctions de masse. Si dramatique que soit la tournure que prendront les choses, il ne faut jamais laisser tomber. Parce que chaque fraction de degré, chaque tonne de dioxyde de carbone a son importance. Il ne sera jamais trop tard pour sauver le plus de choses possibles.

Certaines personnes parmi les voix les plus fortes du mouvement pour le climat aujourd'hui étaient à peine conscientes de cette crise il y a quelques années seulement et elles ont désormais un rôle essentiel pour changer le destin de l'humanité. Je crois que dans les années à venir ce phénomène ne cessera de se répéter – et c'est là que vous intervenez. Voyez, ici se termine ce livre. Je dois maintenant réunir mes idées et écrire quelques phrases inspirantes dignes de clore cet ouvrage. Mais je ne le ferai pas. Je vous laisse cet honneur. Parce que certaines des meilleures manières d'initier les changements dont nous avons besoin n'ont pas encore émergé. Je suis persuadée que les meilleures idées, les meilleures tactiques et méthodes sont là, quelque part, en attente d'être découvertes. Certains ont essayé, ils ont échoué parce que ce n'était pas le bon moment – parce que le niveau de conscience du public n'était pas encore assez haut à l'époque. Nous devons donc réessayer.

Les choses changent de plus en plus vite. Et toutes ces évolutions ont été rendues possibles par les gens qui ont été les pionniers du mouvement pour le climat et écologique. Les scientifiques, les activistes, les journalistes, les auteurs. Sans eux, nous n'aurions pas la moindre chance. Cette fois, nous avons besoin de tout le monde sur le pont – particulièrement les populations les plus affectées des zones les plus concernées. C'est une question morale et vous avez la supériorité morale. Faites-en bon usage.

Nous avons besoin de tout le monde, tout le monde est bienvenu, où que vous viviez, d'où que vous veniez, quel que soit votre âge ou vos origines. Vous devez prendre le relais et continuer à relier les points parce qu'ici, entre les lignes, vous trouverez les réponses – les solutions qu'il faut partager avec le reste de l'humanité. Et quand le moment sera venu pour vous de les partager, je vous donne un seul conseil : dites simplement les choses comme elles sont.

Et maintenant ?

Si vous vivez à Varsovie, par exemple, et que vous souhaitez acheter les tomates cultivées de la façon la plus durable possible chez votre épicier local, lesquelles choisir ? Les bio importées d'Espagne ou les non-bio qui ont poussé en Pologne ? Une des réponses potentielles est qu'aucune n'est durable. Cependant, une réponse un peu plus adaptée encore serait : *Qui cela intéresse-t-il ?*

Bien sûr il est important de soutenir et de développer les méthodes de culture biologique et si nous avions cent ans pour résoudre cette crise, alors ces choix seraient véritablement essentiels. Mais si nous continuons à nous concentrer exclusivement sur les petits problèmes individuels concernant notre consommation personnelle, nous n'aurons pas la moindre chance d'atteindre nos objectifs internationaux en matière de climat. Il est inutile de dire aux gens de changer leurs ampoules, de voter, d'arrêter de jeter de la nourriture. Pas parce que ces choses ne comptent pas – elles comptent – mais parce que nous pouvons partir du principe, sans trop de risques de nous tromper, que les personnes qui lisent des livres, regardent des documentaires à la télévision ou suivent des séminaires sur la crise climatique sont déjà bien conscientes de l'importance du processus démocratique et du fait que les gens des pays des Nords devraient utiliser moins de ressources.

En réalité, ces récits risquent même de faire plus de mal que de bien, puisqu'ils envoient le message selon lequel la solution à la crise existe au sein de nos systèmes actuels – or ce n'est plus le cas. Le vote est le devoir le plus essentiel pour les citoyens en démocratie. Mais pour qui voter quand les politiques dont nous avons besoin n'existent nulle part ? Et que faire, en tant que citoyens en démocratie, quand même le compromis universel du vote pour le meilleur candidat à disposition ne nous rapprochera pas de la solution à nos plus grands problèmes ?

En 2021, le porte-conteneurs *Ever Given* s'est échoué dans le canal de Suez, suscitant un festival de mèmes très inspirés sur les réseaux sociaux. Il était là, cet énorme bateau vert foncé coincé au milieu du désert avec EVERGREEN peint en lettres géantes blanches sur sa coque, pendant qu'une tractopelle solitaire tentait de grignoter l'immense berge sur laquelle il était bloqué. Le parfait résumé de notre monde moderne en une image : le navire de 400 mètres de long, loué par une compagnie maritime taïwanaise enregistrée au Panama pour des raisons fiscales, a à lui seul mis à l'arrêt, une semaine durant, toute la chaîne logistique et une grande partie du commerce mondial. L'*Ever Given* était en transit entre la Chine et la Malaisie vers les Pays-Bas, avec à son bord quelque 18 000 conteneurs remplis des biens qu'ils contiennent généralement – électronique, produits ménagers, chaussures, vêtements de fast fashion, VTT, meubles de jardin, barbecues, etc. Ce sont plus de 5 000 navires comme l'*Ever Given* qui sillonnent les océans aujourd'hui. Beaucoup fonctionnent au mazout brut – un produit résiduel issu du raffinage du pétrole extrêmement sale qui se trouve aussi être extrêmement bon marché. Rares sont d'ailleurs les entreprises maritimes qui peuvent se permettre de ne pas y avoir recours. Mais puisque les émissions liées au transport international ont été négociées en dehors de nos cadres nationaux – pour le plus grand bien de la croissance économique –, nous n'avons pas à nous en soucier. Elles existent seulement dans la réalité et, comme nous l'avons appris dans ce livre, la réalité ne compte pas toujours dans le monde des statistiques du climat.

Prenez un instant pour vous représenter le cycle de la consommation. Un jouet en plastique est fabriqué en Chine par une entreprise américaine installée là-bas pour tirer profit du travail bon marché, de la faiblesse des restrictions et de la législation environnementale sur place. Une fois terminé et emballé, il est expédié vers l'Europe sur des navires tels que l'*Ever Given*. À son arrivée, le jouet est chargé à bord d'un camion et transporté à travers toute l'Europe pour atteindre les rayonnages d'un magasin local, où quelqu'un l'achète, le place dans un sac en plastique puis monte à bord de sa voiture à essence pour rentrer à la maison. Après avoir déballé le jouet, peut-être cette personne recycle-t-elle l'emballage. Puis, des années après, une fois que l'objet est cassé ou oublié, le consommateur le recycle, afin de laisser la place à de nouveaux jouets. Les matériaux recyclés partent dans différentes directions. Une petite portion pourrait servir à fabriquer de nouveaux jouets en plastique, des bouteilles ou des emballages. Mais elle est extrêmement restreinte. Même une nation aussi progressiste en matière de recyclage que mon pays, la Suède, ne recycle que 10 % du plastique environ. Le reste est brûlé pour l'énergie. L'autre destin très probable qui attend nos déchets est d'être reconduits vers des ports comme Rotterdam et embarqués à bord de bateaux comme l'*Ever Given*. Leur destination, cette fois, sera l'une des innombrables décharges situées en Asie du Sud-Est ou en Afrique, où échoue une proportion énorme de nos matériaux recyclés, contaminant les communautés, les terres, les rivages et l'eau douce. À moins, bien sûr, qu'ils finissent brûlés hors de toute réglementation dans des sites proches de ces décharges, provoquant davantage de pollution encore.

De gigantesques navires transportant tous nos déchets plastiques recyclés, l'idée est pour le moins perturbante. Mais il est peut-être encore plus dérangeant de se dire que ces puissants bateaux reviennent souvent tout à fait vides en direction de ports à l'autre bout du monde, où une fois de plus on les remplit de nos produits. Et ainsi se poursuit le cycle de la consommation, inéluctablement.

- **Chaque année,** on estime à 8 millions de tonnes la quantité de déchets plastiques jetés dans les océans.
- **Chaque jour,** nous utilisons environ 100 millions de barils de pétrole.
- **Chaque minute,** nous subventionnons la production et la combustion du charbon, du pétrole et du gaz à hauteur de 11 millions de dollars.
- **Chaque seconde,** une zone forestière de la taille d'un terrain de football est abattue.

Aucune action individuelle, même répétée un grand nombre de fois, ne pourrait compenser tout cela. Malgré toute notre bonne volonté, nous ne pouvons pas vivre de façon durable dans un monde qui ne l'est pas. La vérité est que nombre d'entre nous dépassent les limites de la planète rien qu'en payant les impôts, tant ceux-ci permettent de subventionner les industries fossiles.

Bien sûr, dépasser la hausse moyenne de température mondiale de 1,5 °C ou 2 °C ne signifie pas la fin du monde. Mais pour beaucoup qui n'ont pas le privilège de pouvoir s'adapter aux conséquences initiales d'une telle déstabilisation climatique, cela sera la fin de beaucoup de choses – de la sécurité alimentaire, de la sécurité tout court, de la stabilité, de l'éducation, des sources de revenu, et en fin de compte d'un nombre de plus en plus grand de vies humaines. N'oublions pas que dans un monde de 1,2 °C plus chaud, des gens perdent déjà la vie ou leurs moyens de subsistance. C'est peut-être acceptable pour certains pays des Nords. Mais d'un point de vue moral, on ne peut pas faire plus inacceptable. Surtout du fait que des milliards de personnes déjà en première ligne devant l'urgence climatique ne sont en rien responsables du problème à la base.

Il y a aussi des points de bascule. Certains sont déjà derrière nous ; d'autres sont là, pas loin. Ce chiffre de 1,5 °C n'a pas été choisi au hasard. Il vise à minimiser le risque de provoquer des dégâts irréparables aux conditions de notre vie sur terre.

Si vous cherchez comment résoudre la crise climatique sans modifier nos comportements, alors vous serez à jamais déçus, car nos dirigeants ont beaucoup trop attendu pour qu'on en soit encore là. Cela ne signifie pourtant pas qu'il n'y a pas de solutions, elles existent. Nous en avons des tas. Mais nous devons changer notre point de vue à leur sujet – tout comme nous devons redéfinir l'espoir et le progrès pour que ces mots ne soient plus synonymes de destruction. Une solution, ce n'est pas remplacer une chose qui ne fonctionnerait plus par une autre. Une solution, ce peut être tout simplement d'arrêter de faire quelque chose.

Certaines façons d'avancer pourront être très différentes selon qui vous êtes et où vous vivez. Par exemple, si vous habitez en Angola, au Pérou ou au Pakistan, vous souffrez peut-être déjà des conséquences de la crise climatique. Alors la meilleure chose à faire, en ce qui vous concerne, est peut-être de sauter dans un avion pour assister à une conférence sur le climat en Europe ou en Amérique du Nord afin de raconter votre histoire et de tenter de pousser au changement – si vous en avez l'occasion. À l'inverse, si vous vivez aux États-Unis, en Belgique ou au Royaume-Uni, l'un des moyens les plus efficaces de transmettre la réalité de cette même crise sera peut-être d'abandonner votre privilège de prendre l'avion.

Mais il est important de ne pas accuser les uns et les autres pour ce qu'ils font ou ne font pas. La vie est déjà assez compliquée comme ça. En aucune manière il ne faut attendre des individus qu'ils compensent les méfaits des gouvernements, des médias, des multinationales et des milliardaires. L'idée est absurde. Personnellement, chacun peut faire beaucoup, mais cette crise ne se résoudra pas par l'action d'un seul.

Afin de créer les transformations nécessaires, nous avons besoin d'une série de différentes couches d'actions. Nous avons besoin à la fois de changements de système structurel et de changements individuels. Il faudra y ajouter une évolution culturelle des normes et des discours. Tout cela est parfaitement à notre portée. Si nous sommes prêts à changer, alors nous pouvons éviter les pires conséquences. Il est encore temps. Donc oui, nous pouvons encore tout arranger.

Transformer fondamentalement une société non durable n'est pas une si mauvaise chose à faire. Au contraire. Remplacer des habitudes non durables par d'autres, durables, nous donnera le sentiment d'avoir un objectif, donnera du sens à nos vies. L'action commencera lorsque nous aurons cessé de faire comme si nous pouvions résoudre la crise sans la traiter comme telle et sans changer en profondeur nos sociétés. Un nouvel espoir est né. Un meilleur espoir. Un véritable espoir.

Nous n'avons pas grand-chose à craindre parce que le meilleur demeurera tel qu'il est : les amis, la culture, le sport, le divertissement, la famille, la nature, les aliments, les boissons, les arts, les voyages, l'aventure, les gens. Aucun de ces éléments ne disparaîtra, même si certains devront être abordés de façon différente.

La crise climatique ne peut trouver de solution dans les systèmes actuels. Mais cela ne doit pas nous empêcher de commencer à agir dès à présent. Non seulement ces changements sont nécessaires, mais ils créeront des boucles de rétroaction positive et des seuils de rupture qui nous écarteront de la voie actuelle, celle qui mène droit à la destruction de la planète.

Tout au long de ce livre – et de cette dernière section en particulier – j'ai évoqué des « solutions » à la crise climatique. Il est important de garder à l'esprit que si nous pouvons – et devons – mettre des solutions en place qui réduiront les émissions de carbone, protégeront la biodiversité et débarrasseront notre ciel de la pollution de l'air toxique, nous ne pouvons pas « résoudre » la crise climatique pour tout le monde.

Le secrétaire général de l'ONU, António Guterres, a résumé le récent sixième rapport d'évaluation du GIEC en ces termes : « un atlas de la souffrance humaine ». La crise climatique impacte déjà des gens partout dans le monde avec des conséquences dévastatrices – particulièrement ceux qui vivent dans des économies pauvres. Même si nous pouvions arrêter toutes les émissions de gaz à effet de serre aujourd'hui, nous avons déjà infligé des dégâts irréparables à la planète et aux personnes dont les moyens de subsistance et les vies ont été détruits par des inondations, des sécheresses, des incendies et des tempêtes. Et les meilleures données scientifiques à notre disposition nous confirment clairement que les températures continueront de monter et que ces impacts vont très certainement s'aggraver.

Nos responsables n'ont pas réagi – c'est pourquoi le changement de climat est désormais une crise qui ne peut plus être évitée. Ils nous ont trahis jusqu'à présent, mais cela ne veut pas dire que l'on doit baisser les bras. Loin de là.

Comme le dit Guterres, « Le moment est venu de transformer la rage en actes. Chaque fraction de degré compte. Chaque voix peut changer la donne. Et chaque seconde compte. »

Je ne fais la leçon à personne, mais, à la lumière des informations fournies par les scientifiques et les spécialistes dans ce livre, voici une liste d'actions à notre portée, si nous le souhaitons. /

La crise climatique ne peut trouver de solution dans les systèmes actuels. Mais cela ne doit pas nous empêcher de commencer à agir dès à présent.

Ce qu'il faut faire

Affronter l'urgence

À cause de l'échec complet de nos dirigeants à régler toutes les questions liées à la durabilité, il n'est plus temps de parler de ce que nous voulons faire, mais de ce que nous devons faire. Nous n'avons pas simplement à réduire nos émissions ou à devenir une société bas carbone. Nous devons nous rapprocher de zéro autant qu'il est physiquement possible. On ne peut plus rester au milieu du gué à faire des petits pas dans la bonne direction. Il faut commencer à mettre de l'ordre dans nos priorités. /

Admettre l'échec

Même si nous devions cesser dans la minute notre destruction de la nature, nous avons déjà infligé des dégâts irréparables à nos conditions de vie sur terre. Nous avons donc échoué. Nos idéologies politiques ont échoué. Nos systèmes économiques aussi. Et nous persévérons dans l'échec, puisque nous n'avons pas commencé à ralentir. Nous accélérons, même. À moins de reconnaître cet échec, nous ne pourrons pas apprendre de nos erreurs. Nous ne pourrons pas non plus les réparer. /

Inclure tous les chiffres

L'une de nos priorités doit être d'inclure la totalité de nos émissions véritables dans nos statistiques. Comment, sinon, obtenir une vue d'ensemble de la situation afin d'entreprendre les changements qui s'imposent ? Que cela n'ait pas été fait en dit long sur les efforts de nos sociétés jusqu'à ce jour. Tant que nous ne prendrons pas en compte la totalité de nos émissions – la consommation des biens importés, l'aviation et la navigation internationales, les dépenses militaires, les exportations, les investissements des fonds de pension, les émissions biogéniques, et caetera – un fait demeurera : nos rois sont nus. /

Relier les points

La capacité de nos écosystèmes à absorber le carbone se détériore rapidement, à cause de la déforestation, de la pollution, de la surexploitation et ainsi de suite. L'agriculture industrielle ruine nos terres, nos rivières, nos côtes. La destruction en cours de notre biosphère a généré une extinction de masse potentielle et la déstabilisation de notre climat tout entier. Et tant que nous continuons à empiéter sur la nature, nous créons les conditions pour l'apparition de nouvelles pandémies. Mais l'environnement n'est pas le seul à souffrir. L'inégalité sociale se développe et le déséquilibre entre les plus riches et les plus pauvres confine à l'absurde. Ces crises sont liées et nous ne pouvons nous attaquer à l'une sans nous attaquer aux autres. /

Choisir la justice et les réparations historiques

La crise climatique et écologique est une crise d'inégalité et d'injustice sociale. Les plus affectés sont ceux qui sont le moins responsables du problème. Cela en fait une question morale, une question d'injustice sociale, raciale et intergénérationnelle qui concerne près de 8 milliards de personnes. Afin de trouver des moyens mutuels d'avancer, il nous faut embarquer avec nous un maximum de personnes. L'échec n'est tout simplement pas une option. Et rien de tout cela ne sera possible sur le long terme à moins que les nations responsables de l'épuisement de 90 % du budget carbone déjà dépensé ne soient mises face aux conséquences de leurs actions et ne paient pour les dégâts qu'elles ont causés. Une compensation, c'est bien le minimum – la vie n'a pas de prix. Nous ne pouvons pas aller de l'avant, vers un avenir meilleur, sans agir pour guérir les blessures du passé. /

Ce que nous pouvons faire ensemble, en tant que société

Nous éduquer

Des décennies d'information qui auraient dû complètement modifier notre société ne sont pas parvenues au grand public. À moins que nous ne mettions rapidement un terme à cette violation de la démocratie et des droits humains les plus essentiels, aucun des changements qui s'imposent ne sera même envisageable. En effet, pourquoi voudrions-nous transformer une société si nous ne comprenons pas que nous y sommes obligés ? /

N'oublier personne

Nous devons transformer notre système actuel afin qu'il protège les travailleurs et les plus vulnérables, pour réduire toute forme d'inégalité et éradiquer la discrimination. /

Établir des engagements fermes

À compter d'aujourd'hui, il faut établir des budgets carbone annuels contraignants, fondés sur les meilleures données scientifiques à notre disposition et sur le budget du GIEC, qui nous donne au moins 67 % de chances de limiter la hausse de température à +1,5 °C. Nous devons nous assurer que ces budgets incluent l'aspect de l'équité globale, la consommation des biens importés, le transport maritime et aérien international ainsi que les émissions biogéniques, mais aussi qu'ils ne dépendent pas de futures technologies d'émissions négatives pour l'heure sous-dimensionnées – et qui peut-être n'existeront jamais à l'échelle qui convient. /

Réensauvager la nature

C'est un des outils les plus efficaces à notre disposition. Il suffit de reculer et de laisser la nature reprendre ses droits. /

Restaurer la nature

Dans les endroits où la nature n'est pas capable de guérir par elle-même, nous devons lui venir en aide et restaurer ce qui a été saccagé par les activités humaines ou les événements météorologiques extrêmes. Les mangroves, les forêts, les zones humides, les tourbières, le fond des océans, les rivières et les prairies ont un énorme potentiel de séquestration du carbone, bien supérieur à toute alternative technologique actuelle. /

Planter des arbres

S'il convient à la terre et à la biodiversité locale, le boisement est une solution formidable. À ne pas confondre avec la plantation d'arbres en monoculture industrielle dont le destin est d'être abattus dès lors qu'il devient financièrement profitable de les couper. /

Maximiser tous les puits de carbone possibles

Nos émissions doivent connaître un déclin sans précédent. Et puisque nous ne possédons pas les solutions technologiques pour y parvenir, nous devons mettre un terme à certaines activités, ou les réduire significativement. Nous devons donc user de l'ensemble des moyens à notre disposition pour capturer et stocker le carbone. L'un des moyens les plus efficaces consiste à laisser de vastes pans de nos forêts dans l'état où ils se trouvent. Un arbre en vie doit avoir plus de valeur qu'un arbre mort et nous devons développer un système qui nous impose de payer pour le stockage de carbone au lieu de payer pour la déforestation. Un tel système doit, cependant, reposer sur une perspective juste et équitable, où les droits et les connaissances des peuples indigènes sont au premier plan. /

Abandonner des expressions telles que « compensation carbone » et « compensation climat »

Il est trompeur de penser que dans un avenir prévisible nous serons capables de compenser pour les émissions présentes ou même à venir. Aucune des mesures listées plus haut – le boisement, le réensauvagement, la restauration de la nature – ne doit être confondue avec la « compensation carbone », qui pousse à croire que nous pouvons pallier des émissions pas encore générées. Nous avons des décennies d'émissions passées à compenser et avec notre capacité actuelle – sans parler de notre niveau d'émissions actuel – nous parvenons à peine à nous attaquer de façon superficielle à notre pollution historique. /

Nous passer des combustibles fossiles

Les banques, les investisseurs privés, les fonds d'investissement, les fonds de pension, les gouvernements et ainsi de suite doivent reconnaître leurs responsabilités et totalement cesser de mettre de l'argent dans les combustibles fossiles, pour l'exploration comme pour l'extraction. /

Mettre un terme à toutes les subventions en faveur des combustibles fossiles

Chaque année, nous dépensons 5 900 milliards en subventions en faveur de la destruction de ce qui nous permet de vivre sur terre. C'est la définition ultime de la démence. Il faut immédiatement y mettre un terme – nous en sommes capables. /

Rendre les transports publics gratuits

J'évite souvent de préconiser des solutions individuelles spécifiques, car cela risque de détourner l'attention des plus vastes changements systémiques nécessaires. Je ne veux pas envoyer le signal selon lequel nous pouvons régler le problème au sein de notre système existant. Cependant, si nous sommes le moins du monde intéressés par la baisse de nos émissions de gaz à effet de serre, alors l'amélioration, la réparation et le développement de nos transports en commun – rendus, en parallèle, gratuits – sont un des moyens les plus simples à mettre en œuvre. /

Repenser les transports

La voiture durable n'existe pas. Elle n'existera jamais à moins que nous ne découvrions comment la faire pousser sur un arbre ou que nous n'inventions des baguettes magiques. Il y a dans le monde aujourd'hui environ 1,4 milliard de véhicules motorisés. Une étude récente estime que ce chiffre atteindra les 2 milliards d'ici à 2035. La perspective de les remplacer par d'autres, électriques ceux-là, tout en restant en deçà des limites de la planète, est loin d'être réaliste. Nous devons donc repenser entièrement le concept du transport individuel par la route. Il est souvent possible de modifier des voitures existantes en installant des moteurs électriques ; les autres solutions sont le covoiturage ou l'autopartage. Mais de façon globale, le transport public doit devenir plus accessible et dominer notre système de transport. Restaurer et développer le transport public bas carbone – les trains, les trams, les bus et les ferries. Dans de nombreuses régions, un immense réseau d'infrastructures est déjà en place. Les bus électriques longue distance peuvent servir d'alternative au train. Il faut réinstaurer les trains de nuit. Et subventionner le transport ferroviaire, non le voyage aérien. L'alternative à faible émission doit toujours être l'option la moins chère, et de loin. /

Faire de l'écocide un crime

La destruction de l'environnement à grande échelle doit devenir un crime international afin que nous puissions faire rendre des comptes aux personnes qui en sont responsables. /

Passer directement à l'énergie renouvelable

Si le Sud se voyait offrir l'occasion d'accéder directement aux énergies renouvelables sans passer par la case « infrastructures énergétiques à base de combustibles fossiles », tout le monde en bénéficierait. Mais cela doit être financé par ceux qui ont bâti leur fortune et leurs infrastructures en polluant l'atmosphère au point d'épuiser notre budget CO_2. Cela ne peut toutefois pas servir d'excuse aux pays les plus riches, comme un moyen pour « compenser » leur échec à réduire leurs propres émissions. L'idée que certaines nations peuvent échapper, grâce à l'argent, aux transformations qui s'imposent dans nos sociétés, est profondément anormale. Ce serait comme « payer des pauvres pour faire le régime à sa place », pour paraphraser Kevin Anderson. /

Dépasser les normes sociales

Nous devons déplacer le discours public et laisser derrière nous l'état d'esprit qui inspire des expressions comme « faire des petits pas dans la bonne direction ». Il n'est plus possible de parvenir aux changements nécessaires au sein des systèmes actuels et les tentatives en cours pour « peu à peu rallier le public à la cause » risquent de faire plus de mal que de bien. /

Éviter les fausses solutions

Afin que l'énergie obtenue par les biocarburants et la combustion de la biomasse soit durable, nous avons tout d'abord besoin d'une sylviculture et d'une agriculture durables. Et cela n'existe nulle part sur cette planète à l'échelle qui convient. Nous ne pouvons pas continuer à sacrifier la nature et la biodiversité simplement pour maintenir une échappatoire qui permet aux nations et régions du Nord de poursuivre comme si de rien n'était. /

Investir dans l'énergie éolienne et solaire

Dans de nombreux cas, le miracle s'est déjà produit. Il n'existe pas de solutions parfaites, mais lorsque les infrastructures éoliennes et solaires sont construites aux bons endroits et dans le respect de l'environnement local, elles changent vraiment la donne à l'échelle mondiale. /

Éviter de renvoyer les deux camps dos à dos

Renvoyer les deux camps dos à dos, c'est accorder la même importance aux deux angles d'un problème. Dans les décennies qui viennent de s'écouler, ce phénomène est apparu dans les médias qui allouaient un temps de parole excessif à ceux qui nient le changement climatique ou n'y voient pas une urgence afin de paraître impartiaux, comme l'explique George Monbiot dans la cinquième partie. Cela a nourri une crise existentielle et initié une extinction de masse. Désormais, les médias ont déplacé leur couverture sur les intérêts économiques à qui ils offrent – dans le meilleur des cas – un statut équivalent aux questions écologiques, selon la ligne « Oui, cette mine va contaminer l'eau potable et polluer l'air de la région tout entière, mais elle va permettre de créer 250 emplois. » La survie n'est pas une histoire à deux faces. L'extinction ne devrait pas être un sujet de débat. Cela dit… hé !! Maintenant que j'y pense, et si on renvoyait les deux camps dos à dos ? C'est l'occasion de mettre les choses au point. Puisque les médias ont passé les soixante-dix dernières années environ à faire des reportages sur l'économie et les progrès économiques sans jamais faire référence à leurs effets sur la nature, ils peuvent compenser en consacrant les soixante-dix prochaines à exposer exclusivement les intérêts écologiques. Ainsi, leur impartialité sera prouvée. Allez, chiche. /

Interdire les publicités haut carbone

L'idée que vous pouvez légalement promouvoir la destruction de votre vie future et présente est ridicule. Si nous voulons avoir la moindre chance d'atteindre nos objectifs climat, la publicité de ce type doit être bannie. Mais puisque nous n'avons plus le luxe de mettre en place des solutions non globales, cette interdiction doit aussi inclure nos secteurs à hautes émissions. Sans quoi, une interdiction limitée à la publicité pour les combustibles fossiles validerait indirectement des biocarburants non durables, la combustion du bois pour l'énergie, etc. /

Investir dans la science, la recherche et la technologie

La technologie seule ne nous sauvera pas. Nous avons trop attendu pour ça. Néanmoins, nous en avons désespérément besoin – nos vies dépendent de la compréhension scientifique de notre situation. Par exemple, la production alimentaire sans agriculture – des aliments fabriqués à partir d'ingrédients créés en laboratoire – est sur le point de révolutionner notre façon de nous nourrir. Si l'on ajoute à cela les cultures vivaces et les pratiques agricoles sans labour, nous pourrions inaugurer une série innovante de boucles de rétroaction positive susceptibles de réintégrer d'énormes quantités de carbone dans nos terres et nos forêts. /

Tenir compte des principes de sécurité

En 2021, à l'échelle de la planète, les incendies ont provoqué 6,45 gigatonnes d'émissions de CO_2. Soit environ 15 % de nos émissions globales de dioxyde de carbone. Dans n'importe quelle autre situation, une hausse de 15 % d'une crise grave aurait poussé la plupart d'entre nous à actionner le frein d'urgence. Mais s'agissant du climat, cela ne fait même pas la une. Cette ignorance doit cesser et les mêmes principes de sécurité qui s'appliquent au reste de la société doivent être valables pour la crise écologique et climatique. /

Poursuivre en justice les gouvernements et les entreprises émetteurs de carbone

Traînez-les devant les tribunaux. Faites-leur payer pour les pertes et dégâts subis et forcez-les à agir. Mais n'oubliez pas de communiquer également sur l'absence de lois à votre disposition pour les forcer à se mettre en règle. Avant la pandémie, nous utilisions environ 100 barils de pétrole par jour. D'après les estimations, nous allons dépasser ce total en 2023. Il n'existe pas de loi pour maintenir ce pétrole dans le sol. Ni pour lutter contre les compagnies forestières qui réalisent des coupes claires dans les forêts et brûlent les arbres pour des raisons énergétiques. Ni pour nous protéger à long terme contre la destruction de notre biosphère. Il est parfaitement légal de scier la branche sur laquelle nous sommes tous assis. Alors oui, nous devrions les poursuivre en justice avec tous les moyens légaux à notre disposition. Mais il faudra aussi bien avertir tout le monde : cela ne suffira pas, surtout dans le cas, peu probable, où nous remporterions le procès. /

Créer de nouvelles lois

Forçons les pollueurs à payer pour les dégâts qu'ils ont provoqués. Les sociétés pétrolières et les nations productrices de pétrole doivent être tenues responsables pour les dégâts irréparables qu'elles ont causés et causent encore. /

Ce que vous pouvez faire en tant qu'individu

Éduquez-vous

À l'instant où vous comprendrez la situation dans son ensemble, vous saurez quoi faire. Lancez des groupes d'étude et partagez vos connaissances avec vos amis et vos collègues – utilisez des livres, des articles, des films et diffusez-les largement. /

Devenez militant

C'est, de loin, le moyen le plus efficace de défendre l'urgence climatique et écologique. Exigez le changement. Accélérez le processus démocratique. Faites bouger les normes sociales. Braquez les projecteurs sur la justice et l'équité. Tendez le micro à celles et ceux qui ont besoin d'être entendus. Agissez. Manifestez. Boycottez. Mettez-vous en grève. Utilisez la non-violence, la désobéissance civile. Nous avons besoin de milliards de personnes. Nous avons besoin de vous. /

Défendez la démocratie

Sans démocratie, il n'existe aucun moyen pour nous de sauvegarder nos conditions de vie futures. C'est notre outil le plus important. Alors défendez-la. Battez-vous pour elle. Développez-la. Faites-lui gagner du terrain. Aidez les autres à s'inscrire sur les listes électorales. Luttez contre toutes les forces antidémocratiques telles que l'autoritarisme, les préjugés xénophobes et l'oppression contre les droits humains et la liberté d'expression. La démocratie doit toujours être en mouvement, nous devons donc trouver de nouvelles manières de l'utiliser, par exemple dans des assemblées citoyennes. Votez, mais gardez à l'esprit que c'est l'opinion publique qui dirige le monde libre – et l'opinion se fait à chaque instant. Pas seulement le jour de l'élection. /

Devenez actifs politiquement

Cette crise ne se résoudra pas grâce aux partis politiques d'aujourd'hui, mais cela pourrait changer si suffisamment de personnes en leur sein devenaient conscientes de la situation. /

Parlez-en

Tout le temps. Soyez pénible. Soyez dérangeant. Rares sont les sujets associés à la crise du climat et de la durabilité qui sont agréables à évoquer, alors il n'est pas facile de dire les choses gentiment. Mais nous devons toujours essayer. Chercher des terrains d'entente. Sans pour autant avoir recours à la haine, particulièrement contre des individus. /

Amplifiez la voix des personnes en première ligne

Les personnes les plus affectées des régions les plus affectées sont en première ligne face à la crise climatique. Pourtant elles ne sont pas en première page de nos journaux. Leurs voix doivent être entendues, nous pouvons tous y contribuer. Partagez leurs histoires, dites leurs noms. /

Évitez les guerres culturelles

À l'instant où nous commencerons à traiter la crise climatique comme une crise, où nous mettrons en place des budgets carbone stricts, où nous inclurons la totalité de nos émissions dans nos statistiques et où nous ferons face à l'urgence écologique et climatique, nous évoquerons, c'est certain, toutes les solutions individuelles, spécifiques d'un point de vue global. Mais pour l'heure, essayons d'éviter de rester bloqués dans des guerres culturelles – ces débats sans fin dont le but premier est de ralentir la conversation, de créer de la division et de retarder les changements nécessaires. Il n'existe pas de solution unique qui en soi permettrait de mettre un coup d'arrêt significatif à la courbe de nos émissions. Alors concentrons-nous sur la situation générale. /

Basculez vers un régime d'origine végétale

Comme l'écrit Michael Clark dans la partie 4, même si nous parvenions à réduire la totalité des autres émissions à zéro, celles liées à notre seul système alimentaire suffiraient à nous propulser au-delà du 1,5 °C de réchauffement. Passer à un régime d'origine végétale nous permettrait d'économiser jusqu'à 8 milliards de tonnes de CO_2 chaque année. Les besoins en terres pour la production de lait et de viande équivalent à une zone de la taille de l'Amérique du Nord et du Sud combinées. Si nous continuons à nous nourrir de cette manière, nous détruirons les habitats de la plupart des plantes et des animaux sauvages, précipitant vers l'extinction d'innombrables espèces. Si nous les perdons, nous serons perdus nous aussi. En optant pour un régime d'origine végétale, nous pourrions nous nourrir en utilisant 76 % de terres de moins. Et si cela ne suffit pas à vous convaincre, vous pourriez le faire pour des raisons de santé. Ou morales. Nous tuons actuellement plus de 70 milliards d'animaux chaque année, sans parler des poissons, dont le nombre d'unités est si élevé que nous mesurons leur vie au poids. Gardez à l'esprit que le véganisme est un privilège qui n'est généralement accessible qu'aux riches citoyens des pays des Nords. De nombreuses régions du monde maintiennent une production alimentaire de petite échelle, durable, qui inclut du poisson, de la viande et des laitages, particulièrement les communautés indigènes et certaines parties du Sud. /

Doutez

À en croire les scientifiques de l'organisation SGR, (Scientists for Global Responsibility, Scientifiques pour la responsabilité globale) les émissions combinées des armées mondiales et les industries qui fabriquent leurs équipements sont estimées autour de 6 % de nos émissions totales de CO_2. Mais souvent ces chiffres sont soit non mentionnés, soit sujets à « une sous-déclaration très significative ». Ceci est dû au fait qu'une très grande quantité de nos émissions ont été négociées hors de nos cadres climatiques et donc n'existent pas dans nos statistiques nationales.

Donc, dès que vous entendez quelqu'un dire que « nos émissions ont baissé de tant et tant » – demandez si ce chiffre inclut la consommation de biens importés, les émissions biogéniques, les exportations, les fuites de méthane, l'armée ainsi que l'aviation et la marine internationales. /

Restez sur terre

Prendre l'avion est à plus d'un titre un privilège. Le reste de notre budget carbone disparaît à toute vitesse – dans le cadre imposé pour que nous restions à 1,5 °C ou 2 °C de réchauffement – et il n'existe aucune solution en vue pour les voyages en avion. L'aérien est un secteur en pleine expansion. Aujourd'hui, il représente autour de 4 % de notre impact climatique total, mais il faut s'attendre à le voir se développer rapidement à l'avenir. Une étude récente a montré que les émissions liées à la totalité de l'industrie touristique composent environ 8 % de nos émissions globales. Plus de 80 % de la population mondiale n'a jamais mis les pieds dans un avion, alors que le 1 % le plus riche est responsable de 50 % des émissions liées au transport aérien, comme l'ont expliqué Jillian Anable et Christian Brand dans la partie 4. Donc, si vous vivez dans un pays des Nords, l'abandon de vos privilèges en matière d'avion a été prouvé comme étant un moyen très efficace de souligner ces inégalités. C'est loin de suffire à résoudre la crise, mais cela envoie un message clair : nous vivons bien une crise. /

Achetez moins, utilisez moins

Ce livre montre clairement que nous vivons au-dessus des moyens de notre planète. Cela dit, ce n'est pas vrai pour tout le monde. Certains doivent élever leur niveau de vie. L'électricité, l'eau propre et des équipements de cuisine non polluants, voilà des exemples de choses dont on a davantage besoin dans de nombreux endroits, un peu partout. Même dans les pays des Nords, la situation varie énormément entre des groupes à différent revenu. Cependant, nous avons indéniablement besoin d'une réduction drastique, globale de l'usage de nos ressources. Les trois grands problèmes sont que notre économie dépend de la croissance, que nos politiciens ignorent la question et que nous avons un petit groupe à haut revenu qui épuise nos ressources communes à une vitesse incroyable. Vous et moi pouvons cesser d'acheter de nouveaux objets, nous pouvons utiliser moins de choses, nous pouvons réparer, échanger, emprunter, mais nous devons garder à l'esprit que nous le faisons comme une forme d'activisme, ou de choix moral, ou de manière d'amplifier nos voix. Nous le faisons en tant que citoyens, pas en tant que consommateurs. Ce problème ne peut être résolu par les seuls individus ; il ne peut être résolu non plus sans un changement de système. /

Certains d'entre nous peuvent faire plus que d'autres

Les personnalités politiques

Être un politicien élu à ce moment de l'histoire c'est avoir des responsabilités et des occasions inimaginables. Faites-en bon usage. Soyez audacieux, soyez courageux. Donnez l'exemple. Changez le récit. Osez risquer votre popularité – aussi souvent que possible. La démocratie est entre vos mains. Vous devez vous assurer que les solutions nécessaires soient disponibles dans la politique d'aujourd'hui. Nous avons besoin de nouvelles politiques, d'une nouvelle économie, de nouveaux cadres, de nouvelles législations, de nouveaux plans de protection pour les travailleurs. Mais par-dessus tout, nous avons tous besoin de réveiller les gens, de les informer de notre situation actuelle – ils doivent être conscients que nous sommes confrontés à une crise existentielle, que le temps qu'il nous reste pour éviter le pire file à toute vitesse. Alors une de vos priorités doit être de communiquer l'urgence de notre situation. Il y a de nombreux moyens d'y parvenir. L'un d'entre eux est de vous lever et de quitter la table pour dire : « Clairement, cela ne fonctionne pas et je n'y participerai pas. » /

Les médias et les producteurs de télévision

Si vous êtes un producteur de télévision en quête de nouveaux programmes, formats ou histoires, alors vous aurez peut-être déjà en tête de créer une série optimiste sur le climat, qui éduquerait les gens tout en leur donnant un sentiment d'espoir. Mais avant de vous lancer sur cette idée, demandez-vous pour qui vous souhaitez créer de l'espoir. Pour ceux qui sont la cause du problème ou ceux qui en souffrent déjà ? Tous ces jeunes qui apparaissent dans les statistiques comme « inquiets » ou « extrêmement inquiets » sur la crise climatique sont bien conscients du problème. Pour eux, le plus déprimant n'est pas tant les informations sur la crise climatique que le fait qu'elles soient ignorées. Ils n'ont pas besoin de jeux télévisés où des célébrités à forte empreinte carbone devisent sur l'impact néfaste de l'avocat sur l'environnement. Entendre dire aux gens qu'ils peuvent réduire leurs émissions de CO_2 en mangeant végétarien une fois par semaine ne suscite pas chez eux le moindre espoir. En réalité, vos échecs, passés et présents, sont souvent l'une des raisons pour lesquelles la jeunesse se sent si désespérée. Alors à moins que vous ne soyez devenu celui que vous êtes aujourd'hui précisément pour soutenir en silence la destruction de la planète, je vous suggère de commencer à faire votre boulot. /

Journalistes

La responsabilité de raconter les histoires, d'écrire les articles à propos de cette crise et de demander des comptes aux responsables revient, en dernier ressort, aux médias. Si vos responsables éditoriaux ne prennent pas ces affaires au sérieux, alors il est de votre devoir, en tant que reporter, de les faire changer d'avis. Ce n'est pas très compliqué à comprendre – même vos enfants le comprennent, souvent. L'époque est révolue où vous pouviez, en tant que journaliste, mettre cela sur le compte de l'ignorance ou le fait que vous n'étiez pas au courant. Sans les médias, il n'y a purement et simplement aucun moyen pour nous d'atteindre nos objectifs climat à l'échelle internationale. /

Célébrités et influenceurs

Si vous vous inquiétez pour le climat et que vous êtes une célébrité, un influenceur ou simplement une personne qui a beaucoup d'amis, de followers sur les réseaux, alors j'ai une excellente nouvelle pour vous. Vous tenez là une occasion unique de créer un changement crucial à un moment crucial de l'histoire. Nous, les humains, sommes des animaux sociaux, nous imitons les comportements des autres et suivons nos leaders. Vous êtes de ceux-là. Les gens aspirent à devenir comme vous. Quand vous vous êtes fait vacciner contre le Covid, vous avez sûrement posté quelque chose à ce sujet en ligne. Vous avez peut-être même participé à une campagne officielle en faveur de la vaccination. C'est mon cas. Pourquoi avons-nous fait ce choix ? Parce que nous savons que cela fonctionne. Cela a un effet positif sur la majorité de la population. Le climat, c'est pareil ; nos paroles sont importantes, mais nos actes, plus encore. Si vous postez une image de vous arborant des vêtements hors de prix dans un *resort* de luxe à l'autre bout du monde, nombre de vos followers et de vos amis auront envie de faire comme vous. C'est ainsi que nous fonctionnons en tant qu'espèce. Mais si à l'inverse vous choisissez d'adopter un mode de vie plus respectueux des limites imposées par notre planète et devenez activiste, alors ces choix auront un impact énorme sur votre environnement. Cela pourrait même nous pousser à franchir quelques étapes clés d'un point de vue social.

Parler de la crise climatique tout en la vivant comme si demain n'existait pas fait probablement plus de mal que de bien, car cela envoie un message selon lequel chacun peut continuer sa vie dans des conditions extrêmes tout en étant soucieux de mettre un terme à notre destruction climatique. Le temps des « petits pas dans la bonne direction » est terminé. Nous sommes en crise, une crise qui impose que nous nous adaptions et changions notre comportement. Les solutions sont entre nos mains à tous. Mais nous ne sommes pas tous à égalité en la matière. Plus vous avez d'écho, plus votre responsabilité est grande ; plus votre empreinte carbone est conséquente, plus votre devoir moral est grand. Alors il ne s'agit pas de ce que vous publiez sur les réseaux sociaux. Il ne s'agit pas de l'argent que vous donnez à des associations caritatives ou à des programmes de compensation carbone. Ce n'est pas une crise dont on se sortira grâce à notre portefeuille. Ce sont nos actes qui comptent. /

Les personnes les plus affectées dans les régions les plus affectées

Les voix qui ont le plus de pouvoir dans ce monde appartiennent à ceux qui le détruisent : les nations à haut revenu, les leaders, les grandes entreprises, les sociétés pétrolières, les fabricants de voitures, les célébrités à fortes émissions carbone et les milliardaires avec des empreintes carbone individuelles de la taille de villages ou de villes entières. Ce sont eux que le monde écoute le plus, ce sont eux qui sont censés résoudre nos problèmes. Pas les populations indigènes qui prennent soin de la nature encore épargnée par les ravages de la modernité. Pas les scientifiques. Pas celles et ceux qui ont été les plus affectés par la destruction. Pas les enfants qui un jour devront nettoyer les dégâts qu'auront laissés derrière elles toutes ces voix puissantes – du moins tout ce qu'il sera encore possible de nettoyer. Il faut que ce soit l'inverse.

Nous disons avoir besoin d'espoir pour survivre – pourtant notre priorité va à donner de l'espoir à ceux qui sont à la source du problème plutôt qu'à ceux qui souffrent déjà de ses conséquences.

« Nous pouvons y arriver », clament les voix puissantes des pays des Nords dans leur lutte sans merci pour maintenir un système dont la défaillance a été prouvée, incapable et voué à l'échec plus que nous pourrions l'imaginer. « Nous nous engageons à atteindre la neutralité climatique d'ici 2050 » disent-ils, endormant le monde. S'ils étaient honnêtes, s'ils pensaient vraiment que nous avons besoin d'espoir, alors ils réduiraient immédiatement leurs émissions pour le bienfait des milliards de personnes déjà affectées et pour leurs propres enfants. Mais ils ne sont pas honnêtes. Au lieu de ça, ils utilisent *l'espoir* comme une arme redoutable pour retarder tous les changements nécessaires et continuer sur leur lancée, comme si de rien n'était.

La justice climatique n'implique pas que les pays des Nords sauvent le monde façon « sauveur blanc ». Cette idée rejoint le même état d'esprit colonial qui nous a mis dans cette sale situation à la base – l'idée que certaines personnes valent plus que d'autres et ont donc le droit de déterminer l'ordre mondial. La justice climatique implique que les pays des Nords reconnaissent leurs méfaits passés et présents et lancent le processus de réparation pour les pertes et dommages. Parce que notre histoire est très vivante aujourd'hui. Il suffit de regarder l'inégalité économique mondiale, l'inégalité sur les vaccins, la pollution ou la vitesse à laquelle certains d'entre nous engloutissent les ressources naturelles encore disponibles – notre budget carbone en voie de disparition accélérée par exemple.

La crise climatique est le plus gros défi auquel l'humanité a été confrontée. Mais c'est aussi l'occasion historique de défaire certaines de nos erreurs passées. Nous ne pouvons pas résoudre la crise avec les mêmes méthodes, le même état d'esprit qui nous a mis dans cette situation. La vérité est du côté de celles et ceux qui sont les plus touchés par cette crise. La moralité est de notre côté. La justice aussi. Je vous en conjure, exprimez-vous, exigez ce qui est vous est dû. /

Crédits illustrations

I Températures moyennes mondiale, 1850-2020, adapté pour la période 2017-2021 de « Changes over time of the global sea surface temperature as well as air temperature over land », Robert Rohde, Berkeley Earth Surface Temperature Project, http://berkeleyearth.org/global-temperature-report-for-2020. Reproduit avec permission.

II (haut) Concentration de CO_2 atmosphérique, de « Global average long-term atmospheric concentration of CO_2. Measured in parts per million (ppm) », Hannah Ritchie et Max Roser, Our World in Data. Source : EPICA Dome C CO_2 record, 2015, et NOAA, 2018. License Creative Commons.

II (bas) Émissions annuelles mondiales de CO_2 (1750-2021), Bartosz Brzezinski et Thorfinn Stainforth, The Institute for European Environmental Policy, 2020, https://ieep.eu/news/more-than-half-of-all-co2-emissions-since-1751-emitted-in-the-last-30-years. Sources : Carbon Budget Project, 2017, Global Carbon Budget, 2019, Peter Frumoff, 2014. Reproduit avec la permission de l'IEEP ; et *The 10 largest contributors to cumulative CO_2 emissions, by billions of tonnes, broken down into subtotals from fossil fuels and cement*, Hansis *et al.*, 2015. Carbon Brief Using Highcharts, Global Carbon Project, CDIAC, Our World in Data, Carbon Monitor, Houghton et Nassikas.

III Les pays les plus émetteurs d'émissions cumulées, 1850-2021 dans *The 10 largest contributors to cumulative CO_2 emissions, by billions of tonnes, broken down into subtotals from fossil fuels and cement*, chiffres issus de Carbon Brief et du Global Carbon Project, CDIAC, Our World in Data, Carbon Monitor, Houghton et Nassikas, 2017, et Hansis *et al.*, 2015. Reproduit avec la permission de Carbon Brief.

XVI-XVII © Streluk/istock/Getty Images.

4 Revenu mondial et émissions liées aux modes de vie, dans Extreme Carbon Inequality, brief Oxfam pour les médias, 2015, https://www-cdn.oxfam.org/s3fs-public/file_attachments/mb-extreme-carbon-inequality-021215-en.pdf, figure 1, mise à jour avec les données tirées de « Confronting carbon Inequality », Oxfam, 2020, https://www.oxfam.org/en/research/confronting-carbon-inequality et « Carbon inequality in 2030 », Oxfam, 2021, 3-4, https://www.oxfam.org/en/research/carbon-inequality-2030. Reproduit avec la permission d'Oxfam.

16-17 © Johnny Gaskell.

28 Graphique composite CO_2 atmosphérique à l'observatoire Mauna Loa, décembre 2021, Scripps Institution of Oceanography ; NOAA Global Monitoring Laboratory ; #ShowYourStripes – graphiste et responsable scientifique : Ed Hawkins, National Centre for Atmospheric Science, University of Reading ; Données : UK Met Office. Design by sustention [PG]. Licence Creative Commons.

34-5 Graphiques adaptés de *Socio-economic trends* et *Earth System Trends* dans « The trajectory of the Anthropocene : The Great Acceleration », Will Steffen, Wendy Broadgate, Lisa Deutsch, *et al.*, *The Anthropocene Review*, 01/04/2015, vol. 2(1), 81-98, SAGE Publications © 2015, SAGE Publication. Reproduit avec la permission de SAGE Publications.

36 © Johan Rockström. Reproduit avec sa permission.

38 (haut) Graphique adapté de « Tipping elements in the Earth's climate system », T.M. Lenton *et al.*, PNAS, 12/02/2008, vol. 105(6), 1786-1793, https://www.pnas.org/content/105/6/1786.

38 (bas) Graphique adapté de « Climate tipping points – too risky to bet against », T.M. Lenton *et al.*, Nature, 27/11/2019, vol. 575, 592-595, https://www.nature.com/articles/d41586-019-03595-0.

39 © Johan Rockström, avec les données de « Global Warming of 1.5 ºC », rapport du GIEC, 2018, SPM.2 ; « Climate Change 2014 », GIEC, 2014, SPM10 ; et « TAR Climate Change 2001 », GIEC, 2001 © GIEC, https://www.ipcc.ch/. Reproduit avec permission.

46-7 © Steffen Olsen, Danish Meteorological Institute.

55 Graphique adapté de « Climate Change 2021 : The Physical Science Basis », contribution du groupe de travail 1 pour le 6e rapport d'évaluation du GIEC, résumé pour les décideurs, GIEC, 2021, figure SPM.2 © GIEC, https://www.ipcc.ch/.

63 (haut) Évolution de la température de l'air près de la surface dans l'Arctique et sur l'ensemble de la planète depuis 1995, ERA-5 réanalyse, NOAA, https://psl.noaa.gov/cgi-bin/data/testdap/timeseries.pl.

63 (bas) Aerial Superhighway, NASA 07/02/2012, https://svs.gsfc.nasa.gov/10902 © NASA. Reproduit avec permission.

64 Comparaison des conditions avec un Arctique chaud et un Arctique froid, NOAA, https://www.climate.gov/news-features/event-tracker/wobbly-polar-vortex-triggers-extreme-cold-air-outbreak.

70-71 © Pat Brown/Panos Pictures.

79 Graphique adapté de « Changes over time of the global sea surface temperature as well as air temperature over land », Robert Rohde, Berkeley Earth Surface Temperature Project, http://berkeleyearth.org/global-temperature-report-for-2020. Reproduit avec permission.

81 © Stefan Rahmstorf, CC by-SA 4.0. À l'aide de données tirées de « Persistent acceleration in global sea-level rise since the 1960s », Sönke Dangendorf *et al.*, dans « Nature Climate Change », Springer Nature, 05/08/2019, 705-710, https://www.nature.com/articles/s41558-019-0531-8 © les auteurs, 2019, sous licence exclusive de Springer Nature Limited.

82 Changement de température de surface de la mer dû à la circulation méridienne de retournement Atlantique, dans « Observed fingerprint of a weakening Atlantic Ocean overturning circulation », Levke Caesar, *Nature*, vol. 556, 11/04/2018, 191-196, https://www.nature.com/articles/s41586-018-0006-5. Reproduit avec permission.

94-5 © Katie Orlinsky/National Geographic.

103 Distribution du couvert forestier mondial par domaine climatique, dans « Global Forest Resources Assessment 2020 », FAO, 2020, https://www.fao.org/documents/card/en/c/ca9825en, à l'aide de données de « Proportion of global forest area by climatic domain, 2020 », XI, 14, adapté pour United

Nations World Map, 2020. Reproduit avec la permission de la FAO.

104 © Beverly E. Law, données tirées de « British Columbia Managed Forests (MMT CO_2e) » dans « Provincial greenhouse gas emissions inventory », British Columbia, https://www2.gov.bc.ca/gov/content/environment/climate-change/data/provincial-inventory © 2021, province de Colombie-Britannique.

105 Données tirées de « Strategic forest reserves can protect biodiversity and mitigate climate change in the western United States », Beverly E. Law, Logan T. Berner, Polly C. Buotte, David J. Mildrexler et William J. Ripple, *Nature Communications Earth & Environment*, 2021, vol. 2 (254) ; et de « Land use strategies to mitigate climate change in carbon dense temperate forests », Beverly E. Law, Tara W. Hudiburg et Logan T. Berner, PNAS, 03/04/2018, vol. 115 (14), 3663-3668 © les auteurs, 2018.

108 Nombre de menaces graves sur la biodiversité dans le monde, dans « Mapping human pressures on biodiversity across the planet uncovers anthropogenic threat complexes », D.E. Bowler, A.D. Bjorkman, M. Dornelas *et al.*, *People & Nature*, 27/02/2020, 380-394, figure 6. License Creative Commons Attribution 4.0.

120 Pergélisol terrestre et sous-marin dans l'hémisphère Nord, 2020 © GRIDArendal/Nunataryuk, https://www.grida.no/resources/13519.

123 (haut et bas) Résumé pour les décideurs, GIEC, 2021, Figure SPM.5 (b&C) © GIEC, https://www.ipcc.ch/. Reproduit avec permission.

125 Graphique adapté de « Historical and projected future concentrations of CO_2, CH_4 and N_2O and global mean surface temperatures (GMST) », « Climate Change 2021 : The Physical Science Basis », GIEC, 2021, Figure 1.26 ; et « Selected indicators of global climate change under the five illustrative scenarios used in this report », SPM.8(e) © GIEC, https://www.ipcc.ch/.

126-127 © Dmitry Kokh.

130-131 © Josh Edelson/AFP via Getty.

138 Données tirées de « Heatrelated deaths (2000-2019) » dans « Global, regional, and national burden of mortality associated with non-optimal ambient temperatures from 2000 to 2019 : a three-stage modelling study », Q. Zhao *et al.*, *The Lancet PH3*, juillet 2021, https://www.thelancet.com/journals/lanplh/article/PIIS2542-5196(21)00081-4/fulltext ; et de GBD Compare « Global annual mortality in 2019 attributed to a selection of causes of death or due to specific risk factors », 15/10/2020 https://www.healthdata.org/data-visualization/gbd-compare, Institute for Health Metrics Evaluation. Utilisation autorisée. Tous droits réservés.

141 Graphique adapté de « Temporal and spatial distribution of health, labor, and crop benefits of climate change mitigation in the United States », Drew Shindell *et al.*, PNAS, 16/11/2021, vol. 118 (46), Figure 7.C © les auteurs, 2021.

144 Données tirées de « Projecting the risk of mosquito-borne diseases in a warmer and more populated world : a multimodel, multi-scenario intercomparison modelling study », Felipe J. Colón-Gonzàlez *et al.*, *The Lancet Planetary Health*, 01/07/2021, vol. 5 (7), E404-E414, https://www.thelancet.com/journals/lanplh/article/PIIS2542-51962100132-7/fulltext.

145 Données tirées de « Projecting the risk of mosquito-borne diseases in a warmer and more populated world : a multimodel, multi-scenario intercomparison modelling study », Felipe J. Colón-Gonzàlez *et al.*, *The Lancet Planetary Health*, 01/07/2021, vol. 5 (7), E404-E414, https://www.thelancet.com/journals/lanplh/article/PIIS2542-51962100132-7/fulltext.

152-153 © Rakesh Pulapa.

155 Émissions de carbone cumulées (de 1850 à 2021) par population actuelle, pour les pays indiqués, tiré de « The 10 largest contributors to cumulative CO_2 emissions, by billions of tonnes, broken down into subtotals from fossil fuels and cement », analyse de Carbon Brief des chiffres de Global Carbon Project, CDIAC, Our World in Data, Carbon Monitor, Houghton et Nassikas, 2017, et Hansis *et al.*, 2015. Reproduit avec l'autorisation de Carbon Brief.

178-179 © Ami Vitale.

183 © Solomon M. Hsiang.

184 Données tirées de « GDP per capita in 2019 », Banque mondiale, 2021 ; « Valuing the global mortality consequences of climate change accounting for adaptation costs and benefit », document de travail 27599, NBER juillet 2020, révisé en août 2021, https://www.nber.org/system/files/working_papers/w27599/w27599.pdf ; et « Global non-linear effect of temperature on economic production », Marshall Burke, Solomon M. Hsiang et Edward Miguel, *Nature*, 2015, vol. 527, 235-239, https://www.nature.com/articles/nature15725.

188 Données tirées de l'Uppsala Conflict Data Program. Récupérées en janvier 2022, UCDP Conflict Encyclopedia : https://www.pcr.uu.se/research/ucdp/, Uppsala University.

190 « Quantifying the influence of climate on human conflict », Solomon M. Hsiang, Marshall Burke et Edward Miguel, *Science*, 2013, 341, Figure 2.

194-5 © Richard Carson/REUTERS.

198-9 © Daniel Beltrá.

202 Graphique de Robbie M. Andrew à partir des courbes d'atténuation de Raupach *et. al.*, 2014, d'après les données du Global Carbon Project, Licence Creative Commons Attribution 4.0 International. Budget des émissions à partir des courbes du 6ᵉ rapport du GIEC.

207 Graphique de Kevin Anderson d'après les données du 6ᵉ rapport du GIEC, budget carbone pour ne pas dépasser 1,5 °C (avec une probabilité à 67 %), mise à jour début 2022 à partir des données de Global Carbon Project, de Robbie M. Andrew et Glen Peters *et al.*, https://www.globalcarbonproject.org.

212 « Utsläpp från Sveriges ekonomi », Maria Westholm, https://www.dn.se/sverige/sverige-ska-ga-fore-anda-ar-klimatmalen-langt-ifran-tillrackliga/ © Dagens Nyheter. Traduit et reproduit avec permission.

214-215 © Pierpaolo Mittica/INSTITUTE.

225 Données tirées de « High strain-rate dynamic compressive behavior and energy absorption of distiller's dried grains and soluble composites with paulownia and pine wood using a split hopkinson pressure bar technique », Stoddard *et al.*, *Bioresources*, décembre 2020, 15 (4), p. 9444–9461 ; et « Global carbon budget 2021 », Friedlingstein *et al.*, 2021, Licence Creative Commons Attribution 4.0.

242-243 © Wang Jiang/VCG via Getty Images.

246 Données tirées de « Harmonization of global land use change and management for the period 1600-2015 (LUH2) for CMIP6 », G.C. Hurtt *et al.*, *Geoscientific Model Development*, 2020, vol. 13 (11), 5425-5464 © les auteurs, 2020. Licence Creative Commons Attribution 4.0.

249 « Multiple health and environmental impacts of food », Michael A. Clark *et al.*, PNAS, 12/11/2019, vol. 116(46) 23357-23362 © les auteurs, 2019. Licence Creative Commons Attribution 4.0.

250 « Comparative analysis of environmental impacts of agricultural production systems, agricultural input efficiency, and food choice », Michael A. Clark et David Tilman, *Environmental Research Letters*, 2017, vol. 12 (6). Licence Creative Commons Attribution 3.0.

251 « Global food system emissions could preclude achieving the 1.5° and 2° C climate change targets », Michael A. Clark *et al.*, *Science*, 06/11/2020, vol. 370 (6517), 705-709, American Association for the Advancement of Science. Reproduit avec permission.

257 « Long-term modelbased projections of energy

use and CO_2 emissions from the global steel and cement industries », Van Ruijven *et al.*, *Resources, Conservation and Recycling*, septembre 2016, vol. 112, 15-36, figure 9 © les auteurs, 2016. Publié par Elsevier B.V., reproduit sous licence Creative Commons CC-BY.

258 Données compilées pour « les émissions de CO_2 des énergies fossiles » du Global Carbon Project, Robbie M. Andrew et Glen P. Peters, Zenodo, 2021. License Creative Commons Attribution 4.0 International.

259 Données de Net Zero by 2050, Data product, IEA, chapitre 3, https://www.iea.org/data-and-statistics/data-product/net-zeroby-2050-scenario, figure 3.15. Reproduit avec la permission de l'IEA.

263 Graphique de Ketan Joshi avec les données de « Historical » et « Planned 2020 report », annexes 6.1 et 6.2, https://www.globalccsinstitute.com/wp-content/uploads/2021/03/Global-Status-of-CCS-Report-English.pdf ; et « Planned 2021 report », https://www.globalccsinstitute.com/wp-content/uploads/2021/11/Global-Status-of-CCS-2021-Global-CCS-Institute-1121.pdf ; The Global Status of CCS, 2020 ; et 2021, © Global CCS Institute, Australie. Reproduit avec permission ; et jeu de données de « sum of all pointsource capture excluding carbon removal technologies » disponibles dans « Net Zero by 2050 », IEA, mai 2021, https://www.iea.org/data-and-statistics/data-product/net-zero-by-2050-scenario, figure 2.21 © IEA, 2021. Reproduit avec permission.

266 Graphique adapté de « Climate change 2014 : mitigation of climate change », contribution du Groupe de travail 3 au 5ᵉ rapport d'évaluation du GIEC, 2014, figure 8.3 © GIEC, https://www.ipcc.ch/, à l'aide de données tirées de « CO2 emissions from fuel combustion », Beyond 2020 Online Database, édition de 2012, www.iea.org, et adapté de « Emission database for global atmospheric research (EDGAR) », version 4.2 FT2010. Joint Research Centre of the European Commission (JRC)/PBL Netherlands Environmental Assessment Agency.

267 Graphique adapté de « Climate change 2014 : mitigation of climate change », contribution du Groupe de travail 3 au 5ᵉ rapport d'évaluation du GIEC, 2014, figure 8.4 © GIEC, https://www.ipcc.ch/, à l'aide de données de « A policy strategy for carbon capture and storage », IEA/OECD, https://www.iea.org/reports/a-policy-strategy-for-carbon-capture-and-storage. Reproduit avec la permission de l'IEA.

268 Données tirées de « Greenhouse gas reporting : conversion factors 2021 », https://www.gov.uk/government/publications/greenhouse-gas-reporting-conversion-factors-2021, 2/06/2021, mise à jour le 24/01/2022 © Crown copyright, Open Government Licence v3.0.

276-277 © Zhang Jingang/VCG via Getty Images.

292 Données tirées de « More growth, less garbage », Silpa Kaza, Shrikanth Siddarth et Chaudhary Sarur, Urban Development Series, 2021, Banque mondiale. Licence Creative Commons Attribution CC BY 3.0 IGO.

293 Données tirées de « More Growth, Less Garbage », Silpa Kaza, Shrikanth Siddarth et Chaudhary Sarur, Urban Development Series, 2021, Banque mondiale. Licence Creative Commons Attribution CC BY 3.0 IGO.

300 © Alejandro Durán.

304 « Net zero targets », Alexandra Otto et Dagens Nyheter, source : Zeke Hausfather d'après le SR1.5 du GIEC, diagramme 2.2, 2018. Reproduit avec permission.

311 Données tirées de « Global material flows database », UNEP IRP, https://www.resourcepanel.org/global-material-flows-database ; et « World bank for GDP », https://data.worldbank.org/indicator/NY.GDP.MKTP.KD.

318-319 © Alessandra Meniconzi.

322-323 © Garth Lenz.

343 (haut) Données tirées de « Land, irrigation water, greenhouse gas and reactive nitrogen burdens of meat, eggs & dairy production in the United States », Gidon Eshel *et al.*, PNAS, 19/08/2014, vol. 111 (33), 11996-12001 © National Academy of Sciences, 2004.

343 (bas) « Partitioning united states' feed consumption among livestock categories for improved environmental cost assessments », G. Eshel, A. Shepon, T. Makov et R. Milo, *Journal of Agricultural Science*, 2014, vol. 153, 432-445.

352-353 © Shane Gross/naturepl.com.

373 (haut) Adapté de « Northern hemisphere temperatures during the past millennium inferences, uncertainties, and limitations », Michael E. Mann, Raymond S. Bradley et Malcolm K. Hughes, 15/03/1999, vol. 26 (6), 759-762, figure 3A © Michael E. Mann.

373 (bas) « The latest version of the "hockey stick" chart shows unprecedented warming in recent years », Elijah Wolfson, d'après « "Widespread and severe" : the climate crisis is here, but there's still time to limit the damage », Michael E. Mann, *TIME*, 09/08/21. Reproduit avec la permission de *TIME*, comprenant des données des « time series » compilées par Berkeley Earth, http://berkeleyearth.lbl.gov/auto/Global/Land_and_Ocean_summary.txt.

384-385 © Afriadi Hikmal/Nur Photos/Getty Images.

406 (haut) « Global carbon inequality 2019 average per capita emissions by group (tonnes CO_2/year) », Lucas Chancel et Thomas Piketty. Reproduit avec permission.

406 (bas) « Global carbon inequality, 2019 Group contribution to world emissions (%) », Lucas Chancel et Thomas Piketty. Reproduit avec permission.

408 « Per capita emissions across the world, 2019 », Lucas Chancel et Thomas Piketty. Reproduit avec permission.

Note sur la couverture

Ed Hawkins

Pas de mot. Pas de chiffre. Pas de graphique. Simplement, une série de bandes de couleur verticales illustrant l'augmentation progressive de la température moyenne de la planète en une seule image saisissante. Chaque bande de la couverture de ce livre représente la température moyenne à la surface du globe d'une année, depuis 1600, au verso, jusqu'en 2021, au recto. Les nuances de bleu indiquent les années les plus froides, tandis que les gradations de rouge correspondent aux années les plus chaudes. La succession frappante de bandes rouge foncé en première de couverture met en évidence l'indéniable accélération du réchauffement de notre planète au cours des dernières décennies.

Ces « bandes de réchauffement » ont été conçues pour sensibiliser l'opinion à la question essentielle du changement climatique – et elles sont très efficaces. Elles ont été téléchargées et partagées par des millions de gens – des personnalités politiques, des artistes, des présentateurs météo et des rock stars – pour nous aider à prendre conscience qu'aucun endroit au monde n'est à l'abri des effets du changement climatique.

Des graphiques similaires ont été créés pour pratiquement chaque pays du monde et peuvent être téléchargés gratuitement sur le site **showyourstripes.info**.

Photogravure : Nord Compo
Achevé d'imprimer en octobre 2022 par Pollina, Luçon (85)
pour le compte des éditions Kero,
21, rue du Montparnasse, 75006 Paris

KERO s'engage pour l'environnement en réduisant l'empreinte carbone de ses livres. Celle de cet exemplaire est de :
3 kg éq. CO_2
Rendez-vous sur www.kero-durable.fr

Dépôt légal : octobre 2022
N° d'édition : 01
N° d'éditeur : 6308240
N° imprimeur : 43936
Imprimé en France.